照片1 第二届中国民居学术会议 代表合影

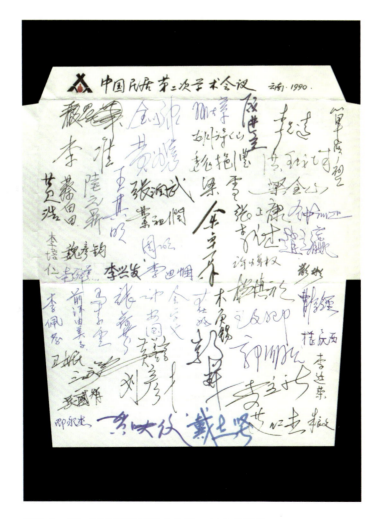

照片2 第二届中国民居学术会议 与会者签名

照片3 第二届中国民居学术会议 在昆明的开幕式

照片4 第二届中国民居学术会议 部分代表在大理考察中留影

照片5 第二届中国民居学术会议 代表在大理喜州考察中留影

照片6 第二届中国民居学术会议 朱良文与陆元鼎教授研究会议工作

照片7 第二届中国民居学术会议 洱海游览中

照片8 第二届中国民居学术会议 洱海船上学术交流

照片 9 第二届中国民居学术会议 代表们在大理白族三道茶晚会上欣赏白族歌舞

照片 10 第二届中国民居学术会议 部分代表在丽江考察中留影

照片 11 第二届中国民居学术会议 朱良文陪严星华总建筑师考察景真八角亭

照片 12 第二届中国民居学术会议 部分代表在版纳景真考察中留影

照片 13 第二届中国民居学术会议 在景洪风情园参观暧尼族民居

照片 14 第二届中国民居学术会议 朱良文与余卓群教授考察大勐龙笋塔留影

照片 15 第二届中国民居学术会议 在景洪风情园代表们尽情歌舞

照片 16 第二届中国民居学术会议 代表们在版纳傣族村寨内抢镜头

照片 17 第二届中国民居学术会议 部分代表穿上傣族服装留影

照片 18 第二届中国民居学术会议 在景洪的闭幕式

照片 19 第二届中国民居学术会议 闭幕演出晚会上代表们上台与演员合影

照片 20 第二届中国民居学术会议 闭幕时的代表合影

照片 21 第三届中国民居学术会议于 1991 年 10 月 21—28 日在桂林召开,照片为全体代表合影。出席会议的有赵冬日、朱畅中、张锦秋等建筑专家

照片 22　第四届中国民居学术会议于 1992 年 11 月在景德镇召开,照片为全体代表合影

照片 23 第五届中国民居学术会议于 1994 年 5 月 26 日—6 月 5 日在重庆建筑工程学院召开，照片为全体代表合影

照片 24 民居专业学术委员会部分委员在重庆建筑工程学院会场前留影

照片 25 第六届中国民居学术会议于 1995 年 8 月 1—12 日在新疆乌鲁木齐市召开,照片为代表到维吾尔族村民家作客,村民以烤山羊隆重仪礼接待嘉宾。照片中,左一为台湾李乾朗教授,左二为美籍华人王绰教授,右二为陆元鼎教授

照片 26 第七届中国民居学术会议于 1996 年 8 月 13—19 日在山西太原召开,照片为全体代表合影

照片 27 第八届中国民居学术会议于 1997 年 8 月 26—28 日在香港召开，照片为大会开幕式与主席团。主办单位香港特别行政区政府建筑署鲍绍雄署长、香港大学副校长张佑奇教授、中国传统建筑园林研究会原副会长刘毅女士出席了开幕式

照片 28 中国建筑学会民居专业学术委员会主任委员陆元鼎教授向香港政府建筑署鲍绍雄署长赠送礼物

照片 29 第十三届中国民居学术会议于2004年7月20—24日在江苏无锡市召开,照片为代表到无锡寄畅园参观时,无锡市园林管理局局长吴惠良(右三)、副总工程师夏泉生(右一)陪同,并在大门前合影

照片 30 第一届海峡两岸传统民居理论(青年)学术研讨会于1995年12月11—14日在广州和鹤山市召开,照片为全体代表在华南理工大学逸夫科学馆前合影。建设部原村镇建设司长郑坤生、中国建筑学会原秘书长金瓯卜、中国传统建筑园林委员会原副会长曾永年、华南理工大学副校长贾信真参加了会议

照片 31 大会主席团。右起：金瓯卜秘书长、曾永年副会长、郑坤生司长、贾信真副校长、陆元鼎教授、李乾朗教授、李先逵教授

照片 32 李先逵教授在大会开幕式发言

照片 33 金瓯卜秘书长在大会开幕式发言

照片 34 李乾朗教授在第一届海峡两岸传统民居理论(青年)学术会议上作学术报告

照片 35 第二届海峡两岸传统民居理论(青年)学术研讨会于1997年12月22—28日在昆明召开,照片为全体代表合影

照片 36 陆琦教授在第二届海峡两岸传统民居学术研讨会上作学术报告

照片 37 第三届海峡两岸传统民居理论(青年)学术研讨会于 1999 年 8 月 5—9 日在天津大学召开,照片为全体代表合影

照片38 第四届海峡两岸传统民居理论(青年)学术研讨会于2001年12月17—21日在广州市和从化市召开,照片为首日开幕式后在华南理工大学逸夫科学馆前全体代表合影。华南理工大学副校长杨晓西教授、从化市市委书记陈建华参加了会议

照片39 中国传统民居国际学术研讨会1993年8月12—14日在广州华南理工大学召开,照片为全体代表合影

照片 40 中国客家民居国际学术研讨会 2000 年 7 月 23—27 日在广州、深圳、梅州召开,照片为华南理工大学举行的开幕式会场

中国民居建筑年鉴

（1988—2008）

陆元鼎 主 编
朱良文 黄 浩 副主编

中国建筑工业出版社

图书在版编目（CIP）数据

中国民居建筑年鉴(1988—2008)／陆元鼎主编. —北京：中国建筑工业出版社，2008
 ISBN 978-7-112-10327-0

Ⅰ.中… Ⅱ.陆… Ⅲ.民居-中国-年鉴-1988—2008　Ⅳ.TU241.5-54

中国版本图书馆CIP数据核字（2008）第138295号

　　本年鉴是中国文物学会传统建筑园林委员会属下的传统民居学术委员会、中国建筑学会建筑史学分会属下的民居专业学术委员会和中国民族建筑研究会属下的民居建筑专业委员会1988～2008年共二十年来所组织的民居研究学术活动历程、阶段性研究成果和经验的汇总。年鉴中附有1949年～2008年5月在正式书刊发表的中国民居建筑（中、外文）全部著作和论文目录索引。年鉴中还收录了学术委员会二十年来所组织的各届民居学术会议的论文目录和论文全文（附光盘）。该资料为今后民居研究和村镇保护发展提供大量理论和实践的信息资料。

　　本书可供民居建筑研究和村镇保护发展的教学、研究、生产和管理人员参考。

* * *

责任编辑：吴　绫　唐　旭　李东禧
责任设计：郑秋菊
责任校对：梁珊珊　王雪竹

中国民居建筑年鉴
（1988—2008）

陆元鼎　主　编
朱良文　黄　浩　副主编
*
中国建筑工业出版社出版、发行（北京西郊百万庄）
各地新华书店、建筑书店经销
北京嘉泰利德公司制版
北京中科印刷有限公司印刷
*
开本：880×1230毫米　1/16　印张：19½　插页：8　字数：7400千字
2008年11月第一版　　2008年11月第一次印刷
定价：**68.00**元（含光盘）
ISBN 978-7-112-10327-0
　　　　（17130）

版权所有　翻印必究
如有印装质量问题，可寄本社退换
（邮政编码100037）

主编单位： 中国文物学会传统建筑园林委员会传统民居学术委员会

中国建筑学会建筑史学分会民居专业学术委员会

中国民族建筑研究会民居建筑专业委员会

编辑委员会成员： （以姓氏笔画为序）

王其明　王翠兰　业祖润　龙炳颐（香港）

朱良文　刘金钟　孙大章　许焯权（香港）

杨谷生　陈震东　李长杰　李先逵

李乾朗（台湾）　陆元鼎　单德启　罗德启

徐裕健（台湾）　高介华　黄　浩　黄汉民

阎亚宁（台湾）　颜纪臣　魏挹澧

主　编： 陆元鼎

副主编： 朱良文　黄　浩

前 言

中国传统民居的研究，20世纪30年代在梁思成、刘敦桢、龙庆忠、刘致平等老一辈建筑史学家进行的中国古建筑学科研究领域中就已经受到关注。建国后20世纪50年代，中国传统民居研究开始得到建筑史学术界的重视，20世纪60年代进入到一个初步广泛研究的时期。可惜，"十年动乱"几乎毁灭了这个学科。

1979年，在党的改革开放政策指引下，学术界得到了复苏的机遇。20世纪80年代至90年代初相继成立了中国传统建筑园林研究会属下的传统民居学术委员会和中国建筑学会建筑史学分会属下的民居专业学术委员会，其后，成立了在中国民族建筑委员会属下的民居建筑专业委员会。学术委员会根据学会组织民间学术交流的宗旨，有计划、有组织地开展了传统民居和村镇研究的学术交流活动。自1988年起在广州华南理工大学召开了首届中国民居学术会议后，到2008年二十年来，学术委员会和各有关单位共同主持举办了全国性民居学术会议大小会议达31次。会议上主要就中国传统民居、村镇与文化的发掘、调查、研究、保护、利用和可持续发展，如何在新农村、新建筑上的运用与借鉴等专题进行了交流和探讨，更好地为社会建设服务。

中国民居学术研究自建国后继承开拓发展，五十年来的成就是很大的。我们学术委员会是做了一点工作，时间也仅仅二十年。因此，它远远不能包含整个民居建筑学术研究成就。但是，从这二十年的民居学术研究过程中，也可以从侧面了解全国民居学术研究的概况和发展。

为了总结、汇报我们传统民居二十年来学术研究的阶段性成果和经验，我们汇编了这本年鉴。年鉴内容包括五个方面：

一、二十年来民居学术研究概况、发展与成就；

二、民居学术会议历届主持人所写的回忆文章；

三、传统民居专业和学术委员会二十年工作汇报；

四、建国后到2008年5月，中国民居建筑（包含村镇与文化）中外文著作和论文目录索引；

五、二十年历届民居学术会议全部论文目录索引（包括已出版和未出版的），并附所有论文全文光盘。

二十年只是历史发展的弹指一瞬间，时间很短，我们民居专业和学术委员会继承老一辈建筑史学家的创业和开拓精神，在民居建筑这个子学科领域中做了一点承前启后的工作。

这本年鉴是对民居建筑专业和学术委员会委员、会员和爱好民居学术研究工作的各界人士的一个汇报，祈望学术界前辈和同行专家给予批评指正，使民居建筑学术研究今后的发展更上一层楼，进入到更广、更深、更新的学术研究领域，更好地为弘扬我国优秀传统建筑文化和为国家社会主义建设服务。

目 录
CONTENTS

前 言

序（《中国民居研究五十年》代序） ……………………………………… 陆元鼎

1 民居研究学术成就二十年 ………………………………………………… 朱良文　3

2 民居研究二十年回顾（回顾篇） ………………………………………………… 15

  2.1 忆李允鉌先生与第一届中国民居学术会议 ……………………… 陆元鼎　15
  2.2 愉悦的回忆
      ——回顾第二届中国民居学术会议 ………………………………… 朱良文　17
  2.3 桂林山水甲天下，桂北民居冠中华
      ——记第三届中国民居学术会议 …………………………………… 李长杰　20
  2.4 回顾第四届中国民居学术会议 …………………………………………… 黄　浩　26
  2.5 巴蜀民居情
      ——记第五届中国民居会议 ………………………………………… 李先逵　28
  2.6 传统民居的研究与展望 …………………………………………………… 颜纪臣　32
  2.7 第十届中国民居学术会议召开
      ——北京重视民居文物保护开发 ……………… 录自《人民日报》2000.8.7海外版　37
  2.8 "强化传统民居研究"呼吁书 ………………… 第十、十一届中国民居学术会议　38
  2.9 民居文化代有弘扬
      ——第十二届中国民居学术会议召开 …………………………… 李先逵　40
  2.10 首届海峡两岸传统民居理论（青年）学术研讨会纪要
      中国传统建筑园林研究会传统民居学术委员会　中国建筑史学会民居
      专业学术委员会 ……………………………………………………………… 42
  2.11 客家民居研究概况与建议（录自《国际学术动态》） ……………… 陆元鼎　44

3 民居建筑专业与学术委员会的组成、发展、工作与体会 ……………… 陆元鼎　49
  3.1 民居学术研究团体的组成与发展 ………………………………………… 49
  3.2 民居专业与学术委员会二十年工作汇报 ………………………………… 51
  3.3 民居专业与学术委员会工作体会 ………………………………………… 55

4 资料篇 ... 61
4.1 历届民居学术会议概况 ... 民居专业与学术委员会 61
4.2 中国传统民居文献索引（1957—2008.5） ... 谭刚毅 荣 融 任丹妮 刘 勇 65
4.2.1 民居著作中文书目（1957—2008.1） ... 65
4.2.2 民居著作外文书目（1957—2008.1） ... 100
4.2.3 民居论文（中文期刊）目录（1957—2001.12） ... 105
民居论文（中文期刊）目录（2001.1—2008.5） ... 138
4.2.4 民居论文（外文期刊）目录（1957—2008.5） ... 259
4.3 历届中国民居学术会议论文目录索引（内容见光盘） ... 民居建筑与学术委员会 260
4.3.1 1988—2007 共15届中国民居学术会议论文 ... 260
4.3.2 1995—2007 共7届海峡两岸传统民居理论（青年）学术会议论文 ... 279
4.3.3 1993 中国传统民居国际学术会议论文 ... 293
4.3.4 2000 中国客家民居国际学术会议论文 ... 294
4.3.5 2008 中国民间建筑与园林营造技术学术会议论文 ... 296

后记 ... 298

序（《中国民居研究五十年》代序）

陆元鼎[①]

[摘要] 论文主要阐述建国后民居研究发展五十年的过程和成就，包括民居类型学科的建立、发展、研究成果、学术交流、研究队伍的壮大、研究观念和方法的扩展、民居的理论和实践等。民居研究要为当前建设服务，优秀的村镇民居要保护，民居改造和发展的目的要提高农民的生活条件和居住质量，农民参与是重要环节。总结民居建筑的优秀传统经验、技艺、创作规律可为我国现代化、有民族和地方特色的新建筑创作提供丰富和有益的资料。

[关键词] 民居价值，民居保护，农民参与，农民公寓

中国民居研究的发展，可分为建国前、后两个时期。建国前是民居研究的初期——开拓时期。建国后的五十年，中国民居研究发展可分为三个阶段：第一阶段为20世纪50年代；第二阶段为20世纪60年代，中国民居研究正当全面开展的时候，由于"十年动乱"而暂告停顿；1979年，在中国共产党十一届三中全会的号召下，中国民居研究开始了第三阶段，这是一个兴旺发展的时期。

一、中国民居研究的开拓时期

20世纪30年代，中国建筑史学家龙非了教授结合当时考古发掘资料和对河南、陕西、山西等省的窑洞进行的考察调研，写出了《穴居杂考》论文[②]。20世纪40年代，刘致平教授调查了云南省古民宅，写出了《云南一颗印》论文[③]，这是我国第一篇研究老百姓民居的学术论文。其后，刘致平教授在调查了四川各地古建筑后，写出了《四川住宅建筑》学术论著稿[④]。由于抗日战争没有刊印，该书稿直到1990年才得以发表，刊载于《中国居住建筑简史——城市、住宅、

[①] 作者：陆元鼎，华南理工大学建筑学院教授，博士生导师，民居建筑研究所所长。本文曾刊载于《建筑学报》2007年第11期第66－69页，现收录于本年鉴。
[②] 《穴居杂考》，龙非了，载《中国营造学社彙刊》第五卷第一期第55－76页，1934。
[③] 《云南一颗印》，刘致平，载《中国营造学社彙刊》第七卷第一期第63－94页，1944。
[④] 《四川住宅建筑》，刘致平，载《中国居住建筑简史——城市、住宅、园林》刘致平著，王其明增补，第248－366页，中国建筑工业出版社，1990。

园林》一书内。

与此同时，刘敦桢教授在1940—1941年对我国西南部云南、四川、西康等省、县进行大量的古建筑、古民居考察调查后，撰写了《西南古建筑调查概况》学术论文①，这是在我国古建筑研究中首次把民居建筑作为一种类型提出来。

以上这些，都是我国老一辈的建筑史学家对民居研究的开拓和贡献，他们为后辈进行民居研究创造了一个良好的开端。

二、建国后中国民居研究的发展

（一）第一阶段　20世纪50年代

1953年当时在南京工学院建筑系任教的刘敦桢教授，在过去研究古建筑古民居的基础上，创办了中国建筑研究室。他们下乡调查，发现在农村有很多完整的传统住宅，无论在建筑技术上或艺术上都是非常丰富和有特色的。1957年，刘敦桢教授写出了《中国住宅概况》②一书，这是一本早期比较全面的从平面功能分类来论述中国各地传统民居的著作。过去，由于中国古建筑研究偏重在宫殿、坛庙、陵寝、寺庙等官方大型建筑，而忽视了与人民生活相关的民居建筑。现在通过调查，发现民居建筑类型众多，民族特色显著，并且有很多的实用价值。该书的出版把民居建筑提高到一定的地位，从而，民居研究引起了全国建筑界的重视。

（二）第二阶段　20世纪60年代

本阶段民居研究发展有两个特点。

一是广泛开展测绘调查研究。这时期民居调查研究之风遍及全国大部分省、市和少数民族地区。在汉族地区有：北京的四合院、黄土高原的窑洞、江浙地区的水乡民居、客家的围楼、南方的沿海民居、四川的山地民居等；在少数民族地区有：云贵山区民居、青藏高原民居、新疆旱热地带民居和内蒙古草原民居等。通过广泛调查，发现广大村镇中，传统民居类型众多，组合灵活，外形优美，手法丰富，内外空间适应地方气候及地理自然条件，有很大的参考实用价值。在调查中，参加者的队伍也比较广泛，既有建筑院校师生，又有设计院的技术人员参加，科研、文物、文化部门也都派人参加，形成一支浩浩荡荡的队伍。

二是深入分析调研成果。开始有明确的要求，如要求有资料、有图纸、有照片。资料包括历史年代、生活使用情况、建筑结构、构造和材料、内外空间、造型和装饰、装修等。

本阶段的成果众多，其中以中国建筑科学研究院编写的《浙江民居调查》为代表。它全面系统地归纳了浙江地区有代表性的平原、水乡和山区民居的类型、特征和在材料、构造、空间、外形等各方面的处理手法和经验，可以说是一份比较典型的调查著作。

值得提出的是，20世纪60年代在我国北京科学会堂举办的国际学术会议上，《浙江民居调查》被作为我国建筑界的科学研究优秀成果向大会进行了介绍和宣读，这是我国第一次把传统

---

① 《西南古建筑调查概况》刘敦桢，载《东南大学建筑系理论与创作丛书：1927—1997刘敦桢建筑史论著选集》刘叙杰编，第111-130页，中国建筑工业出版社，1997。
② 《中国住宅概说》，刘敦桢，建筑工程出版社，1957，中国建筑工业出版社再版，1981。

民居研究的优秀建筑艺术成就和经验推向世界。

本阶段存在的问题是，当时研究的指导思想只是单纯地将现存的民居建筑测绘调查，从技术、手法上加以归纳分析。因此，比较注意平面布置和类型、结构、材料、做法，以及内外空间、形象和构成，而很少提高到传统民居所产生的历史背景、文化因素、气候地理等自然条件以及使用人的生活、习俗、信仰等对建筑的影响的高度上，这是单纯建筑学范围调查观念的反映。

（三）第三阶段　20世纪80年代到现在

在这期间，中国文物学会传统建筑园林委员会传统民居学术委员会和中国建筑学会建筑史学分会民居专业学术委员会相继成立，中国民居研究开始进入有计划和有组织地进行研究的时期。

本时期的成就主要反映在五个方面。

1. 在学术上加强了交流、扩大了研究成果，并团结了国内（包括港、澳、台）和美国、日本、澳大利亚等众多对中国民居建筑有研究和爱好的国际友人

二十年来，学术委员会已主持和联合主持召开了共15届全国性中国民居学术会议，召开了6届海峡两岸传统民居理论（青年）学术会议，还召开了2次中国民居国际学术研讨会和5次民居专题学术研讨会。在各次学术会议后，大多出版了专辑或会议论文集，计有：《中国传统民居与文化》7辑、《民居史论与文化》1辑，《中国客家民居与文化》1辑、《中国传统民居营造与技术》1辑。

中国建筑工业出版社为弘扬中国优秀建筑文化遗产，有计划地组织全国民居专家编写《中国民居丛书》，已编写出版了11分册。清华大学陈志华教授等和台湾汉声出版社合作出版了用传统线装版面装帧的《村镇与乡土建筑》丛书，昆明理工大学出版了较多少数民族民居研究论著。各建筑高校都结合本地区进行民居调查测绘编印出版了不少民居著作和图集，如东南大学出版了《徽州村落民居图集》、华南理工大学出版了《中国民居建筑》（三卷本）书籍等。各地出版社也相继出版了众多的民居书籍，有科普型、画册型、照片集或钢笔画民居集等，既有理论著作，也有不少实例图照介绍。

到2001年底止，经统计，已在报刊正式出版的有关民居和村镇建筑的论著中有：著作217册，论文达912篇[①]。这些数字，还没有把中国台湾、香港地区和国外出版的中国民居论著全包括在内。同时，也可能有所遗漏。2002年—2007年9月，据初步统计，已出版的有关民居著作约有448册，论文达1305篇[②]。这些书籍和报刊杂志，为我国传统民居建筑文化的传播、交流起到了较好的媒介和宣传作用。

2. 民居研究队伍不断扩大

过去，老一辈的建筑史学家开辟了民居建筑学科的研究阵地，现在中青年学者继续加入了这个行列。他们之中，不但有教师、建筑师、工程师、文化文物工作者，而且还有不少研究生、

---

① 见"中国民居建筑论著索引"，载《中国民居建筑》第三卷第1263－1303页，陆元鼎主编，华南理工大学出版社，2003。

② 《华中理工大学建筑学院民居资料统计》，2007（未刊稿）。

大学生参加。民居建筑学术会议的交流使研究人员获得了民居知识的交流和提高，而且在学术交往中增进了友谊。例如，每两年举办一次的海峡两岸传统民居理论（青年）学术研讨会，参加人数和论文数量愈来愈多，更可喜的是青年教师和研究生占了不少。他们发挥了自己的特点和专长，在观念上、研究方法上进行了更新和创造，他们是民居研究的新生力量。

3. 观念和研究方法的扩展

民居研究已经从单学科研究进入到多方位、多学科的综合研究，已经由单纯的建筑学范围研究，扩大到与社会学、历史学、文化地理学、人类学、考古学、民族学、民俗学、语言学、气候学、美学等多学科结合进行综合研究。这样，使民居研究更符合历史，更能反映出民居研究的特征和规律，更能与社会、文化、哲理思想相结合，从而更好地、更正确地表达出民居建筑的社会、历史、人文面貌及其艺术、技术特色。

研究民居已不再局限在一村一镇，或一个群体、一个聚落，而要扩大到一个地区、一个地域，即我们称之为一个民系的范围中去研究。民系的区分最主要的是由不同的方言、生活方式和心理素质所形成的特征来反映的。研究民居与民系结合起来，不仅使民居研究可在宏观上认识它的历史演变，同时也可以了解不同区域民居建筑的特征及其异同，了解全国民居的演变、分布、发展及其迁移、定居、相互影响的规律。同时，了解民居建筑的形成、营造及其经验、手法，并可为创造我国有民族特色和地方特色的新建筑提供有力的资源。

4. 深入进行民居理论研究

本时期民居建筑理论研究比较明显的成就表现在加深了民居研究的深度，扩大了民居研究的广度，并与形态、环境结合。

民居形态包括社会形态和居住形态。社会形态指民居的历史、文化、信仰、习俗和观念等社会因素所形成的特征。居住形态指民居的平面布局、结构方式和内外空间、建筑形象所形成的特征。

民居的分类是民居形态研究中的重要内容和基础，因为，它是民居特征的综合体现。多年来，各地专家学者进行了深入的研究，提出了多种民居分类方法，如：平面分类法、结构分类法、形象分类法、气候地理分类法、人文语言自然条件分类法、文化地理分类法等。由于民居的形成与社会、文化、习俗等有关，又受到气候、地理等自然条件影响。民居由匠人设计、营建，并运用了当地的材料和自己的技艺和经验。这些因素都对民居的设计、形成产生了深刻的影响，因而民居特征及其分类的形成是综合的。

民居环境指民居的自然环境、村落环境和内外空间环境。民居的形成与自然条件有很大关系。由于各地气候、地理、地貌以及材料的不同，造成民居的平面布局、结构方式、外观和内外空间处理也不相同。这种差异性，就是民居地方特色形成的重要因素。此外，长期以来民居在各地实践中所创造的技术上或艺术处理上的经验，如民居建筑中的通风、防热、防水、防潮、防风（寒风、台风）、防虫、防震等方面的做法，民居建筑结合山、水地形的做法，民居建筑装饰装修做法等，在今天仍有实用和参考价值。

民居建筑有大环境和小环境。村落、聚落、城镇属于大环境，内部的院落（南方称为天井）、庭园则属于小环境。民居处于村落、村镇大环境中，才能反映出自己的特征和面貌。民居建筑内部的空间布置，如厅堂与院落（天井）的结合、院落与庭园的结合、室内与室外空间的结合，这些小环境处理使得民居的生活气息更加浓厚。

民居营造，过去在史籍上甚少记载。匠人的传艺，主要靠师傅带徒弟的方式，有的靠技艺操作来传授，有的用口诀方式传授。匠人年迈、多病或去世，其技艺传授即中断。因此，总结老匠人的技艺经验是继承传统建筑文化非常重要的一项工作。这是研究传统民居的一项重要课题。目前，由于各地老匠人稀少，技艺濒于失传，民居营造和设计法的研究存在很大困难。

多年来，《古建园林技术》杂志为推动传统建筑、民居的营造制度、营建方法、用料计算等传统技艺、方法的研究，刊载了较多论文，作出了很多贡献。

民居理论研究中比较艰巨的课题之一是民居史的研究，在写史尚未具备成熟条件前，可在各省、区已有大量民居实例研究的基础上，对省区内民居建筑的演变、分类、发展、相互联系、特征异同找出规律，然后再扩大到全国范围，为编写民居发展史作好准备。

为此，中国建筑工业出版社与民居专业学术委员会合作，申报国家"十一五"重点出版项目，按省、地区再编写一套《中国民居建筑丛书》共18分册。丛书要求把本省、本地区民居建筑的演变、发展、类型、特征等理论及其实践作一个比较清晰的阐述和分析，这也是从全省区范围内对民居研究作更深入的理论探索。

5. 开展民居实践活动

科学技术研究的目的是为了应用，要为我国现代化建设服务。民居建筑研究也是一样，它的实践方向有两个方面：在农村，要为我国社会主义新农村建设服务；在城镇，要为创造我国现代化的、有民族特色和地方特色的新建筑服务。

(1) 民居研究为建设社会主义新农村服务

我国在建设社会主义新农村的号召下，各地传统村镇和民居都面临着需要保护、改造和发展的局面，究竟是拆去重建，或择址新建，还是改造修建，有多种方式，但都还没有形成一个模式。

近年来，我国对传统村镇、民居在保护发展方面采取了几种方式。

第一种方式是整体保护。有的传统村镇很完整地遗留了下来，例如早期的安徽黟县宏村、西递村，后来有江苏昆山周庄镇、云南丽江大研镇等，都是一些保护较好的实例。现在都进行了保护开发并与旅游事业结合。

这些村镇和民居群整体保护发展所以获得成功的主要因素之一是做到真实性，即民居保护有历史、有文化、有生活、有环境。人们要求看到原真性，即真正的生活和生活中的建筑与环境，而不是假古董。这些村落和民居群现在已成为旅游点，给人们提供了文化知识和休闲服务。而村民也获得了文化、保护知识和经济效益，改善了物质生活条件，这是好事。存在的问题是某些村镇开发过了头，过多注重经济效益，管理服务不到位。

第二种方式是铲平重建，特别在大城市中的城中村。这些城中村所在的大城市，它利用大城市的优越的市政设施条件和资金来源来对本城市管辖的城中村进行改造。当然，出发点是为了改善、改变旧村的面貌，但是，这种做法，毁灭了旧村，同时，也去掉了文化、历史，而且还要有相当大的花费作为经济补偿以及进行艰巨的思想工作。因而，铲平重建是城中村改造的一个办法，但不是唯一办法。

第三种方式是针对已变成废墟的古村，其改造和发展又有两种方式。

第一种方式，按新功能发展要求，已逐步改建成为商业、服务和住居建筑为主的近现代小城镇。

第二种方式，已变成废墟但仍存在传统肌理的村落，其改造发展方式可以在继承传统的基础上进行改造和创新发展，如广州大学城外围练溪村就是一例。该村存在原村落的街巷肌理和少量民居庭园等残损建筑，其改造方式是，继承传统，对街巷恢复其肌理，对沿街建筑中仍可辨认的民居、斋园等按原貌修复，其余建筑按现代功能需要进行改造和建设，而外观则要统一在地方建筑风格面貌内。

第四种方式是村镇中已经存在新旧建筑参杂的局面。这类村镇传统文化气息已经不浓，在改造和发展中，过多地强调继承传统风貌既难于实行，也无必要。一般来说，按时代要求，根据本村镇居住和商业服务发展的需要，就可以进行改造和发展。

传统街村民居保护、改造和持续发展工作尚在摸索中，没有固定的模式。但在进行过程中，有几个问题要注意。

第一，要真正认识到传统街村、民居建筑及其文化保护、改造和持续发展的重要性和迫切性。

第二，要重视和关心农民应该享受的权利和利益。传统村落民居保护发展工作要让农民参与。

例如村镇规划，有它的特殊性，这是由于规划的主体不同，对象不同，土地归属和资源不同，因而其规划的方式方法也就不同。其原因就在于村镇规划是以农村农民为主体，土地建筑属私产，拆迁、改造、修建的资金主要靠农民。如果用城市规划的一套方法进行村镇保护和发展规划，必然遇到困难和碰壁。又如：农村中一些建筑如宅居，属私人所有。祠堂、会馆、书塾等族产属集体产业。其中有些建筑可能是文物、文化古迹或有着优秀传统文化特征的建筑物，在规划中涉及到文物文化保护政策，又涉及到私产地权，涉及面广，如果缺少了农民参与，那么很可能做了规划还是实施不了。

第三，要明确村镇民居保护、改造、发展的目的。

在村镇民居保护改造发展进行的一些村镇中，发现农民自建公寓一种新方式，这是一种新模式的尝试。如广东南海桂城夏西村，因民居残旧，农民自愿筹资合建公寓来解决住房问题。他们的做法是没有找开发商介入，而是农民自己投资，自己委托设计单位设计，委托建筑公司建造。这种做法的优点：①开发商不介入，农民住房不属于商品房，是归农民所有；②土地没有商品化，农民建屋减轻了经济负担；③这是农民真正当家做主的表现。

村镇民居的保护和发展，最主要的目的是改善农民的居住生活条件和居住质量。如果村镇中也有遗留下来的传统民居和其他一些传统建筑，经鉴定有保留价值的是可以保留的外，其他的不属于文物范围的民居就可以按照村内的现实要求，进行修建、改造。这样，既保留有文化、艺术价值的部分民居或其他传统建筑，又满足村内其他房屋的使用要求。

（2）民居研究为创造我国现代化、有民族和地方特色的新建筑服务

我国民居遍布各地。由于中国南北气候悬殊，东西山陵河海地理条件各不相同，材料资源又存在很多差别，加上各民族、各地区不同的风俗习惯、生活方式和审美要求，就导致了我国

传统民居呈现出鲜明的民族特征和丰富的地方特色。

优秀的传统民居建筑具有历史、文化、实用和艺术价值。今天要创造有民族特色和地方风格的新建筑，传统民居可以提供最有力的原始资料、经验、技术、手法以及某些创作规律。因而，研究它就显得十分重要和必要。

近二十年来，我国一些地区，如北京、黄山、苏州、杭州等地的一些新建筑、度假村、住宅小区等都相应地采用了传统民居建筑中的一些经验、手法或一些符号、特征，经过提炼，运用到新建筑中，效果很好。近几年来，已扩大到成都、广州、中山、潮州等地区。可见，借鉴传统民居的经验、手法与现代建设结合起来，不但可以继承保护民居建筑的精华，发扬它的历史文化价值，而且还可以丰富我国新建筑的民族特色和地方风貌的创造。

学习、继承传统民居的经验、手法、特征，在现代建筑中进行借鉴和运用已初见成效，但是，在建筑界还没有得到完全的认同。此外，在实践操作中，对低层新建筑的结合、对中国式新园林的结合已有成效，因而也逐渐得到认同而获得推广。但在较大型的建筑，特别是各城镇中的有一定代表性或标志性建筑中，还没有获得认同。可见，方向虽然明确，但实践的道路仍然曲折。

五十年来，民居学术研究，取得了初步的成果。由于它是一个新兴的学科，起步较晚，同时，由于它与我国农业经济发展，农村建设和改善提高农民生活水平息息相关，而且，它又与我国现代化的、有民族特征和地方特色的新建筑创作有关，因而，这是一项重要的研究任务和课题。传统民居是蕴藏在民间的、土生土长的、富有历史文化价值和民族和地方特征价值的建筑。真正要创造我国有民族文化特征和地方文化风貌的新建筑，优秀的传统民居和地方性建筑就是一个十分宝贵的借鉴资源和财富。我们的任务是坚持不懈地开展学术研究和交流，为弘扬、促进和宣传我国丰富的历史文化和繁荣建筑创作贡献我们的力量。

2007 年 10 月

民居研究学术成就二十年

1 民居研究学术成就二十年

朱良文[①]

传统民居学术委员会（以下简称民居会，前身为民居研究部）成立至今已二十年了，这也正是我国传统民居研究蓬勃发展的二十年。民居会作为一个民间学术组织，只是全国学术研究领域的一部分，本文也仅就我会范围内的研究活动及学术成就进行总结。然而鉴于其组织上的广泛性、学术活动的持续性以及活动上的影响力，这二十年的学术成就也在一定层面上反映出全国的民居研究动态。

一、民居会二十年来学术研究工作概况

作为一个学术团体，民居会二十年来紧扣学术研究这一主旨兢兢业业地耕耘，研究事业日益兴旺，研究队伍不断壮大，所取得的成就有目共睹。它表现在出成果与出人才两个方面。

（一）学术研究成果累累

二十年来民居会先后在各地组织了15次全国性的学术会议及7次"海峡两岸传统民居理论（青年）学术研讨会"、2次国际学术研讨会、5次小型专题研讨会、1次地域建筑学术会议，举办了5届传统民居摄影展览。各类会议上总计发表学术论文1350篇以上，其中一部分选录在正式出版的论文集中，一部分发表于全国性学术刊物上。

二十年中我会及其成员个人发表有关传统民居研究专著约数十部。其中，由我会组织，陆元鼎教授任主编，杨谷生先生任副主编，集中数十位专家、学者历时数年编撰而成的《中国民居建筑》（华南理工大学出版社，2003年11月）一书，是我会最具代表性的一项重大学术成果。成员个人在国家级出版社及各专业出版社（恕不一一列名）出版的专著不完全统计有：孙大章先生的理论巨著《中国民居研究》，以及《中国传统民居建筑》（龙炳颐）、《中国民居装饰装修艺术》（陆元鼎、陆琦）、《中国居住文化》（丁俊清）、《中国传统民居图说》（单德启）、《台湾传统建筑匠艺》（李乾朗）、《中国东南系建筑区系类型研究》（余英）、《闽海民系民居建筑与文化研究》（戴志坚）、《中西民居建筑文化比较》（施维琳、丘正瑜）、《传统村落旅游开发与形态变化》（车震宇）等理论研究著作；对地域性民居研究的著作有《桂北民间建筑》（李长杰）、《广东民居》（陆元鼎、魏彦钧）、《闽粤民宅》（黄为隽、尚廓、南舜薰、潘家平、陈渝）、《湖南传统建筑》（杨慎初）、《云南民居续编》（王翠兰、陈谋德）、《老房子——江南水乡民居》

[①] 作者：朱良文，昆明理工大学建筑学院教授，本土建筑研究所所长，中国文物学会传统民居学术委员会副主任委员，中国民族建筑研究会民居建筑专业委员会副主任委员。

（郑光复）、《福建土楼》（黄汉民）、《湘西城镇与风土建筑》（魏挹澧、方咸孚、王齐凯、张玉坤）、《北京四合院》（陆翔、王其明）、《客家民系与客家聚居建筑》（潘安）、《北京古山村——爨底下》（业祖润等）、《温州乡土建筑》（丁俊清、肖健雄）、《闽台民居建筑的渊源与形态》（戴志坚）、《山西传统民居》（颜纪臣）等；对少数民族住居研究的著作有《丽江纳西族民居》（朱良文）、《THE DAI》（朱良文）、《云南大理白族建筑》（大理州城建局、云南工学院建筑系）、《云南少数民族住屋——形式与文化研究》（杨大禹）、《中国羌族建筑》（季富政）等；此外还有《中国古民居之旅》（陆琦）、《丽江古城传统民居保护维修手册》（朱良文、肖晶）等科普读物。由此可见成果累累。

（二）学术人才不断涌现

二十年来民居会学术活动的活跃、学术成果的丰盛来源于各地热心从事研究活动的学者，正是他们推动了民居会工作的前进；另一方面，民居会学术活动的兴旺又不断吸引了大批不同专业的老中青学者，据不完全统计历次活动先后共有近千人参与，其中经常从事传统民居研究的约有数百人，形成了一支在全国有一定影响力的研究队伍。

二十年在学术上是个不短的时间。在这二十年中，以陆元鼎教授为首的一批老一辈学者（二十年前他们大多数也属中年）凭借他们敬业的精神、深厚的学识、勤奋的研究及有分量的成果，已经成为全国（包括港、澳、台）民居研究中有影响的学术台柱，在各省市及高校他们也多为学术上的领军人物。在这二十年中，更有一批由青年成长起来的中年学者，他们从参加民居会的活动开始逐渐成长为目前民居研究的核心人物，如陆琦、王军、张玉坤、李晓峰、杨大禹、戴志坚等各位教授，他们多半凭借有关民居的研究获得了博士学位，在各地高校中已经成为学术骨干乃至学术带头人，很多已经是博士生导师；他们的思维敏捷，思路开阔，对外交流广，研究方法也多样化，是目前民居研究活动的中坚力量。当前在民居会中更有一只庞大而活跃的青年研究队伍，他们多半是各地、各高校的青年教师、研究人员、设计技术人员及博士研究生、硕士研究生，他们很多都是被传统的保护与更新、城市的地域特色、新农村建设等热门课题有意无意地吸引到传统民居研究的队伍中的；特别是目前各高校建筑系有一部分研究生论文选题都与传统民居相关，因此民居会也成了他们学术交流与展现的平台，他们中必然有一批人在今后也会脱颖而出。民居会后继有人，后继兴旺，后继更有希望。

（三）学术活动特色鲜明

回顾这二十年来民居会的学术研究活动，有三点鲜明的特色值得记叙。

1. 真正把学术活动放在第一位

二十年来民居会组织了大小各种学术会议数十次，参加人数愈来愈多，涉及专业日益广泛。其生命力之所以旺盛，根本原因在于真正把学术活动放在第一位，每次会议有明确的主题，提供真正的学术交流平台，让与会者在学术上确有所得；学术会议不是办旅游，更不是为了赚钱。

2. 组织考察与学术交流并重

民居考察是传统民居学术研究的基础，二十年来的各次会议有意识在全国各地（包括港、澳、台）轮流召开，借机考察各地传统民居，既加强了学者对各地传统民居的基本认识与比较，又促进了当地对其传统民居的价值认识与保护意识。初期，社会上有人认为民居会"借学术名义搞旅游"，殊不知我们跑的多半是道路崎岖的山村、偏僻的村寨，经常白天长途跋涉、晚上开学术讨论会，这是在"旅游"吗？所幸这很快被社会所理解，并把"组织考察与学术交流并重"作为本会学术活动的特色而得到各界的赞赏。

3. 重视学术成果的整理发表

每次学术会议后的论文整理、正式发表，不仅有利于论文质量的提高，也便于展示研究者的学术成果。我会二十年来在各种会后组织出版了《中国传统民居与文化》论文集共6辑（中国建筑工业出版社），以及《中国传统民居营造与技术》、《民居史论与文化》、《中国客家民居与文化》等论文集（皆华南理工大学出版社）；另外一部分论文推荐发表于《华中建筑》、《新建筑》、《小城镇建设》等全国性学术期刊及一些高校的学报上。这对各地学者尤其是青年学者的学术成长、职务提升起到了重要的作用。

二、学术研究的内容综述

在二十年来我会组织的各次学术会上，与会的各学科老、中、青学者围绕"传统民居的保护、继承与发展"这一永恒的主题及各次会议的命题，发表了千余篇论文，论述浩瀚，其具体研究内容之广实难概括。回顾二十年的研究思绪，只能对其主要方面作一综述。

（一）对传统民居的史学研究

我会创始人及组织者陆元鼎教授数十年来不仅以自己的行动推动了中国传统民居研究历史的发展，而且也一直进行着传统民居的史学研究，他的《中国民居研究的回顾与展望》也是这方面的研究成果。此外，还有高介华先生对楚民居的研究，刘叙杰教授对汉代居住建筑的研究，谭刚毅博士对两宋时期的民居研究，孙大章先生对清代民居的研究，以及一些学者对地方民居的历史研究（如庄裕光先生的"巴蜀民居渊源初探"、李乾朗教授对台湾客家民居的研究）等。可以说传统民居的史学研究已涉及纵向与横向的广阔领域。然而也应该看到，这其中似乎对民居考古与文献的研究尚感欠缺。

历史研究的目的向来都是"古为今用"，如何从民居演变的历史中找寻轨迹、挖掘精华、借鉴发展今天的民居，应该还有大量的工作可做。

（二）对传统民居及其聚落更广泛地调查研究

起始于20世纪40年代、在20世纪60年代兴起的我国传统民居调查，经"文化大革命"一度中断，后于20世纪80~90年代再度兴盛。除了中国建筑工业出版社为出版《中国民居丛书》组织的调查以外，各地的高校建筑系师生、建筑设计界技术人员、相关文化工作者皆热情投入，我会广大成员也活跃其中。就调查的地域来说更加广泛，全国各地从平原到山区、从内地到边疆几乎都有新的发掘，例如"江西围子述略"（黄浩、邵永杰、李廷荣）、"三峡水库湖北淹没区传统民居考察综述"（吴晓）、"徽州呈坎古村及明宅调查"（殷永达）、"云南彝族山寨、井干结构犹存——大姚县桂花乡咪乍寨闪片式垛木房民居考察记"（朱良文），以及有关东阳明清民居（洪铁城）、阆中古民居（曹怀经）、平遥传统民居（张玉坤、宋昆）、贵州侗居（罗德启）、蒙古包（阿金）、河南民居（胡诗仙）、胶东渔民民居（张润武、薛立）、赣南客家民居（万幼楠）、马祖民居（康诺锡）、湖南名人故居（黄善言、陈竹林等）等的调查。从调查研究的内容来说，不仅是民居单体，而且扩大到聚落，并对其生态环境、地域与民族文化背景、生活习俗等作了较全面深入的调研，千余篇论文中的约四成篇幅都是这些调查研究成果的反映。它们对传统民居及其聚落的构成形态、平面形式、建筑空间、造型特色、装饰细部等都作了不同侧重的分析研究，其资料的丰富、内容的精彩无法一一陈述。

实地调查乃民居研究之基础，过去传统民居长期未被人们重视，因此今天的调查发掘更是研究中之首要工作。尽管近二十年来的调查展现出异彩纷呈的局面，然而我国幅员广阔，对传统民居及其聚落的调查研究尚有进一步拓展与深化的需要及可能。

（三）传统民居建筑文化研究

20世纪80年代以来，对传统民居建筑文化这一课题的研究异常活跃。表现之一是本会历届会议的论文中，大量篇幅反映了许多学者对传统民居建筑文化研究的成果，其中涉及：中国传统文化与民居内涵的关系（王镇华教授、余卓群教授、李先逵教授等）、传统民居与地域文化（王文卿教授、罗来平先生、戴志坚教授等）、少数民族文化与住屋形式（罗德启总建筑师、施维琳教授等）、宗教文化与民居（王翠兰总建筑师、杨大禹教授等）、民俗文化对民居的制约（王其钧教授、刘金钟先生等）。表现之二是高校建筑系研究生博士论文、硕士论文选题对这一课题十分热衷，而他们也是不断参与历届民居学术会议的富有活力的学术群体。

这种对传统民居建筑文化的研究热，究其原因：一是改革开放以来各种文化的交流促进了我们对文化层面的思考；二是外界的民居研究方法（如A·拉普卜特《住屋形式与文化》一书的引进）拓宽了我们的研究思路；三是根本原因在于我们多年研究后对传统民居认识的深化，使我们认识到文化是传统民居的灵魂。不过也需指出：传统民居的形成与发展受多种因素的综合影响，而且不同情况下主导因素不尽相同，我们也应防止把文化因子绝对化而忘却民居建筑的本原。

（四）传统民居营造技术研究

我国传统民居的丰富性不仅表现在类型的多样、造型的多姿多彩上，同时在材料运用的地方性及营造方法与技术上也有着鲜明的特点。对此，台湾学者的研究颇为精深，如李乾朗教授对台湾传统建筑及民居的建筑匠艺有研究专著，徐裕健教授对木结构之尺寸规制及其凶吉禁忌有深入的研究；台湾不少学者也很重视对民间传统匠师的访谈与记录，这对传统建筑技术的传承十分重要。大陆的研究者中，潮州的吴国智先生十余年来有近十篇论文总结潮州传统民居的木构架等营造技术，详尽而深入；此外，陆元鼎教授对民居丈竿法，木庚锡先生对丽江民居木架构的抗震构造、吴庆洲教授对中国民居的防洪措施以及一些学者对传统民居的防水、防潮、防白蚁、通风等技术方面皆有不同的研究。

传统民居的营造技术是一项非常重要的基础性研究，不少传统营造技术对今天的地方建设及本土特色的塑造仍有可借鉴之处。然而总体来说，我们对传统民居的营造程序、方法、技艺、匠师等方面的调查、总结、研究都尚欠广泛、深入与细致。

（五）对传统民居研究方法论的探讨

近二十年来对传统民居的研究方法，无论从广度或深度都有了质的变化。参与研究的人员不仅有建筑学者、研究生、工程技术设计人员、建筑企业领导、建设管理者，还有历史、社会、民族、文化等学者、艺术工作者、传播媒体工作者等；研究者的学科领域也愈来愈广，已经从以建筑学为主扩大到人文地理学、文化人类学、社会学、生态学、艺术哲学等多种学科介入共同研究。就传统民居研究的方法来说，仅在我会范围内，即涉及类型学的研究（陆元鼎、孙大章等）、以聚落为出发点的研究（梁雪、谢吾同等）、环境学的研究（李兴发等）、装饰文化的研究（陆琦、洪铁城等），以及人文地理学（那仲良）、生态学（李晓峰）、文化人类学（潘莹）、美学（唐孝祥）、符号学（谭刚毅）等等，还有比较方法的研究（郑光复、许焯权、贾倍思等）。不同学科学者的参与及从不同角度的研究，自然拓宽了研究思路，丰富了研究内容，更提高了研究的质量。

为了学术研究的深层发展，不少学者还对传统民居研究的方法论本身进行了思考与探讨。这方面，李晓峰教授的《乡土建筑——跨学科研究理论与方法》一书是一本力作；此外，《地域建筑与乡土建筑研究的三种基本路径及其评述》（岳邦瑞、王军）、《关于民居研究方法论的思考》（余英）、《中国古代文人的住居形态探索民居研究方法小议》（王其明）等论文都各有精辟的见解；刘克成教授在《西部的选择》中提出的对传统民居进行"整合学科、系统研究"的问题，有着重要的意义。

（六）传统民居及其聚落的保护、更新与开发研究

这是一个在理论上比较热门、在实践中比较棘手的问题，也是历次学术活动中频率颇高的研究话题。概括来说，又大致包括以下三方面的内容。

1. 对传统民居及其聚落保护与利用的研讨

早期有较多的论文介绍安徽、江苏、山西、广东、福建、云南等地的传统民居或街巷、聚落，阐述其特色，探讨如何保护及利用的对策。其中，阎亚宁教授在《（台湾）鹿港街屋特质与保存问题》一文中介绍了其保存观念、再生营运计划，并讨论了实践中的各种矛盾，比较具体而实在；李先逵教授在《地中海巴尔干民居地域特色及其保护中的现代价值取向》一文介绍了当地对民居进行文物性保护、半文物性保护、风貌性保护、更新性保护、复原性保护等多层次保护以及保护与开发、保护与管理的经验，有一定参考价值；殷永达教授的《徽州古宅更新保护设计》还介绍了具体的设计方案探讨。

近几年这方面研究更为广泛与深入，论文也数不胜数，其中涉及北京四合院、陕西窑洞、云南一颗印、三峡民居等著名民居类型以及一些会馆、祠堂建筑的保护与开发利用，各有其思路、经验与问题探讨；《我国南方村镇民居保护与发展探索》（陆元鼎、廖志）一文还提出了保护的对象、范围、标准与原则。

2. 对传统民居保护措施的研究

20世纪90年代，丽江、平遥、江南水乡古镇等相继列入世界文化遗产名录，大大提高了人们对传统民居价值的认识与保护意识；然而虽重视保护、但保护中的无意破坏却不断发生，用什么措施来真正保护好各地有价值的传统民居被提上日程。昆明本土建筑设计研究所接受丽江古城保护管理局委托经过一年多调查、研究、编制的《丽江古城传统民居保护维修手册》一书，以通俗易懂的正误对比、图文并茂的方式将保护措施普及到当地各家各户及施工人员手中，将学术研究工作深入浅出地落到实处，对丽江传统民居的保护起到了很好的作用。

现在随着对传统的认识提高，不少地方的人大、政府逐渐颁布一些保护"条例"。如何从保护条例进入到保护的具体措施，这是传统保护工作深化的需要，也是传统民居保护研究今后需要大量做的具体工作。

3. 历史街区与传统村落的保护与旅游开发

随着周庄、丽江、平遥、乌镇、西塘等地的旅游热，这几年各地对历史街区与传统村落的开发掀起了热潮。我会许多学者及设计人员也大量接触这方面的研究与规划设计探讨，有的已付诸实施，如昆明本土建筑设计研究所完成的"云南元阳箐口哈尼族文化生态旅游村详细规划"已经按规划实施，既促进了当地旅游的开发，增加了农民的经济收入，又促进了哈尼族"蘑菇房"民居的保护。相关论文总结也颇多，如对苏州山塘街（周德泉）、泸沽湖摩梭母系家屋聚落（邢耀匀、夏铸九等）、北京爨底下古村落（郭翔）等保护与旅游开发作了很好的总结与问题探讨；对凤凰沧江镇（魏挹澧）、楠溪江芙蓉、苍坡两座古村（业祖润）提出了很好的规划设想；此外还有涉及北京前门、西安鼓楼、福州"三坊七巷"等著名历史文化街区的保护、更新与开发研究。

大家都知道旅游是把"双刃剑"，它既可促进传统的保护，也可能造成对传统的破坏。近几年各地正反的实例皆不少。对此，也只有通过不断的研究与认真的规划来处理好两者的矛盾。

（七）传统民居的继承及其在建筑创作与城市特色上的探索研究

研究传统民居的根本目的是为了继承与应用，我会许多学者及设计人员都在进行着这方面的探索。概括来说也有三方面的内容。

1. 对传统民居价值论（继承问题）的理论研究

我们经常会遇到关于传统民居"有什么好"、"要不要保"、"能不能继承"等等在学者与群众、学者与领导以及专业工作者之间都有不同看法的问题。究其原因，是一个对传统民居的价值认识问题。鉴于感触颇深，笔者（朱良文）从1991年起即开始对传统民居价值论进行思索，数年来先后发表了《传统民居的价值分类与继承》、《试论云南民居的建筑创作价值》、《试论传统民居的经济层次及其价值差异》、《试论传统民居的消失与出路》等多篇论文，探讨传统民居的继承问题。其主导观点是：不能把大量的传统民居当作静止的文物，因而它有着不同于文物（以历史、科学、艺术三大价值来衡量）的三种价值，即历史价值、文化价值、建筑创作价值；不同层次的民居有着不同的价值可供借鉴，其可继承性及继承方式也不尽相同；在传统民居的建筑创作价值方面，除了总结一些创作手法外，更提炼出"从人出发、以人为主的创作意识"、"因时制宜、因地制宜的创作态度"、"兼收并蓄、融汇于我的创作精神"等创作思想以便继承。此外，也有一些学者在不同场所提及传统民居的旅游价值、装饰价值以及研究中的价值取向等问题。

传统民居价值论是一个较为理论性的问题，但是对传统民居的保护、继承与更新有着厘清思路、缩小认识差距、从而指导实践的作用，因此，还有待更多的学者作更深入的探讨研究。

2. 建筑创作上的探索

多年来关于"传统民居是建筑创作的重要源泉之一"在建筑界已形成共识；尤其在把"现代本土"作为建筑创作方向之一的今天，许多建筑师都在寻找当代建筑与传统民居的结合点。黄汉民先生长期对福建传统民居特别是福建土楼有精深的研究，同时他也经常将民居中的传统元素运用于建筑设计中，创作出福建省图书馆、福建省画院、福州西湖"古堞斜阳"门楼等一批优秀的建筑作品，在传统民居的继承与新建筑地方特色的创造上作了很好的探索。香港的林云峰先生也非常重视从传统民居中吸取营养，其《民居会议及建筑设计之启发返璞归真的环保建筑》一文，即介绍了香港几幢建筑吸取民居"善用天然资源"的意识，用于新建筑设计而达到了节能的目的。陆琦教授近几年在广州大学城练溪村及中山"泮庐"等项目中汲取岭南民居的精华，在新建筑创作手法中作了很好的探索，取得了较好的效果。

目前这一类的探索日益兴盛，他们或从传统民居的布局、形态上，或从其元素符号上，或从其空间环境上，或从其材料运用上，或从其文化内涵上等方面激发灵感、寻找结合点，正在不断推动着新的建筑创作的前进。

3. 城市特色上的探索

改革开放后人们对"千篇一律"、"千城一面"的不满与指责，引发了打造"城市特色"的话题。其实我会很早就有一些研究者的论文如《传统民居与城市风貌》（李长杰、张克俭）、《新疆喀什民居及其城市特色》（茹仙古丽）等在探索传统民居对城市特色的影响；此外，《传统民居与桂林城市风貌》（李长杰、张克俭）、《城市建设走民族风格地方特点问题的思考》（刘彦才）、《传统民居对现代城市建设的启示》（陈一新、谢顺佳、林社铃）等论文分别论及桂林城市特色的打造、南宁城市特色的思考及对香港都市特色的探讨。不久前昆明本土建筑设计研究所接受当地委托完成的《楚雄彝族城市特色研究》课题，具体探索了如何从当地传统民居研究出发来规划今后楚雄城市特色及其营造方法。所有这一切说明传统民居的研究对城市特色的营造起着愈来愈重要的作用，这方面的研究也有待拓宽。

（八）新民居探索与新农村建设的实践研究

早在1993年，单德启教授即在欠发达地区的广西融水县进行了苗寨木楼改建的实践，跨出了传统民居从理论研究走向实践探索的重要一步。其后，笔者（朱良文）于1997年在西双版纳也进行了傣族新民居的实践研究，直到1999年才陆续建成几幢，十年后的今天终于开始推广到一些村寨（如景洪曼景法）。他们有个共同的理念：随着时代的前进应允许民居在功能、设施、材料、技术各方面不断发展，形式也不可能一成不变；这种"大量改造"乃至"完全新建"的民居是应该也必然区别于"重点保护"或"少量保存"的那部分传统民居的。我们建筑师及研究者在新民居探索中的职责就在于如何尽量"继承传统精华"（也包括精华之一的传统形式）。实践证明这是非常艰难的事业，各地情况千变万化，问题多种多样，不可能有一个固定的模式，只有深入实际具体研究；而且现在不少建筑师已经体会到这是不同于一般在办公室内"完成图纸"的设计，也不仅是建筑样式的设计，它还包含着建造过程与设计方法的探索。

新民居探索从来都是与村寨的改造、建设联系在一起的。多年来各地有过许多关于村寨建设的研究，不过停留在规划设计阶段的较多；而真正已经建成的一些"新村"又恰恰缺乏研究，而走了一般城市化的道路。这使我们意识到：在国家提出新农村建设方针的今天，我们传统民居的研究应该更主动地与实践结合，更多地投入新民居探索与新农村建设的实践研究之中。

上述八个方面只是对传统民居研究涉及的主要问题的综述，未能包罗所有的研究。此外，民居会还组织过一些专题的研讨会，如客家民居、福建土楼、江南水乡民居、湘西民居、滇东南民居等，就一些问题进行了较深入的探讨，其中也包含着上述几方面的问题。

三、对今后学术研究的展望与建议

回顾过去的二十年，我们对民居研究所取得的成就感到欣慰；然而展望未来，我们深感传统民居研究既要有进一步深化研究、保护传统的追求，又应该承担更多面向未来的责任。为此，我们的研究尚有需要改进与深化等问题存在，概括起来有以下四点建议。

（一）对传统民居及其聚落的调查研究应进一步强化与深化

随着我国城市化的进程及新农村建设的步伐，我国许多传统的村落及其传统民居也加快了消亡的速度。为此，从抢救传统的角度，我们应对我国广阔领域内尚存的传统村落及其民居加大力度、加快速度进行调查研究工作。接受以往的教训，大规模建设之前搞好调查研究，才能对以后的建设提供指导意见，能保的保，能改的改，即使必须拆的也有资料可查，对新建设提供借鉴。

在对传统调查研究的方法上，老一辈开创的实地考察——测绘（有时加速写）——基础资料整理——分析研究的传统方法一直为我们所沿袭。然而现在随着设备的进化，测绘这一重要环节却相对减弱，走马观花似的拍几张照片即为"收资"者甚为普遍。我们提倡用更先进的设施来更完整、准确、系统地收集资料，但还得提倡学习老一辈"脚踏实地"的精神，多做实地的深入考察；至于人类学者对"野外作业"的亲身体验要求以及多学科综合调查的方法等都是值得我们民居调查学习与借鉴的。

（二）进一步深化对传统民居综合理论的研究

宏观地看，二十年来我们的论文、论著就数量来说不算少，但在理论上有所建树或有重大影响的力作相对不多；至于在今日的城市建设及新农村建设中，能够被人们确认具有"理论指导价值"的论著亦甚少。微观地看，我们的著述多偏重阐述传统民居的"精彩"，而具体分析"为什么精彩"、这种"精彩"如何转化为今天所用等则嫌不足；至于深入剖析、将其上升为令人信服而不空洞的理论者更少。具体地说，对传统民居的保护、继承与更新中至今还有大量的问题需要理论澄清：传统的真谛是什么？如何保护？哪些东西需要继承？如何继承？民居要不要发展？如何发展？……因此，无论从哪方面看，我们都需要进一步深化对传统民居综合理论的研究。

（三）面向当前城市建设与新农村建设的实践作出更大的贡献

改革开放以来我国的城市建设一直处于热火朝天之中，但传统却在不断地消失；现在人们愈来愈认识到传统的价值，因此传统民居研究者的投入也愈来愈多。当前新农村建设又提上日程，人们比以往更早地认识到传统民居研究与之密切相关。目前对我们来说是大好时机，应该有所作为。我们应该以自己的研究作理论指导，更应该直接参与实践探索，从过去由传统民居实践总结成理论的研究，走向应用理论指导今日建设实践的探索，相信其后也将会产生更多的理论。我们应该面向实践，主动投入，我们应该而且能够在当前城市建设与新农村建设的实践中作出更大的贡献。

（四）对传统民居的研究方法应该更加科学化与综合化

对传统民居的研究，历来直到现在我们大多数仍然是"个体式"的研究方式，选题也多半是个人所及或兴趣所致。这本是研究工作必不可少的基础，无可指责；对一个民间学术团体来说，这也将仍然是今后的一种重要方式。然而要想针对前面所说完成一些重大的综合理论研究，或对城市建设与新农村建设有较大的贡献，则必须选择一些重大的课题，争取相关的基金资助，集中更多的力量，研究方法也应更加科学化与综合化。所谓更科学化，即不仅有感性认识，更应有理性的科学分析，不仅研究定性问题，更应有定量的探究，尽管建筑学方面不全能如此，但应向此方向前进。所谓更综合化，即前面提及的"整合学科、系统研究"，重大的课题必须有相关不同学科的学者共同来"集体攻关"。在当前我国城市建设及新农村建设中，传统民居研究应该大有可为，也可以大有作为，我们应该争取一些重大的项目，运用更科学、更综合的研究方法进行突破。

过去二十年的学术成就已成往事；未来十年、二十年，我们相信民居会的学术研究将会有更加辉煌的成果。

后记

二十年，时间不短；累累的学术成果摆在面前；成批的民居学术界朋友及后辈新秀浮现于脑海……要想对其作一番总结实非易事。我只能勉为其难地受命，尽其努力地完成。这样的"总结"不可避免地受个人能力及眼光所限，不可避免地把个人观点加入其中（也不避嫌地把自己的所作所思纳入其中），因此它也不可避免地存在某种"片面"、"主观"。因此，也就请把它当作一篇不全面的"归纳"参考罢了！

附带说明几点：

1. 本文的"总结"主要针对民居会的学术活动及经常或先后参与民居会学术活动的学者之成就，对同时期全国广大专家学者、研究者的卓越成就（如陈志华教授、楼庆西教授、蒋高宸教授、张良皋教授、荆其敏教授等）未能涉及，并非有意抹煞，特此说明。

2. 文中列举著作及论文仅就言之所需而取之，不可能一一罗列，难免挂一漏万而未提及更重要者，遇此类情况亦请原谅。

3. 在本文写作中大量翻阅了民居会历年活动的论文集及一些期刊，特别是《中国民居建筑》一书"附录二中国民居建筑论著索引"，起到甚大的作用；但因不属引文，恕未一一注明，只在此一并表达谢意。

2008 年 7 月 20 日

民居研究二十年回顾（回顾篇）

3

2 民居研究二十年回顾（回顾篇）

2.1 忆李允鉌先生与第一届中国民居学术会议

陆元鼎

在华南理工大学和中国传统建筑园林研究会的支持下，民居研究部①经过充分筹备，第一届中国民居学术会议终于在1988年11月8日在广州华南理工大学科技交流中心胜利召开。这是我国"十年动乱"后在中国传统民居学科领域首先召开的一次学术交流会议。由于这是第一次召开，心有余悸的阴影或多或少仍有存在，当时参加会议的人数不多，共56位，包括河南、江苏、浙江、上海、贵州、云南、江西、湖南、广东等省市的代表。特别要提出的，当时就有香港、台湾3位同行参加了会议，他们是：香港大学龙炳颐教授、我校校友香港设计事务所李允鉌建筑师和台湾古建筑专家王镇华教授。

李允鉌先生是我校建筑系毕业校友，他1948年考入广州国立中山大学理学院地理系。他富有美术天赋，为此，1949年10月广州解放后，他在1950年转系到工学院建筑系，1953年7月毕业。毕业后分配到国家冶金工业部北京有色冶金设计院工作。他父亲是香港一位画家，1961年病逝，李允鉌先生在当年就离职去到了香港。

李先生从事建筑设计工作，但他非常热爱中国古建筑，在北京工作期间，他参观了北京著名的古建筑、古园林。他到香港后，又参观了欧洲以及印度等国家的古建筑和欧美等各国新建筑。他说，他对中外国家建筑的特点和异同深有体会。于是他花了多年时间着手整理所搜集的中国古建筑和国外建筑资料，又花了多年的时间写成了《华夏意匠》一书。他改变过去分类写史或分阶段写史的方法，他采用从建筑设计角度出发、从实际应用中国古建筑如何结合今天需要、即古为今用的观点出发，并运用中外建筑相比较的方法来进行写作。他的观点鲜明，方法灵活，文字通俗，图照精美。出版前他还特地请了一位从欧洲大学装帧专业毕业的青年专家来做书籍装帧设计，设计的页面不满排，页旁留空位给读者可写心得体会。版面用深浅单色，排版新颖，给读者耳目一新的感觉。在当时，这是采用新观点、新方法的一本中国古典建筑书籍，深受读者好评。

该书由香港广角境出版社出版，李先生不收稿费，只拿部分书籍赠送专家、亲友、老同学、老同事。其后，他拿纸样交中国建筑工业出版社出版，也同样不收稿酬，只拿样书。他的目的是要宣传中国优秀传统文化，宣传中国古建筑的优秀艺术成就。

经修改后的二稿，我也为他作了建筑年代核实和补充意见，可惜他因肝癌晚期，不幸英年

---

① 民居研究部，1985年成立，乃中国传统建筑园林研究会属下的一个民间学术组织。

早逝，使建筑界失去一位人才。该二稿由他家人收回后，一直未见再版，又是一大损失。

李允鉌先生热爱中国古建筑，热爱中国古民居。他1988年得知我们要举办中国民居学术会议，热诚向我推荐台湾一位古建筑古民居专家王镇华教授来参加会议，并告诉我，他愿意赞助王教授从台湾到香港再到广州来回的全部费用，使我们的会议更具有全国性，我们深受感动。为此，在开会的前一天，他亲自陪同王镇华教授来到广州，我们在广州火车站接待了他们两位专家。翌日，大会开始，这样第一届隆重的中国民居学术会议盛会大陆和香港、台湾地区代表都参加了。从此，代表们携手合作二十年，一直进行民居研究学术文化交流，意义十分重大。

2008年7月于广州

2.2 愉悦的回忆
——回顾第二届中国民居学术会议

朱良文

自从中国民居第一届学术会议于1988年11月在广州召开并成立了传统民居学术委员会（筹备组）后，原计划第二届会议于1989年在贵州召开，后未成，故决定改为1990年在云南召开。作为民居学术委员会副主任委员的我，当时任云南工学院建筑学系系主任，欣然接受这一委托，负责了这次会议的筹划与筹备工作。

当时云南在全国属经济欠发达地区，对外开放程度不高，许多人对云南还抱有神秘感；业内人士都知道云南的传统民居非常丰富，而真正来考察过的不多，于是许多人对云南的这次会议抱很大兴趣。鉴于此，我想这次会议应该把考察与学术交流并重，更突出考察，让大家多看一看云南的几种主要民居。然而，当时存在着经费不足的困难（只有学校支持的3000元），于是我分别前往大理、丽江、西双版纳、玉溪、思茅、楚雄等地的建设局寻求支持；谁知各地听说全国有许多专家要来参观考察（当时很少有全国性会议关顾这些地方），都抱着极大的热情表示支持，这反而又带来了地方取舍上的难题。针对当时云南各地间主要靠不太通畅的公路交通，这个会要么在有限的时间内压缩考察内容，要么多看一些而拖长时间。后经多方征求意见与协商，不得已计划将会议分为前后两段，前段考察大理、丽江，中途回昆明，后段考察西双版纳，学术报告分散在各地穿插进行；与会者时间若不允许可选择一段。

经过近半年的认真筹备，会议于1990年12月如期在云南召开，这个时候云南的气候如同北方的秋天，不冷不热，阳光灿烂，适宜考察。代表们于15日到昆明报道，参加会议者总计67人，其中云南以外的代表48人（包括港、澳代表6人）。参加会议者，半数以上（38人）为高级职称，其中有中国建筑师学会副会长、北京中京建筑事务所总建筑师严星华，中国传统建筑园林研究会副会长曾永年，北京市规划局总建筑师李准以及各院校教授陆元鼎、楼庆西、王其明、郭湖生、钟训正、余卓群、赵立瀛、杨慎初、黄善言等。

为了帮助回顾这次会议，现将会议的实际进程记录抄录于下（表1）。

中国民居第二次学术会议进程表 表1

日期	星期	上午	午餐	下午	晚餐	晚上	住宿
12.15	六	会议报到		会议报到		主席团会议	云工专家楼
12.16	日	中国民居第二次学术会议开幕式，报告会		报告会	宴会	看资料录像	云工专家楼
12.17	一	清晨乘车离开昆明，中午抵楚雄	楚雄宴请	14:00离楚雄，19:00抵大理		休息	大理洱海宾馆

续表

日期	星期	上午	午餐	下午	晚餐	晚上	住宿
12.18	二	乘船游洱海,中午抵周城	大理宴请	参观蝴蝶泉、周城民居、喜州民居、三塔		"三道茶"歌舞晚会	大理洱海宾馆
12.19	三	大理报告会		13:00乘车离大理,19:00抵丽江		休息,舞会	丽江招待所
12.20	四	参观丽江古城及其民居		参观黑龙潭	丽江宴请	丽江报告会,部分学者参加县座谈会	丽江招待所
12.21	五	清晨乘车离丽江,中午抵大理		乘车离大理		20:00抵楚雄,休息	楚雄宾馆
12.22	六	清晨乘车离楚雄,中午抵昆明		昆明参观一颗印民居,建筑学系举办严星华总建筑师报告会		休息	云工专家楼
12.23	日	清晨乘车离昆,中午抵峨山	玉溪宴请	乘车离峨山		20:00抵墨江,休息	墨江宾馆
12.24	一	清晨乘车离墨江,中午抵普洱		乘车离普洱		20:00抵景洪,休息	景洪宾馆
12.25	二	参观勐海景真八角亭		参观傣族民居、曼听公园	版纳宴请	风情园歌舞晚会	景洪宾馆
12.26	三	参观大勐龙笋塔		参观傣族民居		景洪报告会,部分学者参加州建设局座谈会	景洪宾馆
12.27	四	参观橄榄坝、曼苏满佛寺、曼听傣族民居		返回景洪、16:00会议闭幕式		文艺演出晚会	景洪宾馆
12.28	五	清晨乘车离景洪,中午抵思茅	思茅宴请	乘车离思茅		抵墨江,休息	墨江宾馆
12.29	六	清晨乘车离墨江,中午抵峨山		乘车离峨山、18:00抵昆明	过桥米线	休息	云工专家楼
12.30	日	散会离昆明					

回顾这次学术会议,有以下几点显著的特色。

1. 会议时间最长。会议从12月15日报到至30日散会,前后共16天(会议14天)。尽管会期长,但所有与会者因其考察内容的新鲜而不觉其长,除极个别代表因事早走外都参加了全部会议。

2. 会议活动路线长,且交通条件艰苦。会议在云南中部昆明开幕,第二天即去西线大理、丽江考察,第八天回昆明,次日又去南线西双版纳考察,并在景洪闭幕,全部历程(包括版纳州内三地)计约3000公里;当时的交通工具只是大客车,公路也不太完善(包括崎岖的山路)。尽管行程艰苦,可所有人都很兴奋,途中没有任何人出现身体不适。

3. 会议学术内容非常丰富。14天的会议中在各地安排了5场学术报告会,2次座谈会,考察了白、纳西、彝、傣、哈尼等族即云南主要类型的传统民居(当时保留得都很完整),同时参观了大理、丽江、版纳的主要文化景点。

4. 会议方式灵活,形成了新的民居会议模式。因会议涉及多个地方,故将学术报告分散安排在各地进行,穿插于考察活动之间(有时在晚上开报告会),既节省了时间,又对地方有利。自本届会议起,这一"民居考察与学术交流并重"的会议模式得以确立,并为以后各届所采纳,大受欢迎。

5. 云南各地的接待热情而真诚。不仅大理、丽江、版纳地州的建设局为会议提供了当时、当地最好的食宿、开会、考察条件,就连途中路过、短暂停留的楚雄、玉溪(途经其属地峨山)、思茅都热情接待。会议所涉足的六个州都曾设宴款待,表达了他们对全国各地专家到来发自内心的真诚欢迎,反映了云南人热情好客的本性。于是,会中经常流行一句笑言:"朱良文又要叫大家鼓掌了"(指宴会后请大家鼓掌表示对主人的感谢)。

6. 与会者热情很高,笑料颇多。会议期间除考察、学术会外,会余活动也非常活跃,大理的"三道茶"歌舞晚会,景洪的风情园歌舞晚会、文娱演出晚会,洱海游船上的活动,以及在丽江严总邀请的舞会等都给大家留下了美好的记忆。特别在回程到大理的一次晚会上,主办单位用小车推出了三个大蛋糕,是谁的生日呢?经宣布,是严星华总建筑师、王文卿教授、吴国智高级建筑师三人在会议期间的生日佳节,大家为他们祝寿,鼓掌,唱起了"祝你生日快乐"的颂歌。由于会议内外内容的丰富多彩,尽管会期长、路途艰辛,然而与会者的热情极高,兴趣甚浓,精神饱满,笑料也颇多,如李长杰总是因拍照的执着而最后上车,江道元的多次掉队又赶上而有惊无险,王文卿在"三道茶"晚会上的精彩舞蹈表演,许多人因受业祖润宣传而抢购化妆品"雅倩"、使得"雅倩"被民选为本次会议的"吉祥物"等等。

愉悦的回忆,无法一一细说。第二届民居学术会议已过去了十八年,但不论会上的学术交流、会中的学术考察、会内的活动、会后的笑料,都有许多值得回味之处,更忘不掉民居学术界老朋友之间的真诚友谊!

2008 年 7 月 28 日

2.3 桂林山水甲天下，桂北民居冠中华
——记第三届中国民居学术会议

李长杰

中国民居第三届学术会议于1991年10月20日至29日在桂林、龙胜、三江等市县举行。会议由中国文物学会传统建筑园林研究会民居研究部、桂林市规划局、龙胜各族自治县、三江侗族自治县等四单位联合召开。会议委托桂林市规划局主办。出席会议的代表，有全国各地（包括港、澳、台）的专家、教授、建筑师、规划师、风景师和民居研究专家等共103人（本届会议部分代表名单见表1）。会议邀请了我国三位建筑设计大师张开济、赵冬日、张锦秋（现为院士）参加，他们在会上作了生动、精彩的发言。

本会期间，同时有中国城市规划学会风景环境学术委员会成立大会（原为风景环境学组）在桂林召开，与本会同时全过程参加活动，两会合一召开，分开讨论，共同考察，互相交流，给会议增添了学术气氛，增进了彼此友谊。

会议收到论文68篇，在会上宣读论文35位代表，多有幻灯配合，文图并茂。会议还播放了《桂北民间建筑》等两个专题录像片。

会议在桂林市中心的桂都大厦召开，并考察了漓江山水，阳朔风景和部分具有民居特色的宾馆建筑。在漓江游船上，每位代表都留下了各自的风采，印在桂林美陶的彩碟上，经千度以上的温度制作成各人的漓江山水照像彩碟，永不变色，作为会议礼品赠送给各位与会代表，他们无不感到惊奇与珍惜。

会议移到距桂林105公里的龙胜县召开，并考察了金竹寨的典型壮寨民居。第一项考察，代表们的心就被桂北民间建筑吸引住了，那么大的村寨，都是统一木构干阑民居建筑，在高高的半山斜坡上、森林间、梯田旁，层层叠叠，与环境协调到像从山坡上天然长出来似的。不少代表惊呼"美极了！"久久不愿出村离寨下山。

会议又移到距桂林200多公里的三江县召开，考察了马鞍寨、平寨、岩寨、东寨、大寨、八协寨、华炼寨、平流寨、巴团寨、独洞寨、牙寨、盘贵寨等侗族村寨，传统民居和风雨桥、鼓楼、戏台、寨门、亭阁、萨岁坛等侗寨公共建筑。

我们特意组织了程阳八寨的侗族村民以传统的大型芦笙队集体吹奏侗家迎宾曲、侗族姑娘的拦路歌、程阳风雨桥上打油茶等极富民族特色的欢迎仪式迎接会议代表并伴随着富于民族服饰特色的侗族舞蹈，一直由村口、风雨桥迎入村寨内的鼓楼广场，载歌载舞，代表们手忙脚乱地迅速拿出各种摄影器材拍摄下侗民的优美舞姿，欣赏悦耳罕闻的规模巨大的集体芦笙音乐。代表们激动而尽情地享受了一场生动活泼的侗族民俗民情的考察活动。考虑到代表们几乎都是第一次到桂北考察，我们精心组织了这次独具地域文化的民族特色欢迎仪式和105位侗族演员在

马鞍寨鼓楼广场的精彩侗舞演出。

在三江期间，我们还组织了独具特色的侗文化文艺晚会的精彩演出。代表们感到侗文化太具地域特色、太丰富了，文化艺术又很高，这确实是我们祖国极为宝贵的优秀文化遗产。

在三江的5天中，考察了13座优秀村寨和十几座典型风雨桥、鼓楼、戏台、寨门、亭阁、萨岁坛等村寨公共建筑，代表们的情绪，再一次达到高潮，许多学者都惊叹从未见过如此独具特色的优秀民族建筑，进入村寨就出不来，像磁铁一般地被吸住。对风雨桥、鼓楼、戏台等村寨公建排队照相的场面到处可见。建于清代的国宝程阳风雨桥和建于1910年的巴团风雨桥，是桂北数百座风雨桥中的极品。程阳风雨桥是马鞍村人，侗族建筑师陈栋梁设计，反映出优秀侗民的极高设计水平和科学的施工技能。巴团桥的"人道"和"牛道"的分离，在近100年间，都没有第二例出现，使不少代表崇拜得五体投地，耗尽了自己的胶卷。

在桂北的6天艰苦考察期间，代表们无一漏缺，特别是当时82岁的张开济设计大师，村村寨寨都走到了，无一漏项，几处高山之寨，经人搀扶也都上去了，感动了全体代表。张大师对桂北民居（包括公建）作了高度评价，从桂北返回桂林，张开济大师写了一篇赞扬桂北民居的论文，题为《桂林山水甲天下，桂北民居冠中华》，计划分别在国内外发表。1993年张开济大师到桂林参加"桂林建筑风格研讨会"时，他在作会议总结中定调："桂林的建筑风格不能向洋风学习，要向桂北民居看齐"。

在三江独洞寨考察中，代表们遇见两位日本学者，其中一人能说中国话，他们在三江考察民居已经半年多了，他们认为这里的民居素材太精彩，调查费用也很低，住在民居里，每天20多元就够了，从一个村寨到另一个村寨，坐农民的拖拉机，2~3元即可。大家见到外国人不辞辛苦，在三江村寨里一待就是半年多，详细考察这里的优秀民居。代表们更觉得这次会议对桂北民居的考察的必要性和深远意义，更觉得不虚此行。

为了满足会议代表们对民居考察的高度激情和"尽量多看"的要求，会议只好将学术报告和讨论会安排在桂北的6天晚上，其中一个晚上是民族演出晚会。代表们白天实地考察桂北龙胜、三江的桂北村寨、民居、风雨桥、鼓楼、鼓楼广场、戏台、寨门、路亭、井亭、萨岁祠等桂北民间建筑，晚上在学术讨论中大谈感慨。清新优美的村寨聚落环境，古朴淳厚的建筑艺术形象，统一的木构干阑民居，民居亭廊结合的风雨桥，层层向上的多层重檐塔式鼓楼，以及风雨桥亭、戏台重檐和鼓楼内反映侗族蜘蛛文化的雷公柱复杂的勾连系统的优美木结构网落，十分震撼人心。桂北民间建筑，既风格统一、协调、和谐，又千姿百态、生动无比，有浓郁的地方特色，本土建筑文化，民族风格和独具特色的民俗风情等均感人致深。单是三江县就有民族村寨400多座。现存风雨桥108座，其中建于清代的26座，建于1912~1949年的有50余座。三江县现存鼓楼162座，其中建于清代的有52座。现存的村寨民居也多建于清代。龙胜龙脊寨民居中的石水缸上刻有1872年的铭文，可见该居民至少也有130多年历史。桂北龙胜三江等县主要居住着壮、侗、苗、瑶4个民族，村寨民居都是木构干阑民居，都有精彩的公建。从桂北兴安县出土的汉墓干阑民居明器看，桂北干阑民居至少也有2200多年历史。经过2000多年的淘汰与历史洗礼，还能保持到现在，被广大村寨居民所使用，不得不说明这类建筑的生命力、科学性与合理性。丰富的桂北民间建筑，好几个县都是整县保存，景观十分惊人，完全是一个规模巨大的"民居实物博物馆"。这些珍贵的民居建筑文化遗产，是一笔丰厚的财富。不但具有科学价值、文化价值和历史价值，而且也具有很高的风景文化旅游价值和社会经济价值。在祖国大地形形色色、丰富多彩的民居建筑中，桂北民居是一块绚丽的瑰宝。

代表们无限热爱桂北民居，为了不让它受到人为的破坏，全体代表一致提出保护桂北民居的倡议书，并都签了名。因此，本次会议发表了《弘扬传统文化，保护桂北民居倡议书》（附件1）。

在桂北考察期间，会议安排了两名极为负责的年轻人全程跟随、保护82岁的张开济大师。凡上高山村寨，都是两人搀扶而上，一路保证大师的安全。个别年老体弱的代表都有专人负责。整个会议期间，都有随同医生。

由于参会人多，每次会议转移，先遣队必须事先贴出住房安排表，代表们到达旅馆大堂，很快就可看到自己所住房间号码，迅速进入旅馆房间。虽然会议规模大，人多嘴杂，但秩序井然，整齐有序，人多见识广，丰富而精彩。这次会议给桂北人民留下极好印象，会后他们说："这批民居研究专家学识高、懂礼貌，专家到底还是专家。"通过这次会议，村民惊奇地感觉到山外还有那么多人喜欢自己的家园。因此，普遍提高了桂北人民的民居意识和热爱家乡、热爱自己居住的民居的信心。

本次会议9天，桂北考察6天，桂林3天。考察与学术活动紧张愉快、丰富多彩。特别是会议的组织工作自始至终都很周密、细致、完善，再加上考察内容精彩，赢得了代表们的一致好评和赞扬，认为是一次难忘的、富有朝气的、精彩丰富的学术会议。建筑大师张开济激动地说："我参加过很多国内国际很有档次的学术会议，都没有这次会议的组织水平高，这是我没想到的；桂林北部有如此精彩的传统民间建筑，也是我没想到的。"这次会议的圆满成功，首先是得到了省市政府和学会上级的重视与支持，桂北龙胜、三江两县的积极配合，主办单位桂林市规划局全体会务人员努力的结果。从规划局抽调科长和骨干20多人组成会务组。赴桂北考察期间，103名代表分乘8部中巴车，每车配2名服务人员，各持高音喇叭，代表们进入村寨后无法寻找，在规定的考察时间最后5分钟用高音喇叭播放《十五的月亮》音乐，招回代表。此举十分有效，6天考察期间，没有一人掉队。晚上召集开会，也播放此音乐，如军队吹号一般，形成一种条件反射，用音乐召唤，大家都觉得很好。以后的几次民居会都沿用此方法。

本次会议前，设计制作了民居会会旗，考察走到哪里，会旗就在哪里迎风招展，9部中巴车排成长龙，加上会务组共130余人的队伍，使中国民居研究会气势十足。

会议结束时，举行了隆重的会旗交接仪式，也是从第三届民居会传下去的。

本次会前书面报名人数达300余人，经压缩仍达103人。在会议报到时，有不少代表带了家人。为使代表满意，我们都接纳了，免费吃住和随同参观。对3位设计大师和重要代表人物，都免交会务费和全部报销来回机票和车船票等路费。为减轻代表们的负担，本次会议的会务费每人只象征性的收600元。为减少龙胜和三江县的压力，在桂北考察期间的所有费用，我们都全部结了账。所组织的105名民族演员的民族演出，每人都给了补贴费。会后未留纠纷和后遗症。

会议所收到的68篇论文，涉及到各地区各民族的传统民居剖析、民居特征、文化、环境和气候等多因素的研究，传统民居与城市风貌，民居的保护、改造、继承与发展以及传统民居在建筑设计中的运用等各方面，内容十分丰富。因而，会议决定将论文编辑出版，并委托桂林市规划局局长教授级高级规划师李长杰同志主办和编审。1995年8月，由中国建筑工业出版社出版，收入论文27篇。建设部叶如棠部长提写《中国传统民居与文化》一书的书名，副部长周干峙为本书作序。

本次会议,不少代表克服了许多困难,才得到与会之机。例如新疆的茹先古丽代表参会心切,但是单位不同意,她多次长话,希望我们向她的单位争取。为了满足茹先古丽的迫切心愿,我们多次长话恳请新疆唯一一位民居会代表能够赴会,果然得到允许。当时的火车速度较慢,茹先古丽从乌鲁木齐乘5天火车至郑州转车南下到了桂林。大家因茹先古丽热爱民居会的精神受到了很大鼓舞。

2008 年 8 月

第三届中国民居会部分代表名单 表1

(不分先后)

赵冬日	胡诗仙	邵永杰	陆 琦
张开济	刘金钟	李廷荣	陈向涛
张锦秋	李选逵	黄 浩	茹先古丽
金瓯卜	蔡家汉	朱观海	谭志民
陆元鼎	熊世尧	王文卿	傅 博
朱畅中	吴良志	郭湖生	李彦才
李长杰	刘 方	周立军	吴世华
南舜薰	成 城	钟训正	张克俭
周宇舫	谢 燕	梁永松	白剑虹
李东禧	解建才	俞绳方	吴 浩
杨谷生	李兴发	朱 智	夏永成
孙大章	曾惠琼	郭日睿	游 宇
王其钧	孙儒间	胡理琛	曾铭滋
王其明	孙毅华	周素子	黄 炜
杨春风	庄景堃	刘延捷	唐风林
杨赟丽	林小麒	李细秋	韩春林
张乃听	吴国智	郭怡淬	杨昌华
业祖润	徐 欣	黄伟康	黄宝日
沈冰于	殷永达	黄汉民	周 明
魏挹澧	罗来平	戴志坚	孙德春
韩原田	木庚锡	郭淑贤	江泽凤
胡文荟	林云峰	黄善言	董贵志
许焯权	刘彦才	黄家瑾	祝长生
朱良文	梁友松	余觉辉	

附件1

弘扬传统文化，保护桂北民居倡议书

1991年10月20日至29日我们参加中国民居第三届学术会议和中国城市规划学会风景环境学术委员会成立大会的全体代表，实地考察了桂北龙胜、三江地区的壮族、侗族村寨民居、鼓楼和风雨桥等传统民间建筑。这些丰富多彩的民居建筑，是祖国建筑文化遗产的宝贵财富。在我国大地上的各种民居建筑中，桂北民居是一块绚丽的瑰宝。但是由于种种原因，对这批民族建筑文化遗产的认识并非受到应有重视，逐年毁损，使它面临着泯灭的危机。为了弘扬我中华传统建筑文化，为了让传统民居建设更好地得到保护，以利在新形势下进一步科学地发掘、改造、利用和发展。我们与会代表热切而郑重地向社会发出倡仪，希望得到有关领导的重视，得到广大群众的关心，把桂北民居的保护工作提到重要的日程上来，切实采取措施，为弘扬传统建筑文化做出应有贡献。有鉴于此，我们倡议——

1. 当前，最重要的任务首先是加强壮、侗、苗、瑶等民族民居的保护留存，不能使其毁损或出卖，消除一切人为破坏和自然性破坏。

2. 大力进行防火安全教育，消除火灾大敌，采取得力措施，把事故消灭在萌发之前。

3. 全面进行民族建筑普查工作，对所有村寨民居和公建，分等列级，确定重点保护对象，尤其对价值高、质量好的重点村寨和民族建筑，应以立法方式加以维修，复原和保护。

4. 在保护民居建筑单体的同时，还要注意加强对村寨总体布局、村寨内外、空间环境与周围自然环境的保护，要树立环境整体保护观，包括道路、水面、广场、绿化、设施、小品、地物、地貌等。

5. 要大力加强治理人居环境脏、乱、差的面貌，改变破、烂、垮的状况，注重环境卫生条件的改善和建筑的修缮整治。

6. 应积极分期分批组织村寨规划建设工作，进行适当的、合理的、科学的改造，改善给水排水条件，方便生活，有利生产，保障消防。规划建设要同保护改造有机结合起来。

7. 大力开展绿化造林护林工作，自觉维护良好生态环境，尤其对风水林、风水树等重点绿化对象应挂牌保护。

8. 有计划有目的地协助创造民族村寨旅游开发条件，促进地方旅游业的发展，以保护带旅游，以旅游促保护，促进民族地方经济的发展。

9. 大力发展民族副业、手工业、提供旅游工艺产品和建设具有民族风情的设施作坊，如织绣、扎染、酿酒、银饰、编织等，把民居保护同优秀的民风民俗继承相结合，发展经济与保护改进相互促进。

10. 建议成立桂北壮、侗、苗、瑶等民族民俗风情风景旅游保护区。制定总体规则，使开发保护纳入法制轨道。

我们相信，只要领导重视，群众支持，专业工作者努力，一定会使桂北民居建筑文化遗产优秀传统得到充分保护，世代相承，发扬光大，面向世界，为国争光。

中国民居第三届学术会议
中国风景环境学术委员会
1991 年 10 月 28 日于桂林
（代表签名，略）

2.4 回顾第四届中国民居学术会议

黄 浩

中国民居第四次学术会议于1992年11月21日至28日在赣、皖两省召开。会议由中国文物学会传统建筑园林研究会委托景德镇市建设局主办，安徽省黄山市建委、徽州区城建局、歙县建委、黟县城建局等单位合办。

这一届会议在景德镇市开幕，会议和参观经历了8天，最后在江西省建设厅闭幕。由于会议安排横跨两省，所经地点都是国内外素有影响的地方，景德镇是世界知名的瓷都，在20世纪70年代末80年代初发现了100多处明代建筑的遗存和遗址，而徽州地区的皖南民居又是研究中国民居所必须关心的一个重要流派，所以参加这次会议的代表十分踊跃，实到人数达105人，而港、台代表就有19人。会议收到论文40篇，会后还编辑了论文集——《中国传统民居与文化》第四辑，由中国建筑工业出版社于1996年7月正式出版。

这次会议安排参观考察景德镇陶瓷历史博览区、景德镇地区有代表性的明清民居建筑和聚落、安徽歙县斗山街、棠樾牌坊群、黄山市老街、潜口民宅、呈坎村、西递村、黟县宏村以及南昌滕王阁、青云谱八大山人旧居等，在这种参观点多且路线复杂的情况下，会议不得不采取边考察调查边学术报告的方式进行。所以开幕式一结束，就把大队人马拉出去。白天赶路参观，晚上开会报告，行程安排得既丰富但又非常辛苦，有两顿中饭甚至带着干粮在中途路上解决，所以有人戏称这是"流动会议"、"马背会议"。

在10多年前，当时条件远不如现在理想，公路交通、社会治安、物质供应等都给这种特殊形式的会议增加许多困难和压力，但是由于主办和合办单位高度重视和精心周到安排使这8天行程复杂的会议开得非常成功；同时也与得到景德镇市政府、江西省建设厅、黄山市建委以及不少单位、企业对会议经费和物质条件给予大力的资助和支持分不开的。比如当时景德镇对外交通还很不完善。港、台代表只能飞抵南昌，而南昌到景德镇也只有砂子路面的公路，270公里的路程用专车接送也要六七个小时。所以把他们接到景德镇时已是半夜3点多钟了。为了路上的安全和使他们放心，我们特别安排了局武装部长和随员亲自去机场迎接，开始他们觉得好生奇怪，等到明白了我们的用心，则感动不已。所以在以后参观一些困难的路段，会议都全力联系请公安部门协助用警车给我们开道。同时，我们的会议车队还配备了医务人员和需用的药品。所以值得庆幸，六七天的游动路程和紧张的安排，所有参会代表不但平安、健康，而且觉得十分兴奋和快活。

会议还有几个有趣的花絮。

由于民居学术会议不是单一的学术报告交流，每次都精选出举办省现存的优秀传统民居和具有代表的聚落作为考察对象，有些竟是平时难以看到的，所以尽管每届年会安排时间都比较长，但会员代表都十分热心参加，同时也吸引了不少非会员的国内著名建筑师为了采风而自愿参会。每到一个考察景点，代表就急不可及地收集资料和拍摄照片，而且久久不肯离开。为了按照计划掌握时间，工作人员不得不采用高音喇叭的"呼号召回"法，这次选择了电视剧《济公》的主题曲作为呼号，所以每当响起"鞋儿破、帽儿破"的音乐，所有放出去的"羊儿"就会迅速返回归队，竟然成为会议的一道风景。

景德镇是瓷国之都，大部分代表都是第一次来到这个仰慕已久的城市，所以对陶瓷产生极大的兴趣。为了使代表获得一个有意义的纪念，会议利用一个晚上特意安排一次绘瓷活动。当晚，为大家准备了100个白瓷盘和瓷釉颜料以及绘瓷的工具，并特意请来了几位陶瓷艺术家前来指导。代表大多数都是建筑家，素有美术的修养，所以这次活动变得兴致盎然，活跃非凡。大家临场发挥，即兴绘瓷，居然产生不少意想不到的"作品"。瓷盘烧成又发回大家，作为永久的纪念。那一晚的相聚给大家留下深刻的印象和永恒的回忆。

为了使民居年会得到有计划的延续和充足的准备时间，会议采用了会旗交接制度，即本届会议为下届会议制作好会旗，在闭幕式上举行交给下届会议主办单位的仪式。中国民居学术会议在近二十年的会议活动之所以能顺利和有计划地开展，和这一仪式制度不无关系，每一次闭会的交接仪式，不但预先通报了下届会议的时间地点，而且成为大会最后一个高潮。

第四届民居会议尽管时间较长，而且跨两省五市、县地区，学术活动紧凑繁忙，但由于各方面大力支持协助以及筹办单位的周到细致安排，所以会议开得非常圆满成功。

这次会议由于安排考察了景德镇陶瓷历史博览区明清民居群和徽州潜口民宅，代表一致认为，在保护、利用、继承、改造方面，他们为我们作出了榜样，它为在建设中要拆除大片民房条件下如何迁移、集中保护，又可利用作为旅游资源探索出一条新路。这是目前在我国现实情况下的一条比较可行的措施，很有现实意义。同时，也不无忧虑地指出，目前还有很多优秀民居蕴藏在民间，我们还没有深入地去发掘调查，同时也有不少有价值的传统民居，随着城市改造和新农村建设正受到冲击和毁坏，所以，如何保护和利用好这些优秀建筑文化遗产是一个刻不容缓且亟待解决的问题。

尽管第四届中国民居学术会议过去已经十多年了，今天回想起来，会议情景还历历在目，会议的收益和印象还是十分新鲜。在此，我们希望今后研究传统民居的学术活动能代代相传，使这一学术事业得到更大的发展。

2.5 巴蜀民居情
——记第五届中国民居会议

李先逵

5月的山城重庆，阳光明媚，百花吐艳，气候宜人，在此美好的时节，全国第五届中国民居学术会议暨中国建筑学会建筑史学会民居专业委员会并中国文物学会传统建筑园林研究会民居学术委员会成立大会在这里胜利召开。

本次会议的主题是研讨传统民居的保护与开发，传统民居文化价值，历史理论与工艺技术，以及新民居的创作与发展。与此同时，宣布成立2个全国性民居学术研究机构。这标志着我国民居学术研究在前几次会议成绩的基础上又向前发展迈进，上了一个新的台阶。

为期12天的会议开得紧张、顺利、活跃、愉快，代表们兴奋而来，满载而归，会议取得了圆满的成功。

1993年5月26日上午大会在重庆建筑大学隆重开幕。重庆建筑大学副校长李先逵教授主持了开幕式。重庆建筑大学校长梁鼎森教授在大会上致欢迎词。中国建筑西南设计院院长冯明才高级建筑师代表协办单位向大会致词。上级学会领导故宫博物院院长，名誉会长单士元老和国家文物局古建筑专家组组长罗哲文老的特派代表，上级学会秘书长刘毅宣布新的两个民居学术研究机构人员组成。主任委员华南理工大学建筑学系教授、博士导师陆元鼎代表民居学术委员会讲了话。

大会还宣读了单老、罗老以及中国建筑师学会理事长，设计大师严星华的贺信，严老还对聘请他为民居学术委员会顾问表示感谢。中国建筑学会建筑史学分会会长杨鸿勋先生因故不能参会深表遗憾，特来函向大会表示祝贺，并向代表们问候。向大会表示祝贺的还有设计大师徐尚志、四川省建委副主任陆强、清华大学教授单德启、东南大学建筑系教授郭湖生、钟训正、王文卿、《华中建筑》主编高介华、《福建建筑》主编袁肇义、东阳建工局总工洪铁城、香港大学建筑系许焯权先生等。

参加本届会议的有全国20多个省市和香港地区的专家学者，还有来自大洋彼岸美国的教授，正式代表共142人。其中具有高级技术职称者占60%以上，特别可喜的是这次会议比往届有更多的青年学者和研究生与会。参会的除了建筑界外，还有文物界、出版界、文化界、艺术界等社会各界，除了专家学者外，还有干部、工人等业余民居研究爱好者。可以说这次会议是规模最大、层次最多、范围更广的一次老中青学者欢聚一堂进行传统民居学术交流的盛会，反映了我国民居学术研究队伍日益扩大，学术活动日益兴旺的新气象。

5月27日全体代表分乘3辆航空客车奔赴南充，阆中地区。号称"四老总"故乡的南、阆地区，不但有着光荣的革命历史，而且有着悠久而灿烂的文化，其中包括极富地方特色的建筑文化。这次会议的主要会期安排在这里，是组织者精心的考虑。在南充分会场学术报告会上，南充市市长向阳同志，顺庆区委书记尹孟良同志到会祝贺，并盛情设宴款待来自全国的专家、教授、学者。在阆中分会场的开幕式上，阆中市刘市长、陈副市长以及市委、市人大、市政协的领导同志都亲临指导并向代表们表示热情的欢迎。他们的深情好客，真挚热诚，使代表们十分感动，深表谢意。

按照民居会历届"考察与学术交流并重进行"的传统，会议安排十分紧凑，在参观考察中穿插安排了5场学术报告会和2场专家座谈会。大会收到学术论文57篇，在报告会上重点宣读介绍了29篇，配以幻灯、录像、图片等生动活泼的形式，深受代表的好评。这些论文围绕会议主题，既有对各地传统民居继续调查的新发现，又有对传统民居文化历史理论研究的新观点；既有对传统民居保护研究的建议，又有对传统民居建筑经验如何应用于新住宅和公共建筑设计以创造特色的探索。更多的代表在学术座谈会上各抒己见，畅所欲言，交流十分热烈。综观本次会议论文，可以看到，民居研究已扩展到文化、美学、民族心理、社会背景、生态环境、人类聚落存在等更为广泛的领域。"民居"这一概念其内涵在深入，其外延在扩大。不少代表认为，要创造有中国特色的现代建筑，深入研究民居是一条必由之路。

应南充市建委和阆中市建委的邀请，组织了2次专家座谈会，与会专家对这2个历史文化名城的政府和建委领导在名城保护与规划中所做的大量工作，给予了充分的肯定和赞赏。并对这两座古城的风水环境特色和地方文脉传统风貌特色表示了极大的兴趣，给予了高度的评价。不少著名建筑学家如孙大章、王其明、黄为隽、郑光复、刘叙杰、肖默等人都指出阆中古城山水城共为一体，风水大环境得天独厚，世所罕见，千万要保护好这一圣地，永传后世。美国纽约州立大学地理系教授那仲良先生以一口流利的汉语说，要使阆中风水走向世界，让全世界的人都来看看这一人间乐园。大家对阆中古城至今还较完整地保护着大片民居街区，感到十分欣慰。这同那些随意拆毁有价值的传统民居，肆意践踏优秀传统文化的做法，是一个鲜明的对比。认为阆中市建委和地方政府领导远见卓识，具有强烈的名城意识和民族责任感，代表们对他们表示崇高的敬意和诚挚的感谢。代表们还对南充市嘉陵江东岸鹤鸣山白塔独具特色的风水景观以及白塔的历史地位给予了高度的评价，认为这是中国传统哲学"天人合一"理论即人工与自然巧妙融合的范例，南充白塔作为宋代第一塔，应提高等级，列为全国重点文物保护单位。这一整体环境应得到严格认真的保护并积极宣传，其意义让更多的人认识它、爱护它。同时对陈寿万卷楼所在的山水湖园林的典型风水环境也应力加保护，这些都是不可多得的自然生态有机构成的山水城模式，真正的"形胜之地"，切切不可错失荆州。李长杰局长还用桂林名城规划的经验提出了若干很好的建议。不少代表也对古建修复，园林造景、民居保护、景观生态、山水格局等发表了很中肯的意见。这些都得到了两市建委领导的高度重视。民居学术委员会认为，今后我们要同各地保持联系，相互支持，为共同的事业，宏扬中华优秀建筑文化努力工作，这是我们应尽的职责和义务。

除了南充、阆中两市外，在来回不同路线的沿途对一些重要的民居和古建代表们也作了深入的考察。中国工程院院士、设计大师张锦秋先生参加了南充的全部学术活动和参观考察。他们怀着崇敬的心情瞻仰了广安县协兴乡牌坊村邓小平旧居，以及邓家祖茔。兴致勃勃地参观了南充市内的罗瑞卿故居、张澜故居纪念馆、潼南县双江镇杨尚昆故居。原计划列入考察项目的朱德故里因交通原因未能如愿，只能深表遗憾，留待另时。这些名人民居及其环境都各具特色，意蕴深刻，是民居研究中一个新的领域，值得深入研究。在南充代表们还参观了南充白塔、陈寿万卷楼、旧城老街果山街及奎星楼，在阆中还参观了张飞庙、巴巴寺、观音寺、滕王阁、锦屏山园林、观星楼，张宪祠、杜甫祠以及东山园林、唐代大佛、状元洞、白塔等名胜古迹。在南部西充一带农村自建新民居，给代表们留下了深刻印象，建筑师有社会责任同广大农民一起共同来创造具有各地特色的小康新民居。在返程途中还参观了川中第一名刹遂宁广德寺、潼南大佛寺以及名著中外的四川大足北山、宝顶山摩崖石刻艺术。这些散布在青山绿水之间的民居和古建艺术佳品，代表们目不暇接，满怀深情，留连不舍，他们忘记了疲劳，忘记了干渴，走不惯的山路吓不退他们寻宝的决心，难耐的烈日高温挡不住他们求知的精神。一个个镜头，一组组画面，在那眼中，在那脸上，在那心间！巴山蜀水自多情，留取美景照意真。代表们在这一方热土上洒下了多少辛勤考察的汗水，从5月27日重庆出发到6月4日返回，这来去近千公里跋涉，共9天的劳顿就够知道一切了。

在大会期间，还同时举行了第一届中国民居学术委员会第一次全体委员工作会议，讨论了学术分工和组织发展工作，制订了今后4年的学术活动规划。会议决定，在主任委员陆元鼎教授全面主持下，副主任委员孙大章，朱良文负责学术工作，副主任委员李先逵负责组织发展工作，副主任委员黄浩负责财经开发工作。全国各大片区都确定了联系人。可以相信，今年传统民居学术研究活动将开展得更加活跃，更加广泛，更加深入。

代表们在返回重庆后，还参观了有名的重庆沙坪坝磁器口古镇，观看了重庆建筑大学建筑城规学院建筑学专业获国家评估6年期通过的教学展览及漆德琰教授民居水彩画展。6月5日下午，大会在重庆建筑大学举行了闭幕式。建筑界老前辈唐璞老教授出席了会议并发表了热情洋溢的讲话。朱良文教授代表民居学术委员会作了大会总结。主任委员陆元鼎教授致了闭幕词。大会决定，第六届中国民居学术会议1995年8月在新疆乌鲁木齐市召开。主办单位新疆建设厅厅长陈震东先生向全体代表发出了热情的邀请，并欢迎有更多有志于民居学术研究的人士参加。最后，隆重的交旗仪式开始，当第五届民居会主办者李先逵先生把民居会会旗，移交给下届会议主办者陈震东先生时，全场响起了热烈的掌声。

会议同时还宣布了第六届民居会的主题：①传统民居的继承、发展及其在新建筑中的应用；②传统民居的文化价值，历史理论与工艺技术；③传统民居的内外环境。

这次会议的成功得到了各方面的支持和帮助。代表们对会议的组织安排等会务工作表示满意。尤其是南充市建委和阆中市建委的领导和同志们作了大量的工作，他们不辞辛劳，亲自到辖区几十里外的边界迎送代表，用警车、摩托为代表车队鸣锣开道。彩旗标语映蓝天，一片片深情厚意，代表们难以忘怀。南充市建委黄柏林主任，肖桂堂副主任，刘丽多副主任，王天全副主任，阆中市陈光荣副市长，市建委赵映龙主任，姜清林副主任，以及何副主任，邓副主任等同志，自始至终与会陪同代表。告别两市时，还举行了盛情的祝贺代表生日宴会和欢快热烈的联欢晚会。代表们在参观考察沿途各项目时，还受到广安地区建委，遂宁地区建委，潼南县政府、人大、政协和潼南县文化局，大足县委、县政府的热情接待和远郊迎送。我们谨致以最衷心的感谢。

本届会议由重庆建筑大学负责组织和主办。参与主办的还有南充市建委和阆中市建委，参与协办和赞助的单位有中国建筑西南设计院、四川省建筑设计院、四川省城乡规划设计研究院，成都市建筑设计院，重庆市建筑勘察设计研究院，重庆市文化局，大足县城乡建委和大足石刻艺术博物馆。他们为这次会议提供了良好的场所，食宿条件和考察项目，为会议的顺利进行作出了重大的贡献。此外，北京大地建筑事务所，建筑设计大师金瓯卜先生和香港巴马丹拿建筑师事务所林云峰先生以及香港房屋署乐素芬女士、吴克正先生等向会议提供了经济赞助。会议向上述各单位及个人表示最深切而诚挚的谢意。同时，会议也对各位与会代表的合作与支持表示衷心的感谢。

全国第五届中国民居学术会议胜利而圆满地结束了。代表们带着喜悦的心情满载收获与友谊踏上归程。我们相信，深入发掘、研究中国民居，努力保护、发展中国民居，弘扬祖国优秀传统建筑文化，使中国民居走向世界，将会进入一个新的时期。正是：

> 高朋盛会聚一堂，
> 中华文化吐芬芳，
> 挥手依依巴山月，
> 来年再会是新疆。

2.6 传统民居的研究与展望

颜纪臣①

[摘要] 加强建筑理论与建筑文化的研究是建筑师的一项重要的工作，而对传统民居的研究是基础。作者在加强与全国同行的学术交流和对山西传统民居的调查研究以及成果转化方面作出了努力。文章对城乡建设同步发展，当前尤其要重视村镇建设提出了明确的观点，对山西传统建筑文化研究的重要性，针对当前村镇建设规划设计提出了建设性的意见。

[关键词] 研究，交流，转化，同步，规划

作为建筑师的"历史任务和基本任务是促使环境中文化、技术、象征和经济因素的综合"。成为人类环境的一个富有责任感的塑造者。加强建筑理论与建筑文化的研究更是一项非常重要的工作，过去的几十年往往对此重视不够。20世纪90年代初，参加中国传统民居学术委员会的工作，是我一生中进行建筑理论研究的转折点。在这个委员会的大集体里参与了对全国各民族传统民居的综合调查研究，深受同行们工作的影响、鼓舞和启发。对山西传统民居的调查，研究和成果转化方面作了一些工作。适逢中国传统民居会议成立二十周年，简要回顾一下。

一、传统民居研究工作

1. 主办中国民居第七届学术会议

山西优秀传统建筑文化是中国建筑文化的一部分。由于特殊的自然环境及历史悠久的文明史，铸就了三晋文明。山西的五千年像一部厚厚的史书，打开每一页都可以看到昔日的辉煌。而山西传统民居特别是明清以来以晋商大院文化为代表，形成了山西传统民居特有的建筑艺术与风格。为了增进建筑同行的友谊，加强学术交流，使更多的建筑工作者了解山西，共同关注山西的传统民居文化，1996年8月13—19日我们主办了中国民居第七届学术会议。大会以"传统民居的形态和环境，传统民居与现代村镇建设"为主题进行了学术交流；参观了晋中及晋南

---

① 作者：颜纪臣，山西省建筑设计研究院教授级高级建筑师，原院长，第七届中国民居学术会议主办单位负责人。

有代表性的传统民居；参观了山西部分优秀的古建筑；会议期间还举办了第二届民居摄影展。"会议开得非常生动、热烈，取得了圆满成功"。新老朋友畅叙传统民居文化深情，建筑界、文化界共商文化遗产保护大计。会议要求："我们要发扬中华优秀传统建筑文化精神，同现代科学技术相结合，去创造具有中国特色的现代文化"。

  2. 出版《山西传统民居》一书

  1995年以后，我同几位建筑师决定对山西的传统民居作一次有选择的调查。于是大家进行了分工，分头做一些具体工作。在前后长达八九年的时间里，断断续续对山西境内50多个传统民居作了一些调整研究。并查阅了相关的文献资料，进行了多次整合。从山西居住建筑发展史，山西的自然条件对传统民居建筑的影响，山西传统民居建筑与当地文化、习俗、宗教，山西传统民居建筑的风格与特色，山西传统民居建筑的构造、材料与结构，山西传统民居的保护与开发，山西传统民居的建筑实例介绍等7个方面反复推敲、多次修改，另附近300幅山西传统民居彩照。《山西传统民居》一书，于2006年3月由中国建筑工业出版社正式出版。张锦秋院士在序言中写到："传统民居建筑既有重要的历史、文化科学价植，又有艺术欣赏价值和技术参考价值，从来都是建筑历史研究的重大课题"。"它是史料、理论和实地调查并重的结果，资料较全，成果较新，图义并茂，埋论与实践并重。可以说是新中国成立以来山西传统民居研究的一项具有权威性的成果"。当然《山西传统民居》一书，仅调查了山西传统民居的一小部分，加之现有的相关资料有限，作为研究山西传统民居仅仅是开始。

  3. 参与国家"十五"科技攻关计划项目"小城镇科技发展重大项目研究"

  本人作为课题的主要研究人员之一，并负责第四子课题"传统特色的小城镇住宅技术研究"山西地区的研究工作。项目挂靠在山西省建筑设计研究院。此项研究要求对我省具有代表性的地方传统民居建筑进行全面的分析、提炼和总结。深入研究与现代社会、环境、经济、技术的结合，并将研究成果转化为应用技术，编制可直接用于设计选用和施工的构造详图，实现典型传统特色小城镇住宅的标准化设计。在众多的技术人员对山西传统民居文化深入调查和对当前山西小城镇建设现状作重点调查研究的基础上，在近2年时间里，经过3次较大的修改完成课题研究。撰写了《传统特色小城镇住宅技术研究报告》并编制了《传统特色小城镇住宅》（山西晋中地区）标准图集。本图集在综合课题研究的基础上，以山西晋中为例，设计了组合平面示意，设计了A、B、C 3种类型6个单元住宅平面，以及相关有特色的节点构造大样。2006年3月26日建设部在北京举行了"建设社会主义新农村——农房建设送图下乡"活动。将本课题研究成果《系列小城镇住宅标准设计图集》免费赠送给全国1887个重点城镇。2006年6月27日通过建设部科技项目验收。验收报告中指出："课题完成的任务规定的研究内容，达到了考核指标的要求，实现了预期目标，研究成果整体处于国内领先水平，填补了国内空白，具有很广阔的应用前景。"

二、山西传统建筑文化研究

  中国是世界文明古国之一。山西是这个文明古国里历史延续最长，文明演进脉络最完整的地区之一，可以说山西的历史浓缩了华夏文明。芮城西候度遗址的发现，证明了180万年前，在山西这块土地上已有人类活动。十几万年前襄汾的丁村文化、阳高的许家窑文化，是人类跨入早期智人的重要时期。新石器时代在山西的黄河流域出现人类长期定居的村落。距今五千年山西南部的尧、舜、禹的历史，将山西推向了一个国度的文明中心，山西成了华夏文明起源的中心区域之一。盛唐以来，山西人在历史上创造了兴盛时期不凡景象。历朝历代都不乏山西籍的政治家、思想家和文学家，他们的业绩彪炳青史，光耀九州。悠悠五千年，华夏文明从发生到发展的整个过程，几乎都在这片沃土上留下了清晰的轨迹。民族精神和文化传统的精华，几乎都可在这里取得印证。

建筑是人类生存和发展的基础。历史上的建筑都是反映不同时代的政治、经济和文化的一面镜子。建筑的发展起始于民居，民居的发展反映着历史，民居文化是建筑文化之根。目前保留下来的优秀传统建筑文化像其他文化遗产一样，是我们祖先留下宝贵的、不可再生的人文资源。山西的古建筑具有鲜明的艺术性和很高的文化欣赏价值，形成了祖国传统建筑文化的亮丽艺术景观。目前尚存古建筑18000余处，其中国家文物保护单位223处。全国仅有的5处唐代木结构建筑均在山西。宋、辽、金以前的木结构建筑106处，占全国的72%。尚存元代木结构350座。明、清两代的更是数不胜数。现存的明、清晋商大院和优秀的传统民居，更是遍布全省。山西的民居"大院文化"展示着几百年来山西传统民居建筑的辉煌成就，凝聚着中华民族传统文化和哲学思想的民居建筑古朴厚重，高峻静雅。构成了一座座封闭的城堡式、一座座幽深庭院或一个个单体精美的建筑群。对此，作为一个建筑师在研究中国传统建筑文化时，是否应该对山西的传统建筑文化重视一下？当然，作为在山西工作的建筑师，就更应首当其冲，多作努力。为弘扬传统建筑文化，创新新时代优秀建筑文化而多作贡献。

三、城乡建设同步发展

广大的农村是历史和社会发展的源头，勤劳淳朴的农民是我们的衣食父母。关注乡村的建设与建筑，是我们建筑师的历史责任。改革开放以来，随着我国城市化的快速发展，城市的发展日新月异。全国各地乡镇建设也出现雨后春笋之势。但千篇一律建设带来了本土文化和个性特色的缺乏以及文化底蕴和传统风格的淹没。尽管广大村镇居民的经济状况，思想观念，生活状态都有了很大的变化。就村镇建设而言，仍然缺乏整体规划设计，结构单一，环境质量差，缺少公共设施，科技含量低，传统文脉与地方特色体现很少。这些远远不能满足居民的现代化生活需求。即使一些富裕起来新建的村镇，也是千篇一律，单调乏味。村镇建设往往是"只见新房，不见新村"，或"只见新村，不见新貌"的感觉。所以说当前城乡建设反差很大。如果说"中国城市建设和建筑特色危机，实际上是文化灵魂的失落"，那么乡村建设和建筑发展滞后，就是没有诠释中国建筑文化的全面发展以及对其误解和漠视。

党中央提出"建设社会主义新农村"。城乡建设同步发展、全国人民共同幸福是历史发展的必然。从长远发展看，即使我国的城市化达到60%，还有五六亿人口在农村。所以我国当前的主题仍然是"农村问题"、"农民"问题。只有农业发展了，农民富裕了，村镇建设与城市同步了，才是社会的真正进步。当前，形势严峻，对建筑师而言，深感责任重大。把我国村镇建设好也是我们义不容辞的责任，在这里一定可以大有作为。当前民居研究工作重心要转移，力度要加大，成果要转化。就是说，特别是在当前一个历史时期内，建筑师将工作重心转向村镇建设，加强调查研究，将研究成果用于村镇的总体规划、住宅单体设计、新技术新材料应用、传统文脉的延续。真正为我国的城乡建设同步发展作出新的贡献。

四、关注村镇规划设计

1. 建筑发展于农村而起始于民居，传承古韵延续文脉

关注村镇建设，就应该对当地具有优秀传统的历史建筑文化遗产，在适度的发展中促进保护建设，尊重历史自然发展空间肌理，使人们从现代生活中感受历史、感受文化。传统的古村镇反映了农耕时期的乡村文明，集政治、经济、社会、风俗、文化、宗教于一体，是人类宝贵的物质与精神财富。《威尼斯宪章》中指出文物古迹"不仅包括单体建筑物，而且包括能够从中找出一种文明，一种有意义的发展或一个历史事件见证的城市或乡村环境。"而优秀的传统民居是优秀传统的本土与地域建筑文化，是建筑文化之根。我国的传统民居建筑有着高超的工程技术、历史文化内涵和高妙的哲学思想。从和谐自然、尊重环境、布局与结构、内外装饰等都达到了很高的境界，有鲜明的艺术特征和很高的文化欣赏价值。这些都对我们弘扬传统建筑文化，创新新时代的居住建筑文化，为社会主义新农村的建设作出有益的借鉴。

2. 自然生态平衡，协调周围环境

美国学者麦克翰讲过："生态建筑学是立足在研究自然界生物与其环境共生关系的生态学（ECOLOGY）思想与方法上的建筑规划设计理论与方法"，对村镇建设也应处理好人、建筑、自然的关系。大自然包容建筑，建筑包容人，而人类对大自然也同样需要包容与呵护。关注村镇建设，就应尊重当地的自然生态地理风貌。充分利用保护人身健康自然元素：因地就势、合理绿化、避风朝阳、自然采光与通风、处理污水及节水、就地取材等等。因地制宜，协调与丰富周围环境。我国各地气候殊异、地貌有别，风俗习惯、文化情结、建筑材料不同，因而所形成的各地乡村建筑及其风格与形制也会千变万化，不一而同。但不论怎么变化，其建筑在选址，规划、格局、风格、形式及外观等方面，都应体现出与自然环境的协调和相融，以此而建设有地方特色的新农村。

3. 创新规划设计，提高生活质量

关注村镇建设，就应该搞好村镇规划与住宅单体设计。坚持"以人为本"，体现适用、经济、安全、美观和建设节约型社会的原则。村镇规划与单体设计还要符合现行规范，施工组织简便，最大限度地利用现代科技发展成果，以适应现代生活要求，增加居民居住舒适度，创造优美祥和的居住环境。

我国地域辽阔，既有北国风光、秀丽江南，也有东海碧涛、雪皑天山。广大的乡村或以层峦叠翠为障，或以江河溪流为畔，或有森林草木、鸟语花香，或有蓝天碧野、稻花麦浪。如此优美的环境，实在是最宜人居住的地方，愿我们的建筑师在那里为我国的村镇建设尽职努力一展才华，在那里一定会有作为的。

参考文献

[1] 高介华. 建筑与文化. 武汉：湖北科学技术出版社，2002.

[2] 张建民，李锦生. 山西古村镇. 北京：中国建筑工业出版社，2007.

[3] 颜纪臣. 中国传统民居与文化. 第七辑太原：山西科学技术出版社，1999.

[4] 肖厚忠. 民族建筑. 2008年1-2期.

[5] 申维辰. 华夏之根. 太原：山西教育出版社，2006.

2.7 第十届中国民居学术会议召开
——北京重视民居文物保护开发

录自《人民日报》2000.8.7 海外版

数十名来自海内外、同属中国建筑学会民居专业学术委员会的建筑学界专家、学者聚集北京，共商对"中国民居"特别是"北京民居"的研究与保护大计。

今天在此间开幕的全国第十届中国民居学术会议上，专家学者们一致认为，作为东方文化古都的重要组成部分，"北京民居"在中国建筑史乃至世界建筑史上有其特殊的地位；研讨如何协调经济发展与文物保护的关系，对北京城的发展建设具有重要现实意义。

近年来，北京市重视对包括民居在内的历史文物古迹的保护和开发，并已确定 25 片民居为"保护区"。

位于首都中心城区的西城区占有 12 个民居"保护区"，区政府采取"保护修复"和"开发利用"并举的方针，收效明显。阜成门内大街西四北侧一至八条，是西城区的四合院民居"保护区"，西四北六条通过整治修缮，临街两侧 50 多个门户、院墙都较好地保持着明清时期老北京民居建筑的风貌，已成为民居"保护区"内的"精品"。在紧邻"保护区"的北边，新建的通衢大道——平安大街历史文化遗存密集，其街景修建和改造均按照明、清时期的建筑形式，殊少造作，沿街一溜儿灰墙青瓦，古式的宫灯高挂，如一轴丹青"长卷"，艺术地再现了老北京人文风貌。

2.8 "强化传统民居研究"呼吁书

第十、十一届中国民居学术会议

中国传统民居是中国传统文化的一支奇葩，是中国建筑文化的一块瑰宝。民居是人们最直接接触和使用的建筑类型，是各地各民族人民根据自己的生产需要、生活习俗、经济能力、民族爱好、审美观念，结合本地区的自然条件和材料，因地制宜巧工营建的。中国传统民居所蕴藏的文化历史价值是丰富多样的，将永远成为启迪我们进行建筑文化创新的永不枯竭的源泉。

随着社会的进步和发展，对传统民居价值的认识和重视已由学界不断扩大到政界的各界人士，特别是研究传统民居的专家学者在极其困难的情况下，通过自身的努力和社会各方面力量的帮助，对发掘、宣传、研究传统民居做了大量的卓有成效的工作，从而及时抢救并保护了不少濒于毁灭的优秀民居和传统村镇。丽江古城、平遥古城划入联合国人类文化遗产；周庄、歙县的保护和开发都为我们保护利用传统民居提供了最有说服力的范例。更令人欣喜的是，自前年开始，以建设部牵头，国家对优秀的历史街区逐年资助以便修复和保护。这极大地激发了地方政府、人民群众抢救和保护传统民居的积极性。

但是，令人忧虑的是，由于城乡建设发展的迅猛，由于传统民居的价值没有得到应有的重视，由于对传统民居缺乏法制的管理和约束，不少传统民居没有得到及时的保护，甚至被胡乱拆毁，大量传统民居岌岌可危。

今年六月，中国传统民居学术委员会的专家们组织了一次对欧洲八国的民居和古城的专题性考察。考察当中抑或是归国之后，专家们一面惊叹我们的差距，另一方面又感到工作的紧迫和责任的重大。欧洲八国的成功经验表明：一个现代化的文明城市应有两个标志，一是科技和生产力的高水平发展，一是对有历史厚重感的传统文化遗产的保护。相形之下，作为世界四大文明古国的中国，更应成为世界的表率和典范，而不是湮灭自己固有的光辉文化和历史风貌，去建造缺乏传统特色和历史渊源的城镇。为此，我们郑重呼吁：

1. 所有关心和支持传统民居的各界人士积极行动起来，站在文化发展的战略高度，以神圣的使命感和高度的责任心去深化传统民居的研究，强化对传统民居之价值的宣传和开发，从我做起，多方呼吁，以促进中国传统民居保护的进一步加强。

2. 加大在群众中宣传教育力度。利用各种形式的宣传工具，使广大人民牢固树立"传统民居意识"和"历史名城意识"，民居是广大人民直接创造的历史财富，也只有人民，才能肩负起保护传统民居的历史重任。

3. 提出创办"中国传统民居博览园"的构想，呼吁各界人士尽其所能，用其所长，就"博览园"的规划，传统民居的迁建技术和方案进行论证。就此项目的价值和意义进行多角度的广泛论证，积极筹措和争取项目实施经费。近年来，景德镇陶瓷历史博览区和安徽潜口民宅为我们提供了很好的易地保护民居的实例。

4. 所有从事民居研究的专家学者，应再接再厉，不断深化各自学术研究。同时要加强相互间的联系，自觉组织起来，撰写论证报告，向国家自然科学基金委员会、国家社会科学基金委员会、省、部、市等各级科研主管部门建议，加大对民居研究项目的资助力度，扩大民居研究课题立项面，以推动我国民居研究向纵深发展。

5. 我们建议，通过多方面的努力，就研究、保护、利用传统民居的工作做好几件事情：成立一个传统民居研究机构；创办一种研究民居的期刊；制作一部传统民居的宣传影片或纪录影片。

诚然，传统民居及古街区、古村镇的保护、改造和利用是具体而艰巨的工程，需要多学科专家的合力研究。我们面临的困难是不言而喻的，但它又是责无旁贷的历史使命。我们完全有理由相信，凭借领导的重视，职能部门的有效管理，专业工作者和广大群众的参与，运用法律和经济手段，我们定能使中国传统民居及其文化传统光芒四射，魅力焕发，使祖国优秀的传统建筑文化永继千秋、绵延万代。

第十届中国民居学术会议于北京
第十一届中国民居学术会议于西宁

2.9 民居文化代有弘扬
——第十二届中国民居学术会议召开

李先逵

在世界各民族丰富多彩的民居中，中国民居建筑文化可谓别具风格，自成一体。中华民族大家庭56个民族散布在960万平方公里的广阔地域，各民族民居异彩纷呈，人数最多的汉族在不同的地区居住形态也千差万别。这些民居类型多样，特色鲜明，内涵精深。它不仅是中华建筑文化的重要组成部分，也是东方居住文化的典型代表。

民居在它的漫长发展历史中，繁衍出各色各样的建筑类型，一切建筑追根溯源都会在住居中寻找到它的基因。同时，民居的形成也孕育并深刻地积淀了民族的生活哲理、行为方式、心理结构、社会观念、文化意识和审美情趣，并通过精心的布局，高超的技艺，经济合理的手法扎根于所在的地域，同自然环境融为一体，成为真正有价值的土生土长的文化和具有独特意义和个性的文化，最真实地反映人类的社会和历史。建筑的民族性、地域性和时代性在民居文化中有着最生动的体现。与此同时，优秀的传统民居建筑不仅是一笔不可再生的文化遗产和宝贵文化财富，而且是经济建设和文化建设不可或缺的可持续发展的物质资源和人文资源。虽然有一些传统民居在使用功能上已不能满足现代生活的需要，我们应当继承、更新和创造新的民居，但传统民居文化遗产所包含的科学价值、历史价值、文化价值、艺术价值、生态价值以及旅游经济价值等都值得我们去认真研究和发掘，也许还有很多潜藏在民居中的历史文化信息至今未被发观，还有不少新课题有待识者进一步去认识和开拓。这不仅是建筑科学研究中的一个重要领域，而且也应当成为社会科学和文化艺术等方面重要的研究领域。

民居研究还有更广泛更现实的意义，这就是如何同当今的城乡建设规划、建筑设计创作以及广阔天地的村镇建设、新农村现代化建设结合起来，如何从传统民居文化遗产中汲取有益的营养，积极继承和借鉴。现代建筑的地域化将是未来建筑发展的一大趋势，如何从地域特色鲜明的民居采集有用的文化特色，环境意识与经验手法，去创作有地方个性特征与风格的城乡建筑，是当今建筑师树立正确建筑创作观的重大课题。更不要说在大规模的农村住房村镇建设中，更应该向各地传统民居学习，改变"排排房"兵营式的所谓新农村建设方式。在当前并村并乡并镇的农房建设中，如何继承和发扬各地各民族民居具有的浓郁的民族特色和地方特色，如何借鉴民居结合当地自然环境条件创造出优秀的建筑经验和手法。都应当成为重大课题进行认真总结和研究。

随着社会可持续发展观的提出，以及对环保生态和人居环境问题的关注与重视，民居研究也向广度和深度不断拓展，尤其在民居的内涵和外延上都大大突破了以前狭义的范围而变得视野更加开阔，更加深化。对民居定义的理解，既不完全是就民间居住建筑而言，也不仅是指乡土建筑，而是泛指历史上的除官式建筑和宗教建筑以外的以生活民俗为主要特征的聚落群体及个体，包括城市与村镇、街坊、宗祠、住宅甚至作坊铺面等生产性经营性建筑，在过去时代它们同生活性建筑是紧密联系在一起的。民居研究的深度也从纯建筑学角度延伸到社会学、哲学、美学、民俗学、民族学等诸多领域，逐渐形成民居建筑文化学的新局面。因此民居研究前景是十分广阔的。在中国民居学术委员会的倡导下，已经连续召开了大小几十次学术会议，不仅建筑学界人士参加日趋踊跃，而且还扩大到包括社会人文、艺术美学、民俗民族学等各界人士，并引起海内外专家学者以及广大青年学子的关注与参与。

当然我们也不能不清醒地看到，在城乡建设迅猛发展过程中，一些旧城改造和旅游开发的盲目性和短视行为，大拆大建之风盛行，造成了不少优秀的传统民居文化的严重破坏和毁损，一些有价值的历史街区和古村落正在可悲地消失，这种现象至今还未得到有效的遏制，应当引起各级政府和广大有识之士的高度重视，奋臂疾呼。在温州市举行的第十二届中国民居学术研讨会上（2001年7月23—27日），提出了"保护第一，研究第二，开发第三"的基本原则，是十分必要的。对民居文化的继承和弘扬，没有抢救性的保护，物质形态的文化遗产什么都不存在了，研究开发都无从谈起，这是工作的基础。没有研究，不能上升到科学的理论，实践也是盲目而错误的，保护工作搞不好，开发也只能是建设性的破坏。开发是传统优秀文化遗产的弘扬和利用，应当是科学的、永续的利用。所以保护、研究、开发三者的辨证关系一定要处理好，一定要有一个科学的、清醒的认识。

来自中国大陆和中国台湾、香港地区以及美国、日本等国家的150多名专家，学者参加了第十二届中国民居学术研讨会。会议召开期间，香港凤凰卫视中文台、《小城镇建设》、《南方建筑》、上海有线电视台、浙江电视台、温州电视台等多家新闻媒体采访报道。民居文化，代有弘扬。在第十二届中国民居学术研讨会上，有不少论文在民居的保护、研究、开发方面都有深入的论述，供推崇与学习，以更进一步推动民居研究学术水平的提高，推动优秀民居建筑文化遗产的保护，推动民居文化能在住房建设和文化建设中发挥更大的作用。

2.10 首届海峡两岸传统民居理论（青年）学术研讨会纪要

中国传统建筑园林研究会传统民居学术委员会　中国建筑史学会民居专业学术委员会

1995年12月11—14日分别在广州市华南理工大学和鹤山市北湖宾馆召开了"海峡两岸传统民居理论（青年）学术研讨会"，会议由中国传统建筑园林研究会传统民居学术委员会、中国建筑史学会民居专业学术委员会、台湾传统住宅研究会、华南理工大学建筑学系、广东省鹤山市建设委员会、北京大地乡村建筑发展基金会联合主办，承办单位为华南理工大学建筑学系和鹤山市建设委员会。

会议有来自全国14个省、市地区的73位代表，其中港、台代表12名。除主办单位代表、特邀代表外，正式代表50名，平均年龄35.5岁，30岁以下9人，30—40岁35人，最年轻的代表24岁。会议共收到论文70篇，会议后有关会议主题的论文将由台湾《空间》杂志和武汉《华中建筑》分别刊载。

这次会议受到了各方面的重视与支持，参加会议开幕式的有：建设部村镇建设司郑坤生司长、建设部教育司副司长李先逵教授、北京大地乡村建筑发展基金会金瓯卜理事长、中国传统建筑园林研究会曾永年副会长、中国传统建筑园林研究会刘毅秘书长及台湾传统住宅研究会李乾朗教授和徐裕健教授、《华中建筑》高介华主编、《南方建筑》郑振纮主编等嘉宾代表。郑坤生司长在大会上作了重要讲话，他指出研究传统建筑、传统民居的目的：①为了发展建筑的民族特色、地方特色；②要古为今用，要与现代村镇建设结合起来。作为青年来说，主要是继承老一辈的敬业精神，更好地为弘扬优秀传统文化而努力。本次会议得到了华南理工大学和鹤山市建设委员会的支持，华南理工大学副校长贾信真教授参加了开幕式并致欢迎词，鹤山市建设委员会的温健华主任、冯刚华副主任参加了闭幕式并作讲话。

本次会议的主题是传统民居理论研究，希望在历届民居会议研究的基础上对传统民居理论作系统的提炼与深化，希望青年一代能在传统民居研究的系统化、科学化与理论化方面有所作为。会议进程有四个内容。①大会发言。发言共分六个主题：民居理论与方法、聚落研究、各地各民族民居研究、民居营建与技术研究、近代民居考察、民居保护与发展。这次大会本着鼓励、倡导年轻一代在老一辈的研究基础上继承老一辈的献身精神，深入开展传统民居理论研究。考虑到代表来自全国各地，年龄单位研究各有不同，希望有尽可能多的青年在会议上交流思想、观点、方法，也便于大家认识了解及在会后的交流，共安排33位代表在大会发言。②小组讨论。因时间关系只能安排在下午参观后的晚上进行，尽管大家十分疲倦，仍有39位代表热情地畅谈了自己对民居研究持续发展的想法和观点。③专题报告会。由台湾学者李乾朗教授为大会作了"台湾传统建筑对当代台湾建筑的影响"的学术报告（建筑学系部分师生与广州市部分技术人员参加）。④参观开平市侨乡民居与粤西古建筑（会议后安排了肇庆、德庆、番禺和顺德的民居与古建参观）。会议开得高效、紧凑，代表们情绪饱满。

代表们普遍对会议评价很高，认为会议开得很成功。有的代表评价这次会议是传统民居研究的里程碑。①第一次以青年研究者为主。讨论中，大家表示，传统民居研究的接力棒已交到我们青年研究工作者的手中，我们一定要把它传下去。会议初步商定青年会议两年一次，1997年暂定在云南召开。②促进了海峡两岸青年研究者的交流。这次会议上青年专家就传统民居研究交流了不同的研究成果、思路与方法，并已形成了传统民居研究青年工作者的基本队伍，大家对传统民居研究的前景充满了信心，对未来的发展与民居研究的应用前景提出了许多建议和想法。

会议取得了圆满的成功，会议感谢东道主华南理工大学建筑学系和鹤山市建设委员会为大会的筹备和召开所作的贡献，感谢全体工作人员的辛勤劳动和努力，感谢广州市芳村区市政建设工程公司、开平市建设委员会、佛山市文物管理委员会给予会议的大力支持与协助。

中国传统建筑园林研究会传统民居学术委员会
中国建筑史学会民居专业学术委员会
1995 年 12 月 18 日

2.11 客家民居研究概况与建议①

(录自《国际学术动态》)

陆元鼎

(华南理工大学建筑学院，广州 510641)

2000年客家民居国际学术研讨会（International Conference on Chinese Hakkas' Houses）7月23日在广州开幕，在广州、深圳、梅州三地举办了学术报告会，又考察了三地的客家围屋和古园林、新民居，历时5天，7月27日在梅州闭幕。

会议共有148人参加，其中港、台代表有9位，国外代表有6位。值得高兴的是代表中大部分为热爱传统文化的中、青年。会议共收到论文65篇，其中有关客家民居和文化方面的论文有42篇。

一、与会代表的共识

1. 客家民居建筑和文化非常丰富蕴厚。不但早期调查了福建土楼，后来又有广东客家围垅屋，再后又有江西客家围子。这次会议又看到深圳龙岗那么丰富的客家围屋。日本代表、东京艺术大学名誉教授茂木计一郎说："真想不到中国的客家民居那么多那么丰富，令人惊讶。"日本代表、东京艺术大学教授片山和俊于回国后来信说："通过研讨会，我们对中国客家民居的研究又有了进一步的认识。"武汉市代表《华中建筑》编辑部总编高介华教授说："我今天了解并参观了客家民居，它的文化内涵非常丰富，真了不起。我一定要把客家文化和民居编到'建筑与文化'宝库中去。"其他代表也都有同感。

客家是中国汉民族一个特殊的民系，全世界有4500万客家人（据1993年统计资料），国外700万人，国内3800万人，除集中在粤、闽、赣三省边区外，还分布在四川、湖南、广西和台湾等省。参加本次会议的代表只考察了其中一部分。当前宣传客家民居和文化，对弘扬中国传统文化是很有意义的。

2. 通过会议，既利于交流和学习，又增加了友情。代表们不仅利用学术报告会，而且在休息时间、旅途车上、甚至饭桌上，都相互交流各人各地研究信息、研究心得和研究方法。有代表说，这种交流，甚至比报告会获得信息更多。

3. 代表们对中国传统民居在各地日益遭到自然毁坏和"建设性破坏"的现象，深感焦虑。大家建议要呼吁保护传统民居，作好传统村镇的规划，保护与建设要结合，旅游与保护要结合。代表们认为深圳龙岗地区对当地客家民居的保护与规划取得了丰富成果，值得学习。

---

① 载《国际学术动态》2001年第3期（总114期）第11-12页，华中科技大学主办（内部刊物）。

二、学术发展形势

（一）我国当前研究概况

因客家人分布在世界上的国家较多，人数也多，故其研究成为一门内容比较广泛的学科——客家学。它包括客家的历史、文化、民俗、方言、艺术等。至于民居建筑方面，主要是闽、粤、赣、台等省研究较多，有不少论著。近两年来，增加了四川省客家民居研究。这些研究，调查资料很多，并有分析，建筑与文化结合，资料非常丰富。但单独作为一个分类学科——客家民居学还没有很深入地探讨和研究，只作为传统民居学科中的一个分支。我校对客家民居的研究从20世纪60年代开始，断断续续。1994年建筑学系研究生潘安完成了博士论文《客家聚居建筑研究》，1998年中国建筑工业出版社为该论文正式出版了博士丛书《客家民系与客家聚居建筑》。

（二）国外当前研究概况

对中国传统民居研究的国家有日本、美国、澳大利亚、朝鲜、新加坡、马来西亚等，但对客家民居有研究的目前只有日本东京艺术大学茂木计一郎、片山和俊教授及其研究机构——中国民居研究室，他们写了不少客家民居论著。由于他们人多、设备好，又有财团支持，因而成果比较明显。他们起初在中国福建南部的客家土楼考古，后到广东梅州，又去了赣南进行土围子的调查测绘研究。他们虽人多，但由于时间限制，语言也有障碍，因而较多依靠照相、测绘等技术手段，故资料成果较多，但结合人文不足。

三、差距与建议

（一）差距

客家民居研究人员主要在我国大陆客家地区，其研究无论在广度、深度上都远远不够。例如：①缺少统一的规划、步骤和目标。目前只是各地区分散地、自发地进行研究，没有目标，缺少指导性规划，没有从整个客家民居学科要求出发，因而，其成果只能是有局限的。②在学术观点上，目前已进行到建筑与社会、文化、民俗、气候、地理相结合的阶段，少数研究已深入到民系民居研究阶段和用民系民居的学术观念。在研究方法上还需加强综合研究和采用比较学的方法，并吸取其他自然和人文学科的研究方法。③没有专门研究机构和人员，也没有研究经费。当前研究人员多数在高等院校，他们凭自己的资料和兴趣从事客家民居研究，可以说是业余的，没有约束性的，也没有很好的预期目标。这种盲目性研究对学科建设是很不利的。

此外，他们的研究成果，很少杂志肯发表。如《建筑学报》认为传统建筑研究未结合当前建设，不同意发表。

（二）建议

（1）建议制订统一的研究规划、步骤和目标，使全国客家民居研究有一致的共识，当然近期可以根据自己的具体情况进行。

（2）建议成立客家民居研究机构，要有一定的人力、财力，希望有政府部门和热心客家民居的事业家、企业家赞助与支持。

（3）研究客家民居史，客家各地区民居异同的成因、特征及其比较。

（4）研究客家民居如何保护、改造、发展；研究其特征、传统技术、艺术和经验；研究客家民居如何与现代建设结合等问题。

（5）为了加强国际学术交流和学科建设，结合民居专业学术委员会（中国建筑学会属下）和传统民居学术委员会（中国传统建筑园林委员会属下）均挂靠我校建筑学系的情况下，我校宜成立"民居建筑研究所"，把传统民居和客家民居的研究统一起来。

ced.

民居建筑专业与学术委员会的组成、发展、工作与体会

3 民居建筑专业与学术委员会的组成、发展、工作与体会

陆元鼎

3.1 民居学术研究团体的组成与发展

20世纪80年代中，有一次，我在北京见到中国传统建筑园林研究会秘书长曾永年先生，谈起我们正在研究民居建筑事，曾先生意见，是否可以在研究会属下用民间学术团体名义共同组织大家一起来进行学术研究和交流，我很赞同，经过筹备后就成立了在中国传统建筑园林研究会属下的民居研究部先开展工作①。

1988年经过筹备，在华南理工大学建筑系和中国传统建筑园林研究会的支持下，在广州召开了第一届中国民居学术会议。当时，出席代表人数56位，其中，有香港民居专家龙炳颐教授、李允鉌建筑师参加了会议，又经李允鉌先生赞助邀请了台湾专家王镇华教授参加了会议，这是我民居学术会议首次邀请香港、台湾专家学者共同参加民居建筑研究的学术交流会议。

1994年，第五届中国民居学术会议在重庆建筑工程学院召开。经过充分准备，在上级学会的批准下，中国文物学会传统建筑园林研究会（后改为委员会）属下的传统民居学术委员会和中国建筑学会建筑史学分会属下的民居专业学术委员会同时在重庆举办的民居会议上宣告正式成立，选出了领导班子，后来增补了香港、台湾委员，共19位委员，其中正、副主任委员6位。为了便于开展工作，两个学术委员会同一套班子。此外，还聘请了3位国内著名的民居和建筑专家担任顾问。

学术委员会正副主任委员：陆元鼎、朱良文、黄　浩、李先逵、孙大章、杨谷生

　　　　　　　　委员：王文卿、王其明、王翠兰、刘金钟、陈震东、李长杰、
　　　　　　　　　　　罗德启、黄汉民、颜纪臣、魏挹澧、许焯权（香港）、
　　　　　　　　　　　李乾朗（台湾）、阎亚宁（台湾）

顾问：汪之力　前中国建筑学会名誉理事、前建筑工程部建筑科学研究院院长
　　　严星华　前中国建筑学会副理事长、前中国建筑师学会会长、中京建筑事务所
　　　　　　　董事长、总建筑师
　　　金瓯卜　前中国建筑学会名誉理事、前中国建筑学会秘书长
　　　　　　　北京大地乡村基金发展会董事长

---

① 民居研究部，据回忆，在1985年成立。

其后，在2000年，由于委员会委员年龄偏大，于是，申请增补了中青年委员共8位，经上级领导批准，现学术委员人数共27人。

新增补委员：业祖润、张玉坤、陆琦、施维琳、郭治明、梁琦、潘安、戴志坚

当时，参加民居专业与学术委员会的会员人数已填表登记共187人。

中国民族建筑研究会在20世纪90年代开始筹备，当时秘书长是刘毅女士，她曾找我们谈民居建筑学术委员会加入一事。后来刘秘书长过世，该研究会即处于停顿状态。2001年中国民族建筑研究会恢复，又谈到民居建筑同仁参加研究会一事。为了适应民居建筑学术研究发展，民居建筑专业作为二级学会就可以向国内国际进行更多的联系和交流。于是，在2003年就正式加入，成为中国民族建筑研究会属下的民居建筑专业委员会。委员会组成人员共69位，包括对民居建筑有研究的专家、学者、教师、科研、设计、文化、文物、建筑企业家和关心民居建筑事业的干部、科技人员等，正、副主任委员共8位，秘书长1位。

专业委员会主任委员：陆元鼎

　　　　副主任委员：朱良文、黄　浩、业祖润、陆　琦、张玉坤、戴志坚、傅冠长

　　　　秘书长：唐孝祥

　　　　委　员：（华北）李先逵、杨谷生、孙大章、王其明、陈志华、单德启、
　　　　　　　　　　　　高　潮、魏挹澧、黄为隽、阿　金（蒙族）颜纪臣、
　　　　　　　　　　　　郭治明

　　　　　　　　（东北）侯幼彬、金光泽（朝鲜族）

　　　　　　　　（华东）刘杰、王文卿、刘叙杰、夏泉生、韩洪保、丁俊清、
　　　　　　　　　　　　洪铁城、杨新平、张润武、汪光耀、张敏龙、黄汉民

　　　　　　　　（中南）刘金钟、高介华、李晓峰、谭刚毅、巫纪光、向渊泉
　　　　　　　　　　　　潘　安、余　英、李长杰、张克俭、朱火保

　　　　　　　　（西南）季富政、龙　彬、施维玲、蒋高宸、杨大禹、
　　　　　　　　　　　　木庚锡（纳西族）、罗德启、曲吉建才（藏族）

　　　　　　　　（西北）陈震东、张胜仪、刘振亚、王　军、梁　琦

　　　　　　　　（香港）许焯权、麦燕屏、林杜铃

　　　　　　　　（澳门）蔡田田、陈泽成

　　　　　　　　（台湾）李乾朗、阎亚宁、徐裕健、薛　琴、关华山

3.2 民居专业与学术委员会二十年工作汇报

一、召开学术会议进行学术交流

自1988年起到2008年止，二十年来，我们和有关单位一起主办有下列学术会议。

（1）全国性中国民居学术会议共15届，开会地点为：广州、昆明、桂林、江西景德镇、重庆、乌鲁木齐、太原、香港、贵阳、北京、西宁、浙江温州、江苏无锡、澳门、西安，第十六届又回到广州召开。

（2）海峡两岸传统民居理论（青年）学术研讨会，自1995年开始每两年一次共召开了7届，开会地点是：广州、鹤山、昆明、天津、广州从化、福建五夷山、武汉、台湾台北。

（3）传统民居国际学术研讨会举办了两次，一是中国传统民居国际学术研讨会，地点在广州；二是中国客家民居国际研讨会，地点在广州、深圳和梅州。

（4）举办了小型民居专题研讨会5次，参加人数一般为20—30人，地点为：福建永安、江苏苏州、湘西张家界、江西婺源、滇东南。

（5）此外，还与有关单位联合主办了学术研讨会：①2007年6月在杭州和永嘉市，与浙江省文物局、永嘉市人民政府共同举办了"新农村建设中乡土建筑保护学术研讨会"；②2008年5月在江苏扬州市，与扬州意匠轩古建筑园林咨询工程公司共同举办了"中国民间建筑与园林营造与技术学术研讨会"（以上见4.1历届民居学术会议概况）。

每次学术会议在宣读论文交流的同时，我们都采取了进行优秀民居与村落实地的考察，使理论与实践相结合。同时，根据每个时期的需要，我们都有目的地发出了"呼吁书"、"建议书"，促进社会上和学术界对保护祖国优秀传统文化遗产的重视。

二、出版民居建筑论著和推荐优秀论文给杂志、学报刊载

民居学术会议后，一般有条件的都委托出版社出版会议专辑，据统计已正式出版的有：《中国传统民居与文化》第一至七辑、《民居史论与文化》、《中国客家民居与文化》、《中国传统民居营造与技术》、《乡土建筑建筑遗产的研究与保护》等。为了反映民居研究阶段性的学术成果，学术委员会组织了各地民居专家编写了《中国民居建筑》（上、中、下三卷本）一书，于2003年出版。

会议上的优秀论文，不少被推荐给杂志刊载，有的刊物为传统民居和村落保护论文出了专辑。如《华中建筑》在1996年第4期为《首届海峡两岸传统民居理论学术会议》论文刊印了专辑。总之，二十年来，民居建筑能够得到发展和受到人们重视，出版社和刊物单位给了我们很

大的帮助。在这里，我们感谢中国建筑工业出版社、华南理工大学出版社、山西科学技术出版社、同济大学出版社，感谢《建筑学报》、《建筑师》、《华中建筑》、《新建筑》、《古建园林技术》、《小城镇建设》以及《华南理工大学学报》、《福建工程学院学报》等报刊单位，他们为民居建筑研究的交流、宣传给予巨大的帮助和支持。

近二十年来，国内各出版社都为弘扬和宣传我国优秀传统民居建筑文化遗产出版了不少民居学术论著，如中国建筑工业出版社在20世纪80—90年代就出版了《中国传统民居丛书》10多册，其他各地出版社也出版了不少传统民居论著，如山东科学技术出版社出版的《中国传统民居建筑》图集，云南、广西、湖南、四川、福建等省出版社都为当地民居建筑出版了论著。

至于有关中国民居与村镇建筑的论著，据统计，自20世纪50年代起，到2008年5月止，已在报刊正式出版的，中外文著作有1364册，中外文期刊发表的论文达3901篇（其目录索引见4资料篇）。这些数字，还没有把中国香港、台湾地区和国外出版的中国民居论著全包括在内，同时，也可能有所遗漏。通过这些书籍和杂志、学报的刊载，它为我国传统民居和村镇建筑文化的传播、交流起到了较好的宣传作用。

三、民居研究队伍不断壮大

在这里，主要举两个方面的例子来说明。

一是以学校举例，20世纪80年代进行民居建筑研究的只是少数高等建筑院校，而现在已经达到30所高等院校都有专家和青年人进行研究，而且很多高等院校已设置有民居建筑学科的硕士、博士学位论文和有关民居建筑课程。

二是从2003年以后参加会议的人数来看，一般都达到100人以上，如在武昌华中科技大学2005年举办的第六届海峡两岸传统民居理论学术会议上，参加人数达到187人，2007年在西安建筑科技大学举办的第十五届中国民居学术会议上参加代表达到195人，论文数量达到206篇，还有不少人因会议时间冲突不能前来。

上述会议中，青年人约占50%，以中青年合计约占70%以上，他们大多带有论文。更可喜的是，他们在观念上和方法上有不少新见解，他们是民居学术研究的新生力量，从这里都可以看到民居学术研究队伍的不断壮大。

四、民居学术研究不断扩展深入

在这方面，学术委员会副主任委员朱良文教授另有《民居研究学术成就二十年》专文进行详细总结汇报，在这里只是从学术研究组织工作角度提出二十年来学术成就三个方面的补充。

1. **民居研究的观念和方法不断扩展**

民居研究最早只是从单体建筑进行调查、测绘、研究，现在已经不再局限在一个单体建筑、一村一镇和一个聚落、一个群体，而是扩大到一个地区、地域，即我们称之为一个民系的范围中去研究。

在观念和方法方面，已经从单一学科即建筑学范畴扩展到多方位、多学科的综合研究，即已扩大到社会学、历史学、文化地理学、人类学、考古学、民族学、民俗学、语言学、气候学、地理学、美学等多学科结合进行综合研究。这样，使民居建筑研究更符合历史，更能反映出民居研究的特征和规律，更能与社会、文化、哲理思想相结合，从而更好地、更正确地表达出民居建筑的社会、历史、人文面貌及其艺术、技术特色。

2. 深入民居理论和民居史的研究

它主要表现在三个方面。

一是民居形态研究不断深入。民居形态包含社会形态和居住形态。社会形态指民居的历史、文化、信仰、习俗和观念等社会因素所形成的特征。居住形态指民居的平面布局、结构方式和内外空间、建筑形象所形成的特征。民居的分类是民居形态研究中重要内容和基础，现在，民居建筑学术界已呈现出多种学说，如平面分类法、结构分类法、形象分类法、气候地理分类法、人文方言自然条件分类法、文化地理分类法等。由于民居建筑的形成有着多方面的因素，如社会因素、人文因素、技术因素、自然条件因素等，因此，进行民居研究应该是综合的。地理气候条件和当地材料是民居建筑形成民族和地方特色的重要因素。此外，各地营建实践中的经验、手法，如通风、隔热、降温、防寒、防水、防风、防震、防虫等，过去都行之有效，今天，仍有参考借鉴价值。

二是民居研究与环境紧密结合。民居环境指民居的自然环境、村落环境和自身内外空间环境。前两者属于大环境，后者属于小环境。民居处于村落、村镇大自然环境中，才能反映出自己的特征和面貌。民居建筑中的空间布置，如厅堂与院落（天井）的结合、院落与庭园的结合、室内和室外空间的结合，这些处理使民居的生活气息更浓厚。

三是民居史的研究。民居史是民居研究中的薄弱环节，由于工作上资料文献上的困难，长期以来民居史研究一直处于缓慢发展状态。中国古代建筑史远古时期在考古发掘资料的不断增补下，民居远古史有了新的补充。但封建时期前中期，即宋代以前的民居实物几乎属于空白。缺乏民居历史的研究，对民居建筑专业来说是一个不完整的学科，它需要我们这一代人积极加紧进行研究。

3. 加强民居建筑营造技术的研究和交流

这是民居建筑研究的技术基础。

由于历史上对匠人的轻视和漠视，匠人一直处于低下的地位。史籍上既无匠人的姓名记载，更谈不上匠人营建成就的刊载。过去，民间民居建筑的营建技术和施工、工艺的传授，主要靠匠人口传身带方式，而且有的匠人只限自己的子弟。因而，流传下来的资料不多。当前，亟需总结交流。我专业和学术委员会曾于1999年在广州和2007年在江苏扬州两次与有关单位联合举办中国民间民居建筑营造技术学术研讨会议，与会的专家学者都感到此项工作非常重要，但是，目前还存在一些思想障碍，有的不太愿意交流，令人堪忧。

当前，老匠人年迈、多病，有不少已过世，他们的技艺传授即将中断。为此，总结老匠人的营造技艺经验是传承传统建筑文化非常重要的一项工作。再不抓紧进行，将是莫大的损失。

在这里，我们要感谢《古建园林技术》杂志，他们为弘扬宣传刊载有关古建民居园林的营造技术的论文作出巨大贡献。我们也要感谢中国建筑工业出版社、同济大学出版社和其他出版社，他们为古建民居营造工艺技术出版了不少著作，其中论著作者不一定是我们学会会员，但出版社的弘扬祖国优秀文化的精神值得赞赏。

五、民居研究为当前国家建设服务

应用科学研究的目的，除提高本学科的业务水平外，最重要的任务是要为我国当前建设服务。民居建筑属于应用科学，因而，它也要为我国当前建设服务。它的服务分为两个方面：在农村，要为我国建设社会主义新农村服务；在城镇，要为创造我国现代的有民族特色和地方特色的新建筑服务。

当前，在建设我国社会主义新农村的号召下，各地村镇和民居都面临着需要保护、改造和持续发展的问题。它涉及到村镇民居的历史、文化的保护，又要改善农民生活水平以及今后如何发展，我专业和学术委员会在最近几届学术会议中都把它当作专题来进行讨论。

在现实中，由于它涉及面广，从村镇领导到农民老百姓，从土地的使用、权限归属、房屋的拆迁、维修、规划到实施，都存在一系列的矛盾和实际困难，而每个村落的具体实况又都不是一个样，因而，各地村镇民居的保护、改造、发展都不可能采取同一模式。

我们通过学术会议，各地代表大多是介绍各地村镇民居保护改造发展中的一些做法、原则进行交流，这些有益的经验和解决问题的做法得到与会者的欢迎，收到了一定的效果。

至于在城镇中如何创作有我国民族特色和地方特色的新建筑，大家都认为，民间民居建筑蕴藏了非常丰富和宝贵的民族特色和地方特色的设计资源，它是我国古建筑文化资源中的另一部分不可缺少的大量的民间的资源财富的补充。在当前，建筑设计界中已有不少建筑师有此共识，他们学习继承传统民间民居建筑的特征、经验、手法，在现代建筑实践中进行借鉴和运用，已取得初步成效。

3.3 民居专业与学术委员会工作体会

传统民居学术研究活动通过民居专业学术委员会有计划的组织进行，从20世纪80年代开始至今，已经有二十多年了。二十年来我们看到民居学术研究不断深入，参加人员不断壮大，特别是年青一代，包括博士、硕士研究生都踊跃参加。在行业中，不但有建筑专业，还有文化、文物、历史、美学、美术、设计以及营造、施工等专业人员都积极参加。在地区方面，除了我国大陆各地区外，还有中国的香港、澳门、台湾地区代表参加，甚至日本、美国、韩国、澳大利亚、法国、英国、新西兰、瑞典以及东南亚国家都有本地民间民居建筑研究的学者专家参加，大家都对传统文化遗产的保护和学术交流表现了浓厚的兴趣和莫大的热情。民居建筑专业学术委员会的工作能够获得众多委员和学者的认可和得到较好的发展，我们感到有下列一些体会。

1. 首先必须明确办会的指导思想

民居建筑学术委员会是一个民间群众性学术团体，是为民间大众学术研究工作者服务的，它的宗旨是以研究中国传统民居建筑及其村镇聚落的挖掘、保护、改造和可持续发展为主要目标。因此，它是一个大众的、学术性的、非盈利性的组织。只有明确这个主导思想，才能团结组织本专业的学术研究人员，共同为民居建筑与村镇建设的学术交流和发展事业服务，为宣传我国传统文化事业、弘扬我国优秀建筑文化遗产做出贡献。

2. 做好经常性的会议交流工作

从1988年举办第一届中国民居学术会议以来，到2007年在这二十年中，我们和有关单位联合举办了15届中国民居学术会议。从1995年起每隔两年举办一次，联合或委托举办了7届海峡两岸传统民居理论（青年）学术研讨会。又于1993年和2000年举办了中国传统民居国际学术研讨会和中国客家民居国际学术研讨会2次。此外，还举办了5次小型民居建筑专题研讨会。

中国民居学术会议是全国性学术会议，关于会议举办的形式和做法，我们根据中国传统民居实物多数分布在农村，数量多、地点分散和各地各民族民居都呈现出各自的特色这个特点。因而，一开始，我们学术委员会就明确会议采取大会宣读论文交流经验，同时进行实地考察相结合的会议举办形式，这样既有理论交流，又能获得新鲜资料，扩大眼界，这种会议举办形式受到与会的专家和民居研究工作者的热烈欢迎。以后各届会议就沿袭了这种办会方式。

在办会过程中，我们还坚持了三个做法。

一是以学术为主，每次会议明确会议主题必须环绕民居研究，参加会议者要带论文，使会议保持学术性。我们在开始的几届会议只要求代表带有论文就可以了，后来逐渐要求论文具有一定质量，或有最新调查资料，或有新观点新方法，使会议的质量不断提高。

二是以人为本，做好会议代表的服务工作。

在会议邀请代表中，我们既考虑到年长的民居专家，又考虑到青年人包括在校的青年教师、博士、硕士研究生和本科生，这是民居建筑学术研究中的两端。

一端是资深研究专家和对民居建筑研究有造诣的专家学者。他们的与会，不但提高了民居学术会议的质量，而且在会议期间，经常成为年青人提出问题的答疑者，是难得的非课堂教师。因此，很多年轻人，特别是研究生，非常欢迎这种会议，给他们增添了很多"老师"和额外的专业知识。

为了鼓励老先生参加会议，我们采取了专函邀请的方式。有的老先生已经退休，在经济上存在一定的困难，我们也在力所能及的条件下在经费上给予一定的支持。当然，在这方面我们也还存在一定的困难。

另一端是青年人，他们是新生力量，是民居学术研究事业的接班人。我们对在校的研究生、学生采取减半收费的办法，鼓励年轻人参加会议，因为这是培养青年接班人的一种良好方式。

1998年在湘西考察会议上，经过中国的大陆、香港、台湾三方民居研究学会负责人商定，为鼓励青年人参加全国性民居学术会议，在每次全国性会议举办时，资助6名学生（三方各负担2名）参加会议的全部费用，包括会务费、来回交通费。但必须在会议前要申请相关论文并经质量审查通过。由于会议通知时间较紧，青年人看不到会议信息，申请手续也较麻烦，因而，难于实施，后来就改为学生减半收费的办法。当然这种办法很好，但如何完善，留待今后研究。

三是依靠领导、依靠媒体出版单位支持。

民间学术团体开展学术交流，与各级领导的关心和支持是分不开的，包括学会的领导、会议举办单位和所在地区的各级领导。由于领导对我国传统文化和建筑遗产的重视，不但亲自参加会议指导，还给予经费上的支持。各媒体单位，包括报刊、杂志、电视、出版界，他们都是弘扬和宣传我国优秀传统文化和建筑遗产的有力单位。他们的支持，也鼓舞了与会的专家、学者。我们的目标一致，都是为抢救遗产保护民间建筑文化而贡献力量。

事实上也的确如此。领导的重视，媒体的宣传报导，老百姓也都来关心农村村落和民宅、民间建筑的保护和改善、改造和发展。出版界和刊物为民居学术研究出版论文专辑，鼓舞了民居研究学术界。到现在为止，参加我们民居会议的代表近几届都超过百人，甚至达到150人以上，中青年几乎占70%以上，对于我们建筑历史专业中的一个子学科，能得到大家的关心和支持，更使我们办会者增加了信心和做好学会工作的决心。

3. 学术委员会要有一个坚强的领导集体

第一，学术委员会要有一个团结的、稳定的、热爱本专业的、志同道合的和老中青年相结合的领导班子。

这个领导班子首先要热爱民居建筑事业，热爱学术研究，真正为弘扬祖国传统文化事业贡献自己力量。

第二，要有自我牺牲精神。

搞学会工作是义务的，非盈利性的，无论在时间上、精力上、经费上、自己的业务提高上都会产生矛盾，甚至会有较大的矛盾，不肯牺牲自我的人是不可能全心全意为学会工作贡献力量的。当然，工作过程中也会产生一些困难，如时间上、业务提高上的矛盾等，只要我们在思想上明确为大众、为民居学术研究事业的发展、为弘扬祖国优秀文化而工作，这样，就可以比较及时和妥善地得到解决，这样，也就不会影响我们学术委员会的工作。

第三，在领导班子中，团结、稳定、相互支持、相互理解，在统一目标下、保持思想一致是非常重要的一环。

我们民居建筑专业与学术委员会的主要领导成员，分散在各地，每次只有举行大会时才有机会集中聚在一起讨论研究工作，通常是我们靠平时联系，不断交换意见，然后归总到学术委员会总部统一意见后，再贯彻实施。我们共同规定了一个原则，就是限定业务范围，如果不属于民居建筑与村镇保护专业范围的学术研究交流工作，就坚决拒绝。

中国文物学会传统建筑园林委员会传统民居学术委员会
中国建筑学会建筑史学分会民居专业学术委员会
中国民族建筑研究会民居建筑专业委员会

执笔人 陆元鼎

2008年7月

4

资料篇

4 资料篇

4.1 历届民居学术会议概况

民居专业与学术委员会

一、历届中国民居学术会议

届次	会议时间	地点	承办与主持单位	参加人数	论文集	会议主题	会议成果
一	1988.11.8—11.14	广州（考察开平、台山）	华南理工大学建筑学系	56人（其中中国港、台地区代表3人）	38篇	传统民居研究	1. 成立中国民居研究会筹备组； 2. 由中国建筑工业出版社出版论文集《中国传统民居与文化》第一辑，1991年2月
二	1989.12.16—12.29	昆明（大理、丽江、景洪）	云南工学院建筑学系	67人（其中中国港、澳地区代表6人）	48篇	传统民居保护、继承与发展	1. 发出弘扬民居建筑文化呼吁书； 2. 同上出版论文集《中国传统民居与文化》第二辑，1992年10月
三	1991.10.21—10.28	桂林（龙胜、三江）	桂林市城市规划局	78人（其中中国香港地区代表2人）	38篇	1. 民居与城市风貌； 2. 民居的改造继承和发展	同上出版论文集《中国传统民居与文化》第三辑，1992年8月
四	1992.11.21—11.28	景德镇（黟县、歙县、黄山）	江西景德镇市城建局，安徽黄山市建委	105人（其中中国港、台地区代表19人）	40篇	1. 传统民居文化与理论； 2. 民居技术、营造； 3. 传统民居保护、利用、继承和改造	同上出版论文集《中国传统民居与文化》第四辑，1996年7月
五	1994.5.26—6.5	重庆（南充、阆中）	重庆建筑大学	142人（其中中国香港地区以及美国代表8人）	57篇	1. 传统民居的保护与发展； 2. 传统民居的文化价值、历史理论与工艺技术； 3. 新民居创作与发展	1. 成立中国建筑学会建筑史学会民居专业学术委员会和中国文物学会传统建筑园林研究会传统民居学术委员会； 2. 同上出版论文集《中国传统民居与文化》第五辑，1997年1月
六	1995.8.1—8.12	乌鲁木齐（吐鲁番、喀什）	新疆维吾尔自治区建设厅	107人（其中中国港、台地区以及美国代表23人）	35篇	1. 民居的继承发展及其在新住宅建设中的应用； 2. 民居的文化价值、工艺和技术； 3. 民居的内外空间和环境	同时举办第一届传统民居摄影展览

续表

届次	会议时间	地点	承办与主持单位	参加人数	论文集	会议主题	会议成果
七	1996.8.13—8.19	太原（平遥、襄汾、灵石）	山西省建筑设计院	99人（其中中国港、台地区以及美国代表32人）	63篇	1. 传统民居形态与环境； 2. 传统民居与现代村镇建设	1. 同时举办第二届传统民居摄影展览； 2. 同上出版论文集《中国传统民居与文化》第七辑，1999年6月
八	1997.8.26—8.28	香港	香港建筑署，香港大学建筑系	138人（其中中国大陆代表83人，香港地区代表48人）	120篇	中国传统民居与现代建筑文化	1. 同时举办第三届传统民居摄影展览； 2. 部分论文收录论文集《中国传统民居与文化》第八辑。香港出版
九	1998.8.15—8.22	贵阳（黔东南、镇宁）	贵州省建筑设计院			传统民居与城市特色	同时举办第四届传统民居摄影展览
十	2000.8.5—8.7	北京	北京西城区建委，北京建筑工程学院建筑系	80人		中国民居文化与现代城市的发展	同时举办第五届传统民居摄影展览
十一	2000.8.11—8.16	西宁	青海省建设厅科技处	98人（其中中国港、台地区以及国外代表24人）	30篇	少数民族建筑文化与城市特色	
十二	2001.7.23—7.27	浙江温州永嘉、秦顺	温州市规划局	119人（其中中国港、台地区以及国外代表47人）	45篇	1. 传统村镇、街区的保护、改造与发展； 2. 温州城市建筑的现代性与文化连续性	部分论文推荐到北京《小城镇建设》杂志发表
十三	2004.7.20—7.24	江苏无锡、淮安、高邮、扬州、镇江	无锡市园林局	96人（包括美、英、捷克以及中国港、澳、台地区代表）	38篇	1. 中国传统民居与21世纪城镇开发建设； 2. 中国传统民居生态环境与可持续发展； 3. 中国江苏无锡传统建筑考察与研究； 4. 外国乡土建筑与中西建筑文化交流	部分论文推荐到北京《小城镇建设》杂志发表
十四	2006.9.23—9.26	澳门	澳门文化局	125人（包括中国港、澳、台地区代表37人以及美、加、马来西亚代表3人）	88篇	1. 民居建筑的地域文化特征； 2. 当代建筑创作对传统民居的借鉴； 3. 传统民居的保护与改造	会议评出青年优秀论文12篇
十五	2007.7.21—7.26	西安、延安、韩成	西安建筑科技大学	195人（包括中国港、澳、台地区以及美国代表29人，在校研究生53人）	206篇	中国民居建筑与文化的创新	会议评出青年优秀论文10篇

二、海峡两岸传统民居理论（青年）学术研讨会

届次	会议时间	地点	承办与主持单位	参加人数	论文集	会议主题	会议成果
一	1995.12.11—12.14	广州、鹤山	华南理工大学建筑学系	73人（其中中国港、台地区以及马来西亚代表12人）	70篇	1. 传统民居历史和文化； 2. 传统民居营造、设计和艺术技术理论； 3. 传统民居保护、继承和发展	论文刊载于《华中建筑》1996年第4期专辑和1997年1—3期
二	1997.12.22—12.28	昆明、大理、丽江	云南工业大学建筑学系	82人（其中中国港、台地区代表34人）	63篇	1. 传统民居研究及理论； 2. 传统民居的可持续发展	部分论文推荐到《华中建筑》杂志发表
三	1999.8.5—8.9	天津	天津大学建筑学院	65人（其中中国港、台地区代表24人）	36篇	1. 传统民居方法论研究； 2. 传统民居与21世纪发展	
四	2001.12.17—12.21	广州从化	华南理工大学建筑学院 从化市文物管委会		33篇	1. 传统民居营造技术、设计法； 2. 传统民居的技术经验	会议后由华南理工大学出版社出版论文集《中国传统民居营造与技术》，2002年11月
五	2003.12.24—12.31	福建武夷山、邵武	福建省建筑设计院 福建工程学院	110人	20篇	传统村镇、民居的保护与发展	部分论文推荐到福建工程学院学报发表
六	2005.10.23—10.29	武汉、襄樊、武当山、钟祥、秭归	华中科技大学建筑学院 湖北省文物局	187人（包括中国台湾地区代表22人，香港地区代表15人，澳门地区代表2人）	119篇	1. 传统民居与文化； 2. 传统民居与地方特色的新社区； 3. 传统民居研究方法论； 4. 民居营造、技术与保护； 5. 民族建筑研究	1. 会议期间举行8次学术讲座； 2. 会议评出青年优秀论文11篇； 3. 部分论文推荐到《新建筑》杂志发表
七	2008.1.25—1.31	台湾台北	中华海峡两岸文化资产交流促进会	98人（包括中国大陆代表26人）		1. 传统民居的历史文化价值； 2. 传统民居村镇保存管理策略； 3. 传统民居营建工法修复技术； 4. 传统民居再利用与发展	

三、中国传统民居国际学术研讨会

会议名称 会议时间	地点	承办与主办单位	参加人数	论文数	会议主题	会议成果
1993.8.12—8.14 中国传统民居国际学术研讨会（ICCTH）	广州	华南理工大学建筑学系	78人（包括中国港、澳、台地区以及国外5个国家代表）	54篇	1. 中国传统民居的保护、继承和发展； 2. 中国传统民居与文化； 3. 中外传统民居交往； 4. 各国乡土建筑介绍	由华南理工大学出版社出版论文集《民居史论与文化》，1995年6月
2000.7.23—7.27 客家民居国际学术研讨会（ICCHH）	广州 深圳 梅州	华南理工大学建筑学院，深圳文物管理委员会，梅州市建设委员会	148人（包括中国港、台地区以及国外代表15人）	65篇	1. 客家民系居建筑与客家文化； 2. 客家民居、村镇的改造与发展； 3. 中外民居、村镇、乡土建筑与文化	由华南理工大学出版社出版论文集《中国客家民居与文化》，2001年8月

四、小型民居专题研讨会

顺序	会议名称	时间	地点	主办单位	参加人数
一	福建客家土楼专题研讨会	1995.3	福建永定、漳州	福建省建筑设计院	
二	江南水乡民居专题研讨会	1996.4.23—5.1	江苏扬州、苏州	东南大学建筑系，苏州市建委	17人
三	湘西民居专题考察研讨会	1998.8.6—8.13	湖南吉首、张家界	天津大学建筑学院，湘西土家族州建委，张家界市建委	45人
四	景德镇、婺源民居与戏台专题考察研讨会	1999.10.7—10.9	江西景德镇、婺源	江西景德镇市城市建设局	30人
五	滇东南民居专题考察研讨会	2006.3.4—3.11	云南昆明、元阳、石屏、通海	昆明理工大学本土建筑设计研究所	27人

五、其他学术研讨会

会议名称 会议时间	地点	承办与主办单位	参加人数	论文数	会议主题	会议成果
2007.6.17—6.21 新农村建设中乡土建筑保护暨永嘉楠溪江古村落保护利用学术研讨会	永嘉 杭州	浙江省文物局，浙江省建设厅，浙江省永嘉县人民政府	84人	50篇	1. 乡土建筑的保护和利用； 2. 乡土建筑研究； 3. 楠溪江乡土建筑保护	委托同济大学出版社出版《乡土建筑遗产的研究与保护》专集，2008年6月
2008.5.24—5.26 中国民间建筑与古园林营造与技术学术研讨会	扬州	江苏扬州意匠轩园林古建筑营造有限公司	74人	25篇	民间建筑与园林的地方做法、风俗习惯、操作规范、营造技术和保护技术	

4.2 中国传统民居文献索引（1957—2008.5）

谭刚毅　荣　融　任丹妮　刘　勇

4.2.1 民居著作中文书目（1957—2008.1）

著作名	著者（编著 译者）姓名	出版社	出版日期
徽州明代住宅	张仲一，曹见宝，傅高桀，杜修均	建筑工程出版社	1957
中国住宅概说	刘敦桢	建筑工程出版社	1957
苏州旧住宅参考图录	同济大学建筑系	同济大学教材科	1958.10
中国民居的发展与施工方法	Chang Wen-jui (Zhang Wenrui)	中国文化大学	1976
金门民居建筑	李乾朗	雄师图书公司	1978
台湾建筑史	李乾朗	台北北屋出版事业股份有限公司	1979.02
台湾传统民宅及其地方性史料之研究	徐明福	胡氏图书公司（台湾）	1980
京师五城坊巷胡同集	张爵，朱一新	北京古籍丛书出版社	1982.01
先秦时期中国居住建筑	林会承	六合出版社	1984
浙江民居	中国建筑技术发展中心建筑历史研究所	中国建筑工业出版社	1984.09
古建筑砖木雕刻图案	叶平安	人民美术出版社	1985.05
城市规划与古建筑保护	李雄飞	天津科学技术出版社	1985.08
中国生土建筑	中国建筑学会窑洞及深土建筑调研组 天津大学建筑系	天津科技出版社	1985.08
吉林民居	张驭寰	中国建筑工业出版社	1985.09
中国传统民居百题	荆其敏	天津科学技术出版社	1985.10
云南民居	云南省设计院《云南民居》编写组	中国建筑工业出版社	1986.06
福建民居	高珍明，王乃香，陈瑜	中国建筑工业出版社	1987.05
徽州木雕艺术	马世云，宋子龙	安徽美术出版社	1988
徽州石砖雕艺术	陈乐生，马世云，宋子龙	安徽美术出版社	1988
徽州砖雕艺术	宋子龙，马世云等	安徽美术出版社	1988
台湾民宅门楣八卦牌守护功用的研究	董芳苑	稻乡出版社	1988
中国古建筑	华明	天津人民美术出版社	1988
虎丘山后一渔村/中国乡村面面观丛书	范小青，范万钧	农村读物出版社	1988.01
丽江纳西族民居	朱良文	云南科学技术出版社	1988.01
古城正定揽胜	袁陶智，梁寒冰	中国旅游出版社	1988.03
中国古建筑简说	缪启珊	山东教育出版社	1988.05
吴地民间建筑艺术	高燮初主编	江苏美术出版社	1988.07
覆土建筑	荆其敏	中国建筑工业出版社	1988.09

续表

著作名	著者（编著 译者）姓名	出版社	出版日期
人类社会的形成和原始社会形态	蔡俊生	中国社会科学出版社	1988.09
中国美术全集，建筑艺术编·民居建筑	陆元鼎，杨谷生	中国建筑工业出版社	1988.11
客家研究	张卫东，王洪友	新华书店上海发行所	1989
民居与社会、文化	关华山	明文书局（台湾）	1989
石头与人——贵州岩石建筑文化	戴复东，罗德启，伍文义	贵州人民出版社	1989
台湾民宅	刘思源	台北：野潞林	1989
遮风挡雨好安身：古代民居	石瑄	厦门外图台湾书店有限公司	1989.03
农村聚落地理	金其铭	江苏科学技术出版社	1989.04
中国农村聚落地理	金其铭	江苏科学技术出版社	1989.04
辽西古镇：兴城	戴元立	天津科学技术出版社	1989.05
诱人的吊脚楼	梁芳昌	广西民族出版社	1989.06
窑洞民居	侯继尧等	中国建筑工业出版社	1989.08
中国古建筑与消防	李采芹，王铭珍	上海科学技术出版社	1989.11
北京四合院草木虫鱼	邓云乡	河北教育出版社	1990
永定土楼	王树芝，林添华	福建人民出版社	1990
中国的古建筑	许冰，河东	山西省新华书店	1990
桃花园里古村落（西递）	陆红旗	知识出版社	1990.01
古城大潮	李敬寅	陕西人民出版社	1990.03
远离租界的胡同	聪聪	黑龙江少年儿童出版社	1990.03
贵州瑶族	柏果成，史继忠，石海波	贵州民族出版社	1990.04
桂北民间建筑	李长杰等	中国建筑工业出版社	1990.05
中华古建筑	张驭寰，郭湖生，中国科学院中华古建筑研究社	中国科学技术出版社	1990.06
中国古建筑装饰图案	辛克靖，李静淑	河南美术出版社	1990.07
台湾传统建筑手册	林会承	台北：艺术家出版社	1990.11
永定土楼	永定土楼编写组	福建人民出版社	1990.12
广东民居	陆元鼎，魏彦钧	中国建筑工业出版社	1990.12
古城衢陌：太原街巷捭阖	柯否，倩青	山西人民出版社	1991
古坊保护/苏州古城21、22号街坊保护与控制性详细规划	柯建民	东南大学出版社	1991
徽派建筑	江骥	学林出版社	1991
中国传统民居建筑	龙炳颐	香港区域市政局	1991
泉州古建筑	泉州历史文化中心	天津科学技术出版社	1991.02
《中国传统民居与文化》第一辑	陆元鼎，中国民居学术会议	中国建筑工业出版社	1991.02
苏州民居	徐民苏，詹永伟，梁支厦，任华堃，邵庆	中国建筑工业出版社	1991.03
中国民居	王其钧编绘	上海人民美术出版社	1991.05
中国古代建筑与周易哲学	程建军	吉林教育出版社	1991.06
广西民族传统建筑实录	广西民族传统建筑史录编委会	广西科学技术出版社	1991.09
城市特色与古建筑/当代建筑·城市设计	李雄飞，王悦主编	天津科学技术出版社	1991.12

续表

著作名	著者（编著 译者）姓名	出版社	出版日期
古城凤凰	刘金山	湖南美术出版社	1992
神秘的古城楼兰	穆舜英	新疆人民出版社	1992.01
四川藏族住宅	叶启燊	四川民族出版社	1992.01
中国民居装饰装修艺术	陆元鼎，陆琦	上海科学技术出版社	1992.01
客家土楼与客家文化	林嘉书，林浩	博远出版有限公司	1992.02
广州街巷图册	广州市地名委员会办公室，广东省测绘技术公司	广东省地图出版社	1992.03
风水与民宅	尚大翔，张正武	山西人民出版社	1992.05
古城赣州	韩振飞等	江西美术出版社	1992.06
山西古建筑装饰图案	崔毅	人民美术出版社	1992.06
四川古建筑	四川省建设委员会，四川省勘察设计协会，四川省土木建筑学会	四川科学技术出版社	1992.06
中国南方传统民居艺用资料	单德启，周济祥	湖南美术出版社	1992.06
燕尾马背瓦镇——台湾古厝屋顶的形态	高灿荣	南天书局有限公司	1992.07
古坊保护/苏州古城一号街坊详细规划/苏州古城52、53号（局部）街坊详细计划	苏州市旧城建设办公室等	东南大学出版社	1992.10
古坊改造/苏州古城12号街坊改造详细规划	苏州市旧城建设办公室，中国城市规划设计研究院	东南大学出版社	1992.10
西南民族建筑研究	斯心直等	云南教育出版社	1992.10
《中国传统民居与文化》第二辑	陆元鼎主编	中国建筑工业出版社	1992.10
中国古建筑美术博览/第三册/古建筑的材质和工艺	白文明	辽宁美术出版社	1992
陕西古建筑	赵立瀛	陕西人民出版社	1992.11
传统村镇聚落景观分析	彭一刚	中国建筑工业出版社	1992.12
闽粤民宅	黄为隽，尚廓，南舜熏，潘家平，陈瑜	天津科学技术出版社	1992.12
建宅吉凶明镜学	李天临	中央民族学院出版社	1993
江南小镇	徐迟	新华书店北京发行所	1993
台湾古厝鉴赏	高灿荣	台北：南天书局有限公司	1993
云南民居续编	王翠兰，陈谋德，云南省设计院	中国建筑工业出版社	1993
中国传统民居建筑	荆其敏	台北：南天书局有限公司	1993
中国民居	陈从周，潘洪萱，路秉杰	学林出版社 三联书店（香港）出版有限公司	1993
江南水乡民居	朱成垠	江苏美术出版社	1993.01
陈氏书院	广东民间工艺馆	文物出版社	1993.06
上海里弄民居	沈华主编	中国建筑工业出版社	1993.06
中国古建筑瓦石营法	刘大可	中国建筑工业出版社	1993.06
老房子（江南水乡民居）	郑光复等	江苏美术出版社	1993.07
老房子（皖南徽派民居）	俞宏理，李玉祥	江苏美术出版社	1993.07
中国古建筑小品	楼庆西	中国建筑工业出版社	1993.07
浙南古城——平阳	张文	华东师范大学出版社	1993.08

续表

著作名	著者（编著 译者）姓名	出版社	出版日期
山东古建筑	滕新乐，张润武	山东科学技术出版社	1993.09
陕西民居	张壁田，刘振亚	中国建筑工业出版社	1993.09
台湾传统建筑的彩绘之调查研究	李乾朗	联经出版社	1993.10
中国民间美术全集（3）起居编·民居卷	陈绶祥	山东教育出版社	1993.11
古都市繁华图——漫话苏州	陈诏	商务印书馆（香港）	1993.12
胡同集	徐勇	浙江摄影出版社	1993.12
湖南传统建筑	杨慎初，湖南大学岳麓书院文化研究所	湖南教育出版社	1993
北京的会馆	胡春焕，白鹤群	中国经济出版社	1994
北京的会馆	汤锦程	新华书店北京发行所	1994
福建土楼	黄汉民	汉声杂志社（台湾）	1994
云南大理白族建筑	大理白族自治州城建筑局，云南工学院建筑系	云南大学出版社	1994
北京旧城与菊儿胡同	吴良镛	中国建筑工业出版社	1994.01
福建大观——福建传统民居	黄汉民	鹭江出版社	1994.01
大同古建筑览要	王志芳主编，昝凯著	山西人民出版社	1994.03
中国传统民居建筑	汪之力主编，张祖刚副主编	山东科学技术出版社	1994.03
河里子集	黄裳	百花文艺出版社	1994.04
徽州民间雕刻艺术	俞宏理	人民美术出版社	1994.05
中国江南古建筑装修装饰图典	中国建筑中心建筑历史研究所	中国工人出版社	1994.05
中国藏传佛教寺院	冉光荣	中国藏学出版社	1994.07
老房子（福建民居）	朱成梁	江苏美术出版社	1994.12
老房子（土家吊脚楼）	张良皋，李玉祥	江苏美术出版社	1994.12
兰溪江中游乡土建筑	陈志华	汉声杂志社（台湾）	1995
邱家渔村/中国国情丛书	储英奂	当代中国出版社	1995.03
老房子（山西民居上下）	李玉祥，王其钧	江苏美术出版社	1995.04
湘西民居	赵振兴	湖南美术出版社	1995.04
漳州名胜与古建筑	陈成南	天津科学技术出版社	1995.04
西藏民居	陈履生	人民美术出版社	1995.05
湘西城镇与风土建筑	魏挹澧，方咸孚，王齐凯，张玉坤	天津大学出版社	1995.05
湘西民居	何重义	中国建筑工业出版社	1995.05
民居史论与文化——中国传统民居国际学术会议论文集	陆元鼎主编	华南理工大学出版社	1995.06
土楼与中国传统文化	林嘉书	上海人民出版社	1995.06
传统建筑手册：形式与做法篇	林会承	艺术家出版社	1995.07
新疆民居	严大椿主编，新疆土木建筑学会编	中国建筑工业出版社	1995.08
《中国传统民居与文化》第三辑	李长杰主编	中国建筑工业出版社	1995.08
中国古建筑艺术大观	鲁宁	四川人民出版社	1995.08
楚国土木工程研究	王崇礼	湖北科学技术出版社	1995.09
潮州会馆史话	周昭京	上海古籍出版社	1995.10

续表

著作名	著者（编著 译者）姓名	出版社	出版日期
古建筑与木质文物维护指南/木结构防腐及化学加固	陈允适，李武	中国林业出版社	1995.12
一九四九前潮州宗族村落社区的研究	陈礼颂	上海古籍出版社	1995.12
中国穆斯林民居文化	赖存理，马平	宁夏人民出版社	1995.12
SAP 中国民居图集	宋焕成	陕西人民美术出版社	1996
北京四合院	陆翔，王其明	中国建筑工业出版社	1996
泉州民居/[摄影集]	张千秋	海风出版社	1996
山西民居与古建筑 第七届全国民居学术会议学术报告	陈一新，谢顺佳，林社拎	建筑署	1996
西藏民居	黄维忠	五洲传播出版社	1996
中国古典建筑美术丛书——城镇民居	王其钧	人民美术出版社	1996
城镇民居	王其钧	上海人民美术出版社	1996.01
走出四合院	刘锡诚	群众出版社	1996.01
中国民居图集	宋焕成	陕西人民美术出版社	1996.02
世界传统民居——生态家居	荆其敏 张丽安	天津科学技术出版社	1996.03
民居·城镇	王其钧	上海人民美术出版社	1996.05
民居城镇	王其钧，洪健	上海人民美术出版社	1996.05
中国古建筑图谱	郑万林	广西美术出版社	1996.05
四川民居：附传统建筑装修图集	四川土木建筑学会，四川省勘察设计协会	四川人民出版社	1996.07
《中国传统民居与文化》第四辑	黄浩主编	中国建筑工业出版社	1996.07
中国古代的家具	胡德生	商务印书馆国际有限公司	1996.07
中国古代的宗族与祠堂	冯尔康	商务印书馆国际有限公司	1996.07
中国古建筑全览	杨永生	天津科学技术出版社	1996.07
古城长沙	黄林石，何绪	湖南美术出版社	1996.08
乡土足音：费孝通足迹·笔迹·心迹	张冠生，费孝通	群言出版社	1996.08
瞻淇	东南大学建筑系	东南大学出版社	1996.08
消失的古城：楼兰王国之谜	丛德新	四川教育出版社	1996.09
乔家大院	段镇	政协山西省祁县委员会	1996.10
中国古建筑术语辞典	王效清	山西人民出版社	1996.10
中国民居府第	陈泽泓，陈若子	广东人民出版社	1996.10
福建民居（上下）	江苏美术出版社出版	江苏美术出版社	1996.12
广西居住文化	覃彩銮	广西人民出版社	1996.12
华中建筑'1995 海峡两岸传统民居理论学术研讨会论文专辑 1996.4	陆元鼎，高介华主编	《华中建筑》编辑部	1996.12
老房子（侗族木楼）	李玉祥	江苏美术出版社	1996.12
清代前期的移民填四川	孙晓芬	四川大学出版社	1997
上海弄堂	罗小未，伍江	上海人民美术出版社	1997
张宗道华夏民居画集	张宗道	青岛出版社	1997
中国民居	陈从周，潘洪萱，路秉杰，金宝源	学林出版社	1997

续表

著作名	著者（编著 译者）姓名	出版社	出版日期
华中建筑1997.1（第二辑）	中南建筑设计院，湖北土木建筑学会	《华中建筑》编辑部	1997.01
《中国传统民居与文化》第五辑	李先逵主编	中国建筑工业出版社	1997.01
华中建筑1997.2（第二辑续）	中南建筑设计院，湖北土木建筑学会	《华中建筑》编辑部	1997.02
中国古代的乡里生活	雷家宏	商务印书馆	1997.03
丽江古城史话	木丽春	民族出版社	1997.04
鼓浪屿建筑艺术	吴瑞炳，林荫新，钟哲聪等	天津大学出版社	1997.05
千古一村——流坑历史文化的考察	周銮书主编	江西人民出版社	1997.05
华中建筑1997.3（第二辑续）	高介华主编	《华中建筑》编辑部	1997.06
北京的胡同	翁立	北京燕山出版社	1997.06
客家土楼民居	黄汉民	福建教育出版社	1997.06
客家之光	刘大可	福建教育出版社	1997.06
云南少数民居住屋——形式与文化研究	杨大禹	天津大学出版社	1997.06
四合院：中国传统居住建筑的典范	傅增杰	中国奥林匹克出版社	1997.07
中国居住文化	丁俊清	同济大学出版社	1997.07
北京胡同门楼艺术	李明德，张广太	国际文化出版社	1997.08
中国古建筑构造答疑	田永复	广东科技出版社	1997.09
中国传统民居建筑	王其钧		1997.10
敖汉赵宝沟：新石器时代聚落	中国社会科学院考古研究所，中国社会科学院考古研究所	中国大百科全书出版社	1997.11
古城平遥：晋商城宅	张成德，范堆相	山西人民出版社	1997.11
晋商宅院——曹家	张成德，范堆相	山西人民出版社	1997.11
晋商宅院——乔家	张成德，范堆相	山西人民出版社	1997.11
晋商宅院——渠家	张成德，范堆相	山西人民出版社	1997.11
晋商宅院——王家	张成德，范堆相	山西人民出版社	1997.11
云南民族住屋文化	蒋高宸	云南大学出版社	1997.11
街巷·戏园	高虹，王瑞年	北京图书馆出版社	1998
清代以来的北京剧场	李畅	北京燕山出版社	1998
中国古典家具与生活环境——罗启妍收藏精选	罗启妍	香港，雍明堂	1998
古村落：和谐的人聚空间	刘沛林	生活·读书·新知三联书店	1998.01
明清民居木雕精粹	周君言	上海古籍出版社	1998.01
罗哲文古建筑文集	罗哲文	文物出版社	1998.03
中国传统民居图说 桂北篇	单德启	清华大学出版社	1998.04
中国传统民居图说 徽州篇	单德启	清华大学出版社	1998.04
中国传统民居图说 侨乡篇	单德启	清华大学出版社	1998.04
中国传统民居图说 绍兴篇	单德启	清华大学出版社	1998.04
中国传统民居图说 云南篇	单德启	清华大学出版社	1998.04
渔村叙事：东南沿海三个渔村的变迁	彭兆荣	浙江人民出版社	1998.06

续表

著作名	著者（编著 译者）姓名	出版社	出版日期
江南古镇	阮仪三	上海画报出版社	1998.07
屋檐上的艺术——中国古代瓦当	朱思红，陈根远	四川教育出版社	1998.07
中国传统建筑艺术	姜晓萍	西南师范大学出版社	1998.07
王家大院	耿彦波	山西经济出版社	1998.08
渔梁	龚恺	东南大学出版社	1998.08
中国民族建筑·第二卷	王绍周	江苏科学技术出版社	1998.08
小洋楼风情：民居建筑	冯骥才	天津教育出版社	1998.11
陈明达古建筑与雕塑史论	陈明达	文物出版社	1998.12
客家人与客家文化	丘桓兴	商务印书馆	1998.12
丽江古城	和段琪等	岭南美术出版社	1998.12
中国民族建筑·第一卷	王绍周	江苏科学技术出版社	1998.12
古镇	刘莱	河南文艺出版社	1999
黄河流域聚落论稿/从史前聚落到早期都市	王妙发	知识出版社	1999
明代南京寺院研究	何孝荣	中国社会科学出版社	1999
平遥古城/世界文化遗产国家历史文化名城	史忠新	文化艺术出版社	1999
平遥古城/世界文化与自然遗产：世界文化与自然遗产	茹遂初	五洲传播出版社	1999
濂阳仙都	政协贵州省委员会，文史资料委员会，贵州旅游文史系列丛书编委会	贵州人民出版社	1999
中国古建筑艺术	白文明	黄河出版社	1999
北京街道胡同地图集		中国地图出版社	1999.03
西塘	金梅	古吴轩出版社	1999.03
二十世纪怀旧系列	梁京武，赵向标主编	龙门书局	1999.05
胡同一百零一像	徐勇	浙江摄影出版社	1999.05
中国建筑艺术全集（20卷 宅第建筑·北方汉族）	侯幼彬	中国建筑工业出版社	1999.05
中国建筑艺术全集（21卷 宅第建筑·南方汉族）	陆元鼎	中国建筑工业出版社	1999.05
中国建筑艺术全集（23卷 宅第建筑·南方少数民族）	王翠兰	中国建筑工业出版社	1999.05
中国美术分类全集·中国建筑艺术全集·21宅第建筑（二）（南方汉族）	陆元鼎	中国建筑工业出版社	1999.05
族谱：华南汉族的宗族·风水·移居	濑川昌久，钱杭	上海书店出版社	1999.05
安徽古建筑	潘国泰，朱永春，赵速梅	安徽科学技术出版社	1999.06
北京古山村——爨底下	业祖润等	中国建筑工业出版社	1999.06
柴泽俊古建筑文集	柴泽俊	文物出版社	1999.06
民居庭院/当代艺术新主张：民居庭院	童中焘	古吴轩出版社	1999.06
园韵（文化四合院）	陈从周	上海文化出版社	1999.06
中国传统民居	荆其敏编著，刘壮、仲英译	天津大学出版社	1999.06
《中国传统民居与文化》第七辑	颜纪臣主编	山西科学技术出版社	1999.06

续表

著作名	著者（编著 译者）姓名	出版社	出版日期
中国建筑艺术史	萧默	文物出版社	1999.06
英汉汉英常用词语汇编：房屋民居分册	汪钊	辽海出版社	1999.07
云南建筑史	张增祺	云南美术出版社	1999.07
中国乡土建筑 新叶村	陈志华，楼庆西，李秋香	重庆出版社	1999.07
中国乡土建筑 诸葛村	陈志华，楼庆西，李秋香	重庆出版社	1999.07
海南民族传统建筑实录	《海南民族传统建筑实录》编写组	南海出版社	1999.08
苏州小巷	亦然	苏州大学出版社	1999.08
中国民族建筑·第三卷	王绍周	江苏科学技术出版社	1999.08
中国民族建筑·第五卷	张家泰	江苏科学技术出版社	1999.08
北京四合院/老房子	李玉祥，王其钧编，王涛译	江苏美术出版社	1999.09
香港大学建筑系测绘图案（上）	香港大学建筑系	贝思出版有限公司	1999.09
豸峰	龚恺	东南大学出版社	1999.09
中国古园林	罗哲文	中国建筑工业出版社	1999.09
中国建筑图典	张卫	湖南美术出版社	1999.09
中国窑洞	王军，侯继尧	河南科学技术出版社	1999.09
韩城村寨与党家村民居	周若祁，张光	陕西科学技术出版社	1999.10
楠溪江中游古村落	陈志华文，李玉祥摄	生活·读书·新知三联书店	1999.10
乡土中国：楠溪江中游古村落	陈志华文，李玉祥摄影	生活·读书·新知三联书店	1999.10
中国传统民居图说 越都篇	单德启，卢强	清华大学出版社	1999.10
围不住的围龙屋：记一个客家宗族的复苏	房学嘉	南华大学出版社	1999.11
老房子（北京四合院）	朱成梁	江苏美术出版社	1999.12
滇西北秘境	张金明	云南科学技术出版社	1999.12
清代古建筑油漆作工艺	赵立德	中国建筑工业出版社	1999.12
四合院/中国民俗文化丛书	姜波	山东教育出版社	1999.12
中国民族建筑·第四卷	梁白泉	江苏科学技术出版社	1999.12
古镇磁器口	重庆市沙坪坝区地方志办公室	四川人民出版社	2000
古镇七宝	上海七宝古镇实业发展有限公司	学林出版社	2000
稽王胡同102号	田心源	北岳文艺出版社	2000
丽江古城	杨仲禄，张福三	云南美术出版社	2000
丽江古城印象	蒋剑	云南美术出版社	2000
民居建筑史话	白云翔	中国大百科全书出版社	2000
蟠滩古镇	娄东风，政协台州市文史资料委员会	西泠印社出版社	2000
温州乡土建筑	丁俊清等	同济大学出版社	2000
浙江古代城镇史研究	陈国灿，奚建华	安徽大学出版社	2000
中国乡土建筑/阴阳之枢纽人伦之规模/福建湘西贵州	萧加，王鲁湘	浙江人民美术出版社	2000
木工雕刻技术与传统雕刻图谱	路玉章	中国建筑工业出版社	2000.01
传统民居艺术	阎瑛	山东科学技术出版社	2000.01
方位观念与中国文化	吴桂就	广西教育出版社	2000.01

续表

著作名	著者（编著 译者）姓名	出版社	出版日期
古往今来道民居	王其钧	大地地理文化出版社	2000.01
徽州——乡土中国	王振忠	生活·读书·新知三联书店	2000.01
三秦古民居	刘中亭	中国工人出版社	2000.01
陕北古民居	刘中亭	中国工人出版社	2000.01
台湾传统建筑匠艺三辑	李乾朗	燕楼古建筑出版社	2000.01
西域古城遗址	张立宪	中国工人出版社	2000.01
中国传统民居图说 五邑篇	单德启等	清华大学出版社	2000.01
中国古代建筑与近现代建筑	卜德清	天津大学出版社	2000.01
中华文明史话B（50册）《民居建筑史话》	李根蟠	中国大百科全书出版社	2000.01
中国传统建筑艺术大观（全10册）	鲁杰等	四川人民出版社	2000.02
中国羌族建筑	季富政	西南交通大学出版社	2000.02
中国古建筑百问	张驭寰	中国档案出版社	2000.03
巴蜀城镇与民居	季富政	西南交通大学出版社	2000.04
倘徉在古老的时空/武夷古民居	吴光明	海潮摄影艺术出版社	2000.04
广府民俗	叶春生	广东人民出版社	2000.05
北京四合院	张肇基	中国建筑工业出版社	2000.06
风格迥异的民居	赵效群	中央民族大学出版社	2000.06
福建六大民系	陈支平	福建人民出版社	2000.06
中国少数民族（建筑）	王晓莉	中央民族大学出版社	2000.06
中国生土建筑	萧加编	浙江人民美术出版社	2000.06
中国乡土建筑 福建 湘西 贵州	萧加	浙江人民美术出版社	2000.06
中国乡土建筑 陕西 山西 北京 安徽	中国乡土建筑编辑委员会	浙江人民美术出版社	2000.06
中国乡土建筑 西藏	萧加	浙江人民美术出版社	2000.06
中国乡土建筑 云南	萧加	浙江人民美术出版社	2000.06
中国乡土建筑 浙江	萧加	浙江人民美术出版社	2000.06
白描皖南古民居构图资料集	封学文	安徽美术出版社	2000.07
辉映山川/英国科茨伍德地区的乡土建筑传统	王的刚	东南大学出版社	2000.07
土家族文化史	段超	民族出版社	2000.09
寻找苏州/江南知性之旅	朱红	广东旅游出版社	2000.09
中国居住建筑简史——城市、住宅、园林	王其明，刘致平	中国建筑工业出版社	2000.09
贵州民居	李玉祥	江苏美术出版社	2000.10
老房子（贵州民居）	李玉祥	江苏美术出版社	2000.10
老房子（四川民居）	王其钧，李玉祥等	江苏美术出版社	2000.10
老房子（云南民居）	李玉祥，陈谋德，王翠兰	江苏美术出版社	2000.10
老房子（浙江民居）	李玉祥	江苏美术出版社	2000.10
一个村落共同体的变迁（关于尖山下村的单位化的观察与阐释）	毛丹	上海学林图书发行部	2000.10
中国古建筑文献指南1900—1990	陈春生，张文辉，徐荣	科学出版社	2000.10
中国历史文化名城词典	国家文物局	上海辞书出版社	2000.10

续表

著作名	著者（编著 译者）姓名	出版社	出版日期
平遥的古城和民居	宋昆	天津大学出版社	2000.11
苏州考古	钱公麟，徐亦鹏	苏州大学出版社	2000.11
原始物象：村寨的守护和祈愿	杨兆麟	云南教育出版社	2000.11
平遥古城	兰佩瑾	外文出版社	2001
民族村寨文化	高发元	云南大学出版社	2001
平遥古城	张桂泉	广东旅游出版社	2001
皖南古村落	余济海，刘星明	广东旅游出版社	2001
武当山古建筑群	耿广恩，明剑玲	广东旅游出版社	2001
中国历史文化名城歙县丛书：四宝堂内撷英华	歙县丛书编委会	黄山书社	2001
濯锦清江万里流：巴蜀文化的历程	段渝，谭洛非	四川人民出版社	2001
郭峪村/中国乡土建筑	陈志华	重庆出版社	2001.01
京城胡同留真	沉延太，王长青	外文出版社	2001.01
新民居——视觉语言丛书	罗永进	广西美术出版社	2001.01
中国历史文化名城丛书——大理	杨汝灿，张锡禄	旅游教育出版社	2001.01
周易真原	田峰	山西科技出版社	2001.01
天津大胡同	曹秀荣	天津人民出版社	2001.01
芙蓉苍坡以及楠溪江畔的其他村落/江南古村落	胡念望	浙江摄影出版社	2001.02
建水古城的历史记忆：起源·功能·象征	蒋高宸	科学出版社	2001.02
四川历史文化名城	应金华	四川人民出版社	2001.02
北京郊区村落发展史	尹钧科	北京大学出版社	2001.03
晓起	龚恺	东南大学出版社	2001.03
飘逝的古镇：瓷都旧事	方李莉	群言出版社	2001.05
千年名府：建水	陈约红	云南人民出版社	2001.05
中国传统建筑	楼庆西	五洲传播出版社	2001.05
郑洛地区新石器时代聚落的演变	赵春青	北京大学出版社	2001.06
中国建筑的门文化	楼庆西	河南科学技术出版社	2001.07
古城平遥：世界文化遗产	黑明	浙江摄影出版社	2001.08
南粤客家围	黄崇岳，杨耀林	文物出版社	2001.08
中国古建筑修缮技术	杜仙洲，文化部文物保护科研所	中国建筑工业出版社	2001.08
中国客家民居与文化	陆元鼎	华南理工大学出版社	2001.08
中国少数民族建筑艺术画集	辛克靖	中国建筑工业出版社	2001.08
失落的盐都	唐楚臣，黄晓萍，熊望平	云南民族出版社	2001.08
徽派建筑艺术	王明居，王木林	安徽科学技术出版社	2001.09
水乡绍兴	沉福煦，李玉祥	生活·读书·新知三联书店	2001.09
图像人类学视野中的贵州古镇名寨	贵州省旅游文化研究传播中心	贵州人民出版社	2001.09
中国东阳木雕	任鲸，华德韩	浙江摄影出版社	2001.09
中国古建筑二十讲	楼庆西	生活·读书·新知三联书店	2001.09

续表

著作名	著者（编著 译者）姓名	出版社	出版日期
平遥：街巷·民居·店铺	张国田	山西北岳文艺出版社	2001.09
蒙城尉迟寺：皖北新石器时代聚落遗存的发掘与研究	中国社会科学院考古研究所	科学出版社	2001.10
人居环境科学导论	吴良镛	中国建筑工业出版社	2001.10
中国传统建筑细部设计：[图集]	谢玉明	中国建筑工业出版社	2001.11
村治中的宗族/对九个村的调查与研究	肖唐镖等	上海书店出版社	2001.12
岭南民俗事典	叶春生	南方日报出版社	2001.12
图说中国百年社会生活变迁 服饰·饮食·民居	仲富兰	学林出版社	2001.12
扬州建筑雕饰艺术	张燕，王虹军	东南大学出版社	2001.12
浙江宗族村落社会研究	周祝伟，林顺道，陈东升	方志出版社	2001.12
中国东南系建筑区系类型研究	余英	中国建筑工业出版社	2001.12
民居瑰宝党家村	李文英	陕西人民教育出版社	2002
青海古建筑论谈	张君奇	青海人民出版社	2002
文化徽州	"文化徽州"编委会	安徽美术出版社	2002
中国传统民居营造与技术：'2001海峡两岸传统民居营造与技术学术研讨会论文集	陆元鼎，潘安	华南理工大学出版社	2002
中国的井文化	吴裕成	天津人民出版社	2002
中国民艺馆	唐家路	广西美术出版社	2002
北京老宅门	王彬，徐秀珊	团结出版社	2002.01
中国名观	罗哲文等	百花文艺出版社	2002.01
中国世界自然与文化遗产旅游/第二辑/古城、古村落、古典园林	林可	湖南地图出版社	2002.01
古建筑砖瓦雕塑艺术	路玉章等	中国建筑工业出版社	2002.02
开平碉楼和民居	张国雄摄影，李玉祥	江苏美术出版社	2002.02
老房子（开平碉楼与民居）	张国雄，李玉祥	江苏美术出版社	2002.02
老房子（西藏寺庙和民居）	马丽华，李玉祥	江苏美术出版社	2002.02
梧桐树后的老房子	上海市徐汇区房屋土地管理局编	上海画报出版社	2002.02
消逝的上海老建筑	娄承浩，薛顺生	同济大学出版社	2002.02
垂虹熙南浔	远静等	中国青年出版社	2002.03
古城镇远的似水年华	高冰	贵州人民出版社	2002.03
庐陵古村	胡龙生	中华书局	2002.03
民居与村落/白族聚居形式的社会人类学研究	张金鹏，寸云激	云南美术出版社	2002.03
上海城隍庙大观	刘翔，顾延培，蔺苏，桂国强	复旦大学出版社	2002.03
泰顺——乡土中国	刘杰，李玉祥	生活·读书·新知三联书店	2002.03
武陵土家——乡土中国	张良皋	生活·读书·新知三联书店	2002.03
大人物小地方（华夏名人故居游）	欧阳德	广东省地图出版社	2002.04
雕梁画栋——古代居住文化	陈平	凤凰出版社	2002.04
和田简史	新疆《和田简史》编纂委员会	中州古籍出版社	2002.04

续表

著作名	著者（编著 译者）姓名	出版社	出版日期
历史、环境、生机——古村落的世界	朱晓明，冯国宝	中国建材工业出版社	2002.04
中国书院书斋	程勉中	重庆出版社	2002.04
古镇遗影	陈益	百花文艺出版社	2002.05
世界文化遗产 中国徽派建筑	樊炎冰	中国建筑工业出版社	2002.05
中国传统建筑实测集锦	鲁晨海	生活·读书·新知三联书店	2002.05
中国古建筑文化之旅（甘肃宁夏青海）	马立斯	知识产权出版社	2002.05
中国古建筑文化之旅（山东）	张润武	知识产权出版社	2002.05
福建民居/老房子	朱成梁	江苏美术出版社出版	2002.06
中国古建筑文化之旅	杨谷生，甄化	知识产权出版社	2002.06
中国古建筑文化之旅（安徽）	朱永春	知识产权出版社	2002.06
村寨古风（从三宝侗寨到短裙苗乡）	孟云	贵州人民出版社	2002.07
石桥村：中国古村落	李秋香	河北教育出版社	2002.07
张壁村	陈志华	河北教育出版社	2002.07
中国名亭	吴继路	百花文艺出版社	2002.07
江南古村落：长乐	张书恒	浙江摄影出版社	2002.09
城市的守望——走过三坊七巷	北北，曲利明	海潮摄影艺术出版社	2002.09
花雨弥天妙歌舞：徽州古戏台	陈琪	辽宁人民出版社	2002.09
徽州古祠堂	张小平	辽宁人民出版社	2002.09
徽州古村落	王星明	辽宁人民出版社	2002.09
徽州古牌坊	罗刚	辽宁人民出版社	2002.09
徽州古桥	卞利	辽宁人民出版社	2002.09
徽州古书院	方英	辽宁人民出版社	2002.09
徽州古戏台	陈琪	辽宁人民出版社	2002.09
闽西客家/乡土中国	谢重光	生活·读书·新知三联书店	2002.09
乡土福建/和平古镇：廉村一个美丽的村庄	涧南，赖小兵，老沈	海潮摄影艺术出版社	2002.09
乡土福建·观前古道	涧南	海潮摄影艺术出版社	2002.09
乡土福建·廉村风物	王文靖	海潮摄影艺术出版社	2002.09
中国古建筑文化之旅（湖南湖北）	高介华，李德喜	知识产权出版社	2002.09
中国画里古村落（宏村）	陆红旗	知识出版社	2002.09
江南老房子	翁云翔等	杭州出版社	2002.10
晋中大院	王先明	生活·读书·新知三联书店	2002.10
旧京街巷	王彬	百花文艺出版社	2002.10
洛阳皂角树/1992～1993年洛阳皂角树二里头文化聚落遗址发掘报告	洛阳市文物工作队	科学出版社	2002.10
美坂村——福建永安古村落	张红霞	中国建筑工业出版社	2002.10
山西园林古建筑	赵鸣	中国林业出版社	2002.10
说园（摄影珍藏版）	陈从周	山东画报出版社	2002.10
土楼（中华人文反应堆）	王碧秀，詹石窗	湖南人民出版社	2002.10

续表

著作名	著者（编著 译者）姓名	出版社	出版日期
皖南古民居	安徽省旅游局	中国旅游出版社	2002.10
云南三城（旅游中国）	王文珊	外文出版社	2002.10
中国古建筑文化之旅（北京）	沈阳	知识产权出版社	2002.10
中国古代建筑历史图说	李婉贞，侯幼彬	中国建筑工业出版社	2002.11
中国古代建筑史第五卷：清代建筑	孙大章	中国建筑工业出版社	2002.11
中国古建筑文化之旅（云南贵州）	邱宣充，吴正光	知识产权出版社	2002.11
周城文化——中国白族名村的田野调查	郝翔，朱炳祥	中央民族大学出版社	2002.11
胡同春秋	西城区政协文史委	中国文史出版社	2002.12
高句丽古城研究	王绵厚	文物出版社	2002.12
世界文化遗产（皖南古村落规划保护方案保护方法研究）	吴晓勤	中国建筑工业出版社	2002.12
乌镇	阮仪三	浙江摄影出版社	2002.12
西塘（江南水乡古镇）	阮仪三	浙江摄影出版社	2002.12
长江中下游地区史前聚落研究	张弛	文物出版社	2003
古城	关汝松	西北大学出版社	2003
莆田市文史资料/第十七辑/莆仙老民居	蒋维锬	福建人民出版社	2003
信步胡同	杨大洲	华文出版社	2003
伊斯兰教与北京清真寺文化	佟洵	中央民族大学出版社	2003
真如/千年古镇璀璨明珠	曹荣生，王智华	华东师范大学出版社	2003
中国民居	单德启	五洲传播出版社	2003
走进安徽/中国安徽丛书	周学智，安徽省政府	五洲传播出版社	2003
八百年的村落	吴国平，Liming Qu，Wensheng Shen	海潮摄影艺术出版社	2003.01
巴楚文化源流	彭万廷，冯万林主编	湖北教育出版社	2003.01
古城沧桑北庭/西域史话：北庭	薛宗正	云南人民出版社	2003.01
古城之谜/西域探秘系列	李广智	四川文艺出版社	2003.01
古建筑测绘学	林源	中国建筑工业出版社	2003.01
古镇书：贰拾柒个经典古村镇	古镇书编辑部	南海出版公司	2003.01
徽州古民居探幽	李俊	上海科学技术出版社	2003.01
库村（中国古村落）	刘杰，李玉祥	河北教育出版社	2003.01
老街漫步/绍兴	濮波，潘洪海	中国工人出版社	2003.01
老京城建筑	田旭桐，侯芳	广西美术出版社	2003.01
老上海花园洋房	娄承浩，薛顺生	同济大学出版社	2003.01
老上海经典建筑	娄承浩，薛顺生	同济大学出版社	2003.01
流坑村	李秋香，陈志华	河北教育出版社	2003.01
罗哲文历史文化名城与古建筑保护文集	罗哲文	中国建筑工业出版社	2003.01
山间庭院：文化中国·岳麓书院	江堤，樊孝良	湖南大学出版社	2003.01
世纪留念 北京·名人·故居·旧宅院（上下册）	赵宝成	地震出版社	2003.01
世界聚落的教示100	（日）原广司	中国建筑工业出版社	2003.01

续表

著作名	著者（编著 译者）姓名	出版社	出版日期
西文兴村（中国古村落）	楼庆西	河北教育出版社	2003.01
新叶村（中国古村落）	陈志华，楼庆西等	河北教育出版社	2003.01
阳光下的雕花门楼：武夷古民居的记忆	萧春雷	海潮摄影艺术出版社	2003.01
豸峰村（中国古村落）	龚恺著，李玉祥摄	河北教育出版社	2003.01
中国古村落——诸葛村	李秋香	北京教育出版社	2003.01
中国名胜旧迹（上下）	王家兰	天津人民美术出版社	2003.01
中国世界遗产大观	罗尉宣	湖南文艺出版社	2003.01
诸葛村	陈志华	河北教育出版社	2003.01
诸葛村/中国古村落	陈志华，楼庆西，李秋香	河北教育出版社	2003.01
楠溪江宗族村落	潘嘉来等	福建美术出版社	2003.02
中国古建筑文化之旅（河北天津）	孟琦，孟繁兴，陈国莹	知识产权出版社	2003.02
中国民间住宅建筑	王其钧	机械工业出版社	2003.02
五华街巷史话	政协昆明市五华区文史资料委员会，何兴庚	云南大学出版社	2003.03
西藏佛教寺庙	杨辉麟	四川人民出版社	2003.03
中国美术分类全集·中国建筑艺术全集11 会馆建筑·祠堂建筑	巫纪光等	中国建筑工业出版社	2003.03
中国民间美术	靳之林	中国纺织出版社	2003.03
中国史前古城	马世之	湖北教育出版社	2003.03
胡同门楼建筑艺术	李明德，李海川	中国建筑工业出版社	2003.04
婺源	陈爱中	古吴轩出版社	2003.04
岭南建筑与民俗	欧志图	百花文艺出版社	2003.05
闽海民系民居建筑与文化研究	戴志坚	中国建筑工业出版社	2003.05
山西古建筑品鉴	李剑平	山西科学技术出版社	2003.05
中国古建筑文化之旅（新疆）	王小东	知识产权出版社	2003.05
中国古镇游（安徽、江西）	《中国古镇游》编辑部	陕西师范大学出版社	2003.05
中国古镇游（广东福建）	《中国古镇游》编辑部	陕西师范大学出版社	2003.05
中国古镇游（贵州、云南、广西）	《中国古镇游》编辑部	陕西师范大学出版社	2003.05
中国古镇游（四川、重庆）	《中国古镇游》编辑部	陕西师范大学出版社	2003.05
中国古镇游（浙江、江苏、上海）	《中国古镇游》编辑部	陕西师范大学出版社	2003.05
易学与生态环境	杨文衡	中国书店出版社	2003.06
云南明清民居建筑（上下册）	陈云峰，张佐	云南美术出版社	2003.06
中国建筑·传统与新统	吴焕加	东南大学出版社	2003.06
湖北库区传统建筑	蒋超良	科学出版社	2003.07
客家文化大观	冯秀珍	经济日报出版社	2003.07
三峡湖北库区传统建筑	国家文物局	科学出版社	2003.07
生态视野西南高海拔山区聚落与建筑	毛刚	东南大学出版社	2003.07
苏州旧住宅	陈从周	生活·读书·新知三联书店	2003.07
中国古建筑文化之旅（江苏上海）	杨永生，曹玉洁，张宏	知识产权出版社	2003.07
1955—1957建筑百家争鸣史料	杨永生	专利文献出版社	2003.08

续表

著作名	著者（编著 译者）姓名	出版社	出版日期
风雨豪门（扬州盐商大宅院）	韦明铧	广陵书社	2003.08
见证沧桑（现存古建筑风采）	于海广	齐鲁书社	2003.08
文化厚吴（厚吴的宗祠与老宅）	《建筑创作》杂志社	机械工业出版社	2003.08
一座古城的图像记录——昆明旧照（上下）*	龙东林，王继锋	云南人民出版社	2003.08
中国厅堂（江南篇）	陈从周	上海画报出版社	2003.08
中国云南的傣族民居	高芸	北京大学出版社	2003.08
巴渝古镇——龚滩	士伏，邓晓笛	重庆出版社	2003.09
巴渝古镇——龙潭	冉光大	重庆出版社	2003.09
巴渝古镇——路孔	王定天	重庆出版社	2003.09
巴渝古镇——宁厂	阿蛮	重庆出版社	2003.09
巴渝古镇——中山	李哲良	重庆出版社	2003.09
北京的古塔	汪建民	学苑出版社	2003.09
北京的四合院与胡同	翁立	北京美术摄影出版社	2003.09
从旧民居到新社区	王云娟	四川人民出版社	2003.09
古镇磁器口的传说	魏仲云	重庆出版社	2003.09
古镇书：山西分卷	《古镇书》编辑部	南海出版公司	2003.09
聚落探访	藤井明，宁晶译	中国建筑工业出版社	2003.09
渼陂（古村博物馆）	胡龙生	中华书局	2003.09
闽台民居建筑的渊源与形态	戴志坚	福建人民出版社	2003.09
内蒙古古城	刘蒙林，孙利中	内蒙古人民出版社	2003.09
苏州古城的保护与更新	史建华	东南大学出版社	2003.09
探秘福建神奇民居：凝望土楼	吴荣水	广东旅游出版社	2003.09
云南乡土建筑文化	石克辉，胡雪松	东南大学出版社	2003.09
中国古镇图鉴	李玉祥	陕西师范大学出版社	2003.09
重庆老巷子	何智亚	重庆出版社	2003.09
走进松阳	松阳县委宣传部	西泠印社	2003.09
走进图画象形文的灵境（神游纳西古王国的东巴教）	杨福泉	四川文艺出版社	2003.09
巴蜀古镇/续篇/巴蜀乡土：续篇	赖武，陈锦	四川人民出版社	2003.10
福建土楼（中国传统民居的瑰宝）	黄汉民	生活·读书·新知三联书店	2003.10
古城记（失落文明的兴与衰）	覃东	世界知识出版社	2003.10
古镇羊皮书2004完全版	《古镇羊皮书》编辑部	上海社会科学院出版社	2003.10
客家与华夏文明	谭元亨	华南理工大学出版社	2003.10
上海弄堂	张耀工作室	上海人民美术出版社	2003.10
中国古建筑图典	范有信，黄金德，张福春	北京出版社	2003.10
中国古建筑文化之旅（西藏）	甄化，杨谷生	知识产权出版社	2003.10
中国建筑艺术全集（22卷 建筑北方少数民族）	杨谷生	中国建筑工业出版社	2003.10
中国民居室内设计	史春珊，陈俊明，王晓光	黑龙江科学技术出版社	2003.10
没有城墙的古城——丽江	瞿健文	三秦出版社	2003.11

续表

著作名	著者（编著 译者）姓名	出版社	出版日期
书院中国	江堤	湖南人民出版社	2003.11
水旱码头：龙驹寨	屈大宝，候甬坚，童正家	三秦出版社	2003.11
中国民居建筑（共三卷）	陆元鼎，杨谷生	华南理工大学出版社	2003.11
保山	林超民	云南教育出版社	2003.12
茶马古道	《茶马古道》编辑部	陕西师范大学出版社	2003.12
和顺——乡土中国	蒋高宸文，李玉祥摄影	生活·读书·新知三联书店	2003.12
老祠堂——古风：中国古代建筑艺术	何兆兴	人民美术出版社	2003.12
老会馆——古风：中国古代建筑艺术	何兆兴	人民美术出版社	2003.12
老楼阁——古风：中国古代建筑艺术	何兆兴	人民美术出版社	2003.12
老门楼——古风：中国古代建筑艺术	何兆兴	人民美术出版社	2003.12
老牌坊——古风：中国古代建筑艺术	何兆兴	人民美术出版社	2003.12
老书院——古风：中国古代建筑艺术	何兆兴	人民美术出版社	2003.12
老戏台——古风：中国古代建筑艺术	何兆兴	人民美术出版社	2003.12
老宅第——古风：中国古代建筑艺术	何兆兴	人民美术出版社	2003.12
留住家园：中国古民居	王毅	浙江摄影出版社	2003.12
民居明珠/腰山王氏庄园	侯璐	河北美术出版社	2003.12
南浔（江南水乡古镇）	阮仪三	浙江摄影出版社	2003.12
永远的家园：土楼漫游	何葆国	海潮摄影艺术出版社	2003.12
云南乡土文化丛书：德宏	李江玲	云南教育出版社	2003.12
云南乡土文化丛书：红河	杨煜达	云南教育出版社	2003.12
云南乡土文化丛书：昆明	袁国友	云南教育出版社	2003.12
云南乡土文化丛书：怒江	纳溪子樱	云南教育出版社	2003.12
云南乡土文化丛书：曲靖	王艳萍，王燕飞	云南教育出版社	2003.12
云南乡土文化丛书：西双版纳	王东昕	云南教育出版社	2003.12
云南乡土文化丛书：昭通	张宁	云南教育出版社	2003.12
中国民居/人文中国书系	单德启等	五洲传播出版社	2003.12
灿烂古城/中国丽江古城区	木丽琴，中共丽江市古城区委	云南人民出版社	2004
古镇书/贰/江苏·上海	古镇书编辑部	南海出版公司	2004
古镇书/湖南/贰拾伍座经典古镇/读行天下/湖南古镇书：贰拾伍座经典古镇	黄利，万夏，古镇书编辑部	南海出版公司	2004
建筑风景：民族民居建筑	雍建华	四川美术出版社	2004
平遥古城文化史韵/世界文化遗产——平遥古城	董剑云	山西经济出版社	2004
云南山地城镇村落与建筑	周文华	云南民族出版社	2004
中国风水文化	高友谦	团结出版社	2004
壮族	张原，《云南少数民族图库》编委会，黄家祥，廖国忠，宋林武	云南美术出版社	2004
21世纪初石林彝族自治县村寨调查/月湖、宜政、松子园村	赵德光	云南民族出版社	2004.01
坝美（最后的桃花源）	吴慧泉	陕西师范大学出版社	2004.01

续表

著作名	著者（编著 译者）姓名	出版社	出版日期
摆贝（一个西南边地的苗族村寨）	彭兆荣文，潘年英摄影	生活·读书·新知三联书店	2004.01
北京街巷名称史话	张清常	北京语言文化大学出版社	2004.01
北京街巷图志	王彬，徐秀珊	作家出版社	2004.01
陈志华（楠溪江乡土建筑研究和保护）	赵淑静等	云南人民出版社	2004.01
传统建筑木装修	姜振鹏	机械工业出版社	2004.01
磁器口古镇遗韵	单大国	重庆出版社	2004.01
村落的终结（羊城村的故事）	李培林	商务印书馆	2004.01
福建土楼（中国的围城）	徐燕	山东画报出版社	2004.01
古镇书/柒/重庆	古镇书编辑部	南海出版公司	2004.01
潋水龙游	丁俊清	河北教育出版社	2004.01
胡同及其他	张清常，张晓华	北京语言文化大学出版社	2004.01
湖南古镇书：贰拾伍座经典古镇	黄利，万夏，古镇书编辑部	南海出版社	2004.01
金碧庙宇（建筑孤旅一个建筑师的旅行手记）	行者小刘	中国电力出版社	2004.01
晋商大院和平遥古城	贾忠杰	中国人事出版社	2004.01
朗月孤舟（周庄）	刘新平	中国工人出版社	2004.01
利家嘴（母系村落的古老传承）	钱钧华	陕西师范大学出版社	2004.01
岭南历史建筑测绘图选集	汤国华	华南理工大学出版	2004.01
甪直（江南水乡古镇）	阮仪三	浙江摄影出版社	2004.01
梦断黄沙——平遥	吴天弃	中国工人出版社	2004.01
民间住宅建筑：圆楼窑洞四合院	王其钧	中国建筑工业出版社	2004.01
南社村	楼庆西	河北教育出版社	2004.01
楠溪江乡土建筑研究和保护	赵淑静，吴琦，陈骞，中央电视台	云南人民出版社	2004.01
青山史话	阮丹	武汉出版社	2004.01
世界自然文化遗产之旅：皖南古村落黟县西递·宏村	余济海，余治淮	广东旅游出版社	2004.01
水墨徽州	王杰	山东画报出版社	2004.01
水墨人家——南浔	徐晓杭	中国工人出版社	2004.01
苏州古民居	苏州市房产管理局	同济大学出版社	2004.01
台湾十大传统民居	李乾朗	晨星出版社	2004.01
庭院深深：民居的传说	孙立公	上海人民美术出版社	2004.01
同里（江南水乡古镇）	阮仪三	浙江摄影出版社	2004.01
悠然婺源——中国最美的乡村	孙莹，曹国新	广东旅游出版社	2004.01
中国传统建筑木作工具	李浈	同济大学出版社	2004.01
中国古城古镇古村古寨	王妮娜	湖南人民出版社	2004.01
中国古建筑文化之旅（辽宁吉林黑龙江）	陈伯超	知识产权出版社	2004.01
中国建筑方位艺术	高友谦	团结出版社	2004.01
中国民间故宫：王家大院	江荣先，柏冬友	中国建筑工业出版社	2004.01
中国住宅概说	刘敦桢	百花文艺出版社	2004.01
中外传统民居	荆其敏，张丽安	百花文艺出版社	2004.01

续表

著作名	著者（编著 译者）姓名	出版社	出版日期
走近老房子（上海长宁近代建筑鉴赏）	张长根	同济大学出版社	2004.01
走进古蜀都邑金沙村（考古工作者手记）	成都文物考古研究所	四川文艺出版社	2004.01
走向有机空间（从传统岭南庭园到现代建筑空间）	王立全	中国建筑工业出版社	2004.01
长城/遥望星宿：甘肃考古文化丛书	马建华，张力华	敦煌文艺出版社	2004.02
车轴（一个遥远村落的新民族志）	萧亮中	广西人民出版社	2004.02
侗族建筑艺术	张柏如	湖南美术出版社	2004.02
都市中的佛教/上海玉佛禅寺纪念建寺120周年研讨会论文集	觉醒，觉群编辑委员会	宗教文化出版社	2004.02
古道遗城：茶马古道滇藏线巍山古城考察	邓启耀	广西人民出版社	2004.02
名人与老房子	北京市政协文史资料委员会	北京出版社	2004.02
千年古风（岜沙苗寨纪事）/边缘部落	余未人	河北教育出版社	2004.02
青藏建筑与民俗	陈秉智	百花文艺出版社	2004.02
四海同根/移民与中国传统文化	葛剑雄，安介生	山西人民出版社	2004.02
浙江古村落地图	墨岩	浙江人民出版社	2004.02
中国古建筑文化之旅（浙江）	黄滋等	知识产权出版社	2004.02
北京四合院建筑	马炳坚	天津大学出版社	2004.03
从黄山到福建土楼	王雷	山东画报出版社	2004.03
从上海外滩到江南古镇	徐家国	山东画报出版社	2004.03
古建筑砖细工/古建筑工艺系列丛书	刘一鸣	中国建筑工业出版社	2004.03
千年白族村：诺邓	李文笔，黄金鼎	云南民族出版社	2004.03
青岛（老房子的记忆）	李明	山东画报出版社	2004.03
青绿村郭——建筑孤旅：一个建筑师的旅行手记	行者小刘	中国电力出版社	2004.03
上海里弄的保护与更新	范文兵	上海科学技术出版社	2004.03
水墨人家——建筑孤旅：一个建筑师的旅行手记	行者小刘	中国电力出版社	2004.03
赤坎古镇	张国雄	河北教育出版社	2004.04
古镇里耶	伍贤佑，李万隆	岳麓书社	2004.04
新乡土建筑	新乡土建筑编委会	中国建筑工业出版社	2004.04
浙江古镇书：叁拾座经典古镇	古镇书编辑部	南海出版公司	2004.04
中国古镇游（安徽、江西）	紫图	陕西师范大学出版社	2004.04
中国古镇游（江南）	《中国古镇游》编辑部	陕西师范大学出版社	2004.04
"作庭记"译注与研究	张十庆	天津大学出版社	2004.05
安徽古镇书：叁拾座经典古镇	古镇书编辑部	南海出版公司	2004.05
白族工匠村	孙瑞等	云南人民出版社	2004.05
北京近代建筑史	张复合	清华大学出版社	2004.05
不同自然观下的建筑场所艺术/中西传统建筑文化比较	王蔚	天津大学出版社	2004.05

续表

著作名	著者（编著 译者）姓名	出版社	出版日期
从部落文明到礼乐制度	张岩	生活·读书·新知上海三联出版社	2004.05
古镇书/伍/江西	古镇书编辑部	南海出版公司	2004.05
华夏瑰宝——中国世界遗产大观：古城类、古村落类、宗教建筑类、原始遗址类	林可	湖南地图出版社	2004.05
楠溪江上游古村落	陈志华，楼庆西，李秋香	河北教育出版社	2004.05
四川：叁拾贰座经典古镇	古镇书编辑部	南海出版公司	2004.05
苏州古城——平江历史街区	袁以新主编，董寿琪等	生活·读书·新知三联书店	2004.05
云南民族村寨调查：理论与实际相结合的三个环节	姚顺增	云南民族出版社	2004.05
中国古建筑大系：民间住宅建筑	黄明山	中国建筑工业出版	2004.05
中华装饰（传统民居装饰意境）	刘森林	上海大学出版社	2004.05
四川民居	四川省勘察设计协会	四川人民出版社	2004.06
古代文化探微	张崇琛	中国社会科学出版社	2004.06
古建筑假山/古建筑工艺系列丛书	孙俭争	中国建筑工业出版社	2004.06
古建筑木工/古建筑工艺系列丛书	过汉泉	中国建筑工业出版社	2004.06
古建筑瓦工/古建筑工艺系列丛书	李金明	中国建筑工业出版社	2004.06
居所的匠心——中国居住文化	陈平	济南出版社	2004.06
快速现代化进程中的南京老城保护与更新	周岚，童本勤	东南大学出版社	2004.06
老城古镇/世界遗产之旅	胡允桓	中国旅游出版社	2004.06
甪直古韵	薛冰著，周仁德摄	江苏美术出版社	2004.06
南浔往事/江南古镇系列	张加强著，邱建申等摄	江苏美术出版社	2004.06
深闺瑰宝：太湖西山古村落	秦兴元	古吴轩出版社	2004.06
世界遗产之旅：老城古镇	胡允桓	中国旅游出版社	2004.06
四川民居	四川省建设委员会等	四川人民出版社	2004.06
四川民居/巴蜀乡土	四川省建设委员会等	四川人民出版社	2004.06
西藏传统建筑导则	徐宗威	中国建筑工业出版社	2004.06
消逝的古镇	张荣惠	中国青年出版社	2004.06
烟雨同里/江南古镇系列	王稼句	江苏美术出版社	2004.06
中国古建筑文化之旅（陕西）	刘临安	知识产权出版社	2004.06
中国古镇西部行之壹	董科敏	中国建筑工业出版社	2004.06
中国江南水乡古镇	阮仪三，董建成	浙江摄影出版社	2004.06
保安族：甘肃积石山县大墩村调查	杜鲜	云南大学出版社	2004.07
达斡尔族：内蒙古莫力达瓦旗哈力村调查	毅松，毛艳主编	云南大学出版社	2004.07
东乡族：甘肃东乡县韩则岭村调查	秦臻，马国忠	云南大学出版社	2004.07
侗族：贵州黎平县九龙村调查	刘锋，龙耀宏	云南大学出版社	2004.07
鄂伦春族：黑龙江黑河市新生村调查	郭建斌，韩有峰	云南大学出版社	2004.07
鄂温克族：内蒙古鄂温克族旗乌兰宝力格嘎查调查	谭昕	云南大学出版社	2004.07
哈萨克族：新疆吉木乃县巴扎尔湖勒村调查	王旭东，周亚成	云南大学出版社	2004.07

续表

著作名	著者（编著 译者）姓名	出版社	出版日期
赫哲族：黑龙江同江市街津口乡调查	黄泽，刘金明	云南大学出版社	2004.07
惠山古镇祠堂建筑图录	吴惠良	上海科技出版社	2004.07
京族：广西东兴市山心村调查	马居里	云南大学出版社	2004.07
柯尔克孜族：新疆乌恰县库拉日克村吾依组调查	董秀团，万雪玉	云南大学出版社	2004.07
黎族：海南五指山市福关村调查	张跃	云南大学出版社	2004.07
珞巴族：西藏米林县琼林村调查	龚锐等	云南大学出版社	2004.07
满族：辽宁新宾县腰站村调查	张晓琼，何晓芳	云南大学出版社	2004.07
毛南族：广西环江县南昌屯调查	匡自明，黄润柏	云南大学出版社	2004.07
门巴族：西藏错那县贡日乡调查	吕昭义	云南大学出版社	2004.07
蒙古族：内蒙古正蓝旗巴彦胡舒嘎查调查	马京，金海	云南大学出版社	2004.07
仫佬族：广西罗城县石门村调查	章立明，俸代瑜	云南大学出版社	2004.07
羌族：四川汶川县阿尔村调查	何斯强等	云南大学出版社	2004.07
泉州古代书院	陈笃彬，苏黎明	齐鲁书社	2004.07
撒拉族：青海循化县石头坡村调查	朱和双	云南大学出版社	2004.07
塔吉克族：新疆塔什库尔干县提孜那甫村调查	罗家云	云南大学出版社	2004.07
泰雅人：台湾宜兰县武塔村调查	宋光宇	云南大学出版社	2004.07
图说民居	王其钧	中国建筑工业出版社	2004.07
土家族：湖南永顺县双凤村调查	陆群等	云南大学出版社	2004.07
维吾尔族：新疆疏附县木苏玛村调查	肖理	云南大学出版社	2004.07
乌孜别克族：新疆木垒县阿克喀巴克村调查	王晓珠	云南大学出版社	2004.07
仡佬族：贵州大方县红丰村调查	张晓辉	云南大学出版社	2004.07
裕固族：甘肃肃南县大草滩村调查	郑筱筠，高子厚	云南大学出版社	2004.07
中国古建筑旅游	夏林根	山西教育出版社	2004.07
中国古建筑文化之旅（广东广西海南）	陈远璋，尚杰，郭顺利	水利水电出版社	2004.07
中国古建筑文化之旅（河南）	杨焕成	知识产权出版社	2004.07
中国民族村寨调查纪实/中国民族村寨调查丛书	马京，李菊梅	云南大学出版社	2004.07
中国民族村寨研究	张跃	云南大学出版社	2004.07
中国少数民族建筑	易风	中国画报出版社	2004.07
走到底——中国50个古村落丛书	中国50个古村落丛书编写组	东方出版社	2004.07
繁华静处的老房子——上海静安历史文化风貌区	陈海汶	上海文化出版社	2004.08
客家民居	钟敏	中国摄影出版社	2004.08
满族民居民俗	韩晓时	沈阳出版社	2004.08
千碉之国——丹巴	杨嘉铭	巴蜀书社	2004.08
中国民居研究	孙大章	中国建筑工业出版社	2004.08
白族民居三滴水门楼	白子阿明，杨民，海青	云南民族出版社	2004.09

续表

著作名	著者（编著 译者）姓名	出版社	出版日期
北京的四合院与名人故居	顾军	光明日报出版社	2004.09
北京胡同保护方案	亚历山大	北京广播学院出版社	2004.09
从传统民居到地区建筑	单德启	中国建材工业出版社	2004.09
大理古建筑艺术	杨昌泽	云南民族出版社	2004.09
地上北京	秦人	中国书籍出版社	2004.09
古镇川行	秦俭	中国旅游出版社	2004.09
古镇碛口	陈志华	中国建筑工业出版社	2004.09
广东古镇书：叁拾叁座经典古镇	古镇书编辑部	花山文艺出版社	2004.09
广西古镇书：叁拾贰座经典古镇	古镇书编辑部	花山文艺出版社	2004.09
杭州的古建筑	马时雍	杭州出版社	2004.09
胡同面孔	邱阳	广西师范大学出版社	2004.09
江南名镇	张家伟，吴荣芳	上海世纪出版集团	2004.09
上海老建筑	薛顺生，娄承浩	同济大学出版社	2004.09
武当山古建筑群	祝笋	中国水利水电出版社	2004.09
渝东南土家族民居	孙雁等	重庆大学出版社	2004.09
镇海古建筑艺术集锦	严水孚	云南美术出版社	2004.09
重庆古镇	何智亚	重庆出版社	2004.09
周庄风光：中国第一水乡	怀笑笛	中国摄影出版社	2004.09
朱家角：千年古镇	阮仪三	浙江摄影出版社	2004.09
侗族聚居区的传统村落与建筑	蔡凌	中国建筑工业出版社	2004.10
口头叙事与村落传统	纳钦	民族出版社	2004.10
凝望土楼：福建神奇民居探秘	吴荣水	吴氏图书有限公司	2004.10
儒商门第——常家庄园	谢燕，刘欣宇	山西古籍出版社	2004.10
实用古建筑工程操作技术/大木作工艺	北京市文物工程质量监督站	北京燕山出版社	2004.10
周庄	陈益	古吴轩出版社	2004.10
走读浙江	王旭烽	浙江大学出版社	2004.10
触摸古建筑	聂鑫森	中国建材工业出版社	2004.11
雕梁画栋——乡土瑰宝系列	楼庆西	生活·读书·新知三联书店	2004.11
骨子里的中国情结	王受之	黑龙江美术出版社	2004.11
民居建筑	中国建筑工业出版社	中国建筑工业出版社	2004.11
山西古祠堂（矗立在人神之间）	韩振远	辽宁人民出版社	2004.11
山西古渡口：黄河的另一种陈述	鲁顺民	辽宁人民出版社	2004.11
云乡漫录	邓云乡	河北教育出版社	2004.11
云乡琐记	邓云乡	河北教育出版社	2004.11
中国侗族村寨文化	吴浩	民族出版社	2004.11
客家圣典：一个大迁徙民系的文化史	谭元亨	深圳海天出版社	2004.12
潮汕老屋	林凯龙	汕头大学出版社	2004.12
匠学七说	张良皋	中国建筑工业出版社	2004.12
老上海石库门	娄承浩，薛顺生	同济大学出版社	2004.12
明清室内陈设/紫禁书系	朱家溍	紫禁城出版社	2004.12

续表

著作名	著者（编著 译者）姓名	出版社	出版日期
苏州香山帮建筑	崔晋余	中国建筑工业出版社	2004.12
中国南方回族清真寺资料选编	陈乐基	贵州民族出版社	2004.12
周庄——江南水乡古镇	阮仪三	浙江摄影出版社	2004.12
古镇木渎	叶陶君，周云祥	陕西人民美术出版社	2005
徽州建筑	朱永春	安徽人民出版社	2005
千年古镇——剥隘	赵志鹏，地方史	云南民族出版社	2005
西塘/生活着的千年古镇	古剑	中国铁道出版社	2005
香港客家/客家研究	刘义章	广西师范大学出版社	2005
北京名居	张展编著，张岩摄影	北京古籍出版社	2005.01
风水与建筑	程建军	江西科学技术出版社	2005.01
福建土围楼	石奕龙	中国旅游出版社	2005.01
广西客家研究综论（第1辑）	王建周	广西师范大学出版社	2005.01
恒岳神工	黄树芳	山西古籍出版社	2005.01
环城物语/解读苏州环古城河	苏州市旅游局	中国林业出版社	2005.01
皇城根儿，胡同从这里出发/游走北京的111个古老地标	邱阳	中国旅游出版社	2005.01
旧宅萃珍·扬州名宅	吴建坤	广陵书社	2005.01
民间木雕	王抗生	中国轻工业出版社	2005.01
楠溪江——中国秘境之旅	胡念望	中国旅游出版社	2005.01
山西古关隘：雄关嵝岘倚山隈	卢有泉	辽宁人民出版社	2005.01
皖南古村落/中国秘境之旅	周致元	中国旅游出版社	2005.01
万民所依：建筑与意象	张晓虹	长春出版社	2005.01
屋顶设计与文化	建筑创作杂志社	天津大学出版社	2005.01
细说平遥——人说山西丛书	苏华	山西古籍出版社	2005.01
乡间皇城	李新平，张学社	山西古籍出版社	2005.01
向着东南飞	高星	广东人民出版社	2005.01
信义在中堂：乔家大院	朱凡	山西古籍出版社	2005.01
寻找梦中的家园：发现婺源	武旭峰	广东旅游出版社	2005.01
原乡丽江	任点	广东旅游出版社	2005.01
中国古建筑与绘画艺术	赵德举	安徽科学技术出版社	2005.01
中国古民居之旅	陆琦	中国建筑工业出版社	2005.01
藏风得水：风水与建筑	程建军	中国电影出版社	2005.02
福州老铺	潘群	福建人民出版社	2005.02
观澜溯源话客家/客家研究	刘佐泉	广西师范大学出版社	2005.02
三峡古镇/千古三峡丛书	阿蛮撰文，卢延辉，陈池春摄影	福建人民出版社	2005.02
雪山清泉古镇束河	潘宏义	云南美术出版社	2005.02
潞泽会馆与洛阳民俗文化	洛阳文物管理局，洛阳民俗博物馆	中州古籍出版社	2005.03
凝固的艺术魂魄——晋东南地区早期古建筑考察	曾晨宇	学苑出版社	2005.03
西塘——中国历史文化名镇	刘海明	中国铁道出版社	2005.03
中国老村（丹山赤水柿林村）	王炎松	湖北人民出版社	2005.03

续表

著作名	著者（编著 译者）姓名	出版社	出版日期
中国著名的寺庙宫观与教堂	余桂元	商务印书馆	2005.03
1001例传统建筑细部构造/建筑细部丛书	（美）穆赞（S.A.）/（美）穆赞（D.L.）/廖锦翔等	机械工业出版社	2005.04
北京老街巷	傅公钺	北京美术摄影出版社	2005.04
赣民系民居建筑与文化研究	郭谦	中国建筑工业出版社	2005.04
姑苏新续——苏州古城的保护与更新	阮仪三	中国建筑工业出版社	2005.04
广西民居	雷翔	广西民族出版社	2005.04
金门民居花杆博古图研究	周英恋	地景	2005.04
平阳县，苍南县传统民俗文化研究	徐宏图	民族出版社	2005.04
上海浦东新区老建筑	上海市浦东新区发展计划局，上海市浦东新区规划设计研究院，上海市浦东新区文物保护管理署	同济大学出版社	2005.04
说弄（摄影珍藏版）	张锡昌	山东画报出版社	2005.04
说墙（摄影珍藏版）	尹文，张锡昌摄影	山东画报出版社	2005.04
湘赣民系民居建筑与文化研究	郭谦	中国建筑工业出版社	2005.04
云南经典乡村	王岭，王亚南	云南人民出版社	2005.04
中国名人故居游学馆——北京卷	读图时代	中国画报出版社	2005.04
中国名人故居游学馆——杭州卷	读图时代	中国画报出版社	2005.04
中国名人故居游学馆——南京卷	读图时代	中国画报出版社	2005.04
中国名人故居游学馆——上海卷	读图时代	中国画报出版社	2005.04
中国名人故居游学馆——天津卷	读图时代	中国画报出版社	2005.04
中国伊斯兰教建筑	张广林，路秉杰	生活·读书·新知三联书店	2005.04
发现廿八都	傅国涌	湖南文艺出版社	2005.04
贵州苗族建筑文化活体解析	麻勇斌	贵州人民出版社	2005.05
徽州村落	陆林，凌善金，焦华富	安徽人民出版社	2005.05
徽州访古	张和敬	安徽人民出版社	2005.05
徽州工艺/徽州文化全书	鲍义来	安徽人民出版社	2005.05
麦地里的飞檐：古建筑旅行记	秦里	岳麓书社	2005.05
明清民间木雕：民居景观卷	董洪全	辽宁画报出版社	2005.05
园院宅释（关于传统文化与现代建筑的可能）	李劲松	百花文艺出版社	2005.05
院落沧桑：山西古民居的历史文化解读	罗朝晖，王先明	山西人民出版社	2005.05
中国民居与传统文化	易涛	四川人民出版社	2005.05
中华古庙	曹雷	天津古籍出版社	2005.05
走近太行古村落	阎法宝撰文，程画梅摄影	中国摄影出版社	2005.05
多伦汇宗寺	任月海	民族出版社	2005.06
简民居	朱鹰	中国社会	2005.06
丽江古城与纳西族民居	朱良文	云南科学技术出版社	2005.06
岭南近代教会建筑/岭南建筑丛书	董黎	中国建筑工业出版社	2005.06
岭南湿热气候与传统建筑	汤国华	中国建筑工业出版社	2005.06

续表

著作名	著者（编著 译者）姓名	出版社	出版日期
三晋古建筑装饰图典	王建华	上海文艺出版社	2005.06
苏州玄妙观	董寿琪，薄建华	中国旅游出版社	2005.06
图说西藏	蒙甘露	西藏人民出版社	2005.06
余春明——中国民居绘画精品选	余春明	中国建筑工业出版社	2005.06
中国古建筑分类图说	张驭寰	河南科学技术出版社	2005.06
中国古建筑砖石艺术	楼庆西	中国建筑工业出版社	2005.06
中国名人故居游学馆——广州卷	读图时代	中国画报出版社	2005.06
中国名人故居游学馆——昆明卷	读图时代	中国画报出版社	2005.06
中国名人故居游学馆——青岛卷	读图时代	中国画报出版社	2005.06
中国名人故居游学馆——绍兴卷	读图时代	中国画报出版社	2005.06
中国名人故居游学馆——厦门卷	读图时代	中国画报出版社	2005.06
安徽/中国古镇游	《中国古镇游》编辑部	陕西师范大学出版社	2005.07
福建/中国古镇游	《中国古镇游》编辑部	陕西师范大学出版社	2005.07
杭州街巷	陈建一	杭州出版社	2005.07
杭州老街巷地图	刘晓伟	浙江摄影出版社	2005.07
开平碉楼/岭南文化知识书系	张国雄	广东人民出版社	2005.07
岭南人文·性格·建筑/岭南建筑丛书	陆元鼎	中国建筑工业出版社	2005.07
明中都研究	王剑英，陈怀仁	中国青年出版社	2005.07
山西传统戏场建筑	薛林平，王季卿	中国建筑工业出版社	2005.07
山右匠作辑录：山西传统建筑文化散论	王金平	中国建筑工业出版社	2005.07
畲族（福建罗源县八井村调查）	石奕龙	云南大学出版社	2005.07
水木清嘉：瑞安建筑文化遗产	李刃	东南大学出版社	2005.07
文化视野下的中国传统庭院	任军	天津大学出版社	2005.07
中国古建筑与园林	芦爱英	高等教育出版社	2005.07
中国晋祠	李刚，董晓阳	山西人民出版社	2005.07
中西传统建筑细部构造	薛顺生	同济大学出版社	2005.07
民间砖雕	蓝先琳	中国轻工业出版社	2005.08
土楼	何葆国	花城出版社	2005.08
漳州故事之老街印象	杨晖	海潮摄影艺术出版社	2005.08
中国传统建筑的石窗艺术	华炜	机械工业出版社	2005.08
中国民居风水	孙德元，孙景浩	生活·读书·新知三联书店	2005.08
城市艺匠——图解中国名城	荆其敏	中国电力出版社	2005.09
村落构建艺术的奇葩（石家村）	何峰	合肥工业大学出版社	2005.09
风格古建——图解中国古建筑丛书	王其钧，谢燕	中国水利水电出版社	2005.09
福建客家/客家研究	谢重光	广西师范大学出版社	2005.09
和谐有序的乡村社区（呈坎）	马勇虎	合肥工业大学出版社	2005.09
徽商的智慧与情怀：西递	余治淮	合肥工业大学出版社	2005.09
江淮古城沭阳	嵇浩存	五洲传播出版社	2005.09
聚落人文的典范（渚口）	倪国华	合肥工业大学出版社	2005.09

续表

著作名	著者（编著 译者）姓名	出版社	出版日期
拉萨建筑文化遗产	汪永平	东南大学出版社	2005.09
民间住宅——图解中国古建筑丛书	王其钧，谈一评	中国水利水电出版社	2005.09
民居宅院	潘鲁生	山东美术出版社	2005.09
民居宅院/民间文化生态调查	孙磊，唐家路，赵屹，潘鲁生	山东美术出版社	2005.09
培田/乡土中国	郑振满	生活·读书·新知三联书店	2005.09
儒商互济的家园：昌溪	吴兆民	合肥工业大学出版社	2005.09
上海传统民居	陈宗亮	上海人民美术出版社	2005.09
书院与园林的胜境（雄村）	汪昭义	合肥工业大学出版社	2005.09
苏州旧街巷图录	徐刚毅	广陵古籍刻印社	2005.09
天人合一的理想境地（宏村）	舒育玲	合肥工业大学出版社	2005.09
望族的故乡（龙川）	洪少锋	合肥工业大学出版社	2005.09
西递	陈安生	江苏教育出版社	2005.09
消逝的建筑/少年博雅文库	王兴斌，洪燕	少年儿童出版社	2005.09
云南建水	宾慧中，张婕	中国旅游出版社	2005.09
中国丽江古城	樊炎冰	中国建筑工业出版社	2005.09
诸葛村	沈敏	江苏教育出版社	2005.09
自然与艺术的灵光辉映（西溪南）	董建	合肥工业大学出版社	2005.09
宗教建筑——图解中国古建筑丛书	王其钧，谢燕	中国水利水电出版社	2005.09
宗族文化的标本（江村）/徽州古村落文化丛书	方光华	合肥工业大学出版社	2005.09
世界文化遗产：中国丽江古城	樊炎冰	中国建筑工业出版社	2005.09
变迁——一个中国古村落的商业兴衰史	黄德海	人民出版社	2005.10
古蜀国旁白	萧易	成都时代出版社	2005.10
客家	董励	广东人民出版社	2005.10
拉萨历史城市地图集（传统西藏建筑与城市景观）	拉森	中国建筑工业出版社	2005.10
历史上的永定河与北京	尹钧科，吴文涛	北京燕山出版社	2005.10
琉璃河古镇史话	赵润东	北京燕山出版社	2005.10
明清的江西湖广人与四川	孙晓芬	四川大学出版社	2005.10
明王朝遗民部落（古屯堡游历记）	青禾	内蒙古人民出版社	2005.10
榕江——流动的和谐	高冰，杨俊江	贵州人民出版社	2005.10
世界文化遗产——武当山古建筑群	祝建华	中国建筑工业出版社	2005.10
稀罕河阳	洪铁城	中国城市出版社	2005.10
乡土建筑——跨学科研究理论与方法	李晓峰	中国建筑工业出版社	2005.10
镇远古城——天地人（行走贵州）	许雯丽	贵州人民出版社	2005.10
书院北京	俞启定	旅游教育出版社	2005.10
北京地理：名家宅院	新京报社	当代中国出版社	2005.11
北京胡同文化之旅	李明德	中国建筑工业出版社	2005.11
晋阳古城	太原市文物考古研究所	文物出版社	2005.11
青海少数民族民居与环境	梁琦	青海人民出版社	2005.11
土地象征：禄村再研究	张宏明	社会科学文献出版社	2005.11

续表

著作名	著者（编著 译者）姓名	出版社	出版日期
皖江文化探微：首届皖江地区历史文化研讨会论文选编	程必定，汪青松	合肥工业大学出版社	2005.11
燮理阴阳（中国传统建筑与周易哲学）	程建军	中国电影出版社	2005.11
中国民居三十讲	王其钧	中国建筑工业出版社	2005.11
中国湘西古镇洗车河	唐荣沛	贵州民族出版社	2005.11
吊庄式移民开发——回族地区生态移民基地创建与发展研究	王朝良	中国社会科学出版社	2005.12
华南客家族群追寻与文化印象	陈支平	黄山书社	2005.12
老上海经典公寓	薛顺生	同济大学出版社	2005.12
岭南五邑/乡土中国	张国雄	三联书店	2005.12
乔家大院	朱秀海	上海辞书出版社	2005.12
中国传统建筑·门窗	彭才年等	黑龙江美术出版社	2005.12
中国古建筑装饰讲座	张驭寰	安徽教育出版社	2005.12
古城遗韵/清河坊历史文化遗存实录	梅建群，仲向平	中国美术学院出版社	2006
古镇黄龙溪	中共双流县委，蜀风牧山文化旅游走廊指挥部，黄龙溪省级风景名胜区管委会	巴蜀书社出版	2006
徽州古民居/西递·宏村	兆兰	中国旅游出版社	2006
羌州古镇青木川	孙启祥，宁强县文化旅游局	三秦出版社	2006
城市血脉/建水街巷解读	张绍碧	云南美术出版社	2006
北京街巷胡同分类图志	白宝泉，白鹤群	金城出版社	2006.01
北京老街	陈永祥绘，浩力著，索毕成，史宝辉译	社会科学文献出版社	2006.01
北京老宅院门楼	周贵生	中国旅游出版社	2006.01
插图本中国地名史话	华林甫	齐鲁书社	2006.01
陈家祠/岭南文化知识书系	黄淼章	广东人民出版社	2006.01
村城城村（都市实践）	URBANUS都市实践	中国电力出版社	2006.01
风·光·水·地·神的设计/世界风土中寻睿智	古市彻雄	中国建筑工业出版社	2006.01
港澳与珠江三角洲地域建筑——广东骑楼	林琳，许学强	科学出版社	2006.01
古建筑装折	过汉泉，陈家俊	中国建筑工业出版社	2006.01
果壳里的村寨/人文天下丛书	曾珍	重庆出版社	2006.01
杭州的街巷里弄（上下）	马时雍	杭州出版社	2006.01
杭州名人名居	宋涛，杭州市政协文史资料委	杭州出版社	2006.01
江西古村古民居	黎明中	江西人民出版社	2006.01
客都梅州	叶小华，谭元亨，管雅	华南理工大学出版社	2006.01
客家围屋	黄崇岳，杨耀林	华南理工大学出版社	2006.01
客家艺韵	杨宏海，叶小华	华南理工大学出版社	2006.01
丽江古城/中国世界遗产丛书	丁立平，曹荆	三秦出版社	2006.01
两岸四地经贸安排研究——凤凰古城研讨会论文集	王贵国	北京大学出版社	2006.01

续表

著作名	著者（编著 译者）姓名	出版社	出版日期
民居建筑——中国文化之旅	王其钧，谢燕	中国旅游出版社	2006.01
南浔（影印版）——走近中国	Lu Shihu 著，Fei Yuying 译	上海人民美术出版社	2006.01
山西/晋商与他们的宅院/全景中国：晋商与他们的宅院	赵荣达	外文出版社	2006.01
山西——晋商与他们的宅院	赵荣达	外文出版社	2006.01
上海老房子的故事	杨嘉祐	上海人民出版社	2006.01
探访京西古村落	孙克勤	中国画报出版社	2006.01
天上人间——广西龙胜龙脊壮族文化考察札记	郭立新	广西人民出版社	2006.01
皖南古村落（西递宏村）	王炎松	中国水利水电出版社	2006.01
吴越古村落——走在乡间的小路上	徐清祥	广东旅游出版社	2006.01
乡土建筑装饰艺术	楼庆西	中国建筑工业出版社	2006.01
乡土游	成砚，楼庆西	清华大学出版社	2006.01
消逝的长沙风景	杨里昂	福建美术出版社	2006.01
营造法式（上下）	（宋）李诫	中国书店出版社	2006.01
张清常文集/第三卷/胡同研究	张清常	北京语言文化大学出版社	2006.01
漳州土楼揭秘	曾五岳	福建人民出版社	2006.01
中国古代建筑木雕	张道一	江苏美术出版社	2006.01
中国古代建筑石雕	张道一	江苏美术出版社	2006.01
中国古代建筑砖雕	张道一	江苏美术出版社	2006.01
中国古建筑修缮与施工技术	北京土木建筑学会	中国计划出版社	2006.01
中国古镇古村游	《中国古镇古村游》编写组	中国轻工业出版社	2006.01
中国建筑艺术二十讲	梁思成	线装书局	2006.01
中国名祠	罗哲文，刘文渊，刘春英	百花文艺出版社	2006.01
中国土楼	曲利明	海潮摄影艺术出版社	2006.01
中国文化之旅——民居建筑	王其钧，谢燕	中国旅游出版社	2006.01
中华拴马桩艺术	鹤坪	百花文艺出版社	2006.01
湖南传统民居	黄家瑾，邱灿红	湖南大学出版社	2006.02
唐宋古建筑尺度规律研究	肖旻	东南大学出版社	2006.02
古典建筑语言	王其钧	机械工业出版社	2006.03
居住改变中国	夏骏等	清华大学出版社	2006.03
闽南传统建筑	曹春平	厦门大学出版社	2006.03
人居对话	欧阳羽峰	中国文联出版公司	2006.03
山西传统民居	颜纪臣	中国建筑工业出版社	2006.03
图说李庄	建筑创作杂志社，四川省李庄镇政府	中国建筑工业出版社	2006.03
燕归古镇状元家（建水石屏斯文之旅）	云南教育出版社	云南教育出版社	2006.03
中国传统建筑形制与工艺	李浈	同济大学出版社	2006.03
成都老房子——太平巷里	尺度，竹简	成都时代	2006.04
风水郭洞	朱连法	上海人民出版社	2006.04
丽江古城传统民居保护维修手册	世界文化遗产丽江古城保护管理局，昆明本土建筑设计研究所	云南科学技术出版社	2006.04

续表

著作名	著者（编著 译者）姓名	出版社	出版日期
青瓦——一个家族的密码	李雾宇	四川文艺出版社	2006.04
清式营造则例/清华学人建筑文库	梁思成	清华大学出版社	2006.04
台湾先住民史	史式，黄大受	九洲图书出版社	2006.04
土楼（凝固的音乐和立体的诗篇）	林嘉书	上海人民出版社	2006.04
寻找唐家湾	周芃，朱晓明	同济大学出版社	2006.04
中国经典古建筑之旅	陆烁，秦惊	长安出版社	2006.04
中国名镇（上下）	韩欣	东方出版社	2006.04
中式隔墙装饰元素图集	赵子夫	机械工业出版社	2006.04
宗教与文化	黄海德，张禹东	国防工业出版社	2006.04
北京斋堂镇古村落	孙克勤	人民美术出版社	2006.05
茶马古道与丽江古城历史文化研讨会论文集	木仕华	民族出版社	2006.05
法天象地/中国古代人居环境与风水	于希贤	中国电影出版社	2006.05
古建筑保护与研究	孟繁兴	知识产权出版社	2006.05
活着的茶马古道重镇丽江大研古城/茶马古道与丽江古城历史文化研讨会论文集	木仕华	民族出版社	2006.05
京畿古镇长沟	王占勇	北京燕山出版社	2006.05
上栋下宇——历史建筑测绘五校联展	《历史建筑测绘五校联展》编委会	天津大学出版社	2006.05
四合院：砖瓦建成的北京文化	高巍	学苑出版社	2006.05
湘军与湘乡	刘铁铭	岳麓书社	2006.05
湘西落洞	陆群	民族出版社	2006.05
园踪	冯晓东	中国建筑工业出版社	2006.05
中国古建筑门饰艺术	李欣	天津大学出版社	2006.05
中国建筑——图说中国文化	楼庆西	海天出版社	2006.05
中国民族村寨文化	张跃	云南大学出版社	2006.05
中日乡土文化研究	铁军	北京广播学院出版社	2006.05
大理元素	王贵明	云南人民出版社	2006.06
古城笔记（发现中国建筑）	阮仪三	同济大学出版社	2006.06
广东会馆论稿/暨南史学丛书	刘正刚	上海古籍出版社	2006.06
皇都古镇斋堂	天津大学出版社	天津大学出版社	2006.06
建筑史解码人	杨永生，王莉慧	中国建筑工业出版社	2006.06
江南水乡	林峰	上海交通大学出版社	2006.06
空间研究（1世界文化遗产西递古村落空间解析）	段进	东南大学出版社	2006.06
丽江废墟上的记忆	黄豆米	民族出版社	2006.06
辽西古塔寻踪/图说辽西丛书	王光	学苑出版社	2006.06
灵魂的居所	刘华	百花文艺出版社	2006.06
明清晋商老宅院	郑孝时	山西经济出版社	2006.06
商代聚落体系及其社会功能研究	陈朝云	科学出版社	2006.06
四面围合：中国建筑·院落	眭谦	辽宁人民出版社	2006.06
堂而皇之：中国建筑·厅堂	陶洁	辽宁人民出版社	2006.06

续表

著作名	著者（编著 译者）姓名	出版社	出版日期
巍巍帝都/北京历代建筑	萧默	清华大学出版社	2006.06
屋名顶实：中国建筑·屋顶	汤德良	辽宁人民出版社	2006.06
西秦会馆	郭广岚，宋良曦	重庆出版社	2006.06
中国传统建筑装饰	楼庆西	中国建筑工业出版社	2006.06
中国建筑·院落	眭谦	辽宁人民出版社	2006.06
中国名塔	罗哲文，刘文渊，刘春英	百花文艺出版社	2006.06
凤凰村的变迁（华南的乡村生活追踪研究）	周大鸣	社会科学文献出版社	2006.07
福建北部古村落调查报告	福建博物院，福建省文物局	科学出版社	2006.07
广州泛十三行商埠文化遗址开发研究	杨宏烈	华南理工大学出版社	2006.07
贵州商业古镇茅台——行走贵州	龙先绪，周山荣等	贵州人民出版社	2006.07
雷州半岛古民居/湛江历史文化丛书	叶彩萍	岭南美术出版社	2006.07
庙宇——乡土瑰宝系列	李秋香	生活·读书·新知三联书店	2006.07
民间起居（民居篇）——中国民间美术鉴赏	陈雨阳	江西美术出版社	2006.07
宁德市虹梁式木构廊屋桥考古调查与研究/福建文物考古报告	宁德市文化与出版局	科学出版社	2006.07
说厅（摄影珍藏版）	韦明铧	山东画报出版社	2006.07
说巷（摄影珍藏版）	尹文	山东画报出版社	2006.07
庭院深处（苏州园林的文化涵义）	居阅时	生活·读书·新知三联书店	2006.07
永州古村落/永州文化丛书	胡功田，张官妹	中国文史出版社	2006.07
缘与源——闽台传统建筑与历史渊源	林从华	中国建筑工业出版社	2006.07
广州泛十三行商埠文化遗址开发研究	杨宏烈	南理工大学出版社	2006.07
北京斋堂古村落群	孙克勤，李慧愿	中国画报出版社	2006.08
沪上明清名宅	吴永甫	上海书店出版社	2006.08
结庐人境（中国民居）/行走中国	王其钧	上海文艺出版社	2006.08
开平碉楼与村落田野调查	张国雄，梅伟强	中国华侨出版社	2006.08
历史街巷寻踪	陈先枢	云南民族出版社	2006.08
农村聚落生态研究——理论与实践	刘邵权	中国环境科学出版社	2006.08
融入草原的村落	苏浩	社会科学文献出版社	2006.08
世界文化遗产西递古村落空间解析/空间研究	龚恺，陈晓东，张晓东，彭松	东南大学出版社	2006.08
塘村纠纷/一个南方村落的土地、宗族与社会/华南城乡社区研究系列	杨方泉	中国社会科学出版社	2006.08
行走中国·结庐人境：中国民居	王其钧	上海文艺出版社	2006.08
彝风管窥	张方玉	云南民族出版社	2006.08
中国名居（上下）	韩欣	东方出版社	2006.08
中华陈设（传统民居室内设计）	刘森林	上海大学出版社	2006.08
潮汕建筑石雕艺术	李绪洪	广东人民出版社	2006.09
传统建筑装修	王其钧	中国建筑工业出版社	2006.09
湖南民居研究	唐凤鸣	安徽美术出版社	2006.09
金沙考古发现（走进古蜀都邑金沙村）	成都市文物考古研究所	四川文艺出版社	2006.09

续表

著作名	著者（编著 译者）姓名	出版社	出版日期
丽江古城	徐霁	新世界出版社	2006.09
民居习俗/民俗文化	赵丙祥	中国社会出版社	2006.09
山区聚落发展理论与实践研究	沈茂英	巴蜀书社	2006.09
少数民族民居	叶禾	中国社会文献出版社	2006.09
太极俞源	朱连法	上海人民出版社	2006.09
乡土瑰宝：宗祠	李秋香	生活·读书·新知三联书店	2006.09
中国古建筑木作营造技术	马炳坚	科学出版社	2006.09
中国最具魅力名镇和顺研究丛书（共3册）	杨大禹，李正	云南大学出版社	2006.09
宗祠——乡土瑰宝系列	李秋香	生活·读书·新知三联书店	2006.09
走读楠溪江	Air 夫妇	中国人民大学出版社	2006.09
边缘中国：客家原乡	黄发有	青岛出版社	2006.10
藏宝苏州	姜晋	辽宁人民出版社	2006.10
长江古城址	曲英杰	湖北教育出版社	2006.10
城市空间形态类型与意义——苏州古城结构形态演化研究	陈泳	东南大学出版社	2006.10
城市主题——寻找老北京城	邱阳	中国旅游出版社	2006.10
胡同九十九	程小玲，徐勇	北京出版社	2006.10
湖北传统民居——湖北建筑集粹	李百浩，李晓峰	中国建筑工业出版社	2006.10
看福建游土楼	何葆国	海潮摄影出版社	2006.10
客家原乡	黄发有	青岛出版社	2006.10
清西陵探源	那凤英	河北科学技术出版社	2006.10
趣谈老北京古建筑	施连芳，上官文轩	知识产权出版社	2006.10
苏州古城地图集	张英霖，苏州碑刻博物馆	古吴轩出版社	2006.10
天津老教堂	于学蕴，刘琳	天津人民出版社	2006
天上徽州——徽州文化十大流派	王启敏	中国文联出版公司	2006.10
文化遗产苏州古城	"文化遗产苏州古城"编委会	古吴轩出版社	2006.10
中国古建筑装饰（上中下）	伊东忠太, Yunjun Liu, Ye Zhang	中国建筑工业出版社	2006.10
动荡的围龙屋（一个客家宗族的城市化遭遇与文化抗争）	周建新	中国社会科学出版社	2006.11
二十世纪七十年代以来的村落变迁——江家堰村调查	林成西	巴蜀书社	2006.11
古建筑测绘	白成军，吴葱	中国建筑工业出版社	2006.11
贵州商业古镇.永兴	等绪，周开迅	贵州人民出版社	2006.11

续表

著作名	著者（编著 译者）姓名	出版社	出版日期
历史城市与历史建筑保护国际学术讨论会论文集	杨鸿勋	湖南大学出版社	2006.11
千年古村杨家峪	张万顺	中国画报出版社	2006.11
中国古建筑门窗500例	刘永红	中国建筑工业出版社	2006.11
中国气质·大宅第	戴志康	文汇出版社	2006.11
住在北京四合院	王兰顺，曹立君	画报出版社	2006.11
城市设计与古镇复兴－成都洛带古镇整体设计和建设工程简述	焦杰，王波，陈可石	中国水利水电出版社	2006.12
客家社会与文化研究/下/赣南围屋研究	林晓平，万幼楠	黑龙江人民出版社	2006.12
门当户对——中国建筑·门窗	刘枫	辽宁人民出版社	2006.12
民国居住文化通史	林永匡	重庆出版社	2006.12
南靖土楼（中国福建民居瑰宝）	王少卿，江清溪	上海人民出版社	2006.12
南宋石雕	杨古城，龚国荣	宁波出版社	2006.12
平遥古城	董培良	山西经济出版社	2006.12
山东居住民俗	姜波	济南出版社	2006.12
苏州师俭堂：江南传统商贾名宅	黄松，刘延华	中国建筑工业出版社	2006.12
棠樾－徽州古代民居	龚恺	东南大学出版社	2006.12
图像人类学视野中的贵州乡土建筑	贵州省建筑厅	贵州人民出版社	2006.12
乡土西藏文化传统的选择与重构	刘志扬	民族出版社	2006.12
中国古镇游（2007年全新升级版）	《中国古镇游》编辑部	陕西师范大学出版社	2006.12
京西古村燕家台/北京清水古镇	孙克勤，李刚，谭明，汪媛媛，隗有田	中国画报出版社	2007
苏州古城保护及其历史文化价值	俞绳方	陕西人民教育出版社	2007
西藏建筑的军事防御风格	杨永红	西藏人民出版社	2007
100中国瑰宝	陈秀琴	文物出版社	2007.01
八卦诸葛	朱连法著，田源摄影	上海人民出版社	2007.01
北京古桥	梁欣立	书目文献出版社	2007.01
北京胡同·名人故居	兰佩瑾编，王建华等摄	外文出版社	2007.01
漕运重地周家口	徐永杰	郑州大学出版社	2007.01
超越四合院/远方——名家经典书库	李国文	远方出版社	2007.01
地下建筑图说100例	童林旭	中国建筑工业出版社	2007.01
发现山岩父系部落	税晓洁	中国青年出版社	2007.01
甘肃宁夏/走遍中国	《走遍中国》编辑部	中国旅游出版社	2007.01
古韵悠然——屯溪徽州	张可	江苏美术出版社	2007.01

续表

著作名	著者（编著 译者）姓名	出版社	出版日期
古泽云梦的城边村	胡顺延，王先洪	社会科学文献出版社	2007.01
古镇沧桑	郭重威	黑龙江人民出版社	2007.01
胡同九章	王彬	东方出版社	2007.01
机杼声声入耳酣——盛泽	王玉贵	中国林业出版社	2007.01
京西古村燕家台	张旋里	中国画报出版社	2007.01
开平碉楼与村落	武旭峰	广东旅游出版社	2007.01
老北京的小胡同	萧乾	生活·读书·新知三联书店	2007.01
洛水渡河映王城	端木赐香	郑州大学出版社	2007.01
渼陂．渼陂	雷子人	山东人民出版社	2007.01
民间湘西	龙迎春	广东旅游出版社	2007.01
品读水之韵 江南古镇——行走中国	李兆群	上海画报出版社	2007.01
泉州古城街坊摭谭	黄梅雨	厦门大学出版社	2007.01
四合院	高巍	学苑出版社	2007.01
塘村纠纷：一个南方村落的土地宗族与社会	杨方泉	中国社会科学出版社	2007.01
图说济南老建筑（古代卷）	薛立，张菁，张润武	济南出版社	2007.01
图说济南老建筑（近代卷）	薛立，张润武	济南出版社	2007.01
图说济南老建筑（民居卷）	薛立，刘颖曦，张润武	济南出版社	2007.01
文化台湾	林国平	九州出版社	2007.01
细说北京街巷地名	施连芳，高桂莲	九州出版社	2007.01
纤巧神韵古民居——民居建筑	王其钧	中国建筑工业出版社	2007.01
中国藏族建筑	陈耀东	中国建筑工业出版社	2007.01
中国传统民居	王其钧	外文出版社	2007.01
中国古代建筑文化	张驭寰	机械工业出版社	2007.01
中国古建筑语言	王其钧	机械工业出版社	2007.01
中国古民居木雕	徐华铛	中国林业出版社	2007.01
中国建筑图解词典	王其钧	机械工业出版社	2007.01
中国民居	王其钧	中国建筑工业出版社	2007.01
中国民居与民俗	王军云	中国华侨出版社	2007.01
中国名楼	罗哲文	百花文艺出版社	2007.01
中国云南两个少数民族村落影像民俗志——民俗文化在传播中的意义蜕变	熊术新	云南大学出版社	2007.01
走进康百万庄园	王振和	学苑出版社	2007.01
中国古建筑油漆彩画	边精一	中国建材工业出版社	2007.02

续表

著作名	著者（编著 译者）姓名	出版社	出版日期
藏族民居——温馨家园	李春生	重庆出版社	2007.03
地域性建筑的理论与实践	陈伯超	中国建筑工业出版社	2007.03
聚落与环境考古学理论与实践	方辉	山东大学出版社	2007.03
凝固的华章：正在消失的建筑	曾礼，顾斯嘉，蒋蓝	中华工商联合出版社	2007.03
温馨家园——藏族民居	李春生	重庆出版社	2007.03
乡村聚落：形态，类型与演变——以江南地区为例	李立	东南大学出版社	2007.03
中国老房子之谜	聂鑫森	新华出版社	2007.03
河南民居	左满常，白宪臣	中国建筑工业出版社	2007.04
龙居景观——中国人的空间艺术	中野美代子	宁夏人民出版社	2007.04
民间石雕	谢桂华	河北少儿出版社	2007.04
凝固的历史：中国建筑故事	李明彦	北京出版社	2007.04
山水中国：云贵卷	段宝林	北京大学出版社	2007.04
汀州府：临汀风情	曾意丹	福建教育出版社	2007.04
佤族村寨与佤族传统文化——云南西盟县大马散寨村寨建设调查	韩军学	四川大学出版社	2007.04
皖南古韵	秦俭	中国旅游出版社	2007.04
未完成的测绘图	梁思成	清华大学出版社	2007.04
婺源乡村	秦俭	中国旅游出版社	2007.04
云端的阿尔村（一个羌族村寨的田野记录）	焦虎三	重庆出版社	2007.04
云南少数民族村落文化建设探索	杨宗亮	四川大学出版社	2007.04
中国传统建筑悬鱼装饰艺术	刘淑婷	机械工业出版社	2007.04
中国传统木雕艺术赏析：徽州木雕	董洪全	湖南美术出版社	2007.04
中国古代木楼阁	马晓	中华书局	2007.04
诸葛村乡土建筑	陈志华，楼庆西，李秋香	河北教育出版社	2007.04
丁村	李秋香	清华大学出版社	2007.05
风情朱家角（共九册）——古建民居	钱昌萍	生活·读书·新知三联书店	2007.05
杭州街巷旧闻录	傅伯星	杭州出版社	2007.05
梅县三村	陈志华	清华大学出版社	2007.05
名人与胡同	刘岳	中共党史出版社	2007.05
浙江民居	中国建筑工业出版社	中国建筑工业出版社	2007.05

续表

著作名	著者（编著 译者）姓名	出版社	出版日期
朝鲜族/吉林磐石市烧锅朝鲜族村调查	瞿健文，崔明龙	云南大学出版社	2007.06
东四名人胜迹——讲述京城胡同的故事	袁燕生	天津大学出版社	2007.06
陕西古塔研究	赵克礼	科学出版社发行部	2007.06
垣曲盆地聚落考古研究	中国国家博物馆	科学出版社	2007.06
中国传统民居（新版）	荆其敏，张丽安	中国电力出版社	2007.06
共有的住房习俗	李斌	中国社会科学出版社	2007.07
古建清代木构造	白丽娟，王景福	中国建材工业出版社	2007.07
古建筑工程设计施工实用图集	曲敬铭	机械工业出版社	2007.07
古建筑木结构与木质文物保护	陈允适	中国建筑工业出版社	2007.07
古雅门户	王其钧	重庆出版社	2007.07
画说王家大院	陈捷，张昕	山西经济出版社	2007.07
开平碉楼——中西合璧的侨乡文化景观	程建军	中国建筑工业出版社	2007.07
人居中国	夏骏，阴山	五洲传播出版社	2007.07
天水古民居	南喜涛	甘肃人民出版社	2007.07
中国古村落之旅	刘沛林	湖南大学出版社	2007.07
中国古代居住图典	杨鸿勋	云南人民出版社	2007.07
中国会馆史	王日根	东方出版中心	2007.07
安居古镇	赵万民，李泽新等	东南大学出版社	2007.08
地权·家户·村落	张佩国	学林出版社	2007.08
郭洞村	楼庆西	清华大学出版社	2007.08
蓟县独乐寺	陈达明	天津大学出版社	2007.08
卢绳与中国古建筑研究	卢绳	知识产权出版社	2007.08
南靖土楼探寻	珍夫	厦门大学出版社	2007.08
墙·呼啸——1943年以来的上海建筑	王唯铭	文汇出版社	2007.08
神圣净土（宗教建筑）/行走中国	王其钧	上海画报出版社	2007.08
西华片民居与安贞堡	陈志华，贺从容	清华大学出版社	2007.08
乡土寿宁/中华遗产乡土系列	陈大齐，吕澄	中华书局	2007.08
行走中国：依山傍水凝古韵——灵境丽江	杨福泉	上海画报出版社	2007.08
行走中国：在北纬30度神秘线上——黄山徽州	潘小平	上海画报出版社	2007.08

续表

著作名	著者（编著 译者）姓名	出版社	出版日期
园林石景	蓝先琳，李友友	天津大学出版社	2007.08
中国传统民居——福建土楼	黄汉民，马日杰，金柏苓，赵红红	中国建筑工业出版社	2007.08
走近科学：中华民居	《走近科学》丛书编委会	科学普及出版社	2007.08
金门/乡土中国	王其钧	生活·读书·新知三联书店	2007.09
鲁班经（全译彩图典藏本）	（明）午荣汇编，易金木译	华文出版社	2007.09
绿色建筑体系与黄土高原基本聚居模式	周若祁	中国建筑工业出版社	2007.09
图解中国建筑史	徐跃东	中国电力出版社	2007.09
寻梦——古都北京	郑小英	中国地图出版社	2007.09
阴阳鼓匠——在秩序的空间中	吴凡	文化艺术出版社	2007.09
中国古代建筑装饰（彩画）	庄裕光等	凤凰出版传媒集团，江苏美术出版社	2007.09
中国古代建筑装饰（雕刻）	庄裕光等	凤凰出版传媒集团，江苏美术出版社	2007.09
中国古代建筑装饰（装修）	庄裕光等	凤凰出版传媒集团，江苏美术出版社	2007.09
中国古建工程计量与计价	张程，张建平	中国计划出版社	2007.09
中国古建筑修建施工工艺	张玉平	中国建筑工业出版社	2007.09
中国山区发展报告——中国山区聚落研究	陈国阶	商务印书馆	2007.09
图解中国民居	王其钧	中国电力出版社	2007.10
图说中国文化（建筑工程卷）	李书源	吉林人民出版社	2007.10
帝都赫赫人神居——宫殿 坛庙 胡同 王府 四合院	顾军	光明日报出版社	2007.11
聚落地理专题	宋金平，中国师范教育司	北京师范大学出版社	2007.11
平遥古城	梁云福	中国对外翻译出版社	2007.11
专家眼中的王家大院	温毓诚	山西经济出版社	2007.11
巨匠神工——透视中国经典古建筑	李乾朗	台北：远流出版社（第一版第一次）	2007.12
探访中国稀世民居——海草房	刘志刚	海洋出版社	2008.01

4.2.2 民居著作外文书目 (1957—2008.1)

著作名	著者（编著 译者）姓名	出版社	出版日期
Allegorical Architecture: Living Myth and Architectonics in Southern China (Spatial Habitus)	Xing Ruan	University of Hawaii Press	Jan, 2007
An Ecological Assessment of the Vernacular Architecture and of Its Embodied Energy in Yunnan, China [An Article from: Building and Environment]	W. Renping and C. Zhenyu	Elsevier	May, 2006
Ancient Architecture of the Southwest	William N. Morgan and Rina Swentzell	University of Texas Press	1994
Ancient Chinese Architecture	Lou Qingxi	Foreign Languages Press	Oct, 2002
Ancient Chinese Architecture Series, Imperial Gardens	Cheng Liyao and L. Zhang	Springer	Apr, 1998
Ancient Chinese Architecture Series, Vernacular Dwellings	Qijun Wang, M. Runxian, and Z. Mintai	Springer	March, 2000
Architecture Without Architects: A Short Introduction to Non-Pedigreed Architecture	Bernard Rudofsky	Museum of Modern Art	1965
Atlas of Vernacular Architecture of the World	Oliver/Vellinga	Routledge	Mar, 2008
Bibliography on Vernacular Architecture	Robert De Zouche Hall	David & Charles PLC	Nov, 1972
Books and articles on vernacular architecture: List no 2	J. T. Smith	Vernacular Architecture Group	1957
Build a Classic Timber-Framed House: Planning & Design/ Traditional Materials/Affordable Methods	Jack A. Sobon	Storey Publishing, LLC	Jan, 1994
Building Environments: Perspectives in Vernacular Architecture (Perspect Vernacular Architectu)	Kenneth A. Breisch and Alison K. Hoagland	Univ Tennessee Press	Jan, 2006
Built to Meet Needs: Cultural Issues in Vernacular Architecture	Paul Oliver	Architectural Press	2007
China's Cultural Heritage: The Qing Dynasty, 1644—1912	Richard J. Smith	Westview Press	Jun, 1994
China's Traditional Rural Architecture: A Cultural Geography of the Common House	Ronald G. Knapp	Univ of Hawaii Press	Oct, 1986
China's Vernacular Architecture: House Form and Culture	Ronald G. Knapp	Univ of Hawaii Press	Oct, 1989
Chinese Houses: The Architectural Heritage Of A Nation	Ronald G. Knapp, Jonathan Spence, and A. Chester Ong	Tuttle Publishing	Jan, 2006
Constructing Image, Identity, and Place (Perspectives in Vernacular Architecture)	Alison K. Hoagland and Kenneth A. Breisch	University of Tennessee Press	Mar, 2003
Constructions of Tradition: Vernacular Architecture, Country Music, and Auto-ethnography	Michael Ann Williams		2000
Crossing and Dwelling: A Theory of Religion	Thomas A. Tweed	Harvard University Press	Jan, 2006
Defense Structures (Ancient Chinese Architecture)	Yun Qiao and Z. Wenzheng	Springer	Nov, 2001
Dwelling House Construction, Fifth Edition	Albert G. H. Dietz	The MIT Press	Jul, 1992
Dwelling Place of Light, the Volume 1	Winston	Kindle Book	Oct, 2004
Dwelling Place of Light, the Volume 3	Winston	Kindle Book	Oct, 2004

续表

著作名	著者（编著 译者）姓名	出版社	出版日期
Dwelling, Seeing, and Designing: Toward a Phenomenological Ecology (Suny Series in Environmental and Architectural Phenomenology)	David Seamon	State University of New York Press	Feb, 1993
Dwellings: A Spiritual History of the Living World	Linda Hogan	W. W. Norton	Jul, 2007
Dwellings: The Vernacular House Worldwide	Paul Oliver	Phaidon Press	May, 2007
Encyclopedia of Vernacular Architecture of the World: Volume 1	Paul Oliver	Cambridge University Press	Jun, 1998
Encyclopedia of Vernacular Architecture of the World: Volume 2	Paul Oliver	Cambridge University Press	Jun, 1998
Encyclopedia of Vernacular Architecture of the World: Volume 3	Paul Oliver	Cambridge University Press	Jun, 1998
Exploring Everyday Landscapes (Perspectives in Vernacular Architecture)	Annmarie Adams, S. C. Vernacular Architecture Forum (U. S.) Meeting (1994 Charleston, Ont.) Vernacular Architecture Forum (U. S.) Meeting (1995 Ottawa, and Sally McMurry)	University of Tennessee Press	Dec, 1997
Field Statement: Vernacular Architecture	Leo R Barker	University of California, Berkeley, Department of Folklore	1982
Fujian: A Coastal Province in Transition and Transformation (Academic Monograph on China Studies)	David K. Y. Chu and Yue-Man Yeung	The Chinese University Press	Aug, 2000
Gender, Class, and Shelter: Perspectives in Vernacular Architecture, V (Perspectives in Vernacular Architecture)	Elizabeth Collins Cromley and Carter L. Hudgins	University of Tennessee Press	May, 1995
Homes in Cold Places (Houses and Homes)	Alan James	Lerner Publishing Group	Jun, 1989
House Home Family: Living and Being Chinese	Ronald G. Knapp and Kai-Yin Lo	University of Hawaii Press	Jul, 2005
Illustrated Handbook of Vernacular Architecture	R. W. Brunskill	Faber and Faber	Jan, 1987
Invitation to Vernacular Architecture: A Guide to the Study of Ordinary Buildings and Landscapes (Perspectives in Vernacular Architecture)	Thomas Carter and Elizabeth Collins Cromley	Univ. Tennessee Press	Oct, 2005
Islamic Buildings (Ancient Chinese Architecture)	Yulan Qiu	Springer	Jun, 2003
Learning from the Vernacular (Academy Editions Architecture Series)	Richard Reid	St. Martins Press	Jul, 1984
Living Homes: Sustainable Architecture and Design	Suzi Moore McGregor, Nora Burba Trulsson, William McDonough, and Terrence Moore	Chronicle Books	Feb, 2008
Locating China: Space, Place, and Popular Culture	Jing Wang	Routledge	Aug, 2005
Ming Furniture in the Light of Chinese Architecture	Sarah Handler	Ten Speed Press	Mar, 2005
Miraculous Response: Doing Popular Religion in Contemporary China	Adam Chau	Thomson Gale	Sep, 2006
Native Genius in Anonymous Architecture	Sibyl Moholy-Nagy	Horizon Press	Jun, 1957

续表

著作名	著者（编著 译者）姓名	出版社	出版日期
Natural Energy and Vernacular Architecture. Principles and Examples with Reference to Hot Arid Climates	Hassan Fathy and Charts and Photographs	University Of Chicago Press	Aug, 1986
New Directions In Tropical Asian Architecture	Philip Goad, Anoma Pieris, and Patrick Bingham-Hall	Periplus Editions	Jul, 2005
New Perspectives: Country Houses (New Perspectives)	Arian Mostaedi	Links International	Aug, 2007
Orientalism's Interlocutors: Painting, Architecture, Photography (Objects/Histories)	Deborah Cherry, Mark Crinson, Roger Benjamin, and Susan Hollis Clayson	Duke University Press	Oct, 2002
Outhouse by Any Other Name	Tom Harding	August House	Nov, 1999
People, Power, Places (Perspectives in Vernacular Architecture)	Sally McMurray and Annmarie Adams	University of Tennessee Press	May, 2000
Perspecitves in Vernacular Architecture, Ⅳ	Thomas And Bernard L. Herman, Eds Carter	Univ of Missouri Press	1991
Perspectives in Vernacular Architecture, Ⅰ (Perspectives in Vernacular Architecture)	Camille Wells	Univ of Missouri Press	May, 1987
Perspectives in Vernacular Architecture, Ⅱ (Perspectives in Vernacular Architecture)	Camille Wells	Univ of Missouri Press	Nov, 1986
Perspectives in Vernacular Architecture, IV (Perspectives in Vernacular Architecture)	Thomas Carter and Bernard L. Herman	Univ of Missouri Press	Oct, 1991
Perspectives in Vernacular Architecture, Ⅲ (Perspectives in Vernacular Architecture)	Thomas Carter and Bernard L. Herman	Univ of Missouri Press	JSun, 1989
Ritual and Ceremonious Buildings (Ancient Chinese Architecture)	Dazhang Su	Springer	Jan, 2003
Sediments of Time: Environment and Society in Chinese History (Studies in Environment and History)	Mark Elvin and Ts'ui-jung Liu	Cambridge University Press	Jan, 1998
Shaping Communities (Perspectives in Vernacular Architecture)	Carter L. Hudgins and Elizabeth Collins Cromley	University of Tennessee Press	Jun, 1997
Shelter	Lloyd Kahn and Bob Easton	Shelter Publications	May, 2000
Spectacular Vernacular: The Adobe Tradition	Jean-Louis Bourgeois, Basil Davidson, and Carollee Pelos	Aperture Foundation Inc	Jun, 1996
Splendors of Islam: Architecture, Decoration and Design	Dominique Clevenot	Vendome Press	October, 2000
Taoist Buildings (Ancient Chinese Architecture)	Yun Qiao and Z. Wenzheng	Springer	Nov, 2001
The Classical Vernacular: Architectural Principles in an Age of Nihilism	Roger Scruton	Palgrave Macmillan	April, 1995
The Culture of Building	Howard Davis	Oxford University Press, USA	Jan, 2000
The Dwelling of the Light: Praying With Icons of Christ	Rowan Williams	Wm. B. Eerdmans Publishing Company	Jan, 2004
The Dwelling-Place of Light	Winston Churchill	Kindle Book	Aug, 2007
The Garden As Architecture: Form and Spirit in the Gardens of Japan, China, and Korea	Toshiro Inaji and Pamela Virgilio	Kodansha International (JPN)	Sep, 1998
The New Asian Architecture: Vernacular Traditions and Contemporary Style	William S. W. Lim and Tan Hock Beng	Periplus Editions	Apr, 1998

续表

著作名	著者（编著 译者）姓名	出版社	出版日期
The Tropical Asian House	Robert Powell	Periplus Editions (Hk)	May, 1998
Vanishing Tradition: Architecture and Carpentry of the Dong Minority of China	Klaus Zwerger	Orchid Press	Aug, 2006
Vernacular Architecture	John Brinckerhoff Jackson		1983
Vernacular Architecture (Material Culture)	Henry Glassie	Indiana University Press	Sep, 2000
Vernacular Architecture Monographs Published 1976 1987/A-1950 (Architecture series-bibliography)	Mary Vance	Vance Bibliographies	Jun, 1987
A Working Bibliography on Norwegian Vernacular Architecture (Architecture Series—Bibliography)	W. Tisher	Vance Bibliographies	Jun, 1985
Vernacular Architecture: A Bibliography (Architecture Series—Bibliography)	Mary Vance	Vance Bibliographies	Aug, 1983
Vernacular Architecture: Paradigms of Environmental Response (Ethnoscapes)	Mete Turan	Avebury	Jun, 1990
Vernacular, Process or Style: An Investigation of Place and Type in the Process of Settlement	Dennis Grebner	School of Architecture and Landscape Architecture, University of Minnesota	1987
Voices from the Ming-Qing Cataclysm: China in Tigers Jaws	Lynn A. Struve	Yale University Press	Jan, 1998
White Papers, Black Marks: Architecture, Race, Culture	Lesley Naa Norle Lokko	University of Minnesota Press	Nov, 2000
Yin Yu Tang: The Architecture and Daily Life of a Chinese House	Nancy Berliner	Tuttle Publishing	Apr, 2003
Yurts: Living in the Round	Becky Kemery	Gibbs Smith, Publisher	2001
Ancient Chinese Architecture Series, Vernacular Dwellings	Qijun Wang (Author), M. Runxian (Translator), Z. Mintai (Translator)	Springer	Mar, 2000
China Style: Exteriors Interiors Details (Icons) [ILLUSTRATED]	Angelika Taschen (Editor), Reto Guntli (Photographer)	Taschen	May, 2006
China Style	Sharon Leece, Michael Freeman	Periplus Editions	Feb, 2008
Built By Hand	Eiko Komatsu, Athena Steen, Bill Steen	Gibbs Smith, Publisher	Sep, 2003
Courtyard Housing: Past, Present, Future	Brian Edwards	Spon Press	Nov, 2005
The Complete Yurt Handbook	Paul King	Eco-Logic Books	Jul, 2002
Vernacular Architecture in the 21st Century: Theory, Education and Practice	L. Asquith	Taylor & Francis	Jan, 2006
NHKスペシャル アジア古都物語 北京—胡同に生きる（NHKスペシャルアジア古都物語）	NHK「アジア古都物語」プロジェクト	日本放送出版協会	2002.05
アジアの水辺空間—くらし・集落・住居・文化	中村 茂樹、石田 卓矢、畔柳 昭雄	鹿島出版会	1999.11
ヨーロッパ集落の景観デザインエレメント	井上 裕 井上 浩子	グラフィック社	1995.04
北京の老百姓—胡同で庶民とともに暮らす	手代木 公助	田畑書店	1996.02
北京胡同（ふうとん）—忘れられない心のふるさと	井岡 今日子	日本僑報社	2005.09
北京五輪に群がる赤いハゲタカの罠	浜田 和幸	祥伝社	2008.02

续表

著作名	著者（编著 译者）姓名	出版社	出版日期
村落社会の空間構成と地域変容	関戸 明子	大明堂	2000.03
村落社会研究（第30集）	日本村落研究学会	農山漁村文化協会	1994.11
東アジア村落の基礎構造—日本・中国・韓国村落の実証的研究	柿崎 京一	御茶の水書房	2008.01
古代の集落	石井 則孝	教育社	1982.01
胡同（フートン）の記憶—北京夢華録	加藤 千洋	平凡社	2003.10
胡同（フートン）—北京の路地	徐勇	平凡社	2003.10
胡同（フートン）—北京下町の路地	徐勇	平凡社	2003.10
胡同物語（フートン）消えゆく北京の街角	中村 晋太郎 アーカイブス出版編集部	アーカイブス出版	2008.02
懐旧（レトロ）的中国を歩く—幻の胡同・夢の洋館	樋口 裕子	日本放送出版協会	2002.11
絵で見る中国の伝統民居	荊 其敏 白 林	学芸出版社	1992.12
集落の構成と機能—集落地理学の基礎的研究	山口 弥一郎	文化書房	1964
集落の教え100	原 広司	彰国社	1998.03
集落への旅	原 広司	岩波書店	1987.05
集落地理学（1956年）	矢嶋 仁吉	古今書院	1956
集落空間の土地利用形成	有田 博之 福与 徳文	日本経済評論社	1998.12
集落探訪	藤井 明 建築思潮研究所	建築資料研究社	2000.12
歴史的集落・町並みの保存—重要伝統的建造物群保存地区ガイドブック	文化庁	第一法規出版	2000.06
山間地集落の維持と再生（熊本大学政創研叢書3）	山中 進	成文堂	2007.06
生きている地下住居—中国の黄土高原に暮らす4000万人（アーキテクチュアドラマチック）	窰洞考察団	彰国社	1988.10
図説 集落—その空間と計画	日本建築学会	都市文化社	1989.08
香港の水上居民—中国社会史の断面	可児 弘明	岩波書店	1970
戦国時代の荘園制と村落	稲葉 継陽	校倉書房	1998.10
中国の風土と民居	北原 安門	里文出版	1998.03
中国村落制度の史的研究	松本 善海	岩波書店	1977.01
中国民居の空間を探る—群居類住"光・水・土"中国東南部の住空間	茂木 計一郎、片山 和俊、稲次 敏郎	東京芸術大学中国住居研究グループ	1991.05
中国人の村落と宗族—香港新界農村の社会人類学的研究	瀬川 昌久	弘文堂	1991.11
重要文化財経蔵・鼓楼・鐘楼修理工事報告書（1975年）	日光社寺文化財保存会	日光社寺文化財保存会	1975

4.2.3 民居论文（中文期刊）目录（1957—2001.12）

论文名	作者	刊载杂志	页码	编辑出版单位	出版日期
客家屋式之研究	曾昭璇	武昌亚新地学社地学季刊1947年第五卷 第四期		亚新地学社地学	1947
湘中民居调查	贺业钜	《建筑学报》1957,（3）	51	中国建筑学会	1957.3
湘中民居调查（续）	贺业钜	《建筑学报》1957,（4）	33	中国建筑学会	1957.4
西北黄土建筑调查	冶金建科研究院建研组	《建筑学报》1957,（12）		中国建筑学会	1957.12
北京住宅的大门和影壁	张驭寰	《建筑学报》1957,（12）	38	中国建筑学会	1957.12
浙江民居采风	汪之力	《建筑学报》1962,（7）	10	中国建筑学会	1962.7
洱海之滨的白族民居	云南少数民族建筑调查组	《建筑学报》1963,（1）	5	中国建筑学会	1963.1
广西侗族麻栏建筑简介	孙以泰	《建筑学报》1963,（1）	9	中国建筑学会	1963.1
青海东部民居——庄窠	崔树稼	《建筑学报》1963,（1）	12	中国建筑学会	1963.1
朝鲜族住宅的平面布置	张芳远等	《建筑学报》1963,（1）	15	中国建筑学会	1963.1
新疆维吾尔族传统建筑的特色	韩家桐，袁必堃等	《建筑学报》1963,（1）	17	中国建筑学会	1963.1
雪山草地的藏族民居	徐尚志，冯良檀	《建筑学报》1963,（7）	6	中国建筑学会	1963.7
云南边境上的傣族民居	云南省建工局设计处	《建筑学报》1963,（11）	19	中国建筑学会	1963.11
阿坝草地藏族牧民定居建筑探讨	徐尚志等	《建筑学报》1964,（8）	19	中国建筑学会	1964.8
谈台湾传统街屋二题	关华山	《建筑师》（台湾）1979,（12）	17	《建筑师》（台湾）编辑部	1979.12
北京四合院住宅的组成与构造	王绍周	《科技史文集》（5）	92	上海科技出版社	1980.7
民居——创作的源泉	成诚，何干新	《建筑学报》1981,（2）	64	中国建筑学会	1981.2
藏居方室初深	黄诚朴	《建筑学报》1981,（3）	64	中国建筑学会	1981.3
民居——《新建筑》创作的重要借鉴	尚廓	《建筑历史与理论》(1)	86	中国建筑学会建筑历史学术委员会	1981.4
歙县明代居住建筑"老屋角（阁）"调查简报	程极悦，胡承恩	《建筑历史与理论》(1)	104	中国建筑学会建筑历史学术委员会	1981.4
试论中国黄土地带节约能源的地下居民点	杨鸿勋	《建筑学报》1981,（5）	68	中国建筑学会	1981.5
广东民居	陆元鼎，马秀之，邓其生	《建筑学报》1981,（9）	29	中国建筑学会	1981.9
略论广东民居"小院建筑"	陈伟廉，林兆璋	《建筑学报》1981,（9）	37	中国建筑学会	1981.9
向黄土地层争取合理的新空间——靠山天井院式	周培南，杨国权，李屏东	《建筑学报》1981,（10）	34	中国建筑学会	1981.10
窑洞民居初探——洛阳黄土窑洞建筑	洛阳市建委窑洞调研组	《建筑学报》1981,（10）	41	中国建筑学会	1981.10
中国风土建筑——陇东窑洞	张驭寰	《建筑学报》1981,（10）	48	中国建筑学会	1981.10
成都的传统住宅及其他	黄忠恕	《建筑学报》1981,（11）	50	中国建筑学会	1981.11
成都传统建筑探讨	王寿龄	《建筑学报》1981,（11）	54	中国建筑学会	1981.11
彝族民居	江道元	《建筑学报》1981,（11）	59	中国建筑学会	1981.11
重庆"吊脚楼"民居	邵俊仪	《建筑师)（9）	143	中国建筑工业出版社	1981.12

续表

论文名	作者	刊载杂志	页码	编辑出版单位	出版日期
徽州民居建筑风格初探	汪国瑜	《建筑师》（9）	150	中国建筑工业出版社	1981.12
苗侗山寨考查	邓焱	《建筑师》（9）	161	中国建筑工业出版社	1981.12
拉萨民居	拉萨民居调研小组	《建筑师》（9）	168	中国建筑工业出版社	1981.12
绍兴水乡古城的保护规划	王富更，钟华华	《建筑学报》1982，(1)	19	中国建筑学会	1982.1
浅谈苏州的沿河民居	凡梁，民苏	《建筑学报》1982，(4)	25	中国建筑学会	1982.4
陕西窑洞民居	侯继尧	《建筑学报》1982，(10)	71	中国建筑学会	1982.10
广东潮汕民居	陆元鼎，魏彦钧	《建筑师》（13）	141	中国建筑工业出版社	1982.12
四川"天井"民居二例	成诚，何干新	《建筑学报》1983，(1)	27	中国建筑学会	1983.1
甘肃藏居	任致远	《建筑学报》1983，(7)	52	中国建筑学会	1983.7
向地下争取居住空间——简介我国黄土窑洞	金瓯卜	《建筑师》（15）	63	中国建筑工业出版社	1983.6
下沉式黄土窑洞民居院落雏议	任致远	《建筑师》（15）	75	中国建筑工业出版社	1983.6
浅谈"寒窑"的前途	南映景	《建筑师》（15）	83	中国建筑工业出版社	1983.6
深圳佛山民居的新发展	本刊记者	《新建筑》1983，(1)	47	《新建筑》杂志社	1983.10
石头·建筑·人	罗德启	《建筑学报》1983，(11)	28	中国建筑学会	1983.11
贵州的干栏式苗居	李先逵	《建筑学报》1983，(11)	33	中国建筑学会	1983.11
山地民居空间环境分析	余卓群	《建筑学报》1983，(11)	37	中国建筑学会	1983.11
台湾与日本传统民宅比较初探——就儒家思想的影响言	关华山	《建筑师》（台湾）1983，(12)	26	《建筑师》（台湾）编辑部	1983.12
丽江古都与纳西族民居	朱良文	《建筑师》（17）	109	中国建筑工业出版社	1983.12
江西宜黄县棠阴古建筑初查简报	宜黄古建筑考查组	《建筑历史与理论》(3、4)	147	中国建筑学会建筑历史学术委员会	1984.2
上海近代里弄住宅建筑的产生与发展	王绍周	《建筑历史与理论》(3、4)	242	中国建筑学会建筑历史学术委员会	1984.2
天津近代里弄住宅	王绍周	《科技史文集》（11）	165	上海科技出版社	1984.3
旧城镇商业街坊与居住里弄的生活环境	王澍	《建筑师》（18）	104	中国建筑工业出版社	1984.3
湘西民居拾零	陈小四	《建筑师》（18）	184	中国建筑工业出版社	1984.3
福建民居的传统特色与地方风格（上）	黄汉民	《建筑师》（19）	178	中国建筑工业出版社	1984.6
潮州文物保护区的控制与旧民居保护利用的探讨	蔡修国	《南方建筑》1984.2	22	广东省建筑学会	1984.6
村溪·天井·马头墙——徽州民居笔记	单德启	《建筑史论文集》（6）	120	清华大学出版社	1984.8
中国古代住宅建筑发展概论	刘致平文，傅熹年图	《华中建筑》1984，(3)	57	《华中建筑》编辑部	1984.9
研究云南民居的经验探索建筑创作的途径	陈谋德	《建筑学报》1984，(9)	54	中国建筑学会	1984.9
研究云南民居的经验探索建筑创作的途径（续）	陈谋德	《建筑学报》1984，(10)	50	中国建筑学会	1984.10
水乡古镇——安昌，斗门	钟华华	《建筑学报》1984，(10)	70	中国建筑学会	1984.10

续表

论文名	作者	刊载杂志	页码	编辑出版单位	出版日期
明清建筑群宏村村落民居	汪双武	《建筑学报》1984，(10)	74	中国建筑学会	1984.10
贵州岩石建筑——我国建筑百花园中的一朵鲜花	戴复东	《建筑师》(20)	80	中国建筑工业出版社	1984.10
福建民居的传统特色与地方风格（下）	黄汉民	《建筑师》(21)	182	中国建筑工业出版社	1984.12
中国古代住宅建筑发展概论（续）	刘致平文，傅熹年图	《华中建筑》1984，(4)	58	《华中建筑》编辑部	1984.12
临夏回民的生活居住形态研究	张庭伟	《新建筑》1984，(4)	15	《新建筑》杂志社	1984.12
传统庵院式住宅与低层高密度	尚廓，杨玲玉	《建筑学报》1985，(2)	51	中国建筑学会	1985.2
中国古代住宅建筑发展概念（续）	刘致平文，傅熹年图	《华中建筑》1985，(1)	49	《华中建筑》编辑部	1985.3
中国窑洞民居的布局美	荆其敏	《新建筑》1985，(1)	32	《新建筑》杂志社	1985.3
徽派古建民居彩画	姚光钰	《古建园林技术》1985，(2)	27	《古建园林技术》编辑部	1985.6
中国古代住宅建筑发展概论（续）	刘致平文，傅熹年图	《华中建筑》1985，(2)	46	《华中建筑》编辑部	1985.6
移民居住环境之理论初探	关华山	《建筑师》（台湾）1985，(7)	23	《建筑师》（台湾）编辑部	1985.7
中国古代住宅建筑发展概论（续完）	刘致平文，傅熹年图	《华中建筑》1985，(3)	37	《华中建筑》编辑部	1985.9
南京夫子庙传统公共活动中心的改造	丁沃沃	《建筑师》(28)	29	中国建筑工业出版社	1986.9
皖南村镇巷道的内结构解析	王澍	《建筑师)(28)	62	中国建筑工业出版社	1986.9
桂北民居采风	王丽方，王路	《新建筑》1986，(3)	24	《新建筑》杂志社	1986.9
闽粤乡村传统民居与新建住宅的调查	汪之力	《建筑学报》1986，(10)	38	中国建筑学会	1986.10
我国民间居住房屋之一瞥	张驭寰	《中国古建筑学术讲座文集》	201	中国展望出版社	1986.10
藏南泽当民居	陆琦	《南方建筑》1986，(4)	25	广东省建筑学会	1986.12
绍兴古城保护规划初探	陈志珩，王富更	《建筑师》(29)	27	中国建筑工业出版社	1986.12
德庆悦城龙母祖庙（一）	吴庆洲，谭永业	《古建园林技术》1986，(4)	58	《古建园林技术》杂志社	1986.12
水乡古镇周庄	俞罕方	《建筑学报》1987，(1)	34	中国建筑学会	1987.1
浙江地域的传统和建筑形式	唐葆亨	《建筑学报》1987，(1)	40	中国建筑学会	1987.1
巫·建筑	罗亮	《新建筑》1987，(1)	22	《新建筑》杂志社	1987.3
德庆悦城龙母祖庙（二）	吴庆洲，谭永业	《古建园林技术》1987，(1)	58	《古建园林技术》杂志社	1987.3
丰富多彩的传统住宅	喻维国	《建筑史话》	186	上海科技出版社	1987.3
水乡城镇人为环境初析	段险峰	《建筑师》(31)	21	中国建筑工业出版社	1987.6
广东地区近代中外建筑形式之结合的研究	蔡晓宝	《华中建筑》1987，(2)	26	《华中建筑》编辑部	1987.6
澎湖合院住宅形式及其空间结构转化	王维仁	《台湾大学建筑与城乡研究学报》1987，3(1)	87	《建筑与城乡研究学报》编辑部	1987.6

续表

论文名	作者	刊载杂志	页码	编辑出版单位	出版日期
德庆悦城龙母祖庙（三）	吴庆洲，谭永业	《古建园林技术》1987，（2）	61	《古建园林技术》杂志社	1987.6
四合院建筑型制的同构关系初探——从四合院建筑方位的象征性谈起	王昀	《新建筑》1987，（3）	70	《新建筑》杂志社	1987.9
晋汾民居建筑	林树丰	《新建筑》1987，（3）	73	《新建筑》杂志社	1987.9
清末木雕民居——"千柱落地"初探	洪铁城	《时代建筑》1987，（2）	67	同济大学出版社	1987.11
乡土建筑之根——民居	孙大章	《中国古代建筑史话》	159	中国建筑工业出版社	1987.12
试论村镇民居建筑的形式与风格	赵喜伦	《华中建筑》1988，（1）	15	《华中建筑》编辑部	1988.3
徽州民居建筑的探讨和启示	周广扬	《建筑学报》1988，（6）	42	中国建筑学会	1988.6
徽州民居和传统建筑空间观	单德启	建筑史论文集（9）	58	清华大学出版社	1988.6
中国民居的美学意义及其表现形式	余春明	《新建筑》1988，（2）	41	《新建筑》杂志社	1988.6
浅谈"气"与四合院建筑型制的发展——兼论其对院落美感产生的影响	王昀	《新建筑》1988，（2）	77	《新建筑》杂志社	1988.6
福建圆楼考	黄汉民	《建筑学报》1988，（9）	36	中国建筑学会	1988.9
观念建筑——傣族民居中的文化内涵	郭东风	《建筑师》（31）	98	中国建筑工业出版社	1988.10
中国远古"邑"的一种原型——以关中仰韶圆形聚落为例	徐明福	（台湾）《建筑学会·建筑学术研究发表会论文集》			1988.11
湘西民居赏析	姚涛	《建筑学报》1988，（12）	55	中国建筑学会	1988.12
浅述闽南粤东民间建筑装饰特点	何建琪	《古建园林技术》1988，（4）	33	《古建园林技术》编辑部	1988.12
闽南、闽西南民居采风	戴志坚	《福建建筑》1988，（3、4）		福建省建筑学会	1988.12
广州西关大屋	卢文骢	《南方建筑》1988，（3）	42	广东省建筑学会	1988.12
宁波旧住宅	蔡达峰	《南方建筑》1988，（4）	49	广东省建筑学会	1988.12
北京民居——四合院的形成发展与特点	王绍周	《时代建筑》1989，（1）	20	同济大学出版社	1989.12
试用系统论方法研究福建传统民居形式和风格的成因	黄汉民	《建筑师》（32）	173	中国建筑工业出版社	1989.3
中国传统建筑构图的特征、比例与稳定	陆元鼎	《建筑师》（39）	97	中国建筑工业出版社	1989.6
西双版纳傣族民居的分析与借鉴	刘业	《新建筑》1989，（2）	47	《新建筑》杂志社	1989.6
建筑形制变迁背后的稳定关系——汉阴民居演变的启示	贾倍思	《建筑师》（35）	85	中国建筑工业出版社	1989.8
侗乡宅寨初议	刘彦才	《南方建筑》1989，（3）	39	科普出版社广州分社	1989.9
论东阳明清住宅木雕装饰的文化艺术价值	洪铁城	《时代建筑》1989，（4）	27	同济大学出版社	1989.11
传统的本质（上）——中国传统建筑的十三个特点	缪朴	《建筑师》（36）	56	中国建筑工业出版社	1989.12
中国传统复合空间观念（上）——从南方六省民居探讨传统室内外空间关系及其文化基础	许亦农	《建筑师》（36）	68	中国建筑工业出版社	1989.12

续表

论文名	作者	刊载杂志	页码	编辑出版单位	出版日期
论永定客家土楼得以形成的历史原因	方拥	《福建建筑》1989,（3、4）		福建省建筑学会	1989.12
论苏州民居	俞绳方	《建筑学报》1990,（1）		中国建筑学会	1990.1
传统居住街坊空间的保护与改造——苏州古城改造规划设计的几点启示	孙骅声，龚秋霞，罗未建	《建筑学报》1990,（2）	40	中国建筑学会	1990.2
王村古镇聚落环境分析	杨筱午，熊玉华	《华中建筑》1990,（1）	42	《华中建筑》编辑部	1990.3
湘鄂西土家族民居风情	辛克靖	《华中建筑》1990,（1）	48	《华中建筑》编辑部	1990.3
民居调查的启迪	王文卿	《建筑学报》1990,（4）	56	中国建筑学会	1990.4
义乌传统民居建筑文化初议	唐葆亨	《建筑学报》1990,（5）	56	中国建筑学会	1990.5
义乌市传统民居建筑——黄山"八面厅"	李敏，余百全	《建筑学报》1990,（5）	59	中国建筑学会	1990.5
中国传统复合空间观念（下）——从南方六省居民探讨传统室内外空间关系及其文化基础	许亦农	《建筑师》（39）	67	中国建筑工业出版社	1990.6
中国传统营造意识的象征性	薛求理	《建筑师》（38）	1	中国建筑工业出版社	1990.6
中国传统复合空间观念（中）	许亦农	《建筑师》（38）	71	中国建筑工业出版社	1990.6
湖南民居初探	叶强	《华中建筑》1990,（2）	60	《华中建筑》编辑部	1990.6
湘西民居外部环境研究	黄丽	《南方建筑》1990,（6）	75	广东省建筑学会	1990.6
建筑的"软"传统和"软"继承	侯幼彬	《建筑师》（39）	1	中国建筑工业出版社	1990.9
义乌市传统民居建筑	蒋明法，王一辉等	《建筑学报》1990,（11）	46	中国建筑学会	1990.11
传统的本质（下）——中国传统建筑的十三个特点	缪朴	《建筑师》（40）	61	中国建筑工业出版社	1990.12
形态构成与更新保护——皖南·湘西传统村镇建筑研究	郭谦	《建筑师》（40）	81	中国建筑工业出版社	1990.12
闽南生土建筑的调查与思考	戴志坚	《福建建筑》1990,（3、4）		福建省建筑学会	1990.12
广州竹筒屋	杨秉德	《新建筑》1990	40	《新建筑》杂志社	1990.12
全国乙丙级建筑设计单位优秀建筑设计介绍——成都民居	成都市房屋建筑设计所	《建筑师》（45）	56	中国建筑工业出版社	1990.12
中国民居的特征与借鉴	陆元鼎	《中国传统民居与文化》第一辑	1	中国建筑工业出版社	1991.2
朴实无华，隽永清新——江西南昌八大山人故居	李嗣垦，朱火保，张敏龙	《中国传统民居与文化》第一辑	8	中国建筑工业出版社	1991.2
意与境的追求——闽北两个传统村落的启示	黄为隽	《中国传统民居与文化》第一辑	16	中国建筑工业出版社	1991.2
风土建筑与环境	魏挹澧	《中国传统民居与文化》第一辑	21	中国建筑工业出版社	1991.2
略论云南的汉式民居	朱良文	《中国传统民居与文化》第一辑	29	中国建筑工业出版社	1991.2
广东潮州许驸马府研究	吴国智	《中国传统民居与文化》第一辑	33	中国建筑工业出版社	1991.2
广东南海民居与乡土文化	林小麒，黎少姬	《中国传统民居与文化》第一辑	57	中国建筑工业出版社	1991.2
传统文化与潮汕民居	何建琪	《中国传统民居与文化》第一辑	65	中国建筑工业出版社	1991.2

续表

论文名	作者	刊载杂志	页码	编辑出版单位	出版日期
广东民居装饰装修	陆琦	《中国传统民居与文化》第一辑	90	中国建筑工业出版社	1991.2
云南丽江古城中的民居保护	何明俊	《中国传统民居与文化》第一辑	103	中国建筑工业出版社	1991.2
潮汕民居风采揽胜纪略	钟鸿英	《中国传统民居与文化》第一辑	111	中国建筑工业出版社	1991.2
广东侨乡民居	魏彦钧	《中国传统民居与文化》第一辑	121	中国建筑工业出版社	1991.2
胶东村镇与民居	胡树志	《中国传统民居与文化》第一辑	134	中国建筑工业出版社	1991.2
阆中古民居	曹怀经	《中国传统民居与文化》第一辑	146	中国建筑工业出版社	1991.2
山西静晟明清民居	金以康	《中国传统民居与文化》第一辑	156	中国建筑工业出版社	1991.2
福建泉州民居	戴志坚	《中国传统民居与文化》第一辑	163	中国建筑工业出版社	1991.2
侗族村寨形态初探	邹洪灿	《中国传统民居与文化》第一辑	173	中国建筑工业出版社	1991.2
瑶人的住屋——乳源瑶族"深山瑶"住屋浅析	李节	《中国传统民居与文化》第一辑	180	中国建筑工业出版社	1991.2
广东客家民居初探	谢苑祥	《中国传统民居与文化》第一辑	186	中国建筑工业出版社	1991.2
广东潮州民居丈竿法	陆元鼎	《中国传统民居与文化》第一辑	189	中国建筑工业出版社	1991.2
纳西族民居抗震构造的探讨	木庚锡	《中国传统民居与文化》第一辑	198	中国建筑工业出版社	1991.2
传统傣族住居设计初探	王加强	《中国传统民居与文化》第一辑	207	中国建筑工业出版社	1991.2
西双版纳傣族民居的分析与借鉴	刘业	《中国传统民居与文化》第一辑	223	中国建筑工业出版社	1991.2
湿热环境对传统民居的影响	刘岳超，林甫肄	《中国传统民居与文化》第一辑	233	中国建筑工业出版社	1991.2
提高北方居民热舒适性的研究	王准勤	《中国传统民居与文化》第一辑	238	中国建筑工业出版社	1991.2
广州近代城市住宅的居住形态分析	龚耕，刘业	《中国传统民居与文化》第一辑	245	中国建筑工业出版社	1991.2
新居与旧舍——乡土建筑的现在与未来	聂兰生	《建筑学报》1991，（2）	38	中国建筑学会	1991.2
发掘民居瑰宝 弘扬建筑文化——桂北民间建筑读后感	王伯扬	《建筑师》（41）	124	中国建筑工业出版社	1991.2
民居研究的新发现	王其钧	《建筑学报》1991，（6）	29	中国建筑学会	1991.6
从规划角度探讨龙胜民居	祝长生，孙建雄	《建筑师》（43）	83	中国建筑工业出版社	1991.6
中西方传统居住环境中的"露天起居室"	陈铭	《华中建筑》1991，（2）	43	《华中建筑》编辑部	1991.6
浅谈社会民俗对院落式建筑形制的影响	王钧	《华中建筑》1991，（4）	61	《华中建筑》编辑部	1991.12

续表

论文名	作者	刊载杂志	页码	编辑出版单位	出版日期
富阳县龙门村聚落结构形态与社会组织	沈克宁	《建筑学报》1992,（2）	52	中国建筑学会	1992.2
中国传统民居研究中的奇葩	刘宝仲	《建筑师》（47）	61	中国建筑工业出版社	1992.6
中国传统民居建筑 前言（摘要）	龙炳颐	《建筑师》（47）	61	中国建筑工业出版社	1992.6
中国传统民居建筑 绪言	龙炳颐	《建筑师》（47）	62	中国建筑工业出版社	1992.6
传统自然村镇"公共中心"的意义和格局	杨昌鸣，段进	《建筑师》（52）	15	中国建筑工业出版社	1992.9
江南水乡——绍兴民居	唐葆亨	《建筑学报》1992,（9）	52	中国建筑学会	1992.9
神秘的客家土楼	宙明	《华中建筑》1992,（3）	53	《华中建筑》编辑部	1992.9
民居潜在意识钩沉	余卓群	《中国传统民居与文化》第二辑	1	中国建筑工业出版社	1992.10
中国民居与俗文化	杨慎初	《中国传统民居与文化》第二辑	6	中国建筑工业出版社	1992.10
生态及其与形态、情态的有机统——试析传统民居集落居住环境的生态意义	单德启	《中国传统民居与文化》第二辑	9	中国建筑工业出版社	1992.10
传统合院的阴与阳	南舜薰	《中国传统民居与文化》第二辑	14	中国建筑工业出版社	1992.10
文化、环境、人是建筑之本——皖南民居建筑	王文卿	《中国传统民居与文化》第二辑	20	中国建筑工业出版社	1992.10
评清代的社会背景与民居的新发展	孙大章	《中国传统民居与文化》第二辑	24	中国建筑工业出版社	1992.10
论东阳明清住宅的存在特征	洪铁城	《中国传统民居与文化》第二辑	31	中国建筑工业出版社	1992.10
西南地区干栏式民居形态特征与文脉机制	李先逵	《中国传统民居与文化》第二辑	37	中国建筑工业出版社	1992.10
西双版纳傣族村寨的方位体系	张宏伟	《中国传统民居与文化》第二辑	50	中国建筑工业出版社	1992.10
西双版纳村寨聚落分析	严明	《中国传统民居与文化》第二辑	56	中国建筑工业出版社	1992.10
云南民居的类型及发展	饶维纯	《中国传统民居与文化》第二辑	63	中国建筑工业出版社	1992.10
羌族居住文化概观	曹怀经	《中国传统民居与文化》第二辑	68	中国建筑工业出版社	1992.10
纳西族民居文化	木庚锡	《中国传统民居与文化》第二辑	77	中国建筑工业出版社	1992.10
侗族民间建筑文化探索	李长杰，张克俭	《中国传统民居与文化》第二辑	85	中国建筑工业出版社	1992.10
粤北瑶族民居与文化	魏彦钧	《中国传统民居与文化》第二辑	90	中国建筑工业出版社	1992.10
福建诏安客家民居与文化	戴志坚	《中国传统民居与文化》第二辑	98	中国建筑工业出版社	1992.10
住屋文化的历史转换	杨大禹	《中国传统民居与文化》第二辑	109	中国建筑工业出版社	1992.10
中国民居历史的博物馆——云南民居	陈谋德，王翠兰	《中国传统民居与文化》第二辑	116	中国建筑工业出版社	1992.10

续表

论文名	作者	刊载杂志	页码	编辑出版单位	出版日期
云南民居中的半开敞空间探析	朱良文	《中国传统民居与文化》第二辑	123	中国建筑工业出版社	1992.10
山东"牟氏庄园"建筑特色初探	张润武	《中国传统民居与文化》第二辑	133	中国建筑工业出版社	1992.10
黑龙江省传统民居初探	周年军	《中国传统民居与文化》第二辑	140	中国建筑工业出版社	1992.10
湘西典型民居剖析	黄善言	《中国传统民居与文化》第二辑	148	中国建筑工业出版社	1992.10
传统城镇更新中根与质的追求	魏挹澧	《中国传统民居与文化》第二辑	152	中国建筑工业出版社	1992.10
民间传统建筑文化的更新	黄为隽	《中国传统民居与文化》第二辑	161	中国建筑工业出版社	1992.10
传统民居群落的结构特点及其应用	梁雪	《中国传统民居与文化》第二辑	167	中国建筑工业出版社	1992.10
一颗印的环境	李应发	《中国传统民居与文化》第二辑	176	中国建筑工业出版社	1992.10
古罗马民居的启示	许焯权	《中国传统民居与文化》第二辑	187	中国建筑工业出版社	1992.10
泸沽湖民居初探	李小娟	《建筑学报》1992,(12)	34	中国建筑学会	1992.12
西江沿岸古城镇与建筑的水文化特色	张春阳	《建筑师》(53)	65	中国建筑工业出版社	1992.12
民族、传统、时代与地方建筑流派	王铎	《华中建筑》1992,(4)	10	《华中建筑》编辑部	1992.12
中国民居营造热与文化危机	彭德	《华中建筑》1993,(1)	24	《华中建筑》编辑部	1993.3
居住建筑的环境与节能——山地农村住房设计体会	向长平	《华中建筑》1993,(1)	41	《华中建筑》编辑部	1993.3
古朴多姿的苗族民居	辛克靖	《华中建筑》1993,(1)	66	《华中建筑》编辑部	1993.3
欠发达地区传统民居聚落改造求索——广西融水苗寨木楼改建的实践和理论探索	单德启	《建筑学报》1993,(4)	15	中国建筑学会	1993.4
"农宅改善小村落"的实施——台湾农村居住环境改善事业研究（一）	文一智,青木正夫等	《建筑学报》1993,(4)	20	中国建筑学会	1993.4
"农宅改善小村落"的实施——台湾农村居住环境改善事业研究（二）	文一智,青木正夫等	《建筑学报》1993,(4)	25	中国建筑学会	1993.4
浓妆淡抹总相宜——江西天井民居建筑艺术的初探	黄浩,邵永杰,李延荣	《建筑学报》1993,(4)	31	中国建筑学会	1993.4
侗寨特征及侗居空间形态影响因素	罗德启	《建筑学报》1993,(4)	37	中国建筑学会	1993.4
喀什旧城密集型聚落——喀什传统维族民居	赵月,李京生	《建筑学报》1993,(4)	45	中国建筑学会	1993.4
土家族的石雕艺术与文化	辛可靖	《建筑学报》1993,(4)	48	中国建筑学会	1993.4
类型与乡土建筑的环境——谈皖南村落的环境理解	韩冬青	《建筑学报》1993,(8)	52	中国建筑学会	1993.8
方言、民系与地方传统建筑风格	潘安	《建筑师》(56)	52	中国建筑工业出版社	1993.9
岭南古建筑文化特色	邓其生	《建筑学报》1993,(12)	16	中国建筑学会	1993.12

续表

论文名	作者	刊载杂志	页码	编辑出版单位	出版日期
推进我国民居建筑研究文化的继承与发展——中国传统民居国际学术研讨会（TCCTH'93）纪略	陆元鼎，楚剑	《华中建筑》1993，（4）	1	《华中建筑》编辑部	1993.12
楠溪江中游乡土建筑		《建筑师》（57）	30	中国建筑工业出版社	1993.12
以整体方法研究建筑文化圈——读楠溪江中游乡土建筑	王明贤	《建筑师》（57）	36	中国建筑工业出版社	1993.12
楠溪江中游乡土建筑 主持人前言		《建筑师》（57）	38	中国建筑工业出版社	1993.12
象天，法地，法人，发自然——中国传统建筑意匠发微	吴庆洲	《华中建筑》1993，（4）	71	《华中建筑》编辑部	1993.12
闽南、粤东北圆楼与客家圆楼的比较	方拥	《国际客家学研讨会论文集 The Proceedings of the International Conference on Hakkaology》	443	香港中文大学香港亚太研究所海外华人研究社	1994
诏安客家民居与文化	戴志坚	《国际客家学研讨会论文集 The Proceedings of the International Conference on Hakkaology》	453	香港中文大学香港亚太研究所海外华人研究社	1994
江南水乡城镇的保护与发展研究	孙洪刚	《建筑学报》1994，（2）	9	中国建筑学会	1994.2
摩梭民居建筑的特色	李明成	《四川建筑》1994，（1）		四川建筑学会	
别具风貌的徽派建筑——兼议其保护利用	程远	《华中建筑》1994，（1）	54	《华中建筑》编辑部	1994.3
略谈客家具有防御功能的传统民居	赖雨桐	《岭南文史》1994，（1）		《岭南文史》编辑部	
谈镇远古民居群保护	周均清	《四川建筑》1994，（2）		四川建筑学会	
生土建筑	荆其敏	《建筑学报》1994，（5）	43	中国建筑学会	1994.5
中国古代建筑的一种译码——兼论北京菊儿胡同"类四合院"	朱文一	《建筑学报》1994，（6）	12	中国建筑学会	1994.6
难了乡土情——村落·博物馆·图书馆	陈志华	《建筑师》（59）	47	中国建筑工业出版社	1994.6
四川碉楼民居文化综览	季富政	《华中建筑》1994，（2）	26	《华中建筑》编辑部	1994.6
从新疆民居谈气候设计和生态建筑	王亮	《西北建筑工程学院学报》1994，（2）		西北建筑工程学院	1994.6
粗犷简朴的景颇族民居	辛克靖	《建筑》1994，（2）		《建筑》编辑部	1994.6
中国传统民居的人文背景区划探讨	王文卿，陈烨	《建筑学报》1994，（7）	42	中国建筑学会	1994.7
中国传统建筑装饰环境色彩研究	杨春风	《建筑学报》1994，（7）	48	中国建筑学会	1994.7
介绍《中国传统民居建筑》一书的编辑出版	张祖刚	《建筑学报》1994，（7）		中国建筑学会	1994.7
豫西民居——窑洞	于德水	《东方艺术》1994，（4）		《东方艺术》编辑部	1994.8
巴蜀民居源流初探	庄裕光	《中华文化论坛》1994，（4）		《中华文化论坛》编辑部	1994.8
论民居文化的区域性因素——民居文化地理研究之一	翟辅东	《湖南师范大学社会科学学报》1994，（4）		湖南师范大学	1994.8
风格崇高的藏族民居	辛克靖	《建筑》1994，（3）		《建筑》编辑部	1994.9
新疆维吾尔民居的建筑美与装饰美	段文耀	《艺术导刊》1994，（3）		《艺术导刊》编辑部	1994.9

续表

论文名	作者	刊载杂志	页码	编辑出版单位	出版日期
论民居文化的区域性——民居文化地理研究之二	翟辅东	《湖南师范大学社会科学学报》1994，（5）		湖南师范大学	1994.10
中国传统民居"向心性"空间	马建民	《东方艺术》1994，（5）		《东方艺术》编辑部	1994.10
中国传统民居概论（上）	汪之力	《建筑学报》1994，（11）	52	中国建筑学会	1994.11
中国乡土民居述要	单德启	《科技导报》1994，（11）		《科技导报》编辑部	1994.11
福建两类传统民居夏季室内外建筑气候的微机仿真分析	江帆	《暖通空调》1994，（4）		《暖通空调》编辑部	1994.12
中国传统民居概论（下）	汪之力	《建筑学报》1994，（12）	54	中国建筑学会	1994.12
中国民居建筑艺术的象征主义	吴庆洲	《华中建筑》1994，（4）	6	《华中建筑》编辑部	1994.12
继承、革新传统店铺民居的探索——河南三大古都老城区商业街改建述评	胡诗仙，张玉喜	《南方建筑》1994，（4）		广东省建筑学会	1994.12
传统民居与环境艺术	李小静	《西北建筑工程学院学报》1994，（4）		西北建筑工程学院	1994.12
德昂族民居风情	辛克靖	《建筑》1994，（4）		《建筑》编辑部	1994.12
乡土民居和"野性思维"——关于中国民居学术研究的思考	单德启	《建筑学报》1995，（3）		中国建筑学会	1995.3
赣南客家民居试析——兼谈赣闽粤边客家民居的关系	万幼楠	《南方文物》1995，（1）		《南方文物》编辑部	1995.3
潍坊传统民居拾零	张润武	《山东建筑工程学院学报》1995，（1）		山东建筑工程学院	1995.3
上海里弄民居建筑装饰	宋明波	《时代建筑》1995，（1）		同济大学出版社	1995.3
"千脚落地"的傈僳族民居	辛克靖	《建筑》1995，（1）		《建筑》编辑部	1995.3
资源型生态圆土楼	蔡济世	《建筑学报》1995，（5）	42	中国建筑学会	1995.5
浙江新叶村乡土建筑研究	李秋香	《建筑师》（64）	51	中国建筑工业出版社	1995.6
从传统民居的"开发"与"保护"说开去	张甘	《华中建筑》1995，（2）	36	《华中建筑》编辑部	1995.6
水乡古镇 周庄	[美]Joseph Wang（王绰）	《华中建筑》1995，（2）	51	《华中建筑》编辑部	1995.6
原始粗犷的拉祜族民居	辛克靖	《建筑》1995，（2）		《建筑》编辑部	1995.6
中国传统民居的类型与特征	陆元鼎	《民居史论与文化——中国传统民居国际学术会议论文集》	1	华南理工大学出版社	1995.6
楚民居——兼议民居研究的深化	高介华	《民居史论与文化》	5	华南理工大学出版社	1995.6
汉代的居住建筑	刘叙杰	《民居史论与文化》	12	华南理工大学出版社	1995.6
围子·堡子与都纲楼殿	杨谷生	《民居史论与文化》	19	华南理工大学出版社	1995.6
中国的教导性景观——民俗传统和建筑环境	[美] Ronald G. Knapp	《民居史论与文化》	24	华南理工大学出版社	1995.6
传统住宅与环境	李兴发	《民居史论与文化》	30	华南理工大学出版社	1995.6
民居建筑中美的感受	梁雪	《民居史论与文化》	35	华南理工大学出版社	1995.6
苏州传统民居中的文化与环境	俞绳方	《民居史论与文化》	37	华南理工大学出版社	1995.6
浙江明清民居与传统文化	王士伦	《民居史论与文化》	42	华南理工大学出版社	1995.6
观念·文化与兰溪民居的生成	杨新平	《民居史论与文化》	48	华南理工大学出版社	1995.6
广州民居与岭南历史文化	邓炳权	《民居史论与文化》	54	华南理工大学出版社	1995.6

续表

论文名	作者	刊载杂志	页码	编辑出版单位	出版日期
西江流域传统民居的水文化特色	张春阳，冯宝霖	《民居史论与文化》	58	华南理工大学出版社	1995.6
客家建筑文化流源初探	潘安	《民居史论与文化》	63	华南理工大学出版社	1995.6
江南明代民居彩画的场所精神	陈薇	《民居史论与文化》	68	华南理工大学出版社	1995.6
广东传统民居的装饰与装修	陆琦	《民居史论与文化》	74	华南理工大学出版社	1995.6
西藏传统民居建筑环境色彩文化	杨春风	《民居史论与文化》	80	华南理工大学出版社	1995.6
中国与澳洲热带地区的文化生态和住屋形式	［澳］Bal. S. saini，张奕和	《民居史论与文化》	85	华南理工大学出版社	1995.6
东南亚与中国西南少数民族住宅平面布局模式	杨昌鸣	《民居史论与文化》	91	华南理工大学出版社	1995.6
关于日本传统住宅中十字空间轴结构的研究	（日）宇杉和夫	《民居史论与文化》	98	华南理工大学出版社	1995.6
山西民居概论	颜纪臣，杨平	《民居史论与文化》	102	华南理工大学出版社	1995.6
平遥传统民居简析	张玉坤，宋昆	《民居史论与文化》	108	华南理工大学出版社	1995.6
河南巩县窑洞	刘金钟，韩耀舞	《民居史论与文化》	114	华南理工大学出版社	1995.6
三峡水库湖北淹没区传统民居考察综述	吴晓	《民居史论与文化》	120	华南理工大学出版社	1995.6
湖南江华瑶族民居	黄善言	《民居史论与文化》	128	华南理工大学出版社	1995.6
江西围子述略	黄浩，邵永杰，李廷荣	《民居史论与文化》	132	华南理工大学出版社	1995.6
福建传统民居的地方特色与形成文脉	戴志坚	《民居史论与文化》	141	华南理工大学出版社	1995.6
福州"柴栏厝"	郑力鹏	《民居史论与文化》	146	华南理工大学出版社	1995.6
近代粤中侨居建筑	林怡	《民居史论与文化》	150	华南理工大学出版社	1995.6
新疆传统民居建筑考察	王加强	《民居史论与文化》	158	华南理工大学出版社	1995.6
新疆喀什民居及其城市特色	茹仙古丽	《民居史论与文化》	164	华南理工大学出版社	1995.6
藏族建筑"千户家"	韩仲云	《民居史论与文化》	173	华南理工大学出版社	1995.6
青海循化撒拉族民居	梁琦	《民居史论与文化》	178	华南理工大学出版社	1995.6
内蒙古传统民居——蒙古包	阿金	《民居史论与文化》	182	华南理工大学出版社	1995.6
四川戏楼与民居虚实关系粗析	季富政	《民居史论与文化》	186	华南理工大学出版社	1995.6
浙江村落宗祠戏台	汪燕鸣	《民居史论与文化》	191	华南理工大学出版社	1995.6
广东潮州浮洋佃氏宗祠勘查考略	吴国智	《民居史论与文化》	196	华南理工大学出版社	1995.6
广州陈家祠建筑制度研究	程建军	《民居史论与文化》	206	华南理工大学出版社	1995.6
徽州古宅更新保护设计	殷永达	《民居史论与文化》	210	华南理工大学出版社	1995.6
晋西北锢窑的发展、改进和未来	李浈，叶琳	《民居史论与文化》	215	华南理工大学出版社	1995.6
传统民居保护的内涵与措施	周德泉	《民居史论与文化》	220	华南理工大学出版社	1995.6
广州西关古老大屋及其保护改造	褟晓红	《民居史论与文化》	224	华南理工大学出版社	1995.6
铺屋建筑与其更新改造	郑炳鸿	《民居史论与文化》	229	华南理工大学出版社	1995.6
1993年8月12—14日中国传统民居国际学术研讨会议的论文（英文）目录		《民居史论与文化中国传统民居国际学术会议论文集》	234	华南理工大学出版社	1995.6
云南彝族民居文化简论	杨甫旺	《中南民族学院学报》（哲学社会科学版）1995，（2）		中南民族学院	1995.6
传统建筑中深层结构探寻	梁雪	《建筑学报》1995，（8）	48	中国建筑学会	1995.8

续表

论文名	作者	刊载杂志	页码	编辑出版单位	出版日期
传统住文化的再生——现代福建土楼式居住组团的创造	王乃香	《建筑师》(65)	46	中国建筑工业出版社	1995.8
传统住文化原型结构初探——传统"合院民居"对现实的启示	周湘虎,舒平,杨昌鸣	《建筑师》(65)	58	中国建筑工业出版社	1995.8
桂林山水甲天下,桂北民居冠中华	张开济	《中国传统民居与文化》第三辑	1	中国建筑工业出版社	1995.8
侗族建筑环境艺术	赵冬日,杨春风	《中国传统民居与文化》第三辑	4	中国建筑工业出版社	1995.8
传统民居与城市风貌	李长杰,张克俭	《中国传统民居与文化》第三辑	11	中国建筑工业出版社	1995.8
传统城镇与民居美学	王其钧	《中国传统民居与文化》第三辑	18	中国建筑工业出版社	1995.8
城市中介空间与聚合形态	南舜薰	《中国传统民居与文化》第三辑	25	中国建筑工业出版社	1995.8
中国传统民居的装饰艺术与借鉴	陆琦	《中国传统民居与文化》第三辑	30	中国建筑工业出版社	1995.8
苗族民居建筑文化特质	李先逵	《中国传统民居与文化》第三辑	39	中国建筑工业出版社	1995.8
传统民居建筑文化继承与弘扬——传统民居聚落保护,改造规划试探	业祖润	《中国传统民居与文化》第三辑	54	中国建筑工业出版社	1995.8
从"道"、"形"、"器"、"材"论黄河流域民居的发展	刘金钟	《中国传统民居与文化》第三辑	62	中国建筑工业出版社	1995.8
河南传统民居的中原地区特色	胡诗仙	《中国传统民居与文化》第三辑	69	中国建筑工业出版社	1995.8
巫楚之乡,"山鬼"故家	魏挹澧	《中国传统民居与文化》第三辑	78	中国建筑工业出版社	1995.8
中国传统民居构筑形态	王文卿,周正军	《中国传统民居与文化》第三辑	85	中国建筑工业出版社	1995.8
中国建筑阴阳思维	余卓群	《中国传统民居与文化》第三辑	93	中国建筑工业出版社	1995.8
传统与继承——仙游生土民居	戴志坚	《中国传统民居与文化》第三辑	97	中国建筑工业出版社	1995.8
江西"二南"围子	黄浩,邵永杰,李廷荣	《中国传统民居与文化》第三辑	105	中国建筑工业出版社	1995.8
侗族民居建筑的群体意识	吴世华	《中国传统民居与文化》第三辑	113	中国建筑工业出版社	1995.8
借鉴传统民居,创造时代建筑	解建才	《中国传统民居与文化》第三辑	117	中国建筑工业出版社	1995.8
川西北藏羌族民居特色	蔡家汉	《中国传统民居与文化》第三辑	121	中国建筑工业出版社	1995.8
湘西民居	黄善言,黄家瑾	《中国传统民居与文化》第三辑	124	中国建筑工业出版社	1995.8
侗族文化与建筑艺术	白剑虹,吴浩	《中国传统民居与文化》第三辑	129	中国建筑工业出版社	1995.8
村寨人居环境	李兴发	《中国传统民居与文化》第三辑	139	中国建筑工业出版社	1995.8

续表

论文名	作者	刊载杂志	页码	编辑出版单位	出版日期
丽江古城与纳西民居保护	木庚锡	《中国传统民居与文化》第三辑	137	中国建筑工业出版社	1995.8
民居与旧城环境改善	张乃昕	《中国传统民居与文化》第三辑	140	中国建筑工业出版社	1995.8
从传统到现代——潮州铁铺镇桂林村设计有感	许焯权	《中国传统民居与文化》第三辑	143	中国建筑工业出版社	1995.8
北京古城建筑色彩	杨春风	《中国传统民居与文化》第三辑	143	中国建筑工业出版社	1995.8
传统民居的研究环境	殷永达	《中国传统民居与文化》第三辑	152	中国建筑工业出版社	1995.8
论民居文化的区域性	翟辅东	《湖南师大学报》（社科）1995，（4—5）		湖南师范大学	1995
城镇生态空间发展与规划理论	张宇里	《华中建筑》1995，（3）	9	《华中建筑》编辑部	1995.9
梅州市客家民居建筑的初步研究	邱国锋	《南方建筑》1995，（3）	17	广东省建筑学会	1995.9
石岛湾畔海草房	周洪才	《山东建筑工程学院学报》1995，（3）		山东建筑工程学院	1995.9
苗、布、亿族民居横向扫描	巴娄，黄琳	《贵州文史丛刊》1995，（3）		《贵州文史丛刊》编辑部	1995.9
五指山下的黎族船形民居	辛克靖	《建筑》1995，（3）		《建筑》编辑部	1995.9
天工人可造 人工天不如——滇南民居的一类木雕艺术	苏伏涛	《民族艺术研究》1995，（3）		《民族艺术研究》编辑部	1995.9
晚清江南民居莫氏庄园	夏儿	《今日中国》（中文版）1995，（10）		《今日中国》杂志社	1995.10
风水与中国传统建筑浅析	史箴	《建筑师》（67）	66	中国建筑工业出版社	1995.12
广州陈家祠及其岭南建筑特色	陆元鼎	《南方建筑》1995，（4）	29	广东省建筑学会	1995.12
土家民居——吊脚楼建筑艺术	李国全	《华夏文化》1995，（4）		《华夏文化》编辑部	1995.12
飘逸论——兼述峨眉民居	季富政	《四川建筑》1995，（4）		《四川建筑》编辑部	1995.12
羌族民居赏析	陈颖，郁林	《四川建筑》1995，（4）		《四川建筑》编辑部	1995.12
皖古遗韵——论徽派民居建筑艺术和特色	傅强	《当代建设》1995，（6）		《当代建设》编辑部	1995.12
浅谈徽州民居	王光明	《建筑学报》1996，（1）	56	中国建筑学会	1996.1
侗族建筑与水	朱馥艺	《华中建筑》1996，（1）	1	《华中建筑》编辑部	1996.3
胶东渔民民居	张润武，周鲁滩	《山东建筑工程学院学报》1996，（1）		山东建筑工程学院	1996.3
土族传统民居建筑文化刍议	秦永章	《青海民族研究》1996，（1）		《青海民族研究》编辑部	1996.3
山西平遥的"堡"与里坊制度的探析	张玉坤，宋昆	《建筑学报》1996，（4）	50	中国建筑学会	1996.4
中国陕西省韩城地区村落和住宅研究	青木正夫等著，刘燕辉、刘东卫译	《建筑师》（69）	103	中国建筑工业出版社	1996.4
三峡新滩传统民居的文化内涵及保护对策	吴晓	《古建园林技术》1996，（2）		《古建园林技术》	1996.4
传统民居的厅堂禁忌	王其钧	《南方建筑》1996，（2）		广东省建筑学会	1996.6
上海里弄民居	戴代新	《湘潭工学院学报》1996，（2）		湘潭工学院	1996.6

续表

论文名	作者	刊载杂志	页码	编辑出版单位	出版日期
多维视野中的传统民居研究——云南民族住屋文化·序	蒋高宸	《华中建筑》1996,（2）		《华中建筑》编辑部	1996.6
空间化了的家族意识——合院式民居的文化内涵	杨知勇	《云南民族学院学报》（哲学社会科学版）1996,（2）		云南民族学院	1996.6
苗族民居文化初探	郑志坚	《装饰》1996,（2）		《装饰》编辑部	1996.6
试论壮族民居文化中的"风水"观（上）	覃彩銮	《广西民族研究》1996,（2）		《广西民族研究》编辑部	1996.6
苏南水乡民居研讨会召开	王文卿	《建筑学报》1996,（7）		中国建筑学会	1996.7
试论云南民居的建筑创作价值——对传统民居继承问题的探讨之二	朱良文	《中国传统民居与文化》第四辑	1	中国建筑工业出版社	1996.7
台湾民居及研究方向	李乾朗	《中国传统民居与文化》第四辑	8	中国建筑工业出版社	1996.7
北方汉族传统住宅类型浅议	周立军	《中国传统民居与文化》第四辑	16	中国建筑工业出版社	1996.7
试论徽州传统民居及其布局	王治平	《中国传统民居与文化》第四辑	21	中国建筑工业出版社	1996.7
鹿港街屋特质与保存问题	阎亚宁	《中国传统民居与文化》第四辑	25	中国建筑工业出版社	1996.7
潇洒似江南——济南传统民居特色议	张润武,薛立	《中国传统民居与文化》第四辑	33	中国建筑工业出版社	1996.7
北方渔村风貌特点及其发展	梁雪	《中国传统民居与文化》第四辑	40	中国建筑工业出版社	1996.7
新疆维吾尔民居类型及其空间组合浅析	黄仲宾	《中国传统民居与文化》第四辑	46	中国建筑工业出版社	1996.7
物境·心境·意境——传统民居美学探讨	李长杰,张克俭	《中国传统民居与文化》第四辑	55	中国建筑工业出版社	1996.7
民俗文化对民居形制的制约	王其钧	《中国传统民居与文化》第四辑	67	中国建筑工业出版社	1996.7
南平建筑文化概观	戴志坚,程玉流	《中国传统民居与文化》第四辑	75	中国建筑工业出版社	1996.7
西藏传统建筑色彩特征	杨春风	《中国传统民居与文化》第四辑	82	中国建筑工业出版社	1996.7
中国民居的防洪经验和措施	吴庆洲	《中国传统民居与文化》第四辑	85	中国建筑工业出版社	1996.7
江西天井式民居简介	黄浩,邵永杰,李廷荣	《中国传统民居与文化》第四辑	92	中国建筑工业出版社	1996.7
碉头——徽州古村落的明珠	罗来平	《中国传统民居与文化》第四辑	103	中国建筑工业出版社	1996.7
从云南民居的多样性看哈尼族的住房群	王翠兰	《中国传统民居与文化》第四辑	106	中国建筑工业出版社	1996.7
"二宜楼"的建筑特色	黄汉民	《中国传统民居与文化》第四辑	109	中国建筑工业出版社	1996.7
徽州呈坎古村及明宅调查	殷永达	《中国传统民居与文化》第四辑	113	中国建筑工业出版社	1996.7

续表

论文名	作者	刊载杂志	页码	编辑出版单位	出版日期
兴城古城及城内民居	秦剑	《中国传统民居与文化》第四辑	118	中国建筑工业出版社	1996.7
赣南客家民居素描——兼谈闽粤赣边客家民居的源流关系及其成因	万幼楠	《中国传统民居与文化》第四辑	122	中国建筑工业出版社	1996.7
田头屯干阑式木楼集落的改建	单德启，贾东	《中国传统民居与文化》第四辑	129	中国建筑工业出版社	1996.7
地中海巴尔干民居地域特色及其保护中的现代价值取向	李先逵	《中国传统民居与文化》第四辑	133	中国建筑工业出版社	1996.7
徽州古建筑及其保护和利用	程远	《中国传统民居与文化》第四辑	147	中国建筑工业出版社	1996.7
潮安古巷区象埔寨新民居设计方案	许焯权	《中国传统民居与文化》第四辑	154	中国建筑工业出版社	1996.7
既保护又利用既继承又发展——常熟传统民居保护、利用与发展初探	朱良钧	《中国传统民居与文化》第四辑	161	中国建筑工业出版社	1996.7
呈坎古村保护利用初探	高青山	《中国传统民居与文化》第四辑	165	中国建筑工业出版社	1996.7
民居·古城——刍议山西晋中民居与古城保护	金以康	《中国传统民居与文化》第四辑	172	中国建筑工业出版社	1996.7
古街坊的保护是古城保护的精华——试谈山塘街的保护、开发和管理	周德泉	《中国传统民居与文化》第四辑	177	中国建筑工业出版社	1996.7
潮州民居板门扇做法算例	吴国智	《中国传统民居与文化》第四辑	183	中国建筑工业出版社	1996.7
苏州传统民居的环境、意境和心境	俞绳方	《中国传统民居与文化》第四辑	193	中国建筑工业出版社	1996.7
从传统民居中吸取养分，创造宜人的人居环境	茹先古丽	《中国传统民居与文化》第四辑	198	中国建筑工业出版社	1996.7
江南水乡古镇保护与规划	阮仪三	《建筑学报》1996，(9)	22	中国建筑学会	1996.9
古老却又清新——谷城一瞥	王炎松	《南方建筑》1996，(3)	31	广东省建筑学会	1996.9
云南一颗印	刘致平遗作	《华中建筑》1996，(3)	76	《华中建筑》编辑部	1996.9
民居原型的追寻——宜兰厝设计		《时代建筑》1996，(3)		同济大学出版社	1996.9
试论壮族民居文化中的"风水"观（下）	覃彩銮	《广西民族研究》1996，(3)		《广西民族研究》编辑部	1996.9
传统民居厅堂空间的深层内涵	王其钧	《建筑师》(72)	49	中国建筑工业出版社	1996.10
山地防洪与村落形态——山西省大寨村考察	王海松，李速	《建筑师》(72)	64	中国建筑工业出版社	1996.10
宗法、禁忌、习俗对民居型制的影响	王其钧	《建筑学报》1996，(10)	57	中国建筑学会	1996.10
中国传统民居研究之我见	张敏龙	《华中建筑》1996，(4)	3	《华中建筑》编辑部	1996.10
居的背后——民居、新民居之文化刍议二	庞伟	《华中建筑》1996，(4)	6	《华中建筑》编辑部	1996.10
传统民居中的文化意识	戴俭	《华中建筑》1996，(4)	9	《华中建筑》编辑部	1996.10
住居文化中的建筑态度——以台湾省传统民居为例	卢圆华	《华中建筑》1996，(4)	13	《华中建筑》编辑部	1996.10

续表

论文名	作者	刊载杂志	页码	编辑出版单位	出版日期
汉地传统住宅要论	王鲁民	《华中建筑》1996，(4)	19	《华中建筑》编辑部	1996.10
乡土建筑空间环境中的教化性特征	刘定坤	《华中建筑》1996，(4)	22	《华中建筑》编辑部	1996.10
民居符号学浅述及其他	谭刚毅	《华中建筑》1996，(4)	27	《华中建筑》编辑部	1996.10
中国传统文化在传统民居建筑中表现出的空间概念	李迪㤁	《华中建筑》1996，(4)	30	《华中建筑》编辑部	1996.10
角色定位与民居空间构成——浅析傣族民居构成之内在机制	何俊萍，华峰	《华中建筑》1996，(4)	33	《华中建筑》编辑部	1996.10
从生态学观点探讨传统聚居特征及承传与发展	李晓峰	《华中建筑》1996，(4)	36	《华中建筑》编辑部	1996.10
东南传统聚落研究——人类聚落学的架构	余英，陆元鼎	《华中建筑》1996，(4)	42	《华中建筑》编辑部	1996.10
大旗头村——华南农业聚落的典型	黄蜀媛	《华中建筑》1996，(4)	48	《华中建筑》编辑部	1996.10
传统聚落分析——以澎湖许家村为例	林世超	《华中建筑》1996，(4)	50	《华中建筑》编辑部	1996.10
川西廊坊式街市探析	陈颖	《华中建筑》1996，(4)	59	《华中建筑》编辑部	1996.10
土家族民居的特质与形成	陆琦	《华中建筑》1996，(4)	63	《华中建筑》编辑部	1996.10
维吾尔族民居解析	刘谞	《华中建筑》1996，(4)	69	《华中建筑》编辑部	1996.10
哈尼族建筑的轨迹	施维琳	《华中建筑》1996，(4)	72	《华中建筑》编辑部	1996.10
西藏民居与太阳能	燕果	《华中建筑》1996，(4)	76	《华中建筑》编辑部	1996.10
赣南围屋及其成因	万幼楠	《华中建筑》1996，(4)	79	《华中建筑》编辑部	1996.10
杭州的明代民居	高念华，方忆，方之蓉	《华中建筑》1996，(4)	85	《华中建筑》编辑部	1996.10
兰溪传统民居的构成序列	杨新平	《华中建筑》1996，(4)	92	《华中建筑》编辑部	1996.10
福建客家土楼形态探索	戴志坚	《华中建筑》1996，(4)	98	《华中建筑》编辑部	1996.10
广州城市传统民居考	潘安	《华中建筑》1996，(4)	104	《华中建筑》编辑部	1996.10
广州近代民居构成单元的居住环境	汤国华	《华中建筑》1996，(4)	108	《华中建筑》编辑部	1996.10
香港新界围村的空间结构及其祠庙轴线的转化	王维仁	《华中建筑》1996，(4)	113	《华中建筑》编辑部	1996.10
温州农村民居的区域文化特征——以苍南县为例	朱成堡	《社会学研究》1996，(5)		《社会学研究》编辑部	1996.10
人居（Habitation）	吴琼，朱文奇编译	《建筑学报》1996，(11)	53	中国建筑学会	1996.11
传统民居语言阐释	陈纪凯，姚闻青	《新建筑》1996，(4)		《新建筑》杂志社	1996.12
传统民居的厅堂与祠堂	王其钧	《新建筑》1996，(4)		《新建筑》杂志社	1996.12
金平傣族、瑶族的民居建筑	范冕	《云南民族学院学报》（哲学社会科学版）1996，(4)		云南民族学院	1996.12
西藏的寺庙和民居	陈履生	《美术之友》1996，(4)		《美术之友》编辑部	1996.12
党家村，民居值得看	王新民	《今日中国》（中文版）1996，(6)		《今日中国》杂志社	1996.12
中国民居的主要式样及特征	张驭寰	《北京房地产》1996，(12)		《北京房地产》编辑部	1996.12
东南亚民居掠影	辛欣	《建筑》1996，(4)		《建筑》编辑部	1996.12

续表

论文名	作者	刊载杂志	页码	编辑出版单位	出版日期
中国民居建筑艺术的象征主义	吴庆洲	《中国传统民居与文化》第五辑	1	中国建筑工业出版社	1997.1
中国民居的院落精神	李先逵	《中国传统民居与文化》第五辑	5	中国建筑工业出版社	1997.1
民居隐形"六缘"探析	余卓群	《中国传统民居与文化》第五辑	13	中国建筑工业出版社	1997.1
清代民居的史学价值	孙大章	《中国传统民居与文化》第五辑	17	中国建筑工业出版社	1997.1
巴蜀民居源流初探	庄裕光	《中国传统民居与文化》第五辑	21	中国建筑工业出版社	1997.1
原始宗教与民居小议	王翠兰	《中国传统民居与文化》第五辑	33	中国建筑工业出版社	1997.1
名人故居文化构想	季富政	《中国传统民居与文化》第五辑	36	中国建筑工业出版社	1997.1
四川民居美学思想初探	雍朝勉	《中国传统民居与文化》第五辑	47	中国建筑工业出版社	1997.1
传统民居与桂林城市风貌	李长杰,张克俭	《中国传统民居与文化》第五辑	53	中国建筑工业出版社	1997.1
湖南湘南民居	黄善言,焦吉康,欧阳培民	《中国传统民居与文化》第五辑	66	中国建筑工业出版社	1997.1
云南彝族山寨井干结构犹存——大姚县桂花乡味尼乍寨闪片式垛木房民居考察记	朱良文	《中国传统民居与文化》第五辑	72	中国建筑工业出版社	1997.1
四川茂县地区羌族传统民居初探	郁林,陈颖	《中国传统民居与文化》第五辑	81	中国建筑工业出版社	1997.1
新安江上游黄山白岳间的一颗明珠	罗来平	《中国传统民居与文化》第五辑	87	中国建筑工业出版社	1997.1
南靖田螺坑建筑特色初探	戴志坚	《中国传统民居与文化》第五辑	95	中国建筑工业出版社	1997.1
论高山族建筑与雅美人的房舍	苏儒光	《中国传统民居与文化》第五辑	104	中国建筑工业出版社	1997.1
潍坊传统民居拾零	张润武,薛立	《中国传统民居与文化》第五辑	109	中国建筑工业出版社	1997.1
湘西民居略识	张玉坤	《中国传统民居与文化》第五辑	114	中国建筑工业出版社	1997.1
阆中古城考	谢吾同	《中国传统民居与文化》第五辑	123	中国建筑工业出版社	1997.1
重庆传统民居建筑初探	卢伟	《中国传统民居与文化》第五辑	132	中国建筑工业出版社	1997.1
徽州民居的砖雕艺术	殷永达	《中国传统民居与文化》第五辑	137	中国建筑工业出版社	1997.1
民居侧样之排列构成——侧样系列之一·六柱式	吴国智	《中国传统民居与文化》第五辑	140	中国建筑工业出版社	1997.1
山西传统民居及保护对策	颜纪臣,杨平	《中国传统民居与文化》第五辑	146	中国建筑工业出版社	1997.1
维吾尔族民居建筑风格及其保护	张国良,徐昌福	《中国传统民居与文化》第五辑	149	中国建筑工业出版社	1997.1

续表

论文名	作者	刊载杂志	页码	编辑出版单位	出版日期
创造山水小镇的新景象——凤凰沧江镇保护与更新规划分析	魏挹澧	《中国传统民居与文化》第五辑	153	中国建筑工业出版社	1997.1
新意盎然古韵犹存（记北京北池子四合院小区设计）	胥蜀辉	《中国传统民居与文化》第五辑	163	中国建筑工业出版社	1997.1
继承、革新传统店铺民居的探索——河南三大古都老城区商业街改建述评	胡诗仙，张玉喜	《中国传统民居与文化》第五辑	167	中国建筑工业出版社	1997.1
巩义市窑洞民俗文化村浅析	刘金钟，吕全瑞	《中国传统民居与文化》第五辑	171	中国建筑工业出版社	1997.1
传统民居的"虚空间"及其对现代住宅设计的启示	杨昌鸣，周湘虎，舒平，邱滨	《中国传统民居与文化》第五辑	175	中国建筑工业出版社	1997.1
佛山市图书馆设计——传统民居在《新建筑》中的应用	林小麒	《中国传统民居与文化》第五辑	180	中国建筑工业出版社	1997.1
略谈地方建筑传统研究的重要性——兼评湖南传统建筑	贺业钜	《建筑师》（74）	75	中国建筑工业出版社	1997.2
大同民居垂花门	张呈富	《古建园林技术》1997，（1）		《古建园林技术》编辑部	1997.2
居住建筑的活化石——佤族的建筑文化	施维琳	《云南工业大学学报》1997，（1）		云南工业大学	1997.3
从中国诗传统中寻求中国建筑文化的神韵	冯晋	《建筑学报》1997，（3）	57	中国建筑学会	1997.3
中国传统民居的技术骨架	杨大禹	《华中建筑》1997，（1）		《华中建筑》编辑部	1997.3
潮州民居侧样之构成——前厅四柱式	吴国智	《华中建筑》1997，（1）		《华中建筑》编辑部	1997.3
从上海石库门住宅发展看海派民居特色	周海宝	《华中建筑》1997，（1）		《华中建筑》编辑部	1997.3
中国民居研究现状	陆元鼎	《南方建筑》1997，（1）	28	广东省建筑学会	1997.3
西藏传统民居略述	筱洲	《西藏研究》1997，（1）		《西藏研究》编辑部	1997.3
独具特色的夕佳山民居	王显友	《四川文物》1997，（1）		《四川文物》编辑部	1997.3
日本学者的中国民居研究及其对我们的启示	杨昌鸣，周湘虎，蔡节	《建筑师》（75）	85	中国建筑工业出版社	1997.4
中国传统建筑庭院探源	赵立瀛，宁奇峰	《建筑师》（75）	61	中国建筑工业出版社	1997.4
说说乡土建筑研究	陈志华	《建筑师》（75）	78	中国建筑工业出版社	1997.4
对"云南一颗印"的图版补缺与联想	朱良文	《华中建筑》1997，（2）	110	《华中建筑》编辑部	1997.4
传统民居的人界观念	王其钧	《华中建筑》1997，（2）		《华中建筑》编辑部	1997.6
新民居断想——兼议桂北民居的改建	周卫，汪原	《新建筑》1997，（2）		《新建筑》杂志社	1997.6
明清时期云南民居地域差异的初步研究	康健	《中国历史地理论丛》1997，（2）		《中国历史地理论丛》编辑部	1997.6
张壁古堡初探	杨辰曦	《建筑学报》1997，（8）	61	中国建筑学会	1997.8
杭州明代民居初论	高念华	《浙江学刊》1997，（3）		《浙江学刊》编辑部	1997.9
从忠县、石柱县传统民居建筑的文化内涵谈三峡工程地面文物的保护	汤羽扬	《华中建筑》1997，（3）		《华中建筑》编辑部	1997.9

续表

论文名	作者	刊载杂志	页码	编辑出版单位	出版日期
可持续发展的民居新模式探索	何俊萍	《云南工业大学学报》1997,（3）		云南工业大学	1997.9
中国传统民居建筑文化的自然观及其渊源	沙润	《人文地理》1997,（3）		《人文地理》编辑部	1997.9
傣族的民居	刀世勋	《民族团结》1997,（9）		《民族团结》编辑部	1997.9
研究传统是为了今天和明天——略谈民居的研究和创作之路	高介华	《南方建筑》1997,（3）		广东省建筑学会	1997.9
建国以来中国传统民居研究专著成果略览		《南方建筑》1997,（3）		广东省建筑学会	1997.9
观湘西民居环境有感于城市环境设计	罗素娜	《南方建筑》1997,（3）		广东省建筑学会	1997.9
重庆及川东的明清古民居	孙晓芬	《四川文物》1997,（3）		《四川文物》编辑部	1997.9
乡土建筑的价值和保护	陈志华	《建筑师》(78)	56	中国建筑工业出版社	1997.10
江南居住文化思考	李兴无	《建筑师》(78)	61	中国建筑工业出版社	1997.10
楠溪江流域乡土文化与农村园林	舒楠	《建筑师》(78)	70	中国建筑工业出版社	1997.10
泉州土楼	方拥	《华中建筑》1997,（4）		《华中建筑》编辑部	1997.12
荆州民居略窥	张德魁	《华中建筑》1997,（4）		《华中建筑》编辑部	1997.12
中国传统民居迈向21世纪的发展福建圆楼改造	刘婉容	《华中建筑》1997,（4）		《华中建筑》编辑部	1997.12
绝世奇观5000多年前"雕龙碑文化"中的民居	王杰	《华中建筑》1997,（4）		《华中建筑》编辑部	1997.12
从云阳张桓侯庙的价值判断谈传统乡土建筑的保护	吕舟	《建筑师》(79)	20	中国建筑工业出版社	1997.12
"井"的意义：中国传统建筑的平面构成原型及文化渊涵探析	史箴	《建筑师》(79)	71	中国建筑工业出版社	1997.12
多元文化影响下的呼伦贝尔民居		《新建筑》1997,（4）		《新建筑》杂志社	1997.12
船屋文化——海南黎族传统民居探源	黄捷，王瑜	《新建筑》1997,（4）		《新建筑》杂志社	1997.12
相同的民族 不同的空间——傣族民居空间形式比较	杨大禹	《云南工业大学学报》1997,（4）		云南工业大学	1997.12
云南典型哈尼族民居热环境和光环境研究	李莉萍	《云南工业大学学报》1997,（4）		云南工业大学	1997.12
浅议我国传统民居旅游资源	黄芳	《武陵学刊》1997,（6）		《武陵学刊》编辑部	1997
中国传统民居对于发展现代建筑文化的启示	周凝粹	《南方建筑》1997,（4）		广东省建筑学会	1997.12
内蒙古民居：一种文化与历史的认识	陈烨	《内蒙古社会科学》（人文版）1997（4）		《内蒙古社会科学》编辑部	1997.12
从客家民居胎土谈生殖崇拜文化	吴庆洲	《古建园林技术》1998,（1）		《古建园林技术》编辑部	1998.2
中国传统民居建筑文化的自然地理背景	沙润	《地理科学》1998,（1）		《地理科学》编辑部	1998.3
西行漫记（一）	黄剑	《新建筑》1998,（1）		《新建筑》杂志社	1998.3
乡土建筑研究提纲——聚落研究为例	陈志华	《建筑师》(81)	43	中国建筑工业出版社	1998.4

续表

论文名	作者	刊载杂志	页码	编辑出版单位	出版日期
诸葛村聚落研究简述	李秋香	《建筑师》(81)	50	中国建筑工业出版社	1998.4
让历史少些遗憾——关于丽江古城保护、发展的座谈发言	杨大禹，陆琦等	《建筑师》(81)	66	中国建筑工业出版社	1998.4
对传统民居建筑研究的回顾和建议	金瓯卜	《建筑学报》1998，(4)	47	中国建筑学会	1998.4
客家民居意象研究	吴庆洲	《建筑学报》1998，(4)	57	中国建筑学会	1998.4
岷江流域传统民居空间的模糊性	胡纹，沈德泉	《建筑学报》1998，(6)	56	中国建筑学会	1998.6
明清徽州建筑中斗栱的若干地域特征	朱永春，潘国泰	《建筑学报》1998，(6)	59	中国建筑学会	1998.6
潮州民居侧样之排列构成——下厅九桁式	吴国智	《古建园林技术》1998，(3)		《古建园林技术》编辑部	1998.6
民居生态环境的可持续发展	燕果，王恒	《华中建筑》1998，(2)	106	《华中建筑》编辑部	1998.6
适应与共生——传统聚落之生态发展	李晓峰	《华中建筑》1998，(2)	108	《华中建筑》编辑部	1998.6
近代上海里弄生态格局探析	周海宝	《华中建筑》1998，(2)	111	《华中建筑》编辑部	1998.6
辽宁地区传统民居的可持续发展的探讨	靳春澜，张虎	《华中建筑》1998，(2)	113	《华中建筑》编辑部	1998.6
山东民居概述	姜波	《华中建筑》1998，(2)	115	《华中建筑》编辑部	1998.6
民居建筑"工艺化"中的主与匠之研究	卢圆华	《华中建筑》1998，(2)	117	《华中建筑》编辑部	1998.6
传统民居装饰的文化内涵	陆琦	《华中建筑》1998，(2)	120	《华中建筑》编辑部	1998.6
形式与表现——民用墙体构成的形态意义	华峰，何俊萍	《华中建筑》1998，(2)	122	《华中建筑》编辑部	1998.6
传统聚落中的模仿和类比	王冬	《华中建筑》1998，(2)	10	《华中建筑》编辑部	1998.6
岷江流域传统民居空间的模糊性	胡纹，沈德泉	《建筑学报》1998，(6)		中国建筑学会	1998.6
湘西土家族民居调查研究报告	唐坚	《南方建筑》1998，(2)		广东省建筑学会	1998.6
徽州古民居庭院的理水与空间形态	尹文	《东南文化》1998，(4)		《东南文化》编辑部	1998.8
关于"中国古民居保护立法"的建议	中国农工民主党中央委员会	《前进论坛》1998，(4)		《前进论坛》编辑部	1998.8
绩溪"三雕"——浅谈徽派古建筑中的雕饰艺术	陈巍	《华中建筑》1998，(3)	125	《华中建筑》编辑部	1998.9
中西传统民居及其宅院比较	郑光复	《华中建筑》1998，(3)	130	《华中建筑》编辑部	1998.9
现代住宅与传统聚居文化	戴志中，戴文斌	《华中建筑》1998，(3)	10	《华中建筑》编辑部	1998.9
清代齐齐哈尔城民居建筑	何鑫，陆平	《齐齐哈尔大学学报》(哲学社会科学版)1998，(3)		齐齐哈尔大学	1998.9
西方乡土建筑的研究	罗琳	《建筑学报》1998，(11)	57	中国建筑学会	1998.11
深深怀念刘致平先生	赵喜伦	《建筑学报》1998，(11)	59	中国建筑学会	1998.11
云南传统民居综合节能的考察及研究		《建筑科学》1998，(6)		《建筑科学》编辑部	1998.12
西双版纳傣旧民居及其文化差异	施维琳	《华中建筑》1998，(4)	118	《华中建筑》编辑部	1998.12
两种文化的结晶——云南中甸藏族民居	杨大禹	《华中建筑》1998，(4)	120	《华中建筑》编辑部	1998.12

续表

论文名	作者	刊载杂志	页码	编辑出版单位	出版日期
城市文化与建筑形态——昆明古城街道形态探析	何俊萍，华峰	《华中建筑》1998，(4)	123	《华中建筑》编辑部	1998.12
民居的保护更新及其发展方式预测	杨毅	《华中建筑》1998，(4)	126	《华中建筑》编辑部	1998.12
广东传统建筑与西方文化	黄佩贤	《华中建筑》1998，(4)	128	《华中建筑》编辑部	1998.12
从"天人合一"的理想看我国传统民居的可持续发展	周霞，杨春	《华中建筑》1998.4	130	《华中建筑》编辑部	1998.12
羌民居主室中心柱窥视	季富政	《四川文物》1998，(4)		《四川文物》编辑部	1998.12
徽州民居文化的现代诠释	吴永发	《安徽建筑》1998，(6)		安徽建筑学会	1998.12
皖南民居·自然·时空——从中国传统世界观、宇宙观看皖南民居	周霄	《安徽建筑》1998，(6)		安徽建筑学会	1998.12
泉州南安蔡氏古民居建筑群	方拥	《福建建筑》1998，(4)		福建建筑学会	1998.12
师从民居 服务居民——关于住宅可持续发展的一点建议	杨国纬	《福建建筑》1998，(s1)		福建建筑学会	1998.12
中西合璧 峡谷回音 生生不息——论三峡工程淹没区传统聚落与民居的地域性特征	汤羽扬	《北京建筑工程学院学报》1999，(1)		北京建筑工程学院	1999.2
张谷英村聚居规律之研究	［日］晴永知之	《华中建筑》1999，(1)	138	《华中建筑》编辑部	1999.3
传统民居保护的困境与出路——新加坡和香港的经验比较	贾倍思	《华中建筑》1999，(1)	140	《华中建筑》编辑部	1999.3
近代中西建筑文化碰撞的产物——粤中侨乡民居	陆映春	《华中建筑》1999，(1)	142	《华中建筑》编辑部	1999.3
宋城赣州	万幼楠	《南方建筑》1999，(1)	44	广东省建筑学会	1999.3
浅谈诸葛村民居的保护与利用	李彩标	《南方建筑》1999，(1)	49	广东省建筑学会	1999.3
浓洞镇特点与民居特色	陆琦，郑洁	《南方建筑》1999，(1)	55	广东省建筑学会	1999.3
深港地区的围屋及其保护与利用	赖德昭，彭全民，赖旻	《南方建筑》1999，(1)	59	广东省建筑学会	1999.3
传统民居中的审美意识	张禾，丑国珍	《四川建筑》1999，(1)		四川建筑学会	1999.3
民居·钟乳石·梦境	丁力	《读书》1999，(3)		北京三联书店	1999.3
晋商民居建筑文化	高宇波	《太原理工大学学报》1999，(1)		太原理工大学	1999.3
安徽黟县歙县行——皖南民居特色探讨	郭洁	《西北建筑工程学院学报》1999，(1)		西北建筑工程学院	1999.3
内蒙古中西部地区村镇民居抗震设防研究	曹玉生，赵永宽，葛晓东	《内蒙古工业大学学报》（自然科学版）1999，(1)		内蒙古工业大学	1999.3
试析五邑民居的地理文化基础	张国雄	《五邑大学学报》（社会科学版）1999，(1)		五邑大学	1999.3
古村落保护问题	朱光亚，黄滋	《建筑学报》1999，(4)	56	中国建筑学会	1999.4
北京大杂院个案调查	李秋香	《建筑师》(87)	60	中国建筑工业出版社	1999.4
北京爨底下古山村环境与山地四合院民居探析	业祖润，欧阳文，林川	《古建园林技术》1999，(2)		《古建园林技术》编辑部	1999.4
海口市中山路近代店铺的整体风韵	郑振纮	《华中建筑》1999，(2)	124	《华中建筑》编辑部	1999.6
中国古建筑朝向不居中现象试析	程建军	《华中建筑》1999，(2)	129	《华中建筑》编辑部	1999.6

续表

论文名	作者	刊载杂志	页码	编辑出版单位	出版日期
心慕手追 移宫换羽——石库门与近代城市民俗建筑文化研究	杨秉德	《建筑师》(88)	86	中国建筑工业出版社	1999.6
等级居住与中国古代城市雏形的形成——以良渚文化为例	张宏	《建筑师》(88)	89	中国建筑工业出版社	1999.6
住文化的自然流变与传统民居的发展	李浈	《新建筑》1999,(2)		《新建筑》杂志社	1999.6
泉州蔡资深古民居群旅游开发价值评析	傅孙萍	《福建地理》1999,(2)		《福建地理》编辑部	1999.6
山西灵石王家大院古民居——"藏在深山人未识"的国宝、人类之宝	郑孝燮	《城市发展研究》1999,(2)		《城市发展研究》编辑部	1999.6
中国民居建筑与传统文化关系探微	刘玉立	《学术交流》1999,(2)		《学术交流》编辑部	1999.6
傣族新民居的结构现状及合理选型	柏文峰	《云南工业大学学报》1999,(2)		云南工业大学	1999.6
中国民居考——就文物考古资料简论中国古代民居的源起和发展	石永士	《文物春秋》1999,(3)		《文物春秋》编辑部	1999.6
全国最大的客家民居建筑——鹤湖新居	程宜	《岭南文史》1999,(3)		《岭南文史》编辑部	1999.6
残留在民居中的"生殖崇拜"	罗汉田	《民间文化》1999,(2)		《民间文化》编辑部	1999.6
图腾遗存在传统民居建筑上	罗汉田	《民族文学研究》1999,(2)		《民族文学研究》编辑部	1999.6
情往似赠 兴来如答——云南"二届青年民居会议"归后心得整理	王镇华	《华中建筑》1999,(2)		《华中建筑》编辑部	1999.6
中国民居研究的回顾与展望	陆元鼎	《中国传统民居与文化》第七辑	1	山西科学技术出版社	1999.6
试论传统民居的经济层次及其价值差异——对传统民居继承问题的探讨之三	朱良文	《中国传统民居与文化》第七辑	7	山西科学技术出版社	1999.6
从大木结构探索台湾民居与闽、粤、台建筑之渊源	李乾朗	《中国传统民居与文化》第七辑	10	山西科学技术出版社	1999.6
必须性的建筑——论香港都市空间和形式	许焯权	《中国传统民居与文化》第七辑	15	山西科学技术出版社	1999.6
传统民居中天井的退化与消失	黄浩,赵永忠	《中国传统民居与文化》第七辑	19	山西科学技术出版社	1999.6
粤中民居中蕴涵的"可持续发展思想"	黄为隽	《中国传统民居与文化》第七辑	27	山西科学技术出版社	1999.6
山西传统民居特征研究	颜纪臣	《中国传统民居与文化》第七辑	33	山西科学技术出版社	1999.6
聚落研究的几个要点	谢吾同	《中国传统民居与文化》第七辑	37	山西科学技术出版社	1999.6
台湾传统民居营建风水吉凶尺寸及禁忌	徐裕健	《中国传统民居与文化》第七辑	42	山西科学技术出版社	1999.6
城市建设走民族风格地方特点问题的思考——21世纪南宁市城市建设市长会议上的发言	刘彦才	《中国传统民居与文化》第七辑	48	山西科学技术出版社	1999.6

续表

论文名	作者	刊载杂志	页码	编辑出版单位	出版日期
中国古代文人的住居形态探索民居研究方法小议	王其明	《中国传统民居与文化》第七辑	51	山西科学技术出版社	1999.6
村镇建设承续民居传统的思考	胡诗仙	《中国传统民居与文化》第七辑	53	山西科学技术出版社	1999.6
变迁社会的建筑衍化——传统、衍化·新基型	阎亚宁	《中国传统民居与文化》第七辑	58	山西科学技术出版社	1999.6
传统民居对现代城市建设的启示	陈一新，谢顺佳，林社铃	《中国传统民居与文化》第七辑	63	山西科学技术出版社	1999.6
中国民居建筑艺术中译法之难点及专业术语的处理	张华华	《中国传统民居与文化》第七辑	65	山西科学技术出版社	1999.6
东南沿海现代合院住宅的平行演化——汉民居原型变迁的研究假设（大纲摘要）	王维仁	《中国传统民居与文化》第七辑	70	山西科学技术出版社	1999.6
从明代建筑形式变革看社会观念的作用	任震英，左国保	《中国传统民居与文化》第七辑	72	山西科学技术出版社	1999.6
民居建筑艺术研究的追求	申国俊	《中国传统民居与文化》第七辑	77	山西科学技术出版社	1999.6
从古代宅园记述中看建筑的个性——读司马光"独乐园记"有感	王程，侯九义	《中国传统民居与文化》第七辑	80	山西科学技术出版社	1999.6
中国村落中的教化性景观	Ronald G. knapp	《中国传统民居与文化》第七辑	84	山西科学技术出版社	1999.6
四合院的文化精神	李先逵，张晓群	《中国传统民居与文化》第七辑	89	山西科学技术出版社	1999.6
传统民居建筑形式与文化（浅议）	杨谷生	《中国传统民居与文化》第七辑	93	山西科学技术出版社	1999.6
中国传统民居分类试探	孙大章	《中国传统民居与文化》第七辑	96	山西科学技术出版社	1999.6
黄土高原窑洞民居村落的民俗文化	刘金钟	《中国传统民居与文化》第七辑	105	山西科学技术出版社	1999.6
山西民居建筑文化渊源与形成初探	颜纪臣，申国俊	《中国传统民居与文化》第七辑	109	山西科学技术出版社	1999.6
现代社会的古建筑——佤族的建筑文化	施维琳	《中国传统民居与文化》第七辑	114	山西科学技术出版社	1999.6
乔家大院建筑文化特点剖析	彭海	《中国传统民居与文化》第七辑	118	山西科学技术出版社	1999.6
山西襄汾丁村民居建筑布局空间组合特点及意蕴	山西省古建筑保护研究所	《中国传统民居与文化》第七辑	125	山西科学技术出版社	1999.6
广东传统客家民居与现代民居的文化意识	黄丽珠	《中国传统民居与文化》第七辑	136	山西科学技术出版社	1999.6
传统建筑空间的相对性——以四川宁场为例	胡纹，方晓灵	《中国传统民居与文化》第七辑	139	山西科学技术出版社	1999.6
传统民居的形态与环境	李长杰，李俐	《中国传统民居与文化》第七辑	147	山西科学技术出版社	1999.6

续表

论文名	作者	刊载杂志	页码	编辑出版单位	出版日期
历史，环境与民居——介绍山西传统民居	颜纪臣，杨平	《中国传统民居与文化》第七辑	152	山西科学技术出版社	1999.6
民居会议及建筑设计之启发返璞归真的环保建筑	林云峰	《中国传统民居与文化》第七辑	157	山西科学技术出版社	1999.6
民居环境的同构	余卓群	《中国传统民居与文化》第七辑	159	山西科学技术出版社	1999.6
客家民居意象之生命美学智慧	吴庆洲	《中国传统民居与文化》第七辑	162	山西科学技术出版社	1999.6
传统民居环境探析	殷永达	《中国传统民居与文化》第七辑	164	山西科学技术出版社	1999.6
四川夕佳山传统民居环境探析	业祖润，陈德全，熊炜	《中国传统民居与文化》第七辑	168	山西科学技术出版社	1999.6
广东三水郑村民居的现状与改建探析	魏彦钧	《中国传统民居与文化》第七辑	177	山西科学技术出版社	1999.6
古聊城——大运河上的明珠	魏挹澧，李东生	《中国传统民居与文化》第七辑	180	山西科学技术出版社	1999.6
胶东渔民民居	张润武，薛立	《中国传统民居与文化》第七辑	184	山西科学技术出版社	1999.6
太原近代住宅建筑及其发展过程	金志强，芝效林，梅刚	《中国传统民居与文化》第七辑	189	山西科学技术出版社	1999.6
斗山街——历史文化地段保护与更新的典范	罗来平	《中国传统民居与文化》第七辑	199	山西科学技术出版社	1999.6
青海传统民居——庄窠	梁琦	《中国传统民居与文化》第七辑	203	山西科学技术出版社	1999.6
中国古村——引言	何重义	《中国传统民居与文化》第七辑	208	山西科学技术出版社	1999.6
建筑明珠艺术奇葩——赏介王家大院的环境与形态	张国华	《中国传统民居与文化》第七辑	212	山西科学技术出版社	1999.6
汾西师家沟清代民居群	山西省古建筑保护研究所汾西县博物馆	《中国传统民居与文化》第七辑	216	山西科学技术出版社	1999.6
商业交往行为与集镇民居形态——山西省长治县荫城镇及其民居形态浅析	朱向东	《中国传统民居与文化》第七辑	221	山西科学技术出版社	1999.6
川东巫溪宁厂古镇	陆琦	《中国传统民居与文化》第七辑	225	山西科学技术出版社	1999.6
明清时期的晋商民居	李剑平，郑庆春	《中国传统民居与文化》第七辑	229	山西科学技术出版社	1999.6
马祖民居	康偌锡	《中国传统民居与文化》第七辑	233	山西科学技术出版社	1999.6
海南郑氏祖屋谈起	郑振纮	《中国传统民居与文化》第七辑	238	山西科学技术出版社	1999.6
湖南名人故居（续）	黄善言，陈竹林，刘德军，邹峻	《中国传统民居与文化》第七辑	243	山西科学技术出版社	1999.6
镇远民居印象	娄清	《China & the World Cultural Exchange》1999,（3）		《中外文化交流》编辑部	1999.6

续表

论文名	作者	刊载杂志	页码	编辑出版单位	出版日期
中国民居的生态精神	蔡镇钰	《建筑学报》1999,（7）	53	中国建筑学会	1999.7
江西民居中的开合式天井述评	黄镇梁	《建筑学报》1999,（7）	57	中国建筑学会	1999.7
万里黄河话之碛口	李秋香	《建筑师》（89）	63	中国建筑工业出版社	1999.8
六百年古代迷宫——从张谷英大屋看阴阳五行与建筑构造的运用	张岳望	《中外建筑》1999,（4）	32	《中外建筑》杂志社	1999.8
晋商文化与晋商建筑	高宇波，傅鹏	《中外建筑》1999,（4）	34	《中外建筑》杂志社	1999.8
我爱我"家"说说重庆吊脚楼	刘剑英	《中外建筑》1999,（4）	38	《中外建筑》杂志社	1999.8
贵州民居撷粹	吴正光	《古建园林技术》1999,（3）		《古建园林技术》编辑部	1999.9
南奥居住建筑文化的大手笔	杨宏烈	《建筑学报》1999,（9）	42	中国建筑学会	1999.9
鄂西干栏民居空间形态研究	陈纲伦，颜利克	《建筑学报》1999,（9）	46	中国建筑学会	1999.9
晋商文化与晋商建筑	高宇波	《建筑学报》1999,（9）	51	中国建筑学会	1999.9
乡土建筑装饰的特征与价值	楼庆西	《建筑史论文集》（第11辑）	26	清华大学出版社	1999.9
中国古建筑朝向不居中现象试析（续）	程建军	《华中建筑》1999,（3）	128	《华中建筑》编辑部	1999.9
循先辈足迹　不断拓展传统民居研究的新视野——刘致平先生学术精神学习感思	何俊萍	《华中建筑》1999,（3）		《华中建筑》编辑部	1999.9
浅析陕西关中构架民居文化	武联，霍小平	《西北建筑工程学院学报》1999,（3）		西北建筑工程学院	1999.9
盘石围调查——兼谈赣南其他圆弧民居	万幼楠	《南方文物》1999,（3）		《南方文物》编辑部	1999.9
民居及聚落形态变革规律初探——鄂东南阳新县传统聚落文化调查	王炎松，袁铮，刘世英	《武汉水利电力大学学报》（社会科学版）1999,（3）		武汉水利电力大学	1999.9
倡导传统民居生态精神营造跨世纪的人居环境	蔡镇钰	《城市开发》1999,（9）		《城市开发》编辑部	1999.9
华夏民居瑰宝——山西灵石王家大院	娄清	《中外文化交流》1999,（5）		《中外文化交流》编辑部	1999.10
建筑与旅游	唐奕	《中外建筑》1999,（5）	38	中外建筑杂志社	1999.10
西藏传统民居建筑环境色彩与美学	杨春风，万奕邑	《中外建筑》1999,（5）	45	中外建筑杂志社	1999.10
中国民居的生态精神	蔡镇钰	《住宅科技》1999,（10）		《住宅科技》编辑部	1999.10
从生态适应性看徽州传统聚落	邓晓红，李晓峰	《建筑学报》1999,（11）	9	中国建筑学会	1999.11
"空心村"改造的规划设计探索——以安徽省巢湖地区空心村改造为例	张军英	《建筑学报》1999,（11）	12	中国建筑学会	1999.11
农村建筑传统村落的保护与更新——德国村落更新规划的启示	王路	《建筑学报》1999,（11）	16	中国建筑学会	1999.11
温州民居木作初探	刘磊，张亚祥	《古建园林技术》1999,（4）		《古建园林技术》编辑部	1999.12
江西民居中的开闭式天井	黄镇梁	《古建园林技术》1999,（4）		《古建园林技术》编辑部	1999.12
中国传统四合院式民居的生态环境	冯雅，杨红，陈启高	《重庆建筑大学学报》1999,（4）		重庆建筑大学	1999.12

续表

论文名	作者	刊载杂志	页码	编辑出版单位	出版日期
民居保护中社会活力的维持	马新	《规划师》1999，(4)		《规划师》编辑部	1999.12
甘南藏族民居建筑述略	桑吉才让	《西北民族学院学报》(哲学社会科学版.汉文)1999，(4)		西北民族学院学报	1999.12
湖北黄陂大湾民居研究	谭刚毅	《华中建筑》1999，(4)	103	《华中建筑》编辑部	1999.12
质朴清纯，崇尚自然——大理白族合院式住宅的室内装饰文化	石克辉，胡雪松	《华中建筑》1999，(4)	109	《华中建筑》编辑部	1999.12
建筑节能与云南传统民居研究	李莉萍	《华中建筑》1999，(4)	111	《华中建筑》编辑部	1999.12
三台古城传统民居特色及其保护更新研究	龙彬	《华中建筑》1999，(4)	114	《华中建筑》编辑部	1999.12
福建古堡民居略识——以永安"安贞堡"为例	戴志坚	《华中建筑》1999	116	《华中建筑》编辑部	1999.12
一个伟大爱国者的情怀——四川民居研究的开拓与奠基者刘致平	季富政	《华中建筑》1999		《华中建筑》编辑部	1999.12
中国民居研究走向之管见	马丹，谢吾同	《华中建筑》1999		《华中建筑》编辑部	1999.12
居住建筑文化的"逆反"现象——客家民系聚居建筑与越海民系私家园林住宅比较	潘安，李小静	《建筑师》(91)	90	中国建筑工业出版社	1999.12
皖南民居诵清堂研究	吴军，程晖，任松，董娟	《安徽建筑工业学院学报》1999，(4)		安徽建筑工业学院	1999.12
新疆伽师地区农村民居震害及重建措施	万世臻	《工程抗震》1999，(4)		《工程抗震》编辑部	1999.12
浅析徽州古民居营建模式	邬明海	《当代建设》1999，(6)		《当代建设》编辑部	1999.12
湘西侗族民居习俗	吴传仪，朱吉英	《怀化师专学报》1999，(4)		怀化师范专科学校	1999.12
对地方传统建筑文化的再认识	夏明	《建筑学报》2000，(1)		中国建筑学会	2000.1
楠溪江啊！(永嘉座谈会发言)	陈志华	《建筑师》(92)	57	中国建筑工业出版社	2000.2
中国少数民族民居	张英	《神州学人》2000，(2)		《神州学人》编辑部	2000.2
建筑形态·传统文化·建筑文化——浅谈山西传统民居的特征与风格	郭治明，赵强	《华中建筑》2000，(1)		《华中建筑》编辑部	2000.2
中国民居建筑艺术法语翻译中专业术语的处理	张华华	《华中建筑》2000，(1)		《华中建筑》编辑部	2000.2
民居建筑的文化理念	萧默	《文物世界》2000，(1)		《文物世界》编辑部	2000.2
粉墙黛瓦 清新自然——湖北民居初探	于海民	《古建园林技术》2000，(1)		《古建园林技术》编辑部	2000.2
汾西师家沟民居初考	常亚平，郑庆春，王玉富	《古建园林技术》2000，(1)		《古建园林技术》编辑部	2000.2
三峡库区民居院落初探——兼析库区民国时期院落空间形态的演变	赵炜	《重庆建筑大学学报》2000，(1)		重庆建筑大学	2000.2
浅论古代民居中的"房顶开门"习俗	丁柏峰	《青海民族研究》2000，(1)		《青海民族研究》编辑部	2000.3
对西双版纳傣族新民居及新民居建筑材料的思考	李倩	《昆明理工大学学报》，2000，(1)		昆明理工大学	2000.3
民居神龛内容历史变迁的文化学透视	李琦	《武汉水利电力大学学报》(社会科学版)2000，(1)		武汉水利电力大学	2000.3

续表

论文名	作者	刊载杂志	页码	编辑出版单位	出版日期
传统民居聚落的自然生态适应研究及启示	房志勇	《北京建筑工程学院学报》2000,（1）		北京建筑工程学院	2000.3
晋中、徽州传统民居聚落公共空间组成与布局比较研究	林川	《北京建筑工程学院学报》2000,（1）		北京建筑工程学院	2000.3
徽州古建筑中的白蚁防治技术	陈伟	《建筑知识》2000,（2）		中国建筑学会	2000.3
关于传统民居与风景建筑的思考	唐鸣镝	《北京第二外国语学院学报》2000,（1）		北京第二外国语学院	2000.3
山西郭峪村	李秋香	《建筑师》（93）	72	中国建筑工业出版社	2000.4
彝族文化习俗与彝族民居	李嘉华，刘然，李嘉林	《建筑史论文集》（12）	128	清华大学出版社	2000.4
民居瑰宝——于家村	吴学圃	《建筑》2000,（2）		《建筑》编辑部	2000.4
民居：乡村的美和魅	李瑞林	《森林与人类》2000,（5）		《森林与人类》编辑部	2000.4
新疆传统建筑评介	诸葛净	《建筑师》（94）	92	中国建筑工业出版社	2000.6
广义居住与狭义居住——居住的原点及其相关概念与住居学	张宏	《建筑学报》2000,（6）		中国建筑学会	2000.6
传统民居与未来居住建筑的取向	施维琳	《新建筑》2000,（2）		《新建筑》杂志社	2000.6
关于民居研究方法论的思考	余英	《新建筑》2000,（2）		《新建筑》杂志社	2000.6
传统民居与当代建筑结合点的探求——中国新型地域性建筑创作研究	杨崴	《新建筑》2000,（2）		《新建筑》杂志社	2000.6
走实验之路 探作竹楼更新——版纳傣族新民居实验研究札记	朱良文	《新建筑》2000,（2）		《新建筑》杂志社	2000.6
地域文化与福建传统民居分类法	戴志坚	《新建筑》2000,（2）		《新建筑》杂志社	2000.6
粤中侨乡民居设计手法分析	陆映春，陆映梅	《新建筑》2000,（2）		《新建筑》杂志社	2000.6
重彩浓墨的设防民居	王梅，姚波	《四川建筑》2000,（2）		四川建筑学会	2000.6
中国传统商业建筑环境探源	陈芳	《中外建筑》2000,（2）		中外建筑杂志社	2000.6
巨型棋盘形客家民居"王侍卫屋"	刘佐泉	《嘉应大学学报》2000,（2）		嘉应大学	2000.6
益阳民居概览	易建国	《湖南城建高等专科学校学报》2000,（2）		湖南城建高等专科学校	2000.6
传统民居旅游开发研究——以平遥古城为案例	刘家明，陶伟，郭英之	《地理研究》2000,（3）		《地理研究》编辑部	2000.6
菊儿胡同的困惑——由"合院"的使用评估调查引出的思考	董华	《建筑师》（95）	87	中国建筑工业出版社	2000.8
徽州古民居村落（上）	胡华令	《室内设计与装修》2000,（4）		《室内设计与装修》编辑部	2000.8
大理民居	李智红，尹萍	《森林与人类》2000,（8）		《森林与人类》编辑部	2000.8
"立新"不必"破旧"——浦东一座老房子的保存	伍江	《时代建筑》2000,（3）	36	同济大学出版社	2000.9
再生上海里弄形态，开发性保护"新天地"	莫天伟，陆地	《时代建筑》2000,（3）	40	同济大学出版社	2000.9
广西传统民居干阑建筑文化内涵的剖析	刘彦才	《南方建筑》2000,（3）		广东省建筑学会	2000.9

续表

论文名	作者	刊载杂志	页码	编辑出版单位	出版日期
堪舆考	余健	《建筑学报》2000,（9）		中国建筑学会	2000.9
湘西土家族住屋形式汉化之研究	徐裕建	《新世纪建筑学及方法学学术研讨会论文集》	151	东海大学建筑系所	2000.9
温突——朝鲜族民居的独特采暖方式	朴玉顺	《沈阳建筑工程学院学报》2000,（3）		沈阳建筑工程学院学报	2000.9
山西传统民居的地域分化及其发展趋势	王计平，马义娟	《山西大学学报》（哲学社会科学版）2000,（3）		山西大学	2000.9
西部黄土高原窑洞民居发展中的环境工程问题	廖红建，赵树德，高小育，苏立君	《西安交通大学学报》（社会科学版）2000,（3）		西安交通大学	2000.9
试论传统民居的审美意境	王炎松，庞辉	《武汉城市建设学院学报》2000,（3）		武汉城市建设学院	2000.9
从民居看居住建筑适应性设计内涵	姚时章，潘宜	《城乡建设》2000,（9）		《城乡建设》编辑部	2000.9
关于乡土建筑年代鉴定的思考	楼庆西	《建筑史论文集》（13）	139	清华大学出版社	2000.10
窑洞民居的类型布局及建造	李秋香	《建筑史论文集》（13）	149	清华大学出版社	2000.10
徽州古民居村落（下）	胡华令	《室内设计与装修》2000,（5）		《室内设计与装修》编辑部	2000.10
深圳传统民居述略	黄中和，赖德劭	《建筑创作》2000,（5）		建筑创作编辑部	2000.10
青海传统民居——庄窠	梁琦	《建筑创作》2000,（5）		建筑创作编辑部	2000.10
张壁村——一个乡土聚落的历史与建筑	赖德霖	《建筑师》2000,（10）	80	中国建筑工业出版社	2000.10
福建民居的认识和参与——兼论瑞云宾舍建筑设计	周小棣	《东南大学学报》（自然科学版）2000,（5）		东南大学学报	2000.10
为瑶族民居传神写照	王孟义	《民族论坛》2000,（5）		《民族论坛》编辑部	
山西民居的装饰及其象征性表达	王金平	《科技情报开发与经济》2000,（5）		《科技情报开发与经济》编辑部	2000.10
北京四合院民居尺度——北京历史文化保护区规划问题系列谈（之二）	高毅存	《北京规划建设》2000,（5）		《北京规划建设》编辑部	2000.10
千年古镇的流风遗韵——读赵勤先生的喜洲白族民居建筑群	奚寿鼎	《云南民族学院学报》（哲学社会科学版）2000,（5）		云南民族学院	2000.10
从传统民居中找寻地区主义建筑的"根"——以迪庆藏族民居为例	翟辉	《建筑学报》2000,（11）		中国建筑学会	2000.11
内蒙古民居建筑的多元文化特色探析	陈喆	《古建园林技术》2000,（4）		《古建园林技术》编辑部	2000.12
徽州儒商私园	陈薇	《建筑师》2000,（12）	68	中国建筑工业出版社	2000.12
闽西客家建筑体现的汉文化三个特征	方拥	《建筑师》2000,（12）	78	中国建筑工业出版社	2000.12
襄樊陈老巷地区的民居与会馆建筑实录	胡斌，戴志中	《华中建筑》2000,（4）		《华中建筑》编辑部	2000.12
民房规划中要保护传统民居	王育林	《规划师》2000,（6）		《规划师》编辑部	2000.12
中国民居与现代建筑生态观之比较	陈果	《南方建筑》2000,（4）		广东省建筑学会	2000.12
台湾古民居排水法	李乾朗	《建筑创作》2000,（4）		《建筑创作》编辑部	2000.12

续表

论文名	作者	刊载杂志	页码	编辑出版单位	出版日期
地域传统文化与豫北民居风格	李振民,杨洁	《河南城建高等专科学校学报》2000,(4)		河南城建高等专科学校	2000.12
南北文化影响下的鄂西民居类型	李雪松	《湖北工学院学报》2000,(4)		湖北工学院	2000.12
我国少数民族的民居建筑	白兴发	《青海民族学院学报》(社会科学版)2000,(4)		青海民族学院学报	2000.12
天津传统民居建筑中美的感受——从杨柳青石家大院谈起	刘辉	《天津城市建设学院学报》2000,(4)		天津城市建设学院	2000.12
蒙古族民居的演变与可持续发展初探	刘铮,范桂芳	《内蒙古工业大学学报》(自然科学版)2000,(4)		内蒙古工业大学	2000.12
徽州民居的庭园空间处理剖析	汪寒秋	《安徽建筑工业学院学报》2000,(4)		安徽建筑工业学院	2000.12
传统民居的地域特色	范晓冬	《福建建筑》2000,(4)		福建建筑学会	2000.12
火塘——家代昌盛的象征——南方少数民族民居文化研究之一	罗汉田	《广西民族研究》2000,(4)		《广西民族研究》编辑部	2000.12
略论生态建筑与客家民居生态特色	王强	《嘉应大学学报》2000,(4)		嘉应大学	2000.12
客家民居旅游资源开发探讨	梁锦梅	《广州师院学报》2000,(6)		广州师范学院	2000.12
浅述徽州民居的特殊空间——天井	韩玲,吴朝晖	《安徽建筑》2000,(4)		安徽建筑学会	2000.12
韩国民居与中国民居之比较	汤筠冰	《东南大学学报》(哲学社会科学版)2000,(s1)		东南大学	2000
西部民居采风(四)藏族建筑艺术	辛克靖	《建筑》2000,(12)		《建筑》编辑部	2000.12
七彩云南之七——桥乡风情腾冲和顺、绮罗村落民居	杨大禹,任颖昱	《室内设计与装修》2000,(12)		《室内设计与装修》编辑部	2000.12
七彩云南之七——侨乡风情(下)腾冲和顺、绮罗村落民居	杨大禹,任颖昱	《室内设计与装修》2001,(1)		《室内设计与装修》编辑部	2001.1
住居形态的文化研究	戴俭	《新建筑》2001,(1)	73	《新建筑》杂志社	2001.2
闽海系(民系)的形成原因与地域文化	戴志坚	《华中建筑》2001,(1)	14	《华中建筑》编辑部	2001.2
吴地建筑中的水文化	马祖铭,何平	《小城镇建设》2001,(2)	57	《小城镇建设》编辑部	2001.2
历史村镇的保护与发展	吴梅菁	《小城镇建设》2001,(2)	64	《小城镇建设》编辑部	2001.2
七彩云南之九——丽江民居的地方特色(上)	李莉萍,樊建南	《室内设计与装修》2001,(2)		《室内设计与装修》编辑部	2001.2
陇东窑洞的特点及发展	袁薇	《铁道工程学报》2001,(1)		《铁道工程学报》编辑部	2001.2
关于湘江风光带的环境实态调查和思考	谭颖,蔡道馨	《南方建筑》2001,(1)		广东省建筑学会	2001.3
七彩云南之十——丽江民居的地方特色(下)	李莉萍,樊建南	《室内设计与装修》2001,(3)		《室内设计与装修》编辑部	2001.3
泰顺廊桥	蔡向海,李名权	《小城镇建设》2001,(3)	27	《小城镇建设》编辑部	2001.3

续表

论文名	作者	刊载杂志	页码	编辑出版单位	出版日期
庭院式民居夏季热环境研究	赵敬源，刘加平，李国华	《西北建筑工程学院学报》（自然科学版）2001，（1）		西北建筑工程学院	2001.3
关于三峡淹没区丰都古民居搬迁保护的思考	孙艳云，杨东昱	《四川文物》2001，（1）		《四川文物》编辑部	2001.3
吐鲁番生土民居的生态基因初探	田雪红	《福建建筑》2001，（1）		福建建筑学会	2001.3
设计与民居环境模式的本体化	常新航	《黑龙江农垦师专学报》2001，（1）		黑龙江农垦师范专科学校	2001.3
徐州古民居及其文化特点	李国华，祝靓	《徐州教育学院学报》2001，（1）		徐州教育学院	2001.3
有关栖居安全的思考	刘晖	《新建筑》2001，（2）	73	《新建筑》杂志社	2001.4
从大邑刘氏庄园看外来文化对中国建筑的影响	杨青娟，张先进	《华中建筑》2001，（2）	9	《华中建筑》编辑部	2001.4
四川会馆建筑与移民文化	陈伟，胡江渝	《华中建筑》2001，（2）	14	《华中建筑》编辑部	2001.4
乡土建筑的建构与更新——楠溪江之行的思索	孙璐，谷敬鹏	《华中建筑》2001，（2）	23	《华中建筑》编辑部	2001.4
居住建筑探访——建筑感知刍议	黄镇梁	《华中建筑》2001，（2）	68	《华中建筑》编辑部	2001.4
北京西郊爨底下民居	胥蜀辉	《古建园林技术》2001，（2）		《古建园林技术》编辑部	2001.4
"明德坊"建筑设计——民居保护与开发实践	李亚林，朱翠华，李叙云	《古建园林技术》2001，（2）		《古建园林技术》编辑部	2001.4
走进徽州——关于徽州传统民居环境的探讨	郭文铭	《小城镇建设》2001，（4）	44	《小城镇建设》编辑部	2001.4
对城市历史街区保护的经济分析	孙萌	《小城镇建设》2001，（4）	46	《小城镇建设》编辑部	2001.4
云南亮丽的民族文化风景线——双廊民族文化街	陈海华	《小城镇建设》2001，（5）		《小城镇建设》编辑部	2001.5
水乡古镇——朱家角	甄明霞	《小城镇建设》2001，（5）	70	《小城镇建设》编辑部	2001.5
话说中国民居	毛克新	《小城镇建设》2001，（6）	68	《小城镇建设》编辑部	2001.6
建筑的环境观——以遵义地区的传统民居为例	蒋万芳，王萍	《小城镇建设》2001，（6）	69	《小城镇建设》编辑部	2001.6
防洪防匪的大宅——光仪大屋	吴庆洲	《小城镇建设》2001，（6）	72	《小城镇建设》编辑部	2001.6
龙潭古镇的保护与发展——山地人居环境建设研究之二	万民，许剑锋，段炼，李泽新，刘俊	《华中建筑》2001，（3）	1	《华中建筑》编辑部	2001.6
建筑文化保存又一成功案例——杭州胡雪岩宅邸修复竣工	杨鸿勋	《华中建筑》2001，（3）	82	《华中建筑》编辑部	2001.6
文化人类学视野中的粤中民居研究	王健，徐怡芳	《华南理工大学学报》（社会科学版）2001，（2）		华南理工大学	2001.6
闽海系民居研究的进程与展望	戴志坚	《重庆建筑大学学报》（社会科学版）2001，（2）		重庆建筑大学	2001.6
徽州明清时期民居建筑的艺术特色及其成因	吕红	《山东科技大学学报》（社会科学版）2001，（2）		山东科技大学	2001.6
徽州传统民居概述	程极悦，程硕	《安徽建筑》2001，（3）		安徽建筑学会	2001.6
壮族民居文化中的宗教信仰	韦熙强，覃彩銮	《广西民族研究》2001，（2）		《广西民族研究》编辑部	2001.6

续表

论文名	作者	刊载杂志	页码	编辑出版单位	出版日期
民族民俗剪影——"西藏牧·农·林区民居形态一瞥"解说	茫戈	《西北民族研究》2001，（2）		《西北民族研究》编辑部	2001.6
江西民居群体的区系划分	李日香	《南方文物》2001，（2）		《南方文物》编辑部	2001.6
城市设计在传统地区保护规划中的应用——以户部山传统民居保护区规划为例	王雅捷	《北京规划建设》2001，（3）		《北京规划建设》编辑部	2001.6
庭院深深深几许——天津杨柳青镇石家大院素描	张红霞	《小城镇建设》2001，（7）	70	《小城镇建设》编辑部	2001.7
连城客家民居	曲利明	《今日中国》（中文版）2001，（4）		《今日中国》编辑部	2001.8
粤闽赣客家围楼的特征与居住模式	陆元鼎，魏彦钧	《中国客家民居与文化》	1	华南理工大学出版社	2001.8
东南系民居建筑类型研究的概念体系	余英，徐晓梅	《中国客家民居与文化》	8	华南理工大学出版社	2001.8
客家民居特征探源	黎虎	《中国客家民居与文化》	13	华南理工大学出版社	2001.8
客家土楼的概念界定	黄汉民	《中国客家民居与文化》	20	华南理工大学出版社	2001.8
从日本看客家民居	[日]茂木计一郎	《中国客家民居与文化》	23	华南理工大学出版社	2001.8
关于客家聚居建筑的美学思考	唐孝祥	《中国客家民居与文化》	29	华南理工大学出版社	2001.8
客家民居的安全图式	谭刚毅	《中国客家民居与文化》	33	华南理工大学出版社	2001.8
试从迁徙与融合的动态模式解析客家民居	潘莹	《中国客家民居与文化》	39	华南理工大学出版社	2001.8
从厝式民居现象探析	肖旻	《中国客家民居与文化》	45	华南理工大学出版社	2001.8
台湾客家民居特质浅析	李乾朗	《中国客家民居与文化》	52	华南理工大学出版社	2001.8
五凤楼与土楼民居渊源分析——以福建汀江流域为例	张玉瑜，朱光亚	《中国客家民居与文化》	57	华南理工大学出版社	2001.8
粤东、粤北客家围若干类型及其流变的初步研究	杨耀林，黄崇岳	《中国客家民居与文化》	63	华南理工大学出版社	2001.8
深圳新客家围屋的渊源与兴衰	彭全民	《中国客家民居与文化》	70	华南理工大学出版社	2001.8
龙岗客家民居与其他地区客家民居比较	陈荣，彭水清，喻祥，杨露	《中国客家民居与文化》	77	华南理工大学出版社	2001.8
龙岗客家宗族观念与居住形态	陈荣，由加	《中国客家民居与文化》	82	华南理工大学出版社	2001.8
粤北客家民居的居住形态分析	廖志	《中国客家民居与文化》	88	华南理工大学出版社	2001.8
粤北客家建筑的空间特性与形态	梁智强	《中国客家民居与文化》	95	华南理工大学出版社	2001.8
广东始兴县清代客家民居地理建筑家族观念	廖文	《中国客家民居与文化》	98	华南理工大学出版社	2001.8
客家民系的儒农文化与聚居建筑	潘安，李小静	《中国客家民居与文化》	102	华南理工大学出版社	2001.8
客家文化研究的价值选择	黄中和	《中国客家民居与文化》	113	华南理工大学出版社	2001.8
客家民居：文化记忆的一次历史性定格	谭元亨	《中国客家民居与文化》	118	华南理工大学出版社	2001.8
广东古村落的文化精神	邓其生	《中国客家民居与文化》	124	华南理工大学出版社	2001.8
客家民居与文化	江道元	《中国客家民居与文化》	127	华南理工大学出版社	2001.8
深圳客家民居的移民文化特征	杨宏海	《中国客家民居与文化》	132	华南理工大学出版社	2001.8
深圳客家民居的建筑文化特色	赖德劭，黄中和	《中国客家民居与文化》	135	华南理工大学出版社	2001.8

续表

论文名	作者	刊载杂志	页码	编辑出版单位	出版日期
谈新围建筑渗透的客家文化	张嗣介	《中国客家民居与文化》	138	华南理工大学出版社	2001.8
客家民系、民居建筑与客家文化	黄衍宁	《中国客家民居与文化》	145	华南理工大学出版社	2001.8
客家建筑文化圈建构和区划	曹劲，廖志	《中国客家民居与文化》	148	华南理工大学出版社	2001.8
The Miao-Li Hakka Culture Park Area Project	Zhou Jinhong	《中国客家民居与文化 International Conference on Chinese Hakkas'House》	154	华南理工大学出版社	2001.8
The Performing Space and Change of Traditional Performing Arts Activities	Zhou Jinhong, Fan Yangkun	《中国客家民居与文化 International Conference on Chinese Hakkas'House》	159	华南理工大学出版社	2001.8
梅州客家民居介绍	梅州市土木建筑学会	《中国客家民居与文化》	165	华南理工大学出版社	2001.8
梅州市传统民居分类初探与老式围垅屋	路秉杰	《中国客家民居与文化》	169	华南理工大学出版社	2001.8
福建客家圆土楼的形式特色	黄汉民	《中国客家民居与文化》	175	华南理工大学出版社	2001.8
浅谈漳州南靖客家土楼民居	林建顺	《中国客家民居与文化》	191	华南理工大学出版社	2001.8
燕翼围考察——兼谈赣南围屋的起源	万幼楠	《中国客家民居与文化》	194	华南理工大学出版社	2001.8
台湾客家五进大屋萧宅之空间形成与特色	米复国，赖志彰，张震钟	《中国客家民居与文化》	203	华南理工大学出版社	2001.8
深圳客家围的分类与特色	黄崇岳，杨耀林	《中国客家民居与文化》	208	华南理工大学出版社	2001.8
龙岗客家民居实录	深圳市规划国土局深圳市规划设计院龙岗分院	《中国客家民居与文化》	215	华南理工大学出版社	2001.8
鹤湖新居——鹤湖新居建筑特色浅析	赖旻	《中国客家民居与文化》	221	华南理工大学出版社	2001.8
广东省始兴县清代棋盘围屋	廖晋雄	《中国客家民居与文化》	226	华南理工大学出版社	2001.8
粤北翁源县江尾镇客家民居葸茅围	廖文	《中国客家民居与文化》	234	华南理工大学出版社	2001.8
进入粤中地区的客家聚落——东莞三个客家围村的考察	王健，徐怡芳	《中国客家民居与文化》	240	华南理工大学出版社	2001.8
客家聚居形态适应性延续与拓展	喻祥	《中国客家民居与文化》	246	华南理工大学出版社	2001.8
梅州市客家围垅尾的保护与利用改造	侯芳	《中国客家民居与文化》	251	华南理工大学出版社	2001.8
深圳客家围保护与管理初探	彭全民，何小焙	《中国客家民居与文化》	255	华南理工大学出版社	2001.8
Hakka Folk House Conservation Planning in Shenzhen's Longgang District	Feng Xianxue, Chen Rong	《中国客家民居与文化 International Conference on Chinese Hakkas'House》	258	华南理工大学出版社	2001.8
龙岗村镇旧区更新中的客家民居保护与利用	冯现学，张春杰，陈荣，孟丹	《中国客家民居与文化》	262	华南理工大学出版社	2001.8
深圳龙岗客家民居保护规划	陈荣，由加	《中国客家民居与文化》	267	华南理工大学出版社	2001.8
创造有地域特点的现代村落环境——深圳龙岗区横岗镇客家荷坳村规划设计	陆琦，郭谦，廖志	《中国客家民居与文化》	272	华南理工大学出版社	2001.8
传统客家民居的现代意义	施瑛，潘莹	《中国客家民居与文化》	276	华南理工大学出版社	2001.8
国际客家历史博物馆——也许这是一个已成历史的方案	叶荣贵	《中国客家民居与文化》	283	华南理工大学出版社	2001.8
客家研究论文索引		《中国客家民居与文化》	291	华南理工大学出版社	2001.8

续表

论文名	作者	刊载杂志	页码	编辑出版单位	出版日期
'2000客家民居国际学术研讨会非客家论文目录		《中国客家民居与文化》	304	华南理工大学出版社	2001.8
"文渊坊"实验	常青等	《新建筑》2001，(4)	46	《新建筑》杂志社	2001.8
闽海系民居建筑与文化研究	戴志坚	《新建筑》2001，(4)	79	《新建筑》杂志社	2001.8
广州骑楼街区保护与改造现象剖析	谢璇，骆建云，周霞	《华中建筑》2001，(4)	79	《华中建筑》编辑部	2001.8
解读丁村及其明清建筑群	张敏军，郑军	《华中建筑》2001，(4)	93	《华中建筑》编辑部	2001.8
七彩云南之十五 会文千古 泽润百家 会泽古城合院民居特色	杨大禹，任颖昱	《室内设计与装修》2001，(8)		《室内设计与装修》编辑部	2001.8
南平洛洋村传统民居研究	郑玮锋	《福建建筑》2001，(4)		福建建筑学会	2001.8
民居文化 代有弘扬	李先逵	《小城镇建设》2001，(9)	18	《小城镇建设》编辑部	2001.9
植根传统 突出个性	余卓群	《小城镇建设》2001，(9)	24	《小城镇建设》编辑部	2001.9
湘西吊脚楼	张玉坤，李姝	《小城镇建设》2001，(9)	38	《小城镇建设》编辑部	2001.9
泰顺木拱廊桥发展历史探讨	张俊	《小城镇建设》2001，(9)	51	《小城镇建设》编辑部	2001.9
穿水寨而过的驿道	施维琳，施维克，王东	《小城镇建设》2001，(9)	71	《小城镇建设》编辑部	2001.9
你我的家园——泰顺、永嘉	潘晓棠	《小城镇建设》2001，(9)	76	《小城镇建设》编辑部	2001.9
在土黄色中的经典——喀什及其建筑环境色彩的运用	杨春风	《建筑创作》2001，(3)		《建筑创作》编辑部	2001.9
闽南台湾古厝民居建筑语言	赵宏伟，郑东	《文物世界》2001，(3)		《文物世界》杂志社	2001.9
黎族传统聚落的文化特征及继承与发展	王瑜	《华中建筑》2001，(5)	86	《华中建筑》编辑部	2001.10
广东近代骑楼发展原因初探	林冲	《华中建筑》2001，(5)	89	《华中建筑》编辑部	2001.10
探索北京旧城居住区有机更新的适宜途径	方可	《新建筑》2001，(5)	79	《新建筑》杂志社	2001.10
在历史、现实与未来的平衡中发展——绍兴历史街区的修缮保护	钟华华，钟海，石坚	《小城镇建设》2001，(10)	30	《小城镇建设》编辑部	2001.10
会泽古城传统街区的有机保护更新	杨大禹，万谦	《小城镇建设》2001，(10)	35	《小城镇建设》编辑部	2001.10
走进楠溪江	潘晓棠	《小城镇建设》2001，(10)	46	《小城镇建设》编辑部	2001.10
近代岭南建筑文化总体特征	唐孝祥	《小城镇建设》2001，(11)	56	《小城镇建设》编辑部	2001.11
泉州传统民居的府第建筑文化	陈凯峰	《小城镇建设》2001，(11)	60	《小城镇建设》编辑部	2001.11
广西侗族民居建筑及色彩文化研究	杨春风	《小城镇建设》2001，(11)	62	《小城镇建设》编辑部	2001.11
从文物的价值到文化的价值——谈历史文化建筑保护的价值观	颜萍	《小城镇建设》2001，(12)	68	《小城镇建设》编辑部	2001.12
东莞古村落的保护与利用研究	刘炳元	《小城镇建设》2001，(12)	70	《小城镇建设》编辑部	2001.12

续表

论文名	作者	刊载杂志	页码	编辑出版单位	出版日期
神奇的丽江	高拯	《小城镇建设》2001,(12)	73	《小城镇建设》编辑部	2001.12
高溪村传统民居与现代住宅	黄佩贤,黄丽珠	《小城镇建设》2001,(12)	76	《小城镇建设》编辑部	2001.12
南平洛洋村传统民居研究	郑玮锋	《福建建筑》2001,(4)		福建建筑学会	2001.12
关于"文渊坊"实验中做法的商榷	章立等	《新建筑》2001,(6)	69	《新建筑》杂志社	2001.12
上海新天地广场——旧城改造的一种模式	罗小未	《时代建筑》2001,(4)	24	同济大学出版社	2001.12
与自然共生的家园	董丹申,李宁	《华中建筑》2001,(6)	5	《华中建筑》编辑部	2001.12
从过去发现未来,从未来发现过去——云南传统民居及其文化的研究与保护	杨大禹	《华中建筑》2001,(6)	3	《华中建筑》编辑部	2001.12
大理周城白族民居建筑文化特征	袁铮,王炎松	《华中建筑》2001,(6)	79	《华中建筑》编辑部	2001.12
板仓坝王宅	黄琪,戴志中	《华中建筑》2001,(6)	87	《华中建筑》编辑部	2001.12
对客家围楼民居研究的思考	万幼楠	《华中建筑》2001,(6)	90	《华中建筑》编辑部	2001.12
从民居柱础、门墩看中国吉祥文化	刘文哲	《文物世界》2001,(4)		《文物世界》编辑部	2001.12

民居论文（中文期刊）目录（2001.1—2008.5）

论文名	作者	刊载杂志	页码	编辑出版单位	出版日期
棋盘村的故事	李俊	《安徽消防》2001,(1)	36	《安徽消防》编辑部	2001.1
贵州的历史文化名城——镇远	山溪	《城乡建设》2001,(1)	54	《城乡建设》编辑部	2001.1
襄樊陈老巷地区的民居与会馆建筑实录（续）	胡斌,戴志中	《华中建筑》2001,(1)	105	《华中建筑》编辑部	2001.1
木构雅砌 艺苑掇英——华堂夏屋散步（五）	刘森林	《家具与室内装饰》2001,(1)	62	《家具与室内装饰》杂志社	2001.1
边缘与主流的对话——世纪之交建筑艺术新探索	孙达峰	《建筑》2001,(1)	38	《建筑》编辑部	2001.1
晋中的大院文化	徐晓燕	《今日中国》（中文版）2001,(1)	51	《今日中国》杂志社	2001.1
作为公共生活的乡村庙会	刘铁梁	《民间文化》2001,(1)	48	《民间文化》杂志社	2001.1
新疆会馆探幽	袁澍	《西域研究》2001,(1)	34	《新疆社会科学》杂志社	2001.1
浙江聚落：起源、发展与遗存	徐建春	《浙江社会科学》2001,(1)	31	《浙江社会科学》编辑部	2001.1
古村张谷英的风水格局与环境意象	张岳望	《中外建筑》2001,(1)	25	《中外建筑》杂志社	2001.1
浅析山西古建筑的特色	史向红	《福建建筑》2001,(1)	26	福建省建筑学会	2001.1
吐鲁番生土民居的生态基因初探	田雪红	《福建建筑》2001,(1)	24	福建省建筑学会	2001.1
一座优秀的"绿色建筑"杰作的"移植"与再创作	侯继尧	《福建建筑》2001,(1)	21	福建省建筑学会	2001.1

续表

论文名	作者	刊载杂志	页码	编辑出版单位	出版日期
传统的建筑与建筑的传统	陈志华，杜非	《出版广角》2001，(1)	72	广西出版杂志社	2001.1
21世纪居住区规划新特点	刘海艳	《山东农业大学学报》（自然科学版）2001，(1)	47	山东农业大学	2001.1
传统四合院与中国封建社会	商钢	《甘肃科技》2001，(2)	26	《甘肃科技》杂志社	2001.2
"明德坊"建筑设计——民居保护与开发实践	李亚林	《古建园林技术》2001，(2)	42	《古建园林技术》编辑部	2001.2
云南风土聚落更新中的旅游资源研究	杨毅	《规划师》2001，(2)	85	《规划师》编辑部	2001.2
从大邑刘氏庄园看外来文化对中国建筑的影响	杨青娟，张先进	《华中建筑》2001，(2)	9	《华中建筑》编辑部	2001.2
两个戏台的混响特性及分析	罗德胤，秦佑国	《华中建筑》2001，(2)	62	《华中建筑》编辑部	2001.2
四川会馆建筑与移民文化	陈玮，胡江瑜	《华中建筑》2001，(2)	14	《华中建筑》编辑部	2001.2
乡土建筑的建构与更新——楠溪江之行的思索	孙璐，谷敬鹏	《华中建筑》2001，(2)	23	《华中建筑》编辑部	2001.2
襄樊陈老巷地区的民居与会馆建筑实录（续）	胡斌	《华中建筑》2001，(1)	105	《华中建筑》编辑部	2001.2
木构雅砌 艺苑掇英——华堂夏屋散步（六）	刘森林	《家具与室内装饰》2001，(2)	51	《家具与室内装饰》杂志社	2001.2
关外紫禁城及其建筑风格	秦华	《建筑》2001，(4)	60	《建筑》编辑部	2001.2
山西老门环	王东风	《今日山西》2001，(2)	34	《今日山西》杂志社	2001.2
浙江传统建筑及其特色	晋谷	《今日浙江》2001，(3)	46	《今日浙江》杂志社	2001.2
琥珀厅（久慈市文化会馆），久慈市，岩手县，日本	盈盈	《世界建筑》2001，(2)	45	《世界建筑》编辑部	2001.2
民族民俗剪影——"西藏牧·农·林区民居形态一瞥"解说	茫戈	《西北民族研究》2001，(2)	6	《西北民族研究》编辑部	2001.2
古村源远 遗韵流长 保护改善 永续发展——从闽东廉村谈古文化村保护发展设想	缪小龙	《小城镇建设》2001，(2)	61	《小城镇建设》编辑部	2001.2
传统四合院的现代演绎——深圳何香凝美术馆	陈治国，王虹	《新建筑》2001，(1)	31	《新建筑》杂志社	2001.2
风格独具的庄寨式传统民居	辛克靖	《长江建设》2002，(1)	36	长江建设杂志社	2001.2
书院建筑的文化意向浅谈	卢山	《南方建筑》2001，(2)	82	广东省建筑学会	2001.2
客家文化研究的价值选择	黄中和	《嘉应大学学报》2001，(1)	114	嘉应大学	2001.2
泉州旧城私房建设研究	张杰	《建筑学报》2001，(2)	38	中国建筑学会	2001.2
城市精品化、城镇特色化、乡村传统化——西双版纳的建设目标	罗文博	《城乡建设》2001，(3)	19	《城乡建设》编辑部	2001.3
粤北客家民居蕙茅围	廖文	《广东史志》2001，(1)	55	《广东史志》编辑部	2001.3
广州陈氏书院建筑艺术	罗雨林	《华中建筑》2001，(3)	99	《华中建筑》编辑部	2001.3
中国建筑学会建筑史学分会第五届年会综述	吴庆洲	《华中建筑》2001，(3)	80	《华中建筑》编辑部	2001.3
在土黄色中的经典——喀什及其建筑环境色彩的运用	杨春风	《建筑创作》2001，(3)	76	《建筑创作》编辑部	2001.3
评《区域旅游开发与规划》	熊绍华	《经济地理》2001，(3)	384	《经济地理》编辑部	2001.3
礼乐相成 斯文宗主——书院建筑文化初探	陈新民	《南方文物》2001，(3)	92	《南方文物》编辑部	2001.3

续表

论文名	作者	刊载杂志	页码	编辑出版单位	出版日期
陇东窑洞的特点及发展	袁薇	《铁道工程学报》2001,(1)	62	《铁道工程学报》编辑部	2001.3
聚山川灵秀藏古建朴拙——历史文化名镇双江的清代民居	熊海龙	《小城镇建设》2001,(3)	68	《小城镇建设》编辑部	2001.3
美坂村古建筑掠影	张红霞	《小城镇建设》2001,(3)	62	《小城镇建设》编辑部	2001.3
泉州传统民居的砖石构筑工艺及其启示	朱怿,关瑞明	《中外建筑》2001,(3)	28	《中外建筑》杂志社	2001.3
地域建筑文化的发展与创新	吕学军	《中外建筑》2001,(3)	97	《中外建筑》杂志社	2001.3
旧石库门楼的更新改造	张晓光,朱剑忠,蒋志贤	《住宅科技》2001,(3)	36	《住宅科技》编辑部	2001.3
保护历史文化名城 弘扬徽州建筑文化	徐普来	《安徽建筑》2001,(3)	29	安徽建筑学会	2001.3
徽文化的构成与发展	吴晓勤,陈安生,万国庆	《安徽建筑》2001,(3)	19	安徽建筑学会	2001.3
徽州传统民居概述	程极悦,程硕	《安徽建筑》2001,(3)	21	安徽建筑学会	2001.3
皖南古村落与保护规划方法	吴晓勤,万国庆,陈安生	《安徽建筑》2001,(3)	26	安徽建筑学会	2001.3
歙县斗山街的保护与整治	歙县城乡建设环境保护委员会	《安徽建筑》2001,(3)	31	安徽建筑学会	2001.3
徽州民居合院空间结构特征研究	欧阳文	《北京建筑工程学院学报》2001,(1)	90	北京建筑工程学院	2001.3
焦庄户的村落与民居特点分析	孙克真	《北京建筑工程学院学报》2001,(1)	95	北京建筑工程学院	2001.3
乡土园林研究初探	张大玉	《北京建筑工程学院学报》2001,(1)	43	北京建筑工程学院	2001.3
中国传统聚落环境空间结构研究	业祖润	《北京建筑工程学院学报》2001,(1)	70	北京建筑工程学院	2001.3
历史文化街区保护的几个问题	岳升阳	《北京联合大学学报》2001,(1)	105	北京联合大学	2001.3
在灰沉沉与金灿灿之间——北京古城建筑色彩之魅力	杨春风	《北京联合大学学报》2001,(1)	43	北京联合大学	2001.3
岭南传统建筑的防潮、防腐	王艳华,彭庆	《南方建筑》2001,(3)	57	广东省建筑学会	2001.3
中国现存古塔的分布及鉴赏利用	宋树恢	《合肥工业大学学报》(社会科学版)2001,(1)	82	合肥工业大学	2001.3
文物保护及乡村文化建设的缺憾和对策	徐佩印	《江西电力职工大学学报》2001,(1)	28	江西电力职工大学	2001.3
论云南本土建筑的文化审美功能	朱旭焰,刘丽辉	《昆明大学学报》2001,(1)	60	昆明大学	2001.3
浅论永定客家土楼的建筑艺术	李志文	《闽西职业大学学报》2001,(1)	8	闽西职业大学	2001.3
多层民宅楼梯照明系统设计	陶玉鸿	《泰州职业技术学院学报》2001,(1)	35	泰州职业技术学院	2001.3
会馆的社会影响初探	万江红,涂上飙	《武汉大学学报》(人文科学版)2001,(2)	173	武汉大学	2001.3
庭院式民居夏季热环境研究	赵敬源,刘加平,李国华	《西北建筑工程学院学报》(自然科学版)2001,(4)	8	西北建筑工程学院	2001.3

续表

论文名	作者	刊载杂志	页码	编辑出版单位	出版日期
试论藏族民居装饰的嬗变	夏格旺堆	《中国藏学》2001，(3)	135	中国藏学研究中心	2001.3
传统民居与现代绿色建筑体系	孙杰	《建筑学报》2001，(3)	61	中国建筑学会	2001.3
儒家文化在韩国的传播及对韩国传统建筑之影响	李华东	《重庆建筑大学学报》（社会科学版）2001，(1)	54	重庆建筑大学	2001.3
大寨文化探秘（二）——民居篇：大公之观	孔令贤	《沧桑》2001，(2)	50	《沧桑》杂志社	2001.4
乡土建筑的色彩——黄陂"民俗村"传统民居建筑群观感	崔苪	《长江建设》2001，(2)	43	《长江建设》杂志社	2001.4
原始聚落与初始城市——结构、形态及其内制因素	田银生	《城市规划汇刊》2001，(2)	44	《城市规划汇刊》编辑部	2001.4
从整体观角度研究现代土楼民居设计	覃琳，杨宇振	《华中建筑》2001，(2)	71	《华中建筑》编辑部	2001.4
广州陈氏书院建筑艺术（续）	罗雨林	《华中建筑》2001，(4)	102	《华中建筑》编辑部	2001.4
广州骑楼街区保护与改造现象剖析	谢璇，骆建云，周霞	《华中建筑》2001，(4)	79	《华中建筑》编辑部	2001.4
解读丁村及其明清建筑群	张敏军，郑军	《华中建筑》2001，(4)	93	《华中建筑》编辑部	2001.4
襄樊陈老巷地区的民居与会馆建筑实录（续）	胡斌	《华中建筑》2001，(2)	103	《华中建筑》编辑部	2001.4
新楚风建筑形式探讨	王晓	《华中建筑》2001，(4)	14	《华中建筑》编辑部	2001.4
木构雅砌 艺苑掇英——华堂夏屋散步（八）	刘森林	《家具与室内装饰》2001，(4)	60	《家具与室内装饰》杂志社	2001.4
西北地区发展绿色建筑可行性探究	牛新平	《建筑》2001，(7)	51	《建筑》编辑部	2001.4
民国会馆的演变及其衰亡原因探析	万江红，涂上飙	《江汉论坛》2001，(4)	77	《江汉论坛》编辑部	2001.4
连城客家民居	曲利明	《今日中国》（中文版）2001，(4)	42	《今日中国》杂志社	2001.4
哈尼族的聚落文化	李露露	《民族艺术》2001，(4)	92	《民族艺术》杂志社	2001.4
我国古代建筑中的牌坊	赵玉生，王法新	《山西建筑》2001，(2)	12	《山西建筑》杂志社	2001.4
党家村古民居雕饰艺术刍议	张弘	《西北美术》2001，(4)	50	《西北美术》编辑部	2001.4
走进徽州——关于徽州传统民居环境的探讨	郭文铭	《小城镇建设》2001，(4)	44	《小城镇建设》编辑部	2001.4
"白荡海人家"创作随笔	何占能	《新建筑》2001，(2)	28	《新建筑》杂志社	2001.4
新思路 新民居	钱璞	《安徽建筑》2001，(4)	20	安徽建筑学会	2001.4
古村遗韵 源远流长——闽东廉村古文化村保护发展设想	缪小龙	《福建建筑》2001，(4)	5	福建省建筑学会	2001.4
南平洛洋村传统民居研究	郑玮锋	《福建建筑》2001，(4)	19	福建省建筑学会	2001.4
羌寨碉楼原始与现代理念的共鸣	李香敏，曾艺军，季富政	《四川工业学院学报》2001，(4)	46	四川工业学院	2001.4
我的观剧——《戏剧形态研究》自序	王胜华	《云南艺术学院学报》2001，(4)	77	云南艺术学院	2001.4
现代住区环境设计与传统聚落文化——传统聚落环境精神文化形态探析	业祖润	《建筑学报》2001，(4)	44	中国建筑学会	2001.4
族群社会与百年世居——龙岗坑梓镇黄氏宗族及村围考察报告（1）	饶小军	《建筑学报》2001，(4)	59	中国建筑学会	2001.4

续表

论文名	作者	刊载杂志	页码	编辑出版单位	出版日期
用文化铸品牌以盛情换行情创建民族风情特色列车	李波	《铁道运输与经济》2001，(4)	28	中国铁道学会运输委员会、经济委员会联合	2001.4
浅析山地人居环境	吴立华	《当代建设》2001，(5)	16	《当代建设》编辑部	2001.5
乡村聚落群结构分形性特征研究——以浙江省平湖县为例	管驰明，陈干，贾玉连	《地理学与国土研究》2001，(2)	57	《地理学与国土研究》杂志社	2001.5
徽州乡土建筑演变的内在机制与启示	陈伟	《规划师》2001，(5)	57	《规划师》编辑部	2001.5
广东近代骑楼发展原因初探	林冲	《华中建筑》2001，(5)	89	《华中建筑》编辑部	2001.5
广州陈氏书院建筑艺术（续）	罗雨林	《华中建筑》2001，(5)	100	《华中建筑》编辑部	2001.5
黎族传统聚落的文化特征及继承与发展	王瑜	《华中建筑》2001，(5)	86	《华中建筑》编辑部	2001.5
木构雅砌 艺苑掇英——华堂夏屋散步（九）	刘森林	《家具与室内装饰》2001，(5)	62	《家具与室内装饰》杂志社	2001.5
古滇文明：涅磐凤凰——由抚仙湖水下古聚落群所想到的	管彦波	《科学中国人》2001，(5)	7	《科学中国人》杂志社	2001.5
水与村落关系的生态学思考	王智平	《生态学杂志》2001，(5)	69	《生态学杂志》编辑部	2001.5
岭南传统建筑的"天人合一"	汤国华	《四川建筑》2001，(5)	57	《四川建筑》编辑部	2001.5
论徽州传统聚落的隐环境景观设计	连蓓	《安徽建筑》2001，(5)	8	安徽建筑学会	2001.5
天人合一的建筑之道——简析咏芬堂建筑特色	王晓岷，唐泉	《安徽建筑》2001，(5)	23	安徽建筑学会	2001.5
浅谈古徽州的"庙会文化"	陈长文	《黄山学院学报》2001，(2)	22	黄山学院	2001.5
试析近代以来北京广东会馆的变化	刘正刚	《暨南学报》（哲学社会科学版）2001，(3)	133	暨南大学	2001.5
闽清寨堡初探	欧颖清	《武汉大学学报》（工学版）2001，(5)	104	武汉大学	2001.5
双向晶闸管调光电路	郗建平	《安装》2001，(6)	32	《安装》编辑部	2001.6
城市设计在传统地区保护规划中的应用——以户部山传统民居保护区规划为例	王雅捷	《北京规划建设》2001，(3)	25	《北京规划建设》编辑部	2001.6
关于北京四合院保护的思考	王世仁	《北京规划建设》2001，(6)	16	《北京规划建设》编辑部	2001.6
浅谈凤凰县古城传统民居的保护	肖国云	《城市规划汇刊》2001，(3)	59	《城市规划汇刊》编辑部	2001.6
建筑艺术瑰宝——大理白族民居	张泉	《城乡建设》2001，(6)	56	《城乡建设》编辑部	2001.6
莆田市兴化传统建筑文化及其地理机制初探	翁丽丽	《福建地理》2001，(2)	28	《福建地理》编辑部	2001.6
竖向配筋砖砌体抗震性能试验研究及有限元分析	曹玉生	《工程抗震》2001，(2)	44	《工程抗震》编辑部	2001.6
栋位择定研究	吴国智	《古建园林技术》2001，(2)	15	《古建园林技术》编辑部	2001.6
泉州市聚宝街、万寿路保护性整治规划设计与实施研究	王晓雄	《规划师》2001，(6)	74	《规划师》编辑部	2001.6

续表

论文名	作者	刊载杂志	页码	编辑出版单位	出版日期
一眼看不透的德国民居	黄学锋	《华人时刊》2001,（6）	26	《华人时刊》杂志社	2001.6
广州陈氏书院建筑艺术（续）	罗雨林	《华中建筑》2001,（6）	93	《华中建筑》编辑部	2001.6
留住"小上海"的记忆——台州市椒江"北新椒街"的保护与利用	常青，王红军	《华中建筑》2001,（6）	68	《华中建筑》编辑部	2001.6
外来文化影响下的泉州居住建筑形式	夏明，郑妙丰，陈南阳	《华中建筑》2001,（3）	5	《华中建筑》编辑部	2001.6
为黄土高原营造绿色民居——记西安建筑科技大学绿色建筑专家刘加平教授	杨文斌	《科技·人才·市场》2001,（3）	63	《技术与创新管理》期刊社	2001.6
川南民居福源灏	李吉金	《建筑》2001,（11）	59	《建筑》编辑部	2001.6
闽粤赣边客家古民居旅游开发研究	邱国锋	《经济地理》2001,（6）	757	《经济地理》编辑部	2001.6
江西民居群体的区系划分	李国香	《南方文物》2001,（2）	100	《南方文物》编辑部	2001.6
窑洞的建筑特色及现代室内环境设计	高鑫玺	《山西建筑》2001,（3）	1	《山西建筑》杂志社	2001.6
福建泉州古城保护回顾和探索	谭英	《世界建筑》2001,（6）	59	《世界建筑》编辑部	2001.6
防洪防匪的大宅——光仪大屋	吴庆洲	《小城镇建设》2001,（6）	72	《小城镇建设》编辑部	2001.6
话说中国民居	毛克新	《小城镇建设》2001,（6）	44	《小城镇建设》编辑部	2001.6
建筑的环境观——以遵义地区传统民居为例	蒋万芳，王萍	《小城镇建设》2001,（6）	69	《小城镇建设》编辑部	2001.6
云南省广南县者兔乡壮族农村聚落现状调查研究	付保红，徐旌	《云南地理环境研究》2001,（s1）	26	《云南地理环境研究》编辑部	2001.6
陕北窑洞及其文化神韵	金磊	《中外建筑》2001,（6）	25	《中外建筑》杂志社	2001.6
传统聚落的交往空间对现代人居环境的启迪	连蓓	《安徽建筑》2001,（6）	13	安徽建筑学会	2001.6
生态·聚落·粘滞性空间——旗杆厝与21世纪的生态聚落	黄晓琼	《福建建筑》2001,（2）	19	福建省建筑学会	2001.6
论传统建筑文化保护与区域建设发展的关系	张鹰	《福州大学学报》（哲学社会科学版）2001,（3）	56	福州大学	2001.6
影响西南民族聚落的各种社会文化因素	管彦波	《贵州民族研究》2001,（2）	94	贵州省民族研究所	2001.6
文化人类学视野中的粤中民居研究	王健，徐怡芳	《华南理工大学学报》（社会科学版）2001,（2）	74	华南理工大学	2001.6
徽州明清时期民居建筑的艺术特色及其成因	吕红	《山东科技大学学报》（社会科学版）2001,（2）	89	山东科技大学	2001.6
西方建筑文化对广东西江沿岸古城镇的影响	张春阳	《中山大学学报论丛》2001,（3）	120	中山大学	2001.6
闽海系民居研究的进程与展望	戴志坚	《重庆建筑大学学报》（社会科学版）2001,（2）	22	重庆建筑大学	2001.6
上海里弄住宅与生态学理论	陈易	《重庆建筑大学学报》（社会科学版）2001,（2）	27	重庆建筑大学	2001.6

续表

论文名	作者	刊载杂志	页码	编辑出版单位	出版日期
西递成立防火队	查建和	《安徽消防》2001，(7)	34	《安徽消防》编辑部	2001.7
太原盆地东南部农村聚落空心化机理分析	程连生，冯文勇，蒋立宏	《地理学报》2001，(4)	437	《地理学报》编辑部	2001.7
尉迟寺聚落遗址的初步探讨	王吉怀	《考古与文物》2001，(4)	20	《考古与文物》编辑部	2001.7
生态 形态 心态——浅析爨底下村居住环境的潜在意识	许先升	《北京林业大学学报》2001，(7)	45	北京林业大学	2001.7
保护历史文化街区应完善管理体制——从什刹海历史文化风景区的保护与开发说起	陈平	《北京规划建设》2001，(4)	62	《北京规划建设》编辑部	2001.8
黟县宏村古村落旅游形象设计研究	章锦河，凌善金，陆林	《地理学与国土研究》2001，(3)	82	《地理学与国土研究》杂志社	2001.8
纪念刘致平先生古建筑研究启迪后学的感想	李乾朗	《华中建筑》2001，(4)	19	《华中建筑》编辑部	2001.8
建筑本天成 妙手偶得之——谈古镇磁器口民居的处理手法特点	郭宇铭	《华中建筑》2001，(4)	96	《华中建筑》编辑部	2001.8
古城保护的"绍兴模式"	叶辉	《今日浙江》2006，(16)	55	《今日浙江》杂志社	2001.8
依托现代科学技术发展绿色建筑	贺莊	《宁夏科技》2001，(4)	47	《宁夏科技》杂志社	2001.8
从皖南民居论述乡土建筑的生态特征	胡颖荭	《四川建筑》2001，(3)	21	《四川建筑》编辑部	2001.8
民居保护区内的商住楼设计——"明德坊"设计有感	李亚林，柳明国	《四川建筑》2001，(3)	23	《四川建筑》编辑部	2001.8
学位论文：闽海系民居建筑与文化研究	戴志坚	《新建筑》2001，(4)	79	《新建筑》杂志社	2001.8
略论徽州古民居建筑学审美意蕴	陈志精	《池州师专学报》2001，(4)	43	池州师专	2001.8
广州文昌广场基坑支护和防水技术	李咏涛	《广州大学学报》（社会科学版）2001，(8)	21	广州大学	2001.8
"桃花源"民居里的家庭档案馆先贤祠	许立志	《湖北档案》2001，(8)	33	湖北省档案局	2001.8
中国皖南古民居建筑防火研究	李俊，祁明庆，胡守富	《黄山学院学报》2001，(3)	32	黄山学院	2001.8
中国建筑考古二十年（1979—1999）述评	崔勇	《同济大学学报》（社会科学版）2001，(4)	1	同济大学	2001.8
世界文化遗产——皖南古村落特色探讨	吴晓勤，陈安生，万国庆	《建筑学报》2001，(8)	59	中国建筑学会	2001.8
昨天，明天，相会于今天——简谈上海旧城改建项目"新天地"设计	宋照青	《建筑学报》2001，(8)	32	中国建筑学会	2001.8
本主庙：白族文化的博物馆	杨国才	《中央民族大学学报》（哲学社会科学版）2001，(4)	61	中央民族大学	2001.8
洪崖洞民居的传统形式	何玉，郭良	《重庆工学院学报》2001，(4)	63	重庆工学院	2001.8
芜湖市航运局综合楼地基处理失误诱发地面塌陷的治理	孙凤贤	《安徽地质》2001，(3)	230	《安徽地质》编辑部	2001.9
三峡库区地质灾害调查评价与监测预警新思维	刘传正	《工程地质学报》2001，(2)	121	《工程地质学报》编辑部	2001.9

续表

论文名	作者	刊载杂志	页码	编辑出版单位	出版日期
中国古建筑文物保护问题及对策浅议	冀治宇	《古建园林技术》2001，(3)	55	《古建园林技术》编辑部	2001.9
明清广府古村落文化景观初探	朱光文	《岭南文史》2001，(3)	15	《岭南文史》编辑部	2001.9
五凤楼名考释	赖德劭	《南方文物》2001，(3)	94	《南方文物》编辑部	2001.9
燕翼围及赣南围屋源流考	万幼楠	《南方文物》2001，(3)	83	《南方文物》编辑部	2001.9
民居建筑的插梁架浅论	孙大章	《小城镇建设》2001，(9)	26	《小城镇建设》编辑部	2001.9
【徐州户部山】民居研究	刘玉芝，翟显中	《小城镇建设》2001，(9)	46	《小城镇建设》编辑部	2001.9
传统民居装饰与儒家文化	赖德劭，黄中和	《小城镇建设》2001，(9)	63	《小城镇建设》编辑部	2001.9
从古村落遗存看南社明清时期的社区文化	董红	《小城镇建设》2001，(9)	80	《小城镇建设》编辑部	2001.9
东南传统聚落生态学研究初探	李芗，王宜昌	《小城镇建设》2001，(9)	58	《小城镇建设》编辑部	2001.9
福建传统民居的分类探析	戴志坚	《小城镇建设》2001，(9)	31	《小城镇建设》编辑部	2001.9
关于楠溪江芙蓉古村特色价值及其保护利用的思考	胡念望	《小城镇建设》2001，(9)	65	《小城镇建设》编辑部	2001.9
论清末民国徽州民居的变异	梁琍	《小城镇建设》2001，(9)	55	《小城镇建设》编辑部	2001.9
深圳客家民居建筑特色	彭全民	《小城镇建设》2001，(9)	73	《小城镇建设》编辑部	2001.9
宋元徽州建筑研究——兼论徽州建筑的起源	朱永春	《小城镇建设》2001，(9)	42	《小城镇建设》编辑部	2001.9
我国古代乡村中的礼制建筑——以温州永嘉、泰顺县为例	丁俊清	《小城镇建设》2001，(9)	20	《小城镇建设》编辑部	2001.9
酉阳土家民居聚落的地域特征	赵万民，李泽新	《小城镇建设》2001，(9)	30	《小城镇建设》编辑部	2001.9
重·精·巧·美——简评《龙门石窟跻身世界文化遗产行列》	许向东	《新闻爱好者》2001，(9)	20	《新闻爱好者》杂志社	2001.9
探寻黄河流域住行文化发展的轨迹——评朱士光、吴宏岐主编《黄河文化丛书·住行卷》	舒峤	《中国历史地理论丛》2001，(4)	119	《中国历史地理论丛》编辑部	2001.9
大理民居建筑文化及保护建设	蔡锡泽	《大理学院学报》2001，(3)	51	大理学院	2001.9
西南少数民族民居环境改革与妇女健康发展的调查与分析——以羌族为例	冯敏	《贵州民族研究》2001，(3)	151	贵州省民族研究所	2001.9
从会馆看清代海南的发展	刘正刚，唐伟华	《海南大学学报》（人文社会科学版）2001，(3)	39	海南大学	2001.9
论客家聚居建筑的美学特征	唐孝祥	《华南理工大学学报》（社会科学版）2001，(3)	42	华南理工大学	2001.9
住宅建筑设计中的地质因素分析	张淑莉，马志正，韩军青	《山西师范大学学报》（自然科学版）2001，(3)	91	山西师范大学	2001.9

续表

论文名	作者	刊载杂志	页码	编辑出版单位	出版日期
商镇聚落的生成环境及其变迁的历史考察——以山西省临县碛口镇为例	杜非	《天津师范大学学报》(社会科学版)2001,(5)	54	天津师范大学	2001.9
传统乡土聚落的旅游转型	王晓阳,赵之枫	《建筑学报》2001,(9)	8	中国建筑学会	2001.9
从"乡土建筑"到"乡土主义"建筑的实践——浙江余杭临云山庄设计	沈济黄,陈帆,董丹申,田洋,吴景	《建筑学报》2001,(9)	26	中国建筑学会	2001.9
小城镇规划建设的探索——以深圳市龙岗区坪地镇为例	林惠华,肖靖宇	《建筑学报》2001,(9)	13	中国建筑学会	2001.9
再现建筑的地域文化——浅谈小城镇的风貌与特色	杨祖贵,樊晓刚,周鄰波	《建筑学报》2001,(9)	15	中国建筑学会	2001.9
乡土风格现在时	肖晓丽	《重庆建筑大学学报》(社会科学版)2001,(3)	15	重庆建筑大学	2001.9
北京旧城区的绿地规划建设	王显红	《北京规划建设》2001,(5)	27	《北京规划建设》编辑部	2001.10
丰富多姿的干阑民居	辛克靖	《长江建设》2001,(5)	41	《长江建设》杂志社	2001.10
雄浑古拙的井干式民居	辛克靖	《长江建设》2001,(5)	43	《长江建设》杂志社	2001.10
谷城历史街区保护规划研究	李志刚	《城市规划》2001,(10)	41	《城市规划》编辑部	2001.10
南浔:历史文化名镇的继承和发展	罗景华	《城乡建设》2001,(10)	23	《城乡建设》编辑部	2001.10
彰显人文积淀——楠溪江古村落特色、价值及其保护	胡跃中	《观察与思考》2001,(10)	72	《观察与思考》杂志社	2001.10
通道山水等你来	王启友	《湖南林业》2001,(10)	26	《湖南林业》杂志社	2001.10
四合院的建筑风格与传统文化	任荟,苏健	《华夏文化》2001,(4)	59	《华夏文化》编辑部	2001.10
地域建筑原型的解读——平湖"清水湾"居住小区创作理念	张凯,申丽萍,邱联兴	《华中建筑》2001,(5)	21	《华中建筑》编辑部	2001.10
解读滇西侨乡——和顺乡	张轶群	《小城镇建设》2001,(10)	48	《小城镇建设》编辑部	2001.10
民心向远 古风流长——前童村民村落保护意识调查	朱晓明	《小城镇建设》2001,(10)	28	《小城镇建设》编辑部	2001.10
楠溪江古村落特色、价值及其保护	胡跃中	《小城镇建设》2001,(10)	40	《小城镇建设》编辑部	2001.10
文化景观与景观文化——怒江怒族民族生态文化的保护与开发	何俊萍,华峰	《小城镇建设》2001,(10)	38	《小城镇建设》编辑部	2001.10
婺源明清民居的艺术风格	赖施虬	《小城镇建设》2001,(10)	33	《小城镇建设》编辑部	2001.10
浅析瑞士村镇的美学营造	汪任平	《新建筑》2001,(5)	47	《新建筑》杂志社	2001.10
自贡盐业会馆的兴起与社会功能	宋良曦	《盐业史研究》2001,(4)	33	《盐业史研究》编辑部	2001.10
客家围龙屋建构的文化解读——以梅县丙村镇温家大围屋为例	房学嘉	《嘉应大学学报》2001,(5)	111	嘉应大学	2001.10
从古文字看先民居室的门窗演进及特点	周艳梅	《内江师范学院学报》2001,(5)	28	内江师范学院	2001.10
耕读文化与人居环境的互动关系——以楠溪江流域古村落为例	邱国珍	《温州师范学院学报》2001,(5)	6	温州师范学院	2001.10

续表

论文名	作者	刊载杂志	页码	编辑出版单位	出版日期
闽清寨堡初探	欧颖清，谢兴保	《武汉大学学报》（工学版）2001，(5)	104	武汉大学	2001.10
太原盆地东南部农村聚落的初步分析	冯文勇，李秀英	《忻州师范学院学报》2001，(4)	69	忻州师范学院	2001.10
贝宁科托努会议大厦创意	王亦非	《建筑学报》2001，(10)	44	中国建筑学会	2001.10
说乡土建筑遗产的保护	陈志华	《中外房地产导报》2001，(20)	10	中外房地产导报社	2001.10
时空的延续性与全面性——住宅建筑中"以人为本"探析	刘汉州	《工业建筑》2001，(11)	48	《工业建筑》杂志社	2001.11
兴隆洼文化聚落形态初探	刘国祥	《考古与文物》2001，(6)	58	《考古与文物》编辑部	2001.11
江南民居的魅力	周蕴华	《美术》2001，(11)	50	《美术》编辑部	2001.11
七彩云南之十八 观念与形象——云南白族民居建筑空间的文化背景	李莉萍，朱静文	《室内设计与装修》2001，(11)	90	《室内设计与装修》编辑部	2001.11
广西侗族民居建筑及色彩文化研究	杨春风	《小城镇建设》2001，(11)	62	《小城镇建设》编辑部	2001.11
近代岭南建筑文化总体特征	唐孝祥	《小城镇建设》2001，(11)	56	《小城镇建设》编辑部	2001.11
泉州传统民居的府第建筑文化	陈凯峰	《小城镇建设》2001，(11)	60	《小城镇建设》编辑部	2001.11
徽州古村落人文理念初探	马寅虎	《黄山学院学报》2001，(4)	55	黄山学院	2001.11
关于楠溪江古村落保护问题的信	陈志华	《建筑学报》2001，(11)	52	中国建筑学会	2001.11
庭院深深话王家	西文	《城乡建设》2001，(12)	56	《城乡建设》编辑部	2001.12
试论古村落的评价标准	朱晓明	《古建园林技术》2001，(4)	53	《古建园林技术》编辑部	2001.12
蕉岭石寨土楼	赖雨桐	《广东史志》2001，(4)	56	《广东史志》编辑部	2001.12
板仓坝王宅	黄琪，戴志中	《华中建筑》2001，(6)	87	《华中建筑》编辑部	2001.12
从过去发现未来，从未来发现过去——云南传统民居及其文化的研究与保护	杨大禹	《华中建筑》2001，(6)	3	《华中建筑》编辑部	2001.12
大理周城白族民居建筑文化特征	袁铮，王炎松	《华中建筑》2001，(6)	79	《华中建筑》编辑部	2001.12
对客家围楼民居研究的思考	万幼楠	《华中建筑》2001，(6)	90	《华中建筑》编辑部	2001.12
理周城白族民居建筑文化特征	袁铮	《华中建筑》2001，(6)	79	《华中建筑》编辑部	2001.12
赣南客家围屋之发生、发展与消失	万幼楠	《南方文物》2001，(4)	29	《南方文物》编辑部	2001.12
龙南关西新围调查	张嗣介	《南方文物》2001，(4)	41	《南方文物》编辑部	2001.12
羌试论大地湾环壕聚落的演变及其社会性质	张力刚，程晓钟	《丝绸之路》2001，(s1)	18	《丝绸之路》编辑部	2001.12
东莞古村落保护与利用研究	刘炳元	《小城镇建设》2001，(12)	68	《小城镇建设》编辑部	2001.12
高溪村传统民居与现代住宅	黄佩贤，黄丽珠	《小城镇建设》2001，(12)	74	《小城镇建设》编辑部	2001.12
关于"文渊坊"实验操作的商榷与探讨	章立，章海君	《新建筑》2001，(6)	69	《新建筑》杂志社	2001.12

续表

论文名	作者	刊载杂志	页码	编辑出版单位	出版日期
徽商的宗族特征及其作用	宋百灵	《安徽广播电视大学学报》2001,（4）	46	安徽广播电视大学	2001.12
传统乡村社会中家庭的权益与地位——黄浦江沿岸村落民俗的调查	刘铁梁	《北京师范大学学报》（人文社会科学版）2001,（6）	61	北京师范大学	2001.12
闽台建筑文化渊源初探	戴志坚,刘汉伟	《福建建筑高等专科学校学报》2001,（12）	1	福建建筑高等专科学校	2001.12
传统聚落可持续发展问题初探	吴超,谢巍	《福建建筑》2001,（s1）	19	福建省建筑学会	2001.12
论福州"三坊七巷"传统街区及建筑的地域特色	张鹰	《福建建筑》2001,（4）	3	福建省建筑学会	2001.12
中国传统建筑朴素生态观初探	刘华强	《广西土木建筑》2001,（4）	228	广西土木建筑编辑部	2001.12
现代住宅顶、底设计新构思	武向青	《淮南工业学院学报》（自然科学版）2001,（4）	47	淮南工业学院	2001.12
浅谈整体设计的含蓄美	魏朝俊	《南昌高专学报》2001,（4）	33	南昌高专	2001.12
陇右杜甫草堂考	马银生,高天佑	《天水师范学院学报》2001,（6）	40	天水师范学院	2001.12
传统与新型窑居建筑的室内环境研究	王怡,赵群,何梅,杨柳,刘加平	《西安建筑科技大学学报》（自然科学版），2001,（4）	309	西安建筑科技大学	2001.12
黄土高原关中平原地区农宅的有机更新	赵霁欣	《西北建筑工程学院学报》（自然科学版），2001,（4）	153	西北建筑工程学院	2001.12
西部传统民俗与人居环境	张炜,杨毅柳	《西北建筑工程学院学报》（自然科学版），2001,（4）	113	西北建筑工程学院	2001.12
传统聚落环境空间结构探析	业祖润	《建筑学报》2001,（12）	21	中国建筑学会	2001.12
培田古民居的建筑文化特色	戴志坚	《重庆建筑大学学报》（社会科学版）2001,（4）	21	重庆建筑大学	2001.12
太湖流域城镇形态的遥感信息提取模型研究	杨山,查勇	《长江流域资源与环境》2002,（1）	27	《长江流域资源与环境》编辑部	2002.1
明清山陕会馆与商业文化	李刚,宋伦	《华夏文化》2002,（1）	24	《华夏文化》编辑部	2002.1
传统民居及其环境的持续发展和遵循生态原则的经验探索与生态家园模式思考	李莉萍,樊建南	《华中建筑》2002,（1）	83	《华中建筑》编辑部	2002.1
广州陈氏书院建筑艺术（续）	罗雨林	《华中建筑》2002,（1）	88	《华中建筑》编辑部	2002.1
广州聚龙村清末民居群保护与利用研究	郑力鹏,郭祥	《华中建筑》2002,（1）	42	《华中建筑》编辑部	2002.1
建筑的传统性与时代性——乡土建筑设计教学的探索	黄珂	《华中建筑》2002,（1）	93	《华中建筑》编辑部	2002.1
建筑营造意识中的人地关系——兼论茜洋村的聚落形态	关瑞明	《华中建筑》2002,（1）	79	《华中建筑》编辑部	2002.1
泉州几个石建筑补间铺作的调查	吴正旺	《华中建筑》2002,（1）	67	《华中建筑》编辑部	2002.1
移民社会的缩影——重庆"湖广会馆"文化内涵三题	郭璇	《华中建筑》2002,（1）	71	《华中建筑》编辑部	2002.1
玉岩书院和萝峰寺的空间分析	王一珺	《华中建筑》2002,（1）	75	《华中建筑》编辑部	2002.1
对乡村聚落生态研究中若干基本概念的认识	陈勇,陈国阶	《农村生态环境》2002,（1）	54	《农村生态环境》编委会	2002.1

续表

论文名	作者	刊载杂志	页码	编辑出版单位	出版日期
发达地区的乡村集镇空间扩展差异与模型研究——以锡山市为例	杨山	《人文地理》2002,（1）	89	《人文地理》编辑部	2002.1
试论乡村聚落体系的规划组织	张京祥，张小林，张伟	《人文地理》2002,（1）	85	《人文地理》编辑部	2002.1
中国传统民居的平面布局及其型制初探	朱向东，马军鹏	《山西建筑》2002,（1）	12	《山西建筑》杂志社	2002.1
重庆传统民居空间环境对气候的适应性	许东风，魏宏扬	《室内设计》2002,（1）	36	《室内设计》杂志社	2002.1
留住近代武汉的老城旧韵——"汉味"里弄建筑与住区环境更新改造设计探微	辛艺峰	《室内设计与装修》2002,（1）	88	《室内设计与装修》编辑部	2002.1
布依族石头建筑及其文化意蕴	勒依，王伟	《小城镇建设》2002,（1）	88	《小城镇建设》编辑部	2002.1
可持续的聚落更新初探	吴超，刘春	《小城镇建设》2002,（1）	50	《小城镇建设》编辑部	2002.1
培田：客家人南迁路上的辉煌家园	陈日源	《小城镇建设》2002,（1）	90	《小城镇建设》编辑部	2002.1
明清商业聚落与城镇社区——以徽商为主的分析	韩红星，赵仕新	《中州学刊》2002,（1）	42	《中州学刊》编辑部	2002.1
文物建筑保护散论	龙彬	《重庆建筑》2002,（1）	56	《重庆建筑》杂志社	2002.1
浅谈徽州传统民居的环境布局及建筑特色	张国梅	《安徽建筑》2002,（1）	32	安徽建筑学会	2002.1
村落空间与民俗事象——贵州安顺幺铺镇石板村案例	王瑞成	《安顺师范高等专科学校学报》2002,（4）	125	安顺师范高等专科学校	2002.1
白族千年古村"诺邓"的保护与发展研究	杨国才	《云南民族学院学报》（哲学社会科学版）2002,（2）	67	云南民族学院	2002.1
滕州汉代石祠堂及祠堂画像	陈庆峰，潘卫东，李慧	《枣庄师范专科学校学报》2002,（1）	81	枣庄师范专科学校	2002.1
建筑 自然 风格——上海邮政管理局普陀山培训中心设计回顾	方子晋	《建筑学报》2002,（1）	35	中国建筑学会	2002.1
书院建筑的文化意向浅论	卢山	《中外建筑》2002,（2）	13	《华中建筑》编辑部	2002.2
移民社会的缩影——重庆"湖广会馆"文化内涵三题（续）	郭璇	《华中建筑》2002,（2）	97	《华中建筑》编辑部	2002.2
山地民居第一村林坑	李盛仙	《旅游》2002,（2）	24	《旅游》杂志社	2002.2
七彩云南之二十一 水之聚落 勐腊傣族村寨与民居	毛志睿	《室内设计与装修》2002,（2）	80	《室内设计与装修》编辑部	2002.2
晋中民居空间简析	亢智毅，黄琪	《四川建筑》2002,（1）	11	《四川建筑》编辑部	2002.2
从化传统民居特征探讨	潘安，彭德循	《小城镇建设》2002,（2）	62	《小城镇建设》编辑部	2002.2
古村镇保护规划若干问题讨论	朱光亚	《小城镇建设》2002,（2）	66	《小城镇建设》编辑部	2002.2
骑楼型街屋的发展与形态的研究	林冲	《新建筑》2002,（2）	81	《新建筑》杂志社	2002.2
泰州市传统民居特色及其保护更新初探	黄毅	《中外建筑》2002,（3）	37	《中外建筑》杂志社	2002.2
闽南大厝的建筑形态及发展对策	王绍森	《重庆建筑》2002,（2）	38	《重庆建筑》杂志社	2002.2

续表

论文名	作者	刊载杂志	页码	编辑出版单位	出版日期
一个客家聚落区的形成和发展——上犹县营前镇的宗族社会调查	罗勇	《赣南师范学院学报》2002，（1）	46	赣南师范学院	2002.2
百色粤东会馆古建筑的特点及维护	王美娜	《广西右江民族师专学报》2002，（1）	36	广西右江民族师专	2002.2
古代河西民居——屯庄	张涛，朱耀善	《河西学院学报》2002，（1）	106	河西学院	2002.2
论高椅古民居村落建筑特点	傅昭槐	《怀化师专学报》2002，（1）	47	怀化师专	2002.2
新疆喀什维吾尔族民居初探	王学斌	《天津建设科技》2002，（1）	30	天津市建设科技信息中心	2002.2
论岭南史前聚落分布、文化内涵与生态环境的相关性	赵善德	《肇庆学院学报》2002，（1）	12	肇庆学院	2002.2
气候与生态建筑——以新疆民居为例	刘敏	《农业与技术》2002，（1）	52	中国科技期刊编辑学会	2002.2
明清时期粤商会馆与广西民族经济的发展	陈炜	《株洲师范高等专科学校学报》2002，（1）	62	株洲师范高等专科学校	2002.2
余杭良渚遗址群聚落形态的初步考察	赵晔	《东南文化》2002，（3）	24	《东南文化》杂志社	2002.3
乡土精神与现代化——传统聚落人居环境对现代聚居社区的启示	李苧，王宜昌，何小川	《工业建筑》2002，（3）	1	《工业建筑》杂志社	2002.3
考古学中的聚落形态	张光直，胡鸿保，周燕	《华夏考古》2002，（1）	61	《华夏考古》编辑部	2002.3
北方山地合院式民居空间特征研究——以北京爨底下古村落为例	欧阳文	《华中建筑》2002，（3）	72	《华中建筑》编辑部	2002.3
福建的土堡	曹春平	《华中建筑》2002，（3）	68	《华中建筑》编辑部	2002.3
楼台与深院——试论古建筑群体构图方式的两种现象	肖旻	《华中建筑》2002，（3）	65	《华中建筑》编辑部	2002.3
湖北宜昌夷陵区望家祠堂	袁登春	《江汉考古》2002，（3）	94	《江汉考古》编辑部	2002.3
重庆云阳乔家院子遗址唐宋时期遗存	冉万里，钱耀鹏	《江汉考古》2002，（3）	28	《江汉考古》编辑部	2002.3
楠溪江中游古村落	陈乐孺	《森林与人类》2002，（3）	36	《森林与人类》编辑部	2002.3
七彩云南之二十二"一颗印"民居	严明，刘启	《室内设计与装修》2002，（3）	98	《室内设计与装修》编辑部	2002.3
潼南县双江镇街道风貌研究	袁珏	《小城镇建设》2002，（3）	45	《小城镇建设》编辑部	2002.3
新疆喀什维吾尔民居	高翔	《小城镇建设》2002，（3）	82	《小城镇建设》编辑部	2002.3
株洲工学院学报	袁珏	《小城镇建设》2002，（3）	45	《小城镇建设》编辑部	2002.3
四川同乡会馆的社区功能	黄友良	《中华文化论坛》2002，（3）	41	《中华文化论坛》杂志社	2002.3
"没文化"的建筑呼唤建筑文化	金磊	《中外建筑》2002，（1）	9	《中外建筑》杂志社	2002.3
重庆市湖广会馆历史街区保护与发展规划概念设计	郭璇	《重庆建筑》2002，（3）	52	《重庆建筑》杂志社	2002.3

续表

论文名	作者	刊载杂志	页码	编辑出版单位	出版日期
试论徽州古村落景观的人文特色	马寅虎	《安徽工业大学学报》（社会科学版）2002，(1)	71	安徽工业大学	2002.3
北京东部地区现代化发展中应体现民族文化精神	牛秀铃	《北京联合大学学报》2002，(1)	63	北京联合大学	2002.3
对北京历史文化保护区发展前景的思考	李颖伯，王燕美	《北京联合大学学报》2002，(1)	43	北京联合大学	2002.3
试论北京四合院的建筑特色	顾军，王立成	《北京联合大学学报》2002，(1)	57	北京联合大学	2002.3
重视保护历史文化街区的人文色彩	孙玲	《北京联合大学学报》2002，(1)	47	北京联合大学	2002.3
白族民居建筑的审美历程与文化意蕴	张汝梅，周毅敏	《大理学院学报》2002，(2)	10	大理学院	2002.3
对"历史性地段"保护的一点思考——以诗山镇骑楼为例	关瑞明，陈力	《福建建筑》2002，(3)	18	福建省建筑学会	2002.3
浅析符号学在泉州建筑中的运用	洪毅	《福建建筑》2002，(3)	12	福建省建筑学会	2002.3
广州西关大屋建筑特色	曹志教	《南方建筑》2002，(3)	43	广东省建筑学会	2002.3
布依族民居建筑及其历史演变与发展	周国炎	《贵州民族研究》2002，(1)	82	贵州省民族研究所	2002.3
关于无锡城区旧建筑及历史风貌街区的调查研究	过伟敏，周方旻，邵靖	《江南大学学报》（自然科学版）2002，(1)	82	江南大学	2002.3
湘西民居略考	李蓉	《邵阳高等专科学校学报》2002，(1)	26	邵阳高等专科学校	2002.3
山西传统民居美学思想初探	王崇恩，陆凤华	《太原理工大学学报》（社会科学版），2002，(1)	35	太原理工大学	2002.3
民居建筑中的艺术美感	张炜，张红军	《西北建筑工程学院学报》（自然科学版），2002，(1)	5	西北建筑工程学院	2002.3
生态建筑与西部传统民居	袁春学	《西北建筑工程学院学报》（自然科学版）2002，(1)	34	西北建筑工程学院	2002.3
藏族民居——宗教信仰的物质载体——对嘉戎藏族牧民民居的宗教社会学田野调查	郑莉，陈昌文，胡冰霜	《西藏大学学报》（汉文版）2002，(1)	5	西藏大学	2002.3
银海山水间住宅小区规划	陈一峰	《建筑学报》2002，(3)	24	中国建筑学会	2002.3
从中国的聚落形态演进看里坊的产生	王鲁民，韦峰	《城市规划汇刊》2002，(2)	51	《城市规划汇刊》编辑部	2002.4
谈潮州书院的建置	黄瑾瑜	《广东史志》2002，(4)	56	《广东史志》编辑部	2002.4
干栏依然在，旧貌换新颜——谈傣族新民居试验楼建筑研究	车震宇，毛志睿	《华中建筑》2002，(4)	29	《华中建筑》编辑部	2002.4
丽江白沙乡龙泉行政村民居及其环境研究	李莉萍，赵峻，车震宇	《华中建筑》2002，(4)	76	《华中建筑》编辑部	2002.4
略谈建筑气候设计	王鑫	《华中建筑》2002，(4)	45	《华中建筑》编辑部	2002.4
再论广州骑楼商业街的文化复兴	杨安，杨宏烈	《华中建筑》2002，(4)	82	《华中建筑》编辑部	2002.4
徽州传统民居特征略探	胡云	《建筑》2002，(8)	46	《建筑》编辑部	2002.4
盘龙城与《盘龙城》	拓古	《江汉考古》2002，(4)	87	《江汉考古》编辑部	2002.4

续表

论文名	作者	刊载杂志	页码	编辑出版单位	出版日期
从山西民居观传统居住文化之基本精神	朱向东，康峰	《科技情报开发与经济》2002，（4）	139	《科技情报开发与经济》编辑部	2002.4
江村访古说保护	王涛	《小城镇建设》2002，（4）	62	《小城镇建设》编辑部	2002.4
三河镇古民居之印象	贾尚宏	《小城镇建设》2002，（4）	28	《小城镇建设》编辑部	2002.4
壮观而古朴的永定土楼	殷昌利	《小城镇建设》2002，（4）	34	《小城镇建设》编辑部	2002.4
北方传统乡土民居节能精神的延续与发展	金虹，张伶伶	《新建筑》2002，（2）	17	《新建筑》杂志社	2002.4
空间品质城市精神——上海新式里弄民居文化分析	王富臣，莫天伟	《新建筑》2002，（2）	19	《新建筑》杂志社	2002.4
越海民系民居建筑与文化研究	刘定坤	《新建筑》2002，（2）	81	《新建筑》杂志社	2002.4
黄土窑洞的环境与岩土工程问题	廖红建，许志平，杨政，赵树德	《岩土工程界》2002，（4）	17	《岩土工程界》编辑部	2002.4
绍兴"书圣故里"历史街区保护和发展规划探索	林抒	《浙江建筑》2002，（4）	7	《浙江建筑》杂志社	2002.4
辽代社会基层聚落组织及其功能考探——辽代乡村社会史研究之一	张国庆	《中国史研究》2002，（2）	77	《中国史研究》杂志社	2002.4
行将消失的遗产——中国乡土建筑的价值与借鉴	龚旭萍	《装饰》2002，（4）	62	《装饰》编辑部	2002.4
析现代乡土建筑的创作	谭蔚	《福建建筑》2002，（4）	19	福建省建筑学会	2002.4
以物为法 巧因气候——析泉州传统民居"灰"空间的生态美学	薛佳薇	《福建建筑》2002，（4）	11	福建省建筑学会	2002.4
开平华侨与碉楼建筑	梅伟强	《五邑大学学报》（社会科学版）2002，（2）	46	五邑大学	2002.4
梅溪实验——陈芳故居保护与利用设计研究	常青，王云峰	《建筑学报》2002，（4）	22	中国建筑学会	2002.4
试论徽州古村落规划思想的基本特征	马寅虎	《规划师》2002，（5）	16	《规划师》编辑部	2002.5
海洋文化影响下的泉州人居环境地域性特征	林翔，关瑞明	《华中建筑》2002，（5）	39	《华中建筑》编辑部	2002.5
回响·文化源——唐昌古镇传统建筑保护与利用	邓位	《四川建筑》2002，（2）	21	《四川建筑》编辑部	2002.5
传统民居特征在新建筑中的借鉴与运用	胡诗仙	《小城镇建设》2002，（5）	82	《小城镇建设》编辑部	2002.5
徽州与浙南民居风格比较	黄道梓，朱永春	《小城镇建设》2002，（5）	72	《小城镇建设》编辑部	2002.5
景德镇明代民居的特点与成因	邱国珍	《小城镇建设》2002，（5）	84	《小城镇建设》编辑部	2002.5
传统乡土园林研究初探	张大玉，李伦喜，牛健	《中国园林》2002，（5）	80	《中国园林》杂志社	2002.5
论"风水学说"对客家土楼的影响	程爱勤	《广西民族学院学报》（哲学社会科学版）2002，（3）	76	广西民族大学	2002.5

续表

论文名	作者	刊载杂志	页码	编辑出版单位	出版日期
论历史文化名人故居的保护与利用——以青岛康有为故居为例	隋永琦,魏明	《中共青岛市委党校》（青岛行政学院学报）2006,（3）	32	青岛行政学院	2002.5
会馆文化的资源开发	李桦	《上海城市管理职业技术学院学报》2002,（3）	30	上海城市管理职业技术学院	2002.5
论中国古代民居建筑思想及其在房地产开发中的应用	汤梓军	《西南民族学院学报》（哲学社会科学版）2002,（s2）	346	西南民族学院	2002.5
论中国古代民居建筑思想及其在房地产开发中的应用	汤梓军	《西南民族学院学报》（哲学社会科学版）2002,（s2）	346	西南民族学院	2002.5
传统四合院民居风环境的数值模拟研究	林波荣,王鹏,赵彬,朱颖心	《建筑学报》2002,（5）	47	中国建筑学会	2002.5
传统四合院民居风环境的数值模拟研究	林波荣,王鹏,赵彬,朱颖心	《建筑学报》2002,（5）	47	中国建筑学会	2002.5
胡雪岩故居建筑特色简析	梁伟	《古建园林技术》2002,（2）	50	《古建园林技术》编辑部	2002.6
烟台福建会馆及其勘察测绘	于建华	《古建园林技术》2002,（2）	55	《古建园林技术》编辑部	2002.6
新疆喀什维吾尔族传统街区的形态特征及成因	王学斌	《规划师》2002,（6）	49	《规划师》编辑部	2002.6
商人会馆与民族经济融合的动力探析——以明清时期广东会馆与广西地区为中心	陈炜,吴石坚	《贵州文史丛刊》2002,（2）	11	《贵州文史丛刊》编辑部	2002.6
老挝传统民居建筑概论	贝波再	《华中建筑》2002,（6）	99	《华中建筑》编辑部	2002.6
针对新乡土建筑的新技术观	孟刚	《华中建筑》2002,（6）	10	《华中建筑》编辑部	2002.6
天津市旧街区的再生与利用	卓强,刘小蕾	《建筑创作》2002,（6）	53	《建筑创作》编辑部	2002.6
浅谈沙湾古镇的历史文化资源特色与保护开发	朱光文	《岭南文史》2002,（2）	33	《岭南文史》编辑部	2002.6
盛京皇宫的建筑布局与美学研究	王成民	《满族研究》2002,（2）	70	《满族研究》编辑部	2002.6
龙南客家民居围屋	赖观杨	《小城镇建设》2002,（6）	84	《小城镇建设》编辑部	2002.6
六载泰顺廊桥路——读《泰顺》	孙田	《新建筑》2002,（3）	68	《新建筑》杂志社	2002.6
广州西关民居建筑——西关大屋、骑楼和茶楼建筑	朱伯强	《中外建筑》2002,（6）	37	《中外建筑》杂志社	2002.6
台湾的传统居民	何绵山	《中外建筑》2002,（6）	35	《中外建筑》杂志社	2002.6
福建南靖客家土楼	邱慧均	《中外建筑》2002,（6）	39	《中外建筑》杂志社	2002.6
重庆"湖广会馆"建筑研究	龙彬	《重庆建筑》2002,（3）	46	《重庆建筑》杂志社	2002.6
建筑装饰——徽州木雕艺术探索	许燕敏	《安徽建筑工业学院学报》（自然科学版）2002,（3）	63	安徽建筑工业学院	2002.6
试论壮侗民族民居文化中的科学因素——壮侗民族民居文化研究之一	韦熙强	《广西民族研究》2002,（2）	43	广西民族研究所	2002.6
皖南传统聚落巷道景观研究	张希晨,郝靖欣	《江南大学学报》（自然科学版）2002,（2）	179	江南大学	2002.6
晋商望族常氏家族的民居文化	杨团明	《晋中师范高等专科学校学报》2002,（2）	85	晋中师范高等专科学校	2002.6

续表

论文名	作者	刊载杂志	页码	编辑出版单位	出版日期
深圳客家宗族派衍与传统村落拓展——以龙岗坑梓黄氏为例	刘丽川	《汕头大学学报》(人文社会科学版)2002,(3)	101	汕头大学	2002.6
深圳龙岗客家民居的一个历史断面	朱继毅	《深圳大学学报》(理工版)2002,(2)	63	深圳大学	2002.6
徽州古村落中的三雕艺术	吴怡	《扬州职业大学学报》2002,(2)	18	扬州职业大学	2002.6
温州楠溪江古村落民居的文化价值	金勇兴	《中共杭州市委党校学报》2002,(3)	46	中共杭州市委党校	2002.6
古村落布局中的象征表达	王立,李春,邓梦	《重庆建筑大学学报》2002,(3)	1	重庆建筑大学	2002.6
历史街区保护的真正含义——从磁器口概念设计引发的思考	曾倩	《重庆建筑大学学报》2002,(3)	5	重庆建筑大学	2002.6
山陕会馆铁旗杆文化刍议	李刚,宋伦	《华夏文化》2002,(3)	16	《华夏文化》编辑部	2002.7
日本学者关于环壕聚落的研究	钱耀鹏	《考古与文物》2002,(4)	58	《考古与文物》编辑部	2002.7
早夏国家形成时期的聚落形态考察	朱光华	《考古与文物》2002,(4)	19	《考古与文物》编辑部	2002.7
试析中国传统聚落中的生态观	刘原平	《山西建筑》2002,(7)	1	《山西建筑》杂志社	2002.7
理性和浪漫的交融与共生——济南民居概述	王航兵	《小城镇建设》2002,(7)	68	《小城镇建设》编辑部	2002.7
诗意的栖居——大理喜洲白族民居建筑揽胜	李智红,赵勤	《小城镇建设》2002,(7)	76	《小城镇建设》编辑部	2002.7
走马喀什城——伊斯兰化的喀什传统街区特色与成因探析	王学斌	《小城镇建设》2002,(7)	64	《小城镇建设》编辑部	2002.7
云南漾弓江流域城乡聚落形态信息提取与分形分析	蒋雪中,杨山,沈婕,赵锐	《遥感学报》2002,(4)	294	《遥感学报》编辑委员会	2002.7
常州市青果巷历史地段"有机更新"研究	胡云,黎志涛	《东南大学学报》(哲学社会科学版)2002,(4)	71	东南大学	2002.7
土家族民居建筑与山水画艺术	商守善	《湖北民族学院学报》(哲学社会科学版)2002,(4)	16	湖北民族学院	2002.7
新疆喀什维吾尔民居住宅的调研报告分析	王茜,刘云	《青海民族研究》2002,(3)	69	青海民族学院民族研究所	2002.7
保存·更新·延续——关于历史文化街区保护的若干基本认识	王世仁	《北京规划建设》2002,(4)	12	《北京规划建设》编辑部	2002.8
北京旧城中轴线保护析论(续三)	王屹	《北京规划建设》2002,(4)	25	《北京规划建设》编辑部	2002.8
论会馆与清代广西社会的互动变迁	侯宣杰	《广西地方志》2002,(4)	40	《广西地方志》编辑部	2002.8
山地传统聚居地的空间重塑——重庆市洪崖洞传统民居风貌区规划设计	刘征	《规划师》2002,(8)	55	《规划师》编辑部	2002.8
在时光流转中品味——观广西玉林庞村古建筑群有感	章凌燕,吴少华	《规划师》2002,(8)	46	《规划师》编辑部	2002.8

续表

论文名	作者	刊载杂志	页码	编辑出版单位	出版日期
和而不同的追求——熊克武故居解读	陈鸿，周宏莉	《四川建筑》2002，(3)	26	《四川建筑》编辑部	2002.8
水·聚落·标志物——羌寨桃坪与水乡周庄的建筑环境布局比较研究	魏柯，周波	《四川建筑》2002，(3)	22	《四川建筑》编辑部	2002.8
城镇民居中的科学	王文红	《小城镇建设》2002，(8)	27	《小城镇建设》编辑部	2002.8
宏村文化遗产保护体制创新的几点思路	汪森强	《小城镇建设》2002，(8)	51	《小城镇建设》编辑部	2002.8
徽派民居考察体验	张通，徐劲	《小城镇建设》2002，(8)	58	《小城镇建设》编辑部	2002.8
开放、混杂、优生——近代五邑侨乡民居的特色与思考	梁晓红	《小城镇建设》2002，(8)	54	《小城镇建设》编辑部	2002.8
水边古镇——福宝	余平，董克，宋要	《小城镇建设》2002，(8)	62	《小城镇建设》编辑部	2002.8
新乡土建筑之路	黄杏玲，王宇	《小城镇建设》2002，(8)	70	《小城镇建设》编辑部	2002.8
古合肥蔡文毅公祠简述——兼说古蔡文毅公祠几副楹联	蔡继忠	《合肥学院学报》（自然科学版）2002，(3)	5	合肥学院	2002.8
皖南民居夏季热环境实测分析	林波荣，谭刚，王鹏，宋凌，朱颖心，翟光逵	清华大学学报（自然科学版）2002，(8)	1071	清华大学	2002.8
中国古村落园林初探	李端杰	《山东理工大学学报》（社会科学版）2002，(4)	54	山东理工大学	2002.8
史前聚落的自然环境因素分析	钱耀鹏	《西北大学学报》（自然科学版）2002，(4)	417	西北大学	2002.8
乡村聚落空废化概念及量化分析模型	雷振东	《西北大学学报》（自然科学版）2002，(4)	411	西北大学	2002.8
关于北京四合院的功能转换的思考	吕健生	《古建园林技术》2002，(3)	62	《古建园林技术》编辑部	2002.9
岭南书院建筑的择址分析	彭长歆	《古建园林技术》2002，(3)	10	《古建园林技术》编辑部	2002.9
中国戏曲与古代剧场发展关系的五个阶段	罗德胤，秦佑国	《古建园林技术》2002，(3)	54	《古建园林技术》编辑部	2002.9
唐代粟特人聚落六胡州的性质及始末	陈海涛	《内蒙古社会科学》（汉文版）2002，(5)	40	《内蒙古社会科学》杂志社	2002.9
中国传统农村聚落营造思想浅析	金涛，张小林，金飚	《人文地理》2002，(5)	45	《人文地理》编辑部	2002.9
浅析榆次常家大院建筑形态的演化	康竹卿，康颖卿	《山西建筑》2002，(9)	16	《山西建筑》杂志社	2002.9
七彩云南之二十六 滇越铁路上的碧色寨	施红，郭伟	《室内设计与装修》2002，(9)	92	《室内设计与装修》编辑部	2002.9
桃坪羌寨聚落景观与民居空间分析	张青，全惠民	《北京工业大学学报》2002，(3)	293	北京工业大学	2002.9
论明清时期常熟的市镇	周志斌	《常熟高专学报》2002，(5)	111	常熟高专	2002.9
试论壮侗民族民居文化中的科学因素——壮侗民族民居文化研究之二	黄恩厚，覃彩銮	《广西民族研究》2002，(3)	54	广西民族研究所	2002.9

续表

论文名	作者	刊载杂志	页码	编辑出版单位	出版日期
对乡土建筑与建筑文化趋同的一点思考	唐洪刚	《贵州工业大学学报》（社会科学版）2002，（3）	62	贵州工业大学	2002.9
楠溪江古村落历史文化旅游发展策略研究	周国忠	《黑龙江农垦师专学报》2002，（3）	44	黑龙江农垦师专	2002.9
南岭山区古村落的历史地理研究	刘沛林，杨载田	《衡阳师范学院学报》2002，（5）	100	衡阳师范学院	2002.9
清代盐商笔下的汉口镇	胡锦贤	《湖北大学学报》（哲学社会科学版）2002，（5）	62	湖北大学	2002.9
永顺县土家族文化资源保护与利用现状调查	符太浩	《湖北民族学院学报》（哲学社会科学版），2002，（5）	21	湖北民族学院	2002.9
论乡土建筑与可持续发展	李晨，彭小云	《华东交通大学学报》2002，（3）	37	华东交通大学	2002.9
丹巴高碉文化	牟子	《康定民族师范高等专科学校学报》2002，（3）	1	康定民族师范高等专科	2002.9
山西寺庙戏场建筑研究——戏台位置剖析	薛林平，陆凤华	《太原理工大学学报》（社会科学版）2002，（3）	58	太原理工大学	2002.9
新建筑对传统建筑特色的继承与发展——从淳良里商业区设计谈起	夏晓露	《芜湖职业技术学院学报》2002，（3）	89	芜湖职业技术学院	2002.9
论清代新疆山西会馆	张韶梅，张华军	《新疆职业大学学报》2002，（3）	33	新疆职业大学	2002.9
"自然 淡泊 雅静"的自然生态观——日本传统建筑室内特征探析	戴向东	《建筑学报》2002，（9）	62	中国建筑学会	2002.9
徽州古建筑的风水文化解析	胡善风，李伟	《中国矿业大学学报》（社会科学版）2002，（3）	155	中国矿业大学	2002.9
人文景观与自然的交融——以乌石彭德怀故居纪念园规划为例	钟红梅	《株洲工学院学报》2002，（5）	110	株洲工学院	2002.9
中国传统民居——四合院的营造环境与装饰文化	张杰，张伟	《株洲工学院学报》2002，（5）	84	株洲工学院	2002.9
古寨亦卓荦——山西传统聚落"砥洎城"防御性规划探析	黄为隽，王绚，侯鑫	《城市规划》2002，（10）	93	《城市规划》编辑部	2002.10
传统聚落的人文精神——解读和顺乡	张轶群	《规划师》2002，（10）	45	《规划师》编辑部	2002.10
三透九门堂	祝勇	《华夏人文地理》2002，（5）	99	《华夏人文地理》编辑部	2002.10
浅析中国山地村落的聚居空间	徐坚	《山地学报》2002，（5）	526	《山地学报》编辑委员会	2002.10
客家人的家园理想——培田九厅十八井	杨海滨	《小城镇建设》2002，（10）	76	《小城镇建设》编辑部	2002.10
植入夜郎国的明珠——青岩石建筑文化小记	吴正光	《小城镇建设》2002，（10）	68	《小城镇建设》编辑部	2002.10
传统民居建筑给住宅设计的一点启示	袁平	《冶金矿山设计与建设》2002，（5）	41	《冶金矿山设计与建设》编辑部	2002.10
白族传统建筑是中原文化与本土文化融合的历史见证	陈谋德	《中国勘察设计》2002，（10）	36	《中国勘察设计》杂志社	2002.10

续表

论文名	作者	刊载杂志	页码	编辑出版单位	出版日期
传统村镇 民居之保护 继承与发展	麦燕屏	《中国勘察设计》2002,(10)	8	《中国勘察设计》杂志社	2002.10
传统民居建筑美学特征试探	孙大章	《中国勘察设计》2002,(10)	25	《中国勘察设计》杂志社	2002.10
西南地区传统民居色彩文化特征	舒净	《中国勘察设计》2002,(10)	17	《中国勘察设计》杂志社	2002.10
演变与承传——从"华立·水乡"到山水环境聚落特色的理性思考	王小斌	《中国勘察设计》2002,(10)	29	《中国勘察设计》杂志社	2002.10
在中国民族建筑研究会"2002年海峡两岸民居建筑学术研讨会"上的讲话	姚兵	《中国勘察设计》2002,(10)	4	《中国勘察设计》杂志社	2002.10
崔莺莺与唐蒲州粟特移民踪迹	葛承雍	《中国历史文物》2002,(5)	60	《中国历史文物》编辑部	2002.10
侗族"矮脚楼"演进模式新探——湖南会同高椅村建筑演变分析	蔡凌	《华南理工大学学报》（自然科学版）2002,(10)	51	华南理工大学	2002.10
全方位参与和可持续发展的传统村落保护开发	郭谦，林冬娜	《华南理工大学学报》（自然科学版）2002,(10)	38	华南理工大学	2002.10
闽台关系的建筑文化考察	戴志坚	《昆明理工大学学报》（理工版）2002,(5)	89	昆明理工大学	2002.10
青海农村旧居围护结构保温问题的探究与启示	刘连新	《青海大学学报》（自然科学版）2002,(5)	1	青海大学	2002.10
浅析明清以来山西典商的特点	刘建生，王瑞芬	《山西大学学报》（哲学社会科学版）2002,(5)	12	山西大学	2002.10
鄂西宣恩县土家族民居实例初探	吴晓楠，杨欢欢，杨力行，杨炎松	《武汉大学学报》（工学版），2002,(5)	87	武汉大学	2002.10
河南省窑洞村落景观研究——以洛阳、三门峡两地为例	屈德印，邢燕	《武汉理工大学学报》2002,(10)	32	武汉理工大学	2002.10
论明清工商会馆在整合市场秩序中的作用——以山陕会馆为例	李刚，宋伦	《西北大学学报》（哲学社会科学版）2002,(4)	82	西北大学	2002.10
区域对比：环境与聚落的演进	李水城	《考古与文物》2002,(6)	33	《考古与文物》编辑部	2002.11
乡土建筑与室内设计的生态解析	周浩明	《室内设计与装修》2002,(11)	14	《室内设计与装修》编辑部	2002.11
浅谈黑虎、桃坪羌碉的战争功能与审美	彭代明，唐广莉，刘小平	《阿坝师范高等专科学校学报》2002,(2)	89	阿坝师范高等专科学校	2002.11
依山居之 垒石为室 与大山共存——羌寨民居的生态意义探寻	唐平	《阿坝师范高等专科学校学报》2002,(2)	92	阿坝师范高等专科学校	2002.11
珠江三角洲乡镇聚落的兴衰与重振——番禺沙湾古镇的历史文化遗存与保护开发刍议	朱光文	《广州大学学报》（社会科学版）2002,(11)	29	广州大学	2002.11
黟县乡土民居集落及其环境浅析	宋岭，张少伟，张红梅，葛庆胜	《华北水利水电学院学报》（社科版）2002,(4)	30	华北水利水电学院	2002.11
试论殷墟聚落居民的族系问题	陈絜	《南开学报》（哲学社会科学版）2002,(6)	73	南开大学	2002.11
土家族民间工艺的文化内涵	田少煦，胡万卿	《深圳大学学报》（人文社会科学版）2002,(6)	66	深圳大学	2002.11

续表

论文名	作者	刊载杂志	页码	编辑出版单位	出版日期
云南瑶族聚落背景探析	徐祖祥	《云南民族学院学报》（哲学社会科学版）2002，(6)	86	云南民族学院	2002.11
天津建筑风格的研究与应用——写在《天津建筑风格》出版之际	滕绍华	《建筑学报》2002，(11)	41	中国建筑学会	2002.11
福州古戏台摭谈	孙静	《福建艺术》2002，(6)	36	《福建艺术》编辑部	2002.12
风水建筑钩沉	万艳华	《古建园林技术》2002，(4)	52	《古建园林技术》编辑部	2002.12
胡雪岩故居"延碧堂"（红木厅）复原设计	杨鸣	《古建园林技术》2002，(4)	18	《古建园林技术》编辑部	2002.12
胡雪岩故居的水池构造	高念华	《古建园林技术》2002，(4)	33	《古建园林技术》编辑部	2002.12
胡雪岩故居概述	高念华	《古建园林技术》2002，(4)	5	《古建园林技术》编辑部	2002.12
胡雪岩故居围墙的加固与保护	高念华	《古建园林技术》2002，(4)	27	《古建园林技术》编辑部	2002.12
浅谈胡雪岩故居绿梦亭的复原	张震亚	《古建园林技术》2002，(4)	23	《古建园林技术》编辑部	2002.12
门楼高百尺 极目超仙凡——顺峰山公园牌坊装饰设计	梁昆浩	《广东建筑装饰》2002，(6)	28	《广东建筑装饰》杂志社	2002.12
商人会馆与民族经济融合的动力探析——以明清时期广东会馆与广西地区为中心	陈炜，吴石坚	《广西地方志》2002，(6)	40	《广西地方志》编辑部	2002.12
云南傣族农村聚落分类体系与建设整治途径研究	万晔，司徒群，朱彤，杨克诚，付保红，吴文青，何云红	《经济地理》2002，(s1)	58	《经济地理》编辑部	2002.12
云南彝族农村聚落区人地关系研究	万晔，司徒群，朱彤，杨克诚，付保红，吴文青	《经济地理》2002，(s1)	63	《经济地理》编辑部	2002.12
清代广东华侨会馆在海外分布析	刘正刚	《岭南文史》2002，(4)	57	《岭南文史》编辑部	2002.12
城镇街坊——山西传统民居群体空间组合之一	孟聪龄	《山西建筑》2002，(12)	1	《山西建筑》杂志社	2002.12
中国传统民居与村寨古典建筑陕西韩城党家村	吴昊，张莉	《室内设计与装修》2002，(12)	26	《室内设计与装修》编辑部	2002.12
阳村传统民居	刘新林	《小城镇建设》2002，(12)	50	《小城镇建设》编辑部	2002.12
台湾寺庙建筑探源	林从华	《哈尔滨建筑大学学报》2002，(6)	68	哈尔滨建筑大学	2002.12
从"客家围龙屋"到"滨海客舍"	涂海蓉	《惠州学院学报》2002，(6)	92	惠州学院	2002.12
论明清工商会馆的市场化进程——以山陕会馆为例	李刚，宋伦，高薇	《兰州商学院学报》2002，(6)	73	兰州理工大学	2002.12
吴地民居屋脊文化考	邵耀辉，李钢强	《南通工学院学报》（社会科学版）2002，(4)	108	南通工学院	2002.12
古典民居的生态启示	张百红	《彭城职业大学学报》2002，(6)	29	彭城职业大学	2002.12
中国古民居与民族传统文化	丁勇，刘莹	《郑州轻工业学院学报》（社会科学版），2002，(4)	66	郑州轻工业学院	2002.12

续表

论文名	作者	刊载杂志	页码	编辑出版单位	出版日期
"从厝式"民居现象探析	肖旻	《华中建筑》2003，（1）	85	《华中建筑》编辑部	2003.1
浅析三峡地区传统民居的特征与风格	严广超	《华中建筑》2003，（1）	81	《华中建筑》编辑部	2003.1
浙江民居装饰艺术一斑——富阳龙门镇撑拱雕刻	华炜	《华中建筑》2003，（1）	94	《华中建筑》编辑部	2003.1
客家土楼，山地聚落环境的奇葩	李冬环	《环境》2003，（1）	36	《环境》杂志社	2003.1
一方乡土的记忆——楠溪江古村落寻访	东平	《今日中国》（中文版）2003，（1）	68	《今日中国》杂志社	2003.1
潜藏在皖南古民居形象中的精神意味	袁献民	《美术观察》2003，（1）	64	《美术观察》编辑部	2003.1
徽州民居建筑雕饰艺术管窥	卞海涛，董珂	《小城镇建设》2003，（1）	66	《小城镇建设》编辑部	2003.1
三峡古代盐业开发对行政区划和城镇布局的影响	李小波	《盐业史研究》2003，（1）	51	《盐业史研究》编辑部	2003.1
绍兴市城镇聚落空间形态信息提取及其演化的分形分析	赵萍，冯学智	《遥感信息》2003，（1）	11	《遥感信息》编辑部	2003.1
广东侨乡聚落的景观特点及其遗产价值	刘沛林	《中国历史地理论丛》2003，（1）	76	《中国历史地理论丛》编辑部	2003.1
清代河南的商业重镇周口——明清时期河南商业城镇的个案考察	许檀	《中国史研究》2003，（1）	131	《中国史研究》杂志社	2003.1
藏北西部的本教村落文部（Ⅱ）	李路阳	《中国西藏》（中文版），2003，（1）	48	《中国西藏》杂志社	2003.1
论中国乡村景观及乡村景观规划	王云才，刘滨谊	《中国园林》2003，（1）	55	《中国园林》杂志社	2003.1
简介日本的木造住宅和环保意识	柳肃	《中外建筑》2003，（1）	18	《中外建筑》杂志社	2003.1
悠悠新滩古民居	魏启扬	《中外建筑》2003，（1）	35	《中外建筑》杂志社	2003.1
浅议传统、传统建筑和地区建筑	解玉琪	《安徽建筑》2003，（1）	27	安徽建筑学会	2003.1
明清商人会馆中的封建宗族文化探微	侯宣杰	《安庆师范学院学报》（社会科学版）2003，（1）	42	安庆师范学院	2003.1
酉阳后溪龚氏坊小考	彭福荣	《涪陵师范学院学报》2003，（1）	80	涪陵师范学院	2003.1
从周庄到福州朱紫坊的所见与所思	潘敏文	《福建建筑》2003，（1）	5	福建省建筑学会	2003.1
土楼与窑洞的比较	王珊，关瑞明	《华侨大学学报》（自然科学版）2003，（1）	70	华侨大学	2003.1
徽州古村落——宏村空间形态影响因素研究	揭鸣浩	《上海城市管理职业技术学院学报》2006，（5）	42	上海城市管理职业技术学院	2003.1
中国古代民居建筑等级制度	刘森林	《上海大学学报》（社会科学版）2003，（1）	101	上海大学	2003.1
50件作品	孙田	《时代建筑》2003，（1）	58	同济大学出版社	2003.1
都市营造论坛	张松，王南溟，李武英，赵国文，陈伯冲，戴锦华，朱其，陈缨	《时代建筑》2003，（1）	67	同济大学出版社	2003.1
巴的氏族内的五个群体家庭与姜寨聚落遗存中的五个房屋群落	邹家俐	《浙江大学学报》（人文社会科学版）2003，（1）	47	浙江大学	2003.1

续表

论文名	作者	刊载杂志	页码	编辑出版单位	出版日期
风土环境与建筑形态——晋西风土建筑形态分析	王金平	《建筑师》2003，（1）	60	中国建筑工业出版社	2003.1
景观的阅读与理解	何晓昕	《建筑师》2003，（1）	57	中国建筑工业出版社	2003.1
从"石库门"到"新天地"人类聚落形态的情境演绎	刘云，李蕾	《城市开发》2003，（4）		《城市开发》杂志社	2003.2
从巴砖村看传统民居的保护与改造	牛建农，韦克	《规划师》2003，（2）	46	《规划师》编辑部	2003.2
"无"之精神	潘方勇，张敏龙	《华中建筑》2003，（2）	8	《华中建筑》编辑部	2003.2
浅析山西传统民居的创作价值	朱向东，展海强	《科技情报开发与经济》2003，（2）	154	《科技情报开发与经济》编辑部	2003.2
浅析旧城改造中保护和利用的关系	苏丽萍	《山西建筑》2003，（6）	3	《山西建筑》杂志社	2003.2
谈乡土建筑遗产的保护	孙丽平，张殿松	《山西建筑》2003，（6）	7	《山西建筑》杂志社	2003.2
福建土楼民居环境的艺术创造	钟祺	《世界环境》2003，（1）	77	《世界环境》杂志社	2003.2
关于乡土建筑伦理功能的对话——写在"中国梦未央：James P. Warfield摄影展"后	高蓓	《室内设计与装修》2003，（2）	12	《室内设计与装修》编辑部	2003.2
"过渡"空间的遐想——井研县熊克武故居印象	章斌，程霞	《四川建筑》2003，（1）	11	《四川建筑》编辑部	2003.2
秦淮门东门西地区历史风貌的保护与延续	阳建强	《现代城市研究》2003，（2）	34	《现代城市研究》编辑部	2003.2
"昨天、明天，相会于今天"——"新天地"中的蒙太奇	胡茸	《新建筑》2003，（1）	48	《新建筑》杂志社	2003.2
藏彝走廊的历史文化特征（续）	李星星	《中华文化论坛》2003，（2）	25	《中华文化论坛》杂志社	2003.2
天水至郑州间仰韶文化晚期聚落群与中心聚落的初步考察	巩文	《中原文物》2003，（4）	28	《中原文物》编辑部	2003.2
重庆近代西洋建筑的乡土化倾向	欧阳桦	《重庆建筑》2003，（2）	45	《重庆建筑》杂志社	2003.2
龙南关西客家民居门窗雕刻艺术初探	黄明秋	《装饰》2003，（2）	2	《装饰》编辑部	2003.2
蔡氏古民居建筑群	王岚，罗奇	《北方交通大学学报》2003，（1）	87	北方交通大学	2003.2
福建土楼的类设计模式研究（纲要）	关瑞明，陈力	《福建建筑》2003，（2）	22	福建省建筑学会	2003.2
武夷山地域文化与建筑创作——武夷山建筑设计社会实践总结	王彤宇	《福建建筑》2003，（2）	7	福建省建筑学会	2003.2
寻找失落的家园——《中国古村落》丛书总序	陈志华	《出版广角》2003，（2）	73	广西出版杂志社	2003.2
徽州民居美学特征的探讨	吴永发	《合肥工业大学学报》（社会科学版）2003，（1）	80	合肥工业大学	2003.2
北夷"索离"国及其夫余初期王城新考	王禹浪，李彦君	《黑龙江民族丛刊》2003，（1）	93	黑龙江省民族研究所	2003.2
论闽台宗族乡土意识中的亲和力与排他性	方宝璋	《江西财经大学学报》2003，（1）	80	江西财经大学	2003.2
地域会馆与商帮建构——明清商人会馆研究	陈炜，史志刚	《乐山师范学院学报》2003，（1）	77	乐山师范学院	2003.2

续表

论文名	作者	刊载杂志	页码	编辑出版单位	出版日期
客家土楼的物质性建构序列与精神性建构序列浅析	李志文	《闽西职业大学学报》2003，(1)	91	闽西职业大学	2003.2
城市转型中近代上海会馆的特点	郭绪印	《学术月刊》2003，(3)	77	《学术月刊》杂志社	2003.3
浅谈现代住宅建筑设计中对"四合院"形式与精神的借鉴	杨丽文	《桂林师范高等专科学校学报》2003，(1)	40	《国外建材科技》编辑部	2003.3
乡村公共空间与乡村文化建设——以河北唐山乡村公共空间为例	周尚意，龙君	《河北学刊》2003，(2)	72	《河北学刊》杂志社	2003.3
中国东北先史环壕聚落的演变与传播	朱永刚	《华夏考古》2003，(1)	32	《华夏考古》编辑部	2003.3
惠安石材特性及在乡土建筑中的运用	陈晓向	《华中建筑》2003，(3)	86	《华中建筑》编辑部	2003.3
新与旧的对话：镇江市大西路杨家巷旧区改造设计方案浅谈	刘海生	《华中建筑》2003，(4)	86	《华中建筑》编辑部	2003.3
山西传统民居群体空间组合之二——村落布置	孟聪龄	《山西建筑》2003，(8)	4	《山西建筑》杂志社	2003.3
德国人文聚落区生态单元制图国家项目	Wolfgang Schulte, Herbert Sukopp,李建新	《生态学报》2003，(3)	588	《生态学报》编辑部	2003.3
庭院建筑空气环境初探	王志毅，谷波，刘加平	《四川建筑科学研究》2003，(1)	103	《四川建筑科学研究》编辑部	2003.3
成都平原的环境对蜀文化聚落建筑与经济的影响	姜世碧	《四川文物》2003，(2)	63	《四川文物》编辑部	2003.3
古城、酋邦与古蜀共主政治的起源——以川西平原古城群为例	彭邦本	《四川文物》2003，(2)	18	《四川文物》编辑部	2003.3
川南夕佳山民居的风水观与景园艺术	袁犁，姚萍	《小城镇建设》2002，(3)	38	《小城镇建设》编辑部	2003.3
客家古村白鹭的民居建筑	陈金泉	《小城镇建设》2003，(3)	55	《小城镇建设》编辑部	2003.3
重庆传统民居适应气候的建造措施初探	王莺	《小城镇建设》2003，(3)	57	《小城镇建设》编辑部	2003.3
现代北京四合院的设计	金岩	《中外建筑》2003，(3)	60	《中外建筑》杂志社	2003.3
略论史前聚落的萌芽与发生	钱耀鹏	《中原文物》2003，(5)	8	《中原文物》编辑部	2003.3
皖南黟县屏山村古民居建筑美学探微	陈亚峰	《装饰》2003，(3)	69	《装饰》编辑部	2003.3
北京旧城原有格局与风貌保护中需要注意几个问题	孙洪铭	《北京联合大学学报》2003，(1)	70	北京联合大学	2003.3
西四北平房保护区现状分析及对策建议	孙玲	《北京联合大学学报》2003，(1)	67	北京联合大学	2003.3
沈家祠堂滑坡稳定性分析	邓争荣	《长江职工大学学报》2003，(1)	31	长江职工大学	2003.3
漳州土楼民居建筑特色及其保护利用	林少斌	《福建建筑》2003，(3)	23	福建省建筑学会	2003.3
从顺德顺峰山牌坊建成的思考	邓其生	《南方建筑》2003，(3)	59	广东省建筑学会	2003.3
城镇庙会及其嬗变——以武汉地区庙会为个案分析	梁方	《湖北大学学报》（哲学社会科学版）2003，(2)	93	湖北大学	2003.3

续表

论文名	作者	刊载杂志	页码	编辑出版单位	出版日期
许逊、净明道、万寿宫文化演变论纲	孙家驹	《江西行政学院学报》2003,（1）	51	江西行政学院	2003.3
罗田古村的民居风格与启迪——江西古村落群建筑特色研究之一	邓洪武	《南昌大学学报》（人文社会科学版）2003,（2）	76	南昌大学	2003.3
论民族传统文化在当代建筑艺术中的地位	王文杰	《南京工业大学学报》（社会科学版）2003,（1）	75	南京工业大学	2003.3
挽留古城的历史——济南古城区传统民居四合院的调查报告	刘冰,刘涛,刘健,于冬雪	《唐山学院学报》2003,（1）	26	唐山学院	2003.3
新型窑居太阳房设计与热环境分析	杨柳,钟珂	《西安建筑科技大学学报》（自然科学版）2003,（1）	17	西安建筑科技大学	2003.3
文化人类学视野中的传统民居及意义	阮昕	《建筑师》2003,（3）	57	中国建筑工业出版社	2003.3
胡同和四合院居住模式的延续	朱芸	《建筑学报》2003,（3）	22	中国建筑学会	2003.3
浅析北京民居 略论保护内涵（上）	王屹	《北京规划建设》2003,（2）	20	《北京规划建设》编辑部	2003.4
嬗变中的四合院——兼议历史文化名城的保护与发展	方翔,张建	《北京规划建设》2003,（2）	11	《北京规划建设》编辑部	2003.4
乡土精神与现代化——传统聚落人居环境对现代聚居社区的启示	吴立华	《当代建设》2003,（4）	27	《当代建设》编辑部	2003.4
关于乡土建筑建造技术研究的若干问题	王冬	《华中建筑》2003,（4）	52	《华中建筑》编辑部	2003.4
汉口山陕会馆考	潘长学,徐宇甦	《华中建筑》2003,（4）	108	《华中建筑》编辑部	2003.4
泉州海丝文化遗迹中伊斯兰建筑特征初探	潘华	《华中建筑》2003,（4）	103	《华中建筑》编辑部	2003.4
社会学视域中的乡土建筑研究	李梦雷,李晓峰	《华中建筑》2003,（4）	50	《华中建筑》编辑部	2003.4
皖南传统民居生态系统初探	翟光逵,翟芸	《华中建筑》2003,（4）	95	《华中建筑》编辑部	2003.4
中国传统聚落极域研究	王鲁民,张帆	《华中建筑》2003,（4）	98	《华中建筑》编辑部	2003.4
泰顺廊桥	冯华	《建筑知识》2003,（2）	29	《建筑知识》编辑部	2003.4
云南建水团山民居建筑札记	金泳强	《民族艺术研究》2003,（2）	76	《民族艺术研究》编辑部	2003.4
建筑文化解析之———地域主义的建筑历史	白丽燕	《内蒙古科技与经济》2003,（7）	60	《内蒙古科技与经济》杂志社	2003.4
新疆维吾尔族传统建筑中的龛空间——米合拉甫	张泓,李钢	《室内设计》2003,（2）	16	《室内设计》杂志社	2003.4
会馆建筑	孙音	《四川建筑》2003,（2）	27	《四川建筑》编辑部	2003.4
全球化背景下的西南少数民族传统民居色彩文化	舒净	《四川建筑科学研究》2003,（2）	103	《四川建筑科学研究》编辑部	2003.4
旧貌新颜同璀璨——陕西韩城传统文化管窥	祁今燕,习晋	《新材料新装饰》2003,（4）	57	《新材料新装饰》杂志社	2003.4
"立体胡同"及"空中合院"——北京"天和人家"住宅设计构想	徐卫国	《新建筑》2003,（2）	42	《新建筑》杂志社	2003.4
场所的重塑——从蜂岩洞民居的建造逻辑看建筑的地区性	吴志宏	《新建筑》2003,（2）	32	《新建筑》杂志社	2003.4
地域建筑文化的延续和发展——简析传统民居的可持续发展	赵群,刘加平	《新建筑》2003,（2）	24	《新建筑》杂志社	2003.4

续表

论文名	作者	刊载杂志	页码	编辑出版单位	出版日期
广州西关民居保护规划研究	陆琦，黎颖，周文	《新建筑》2003，(2)	13	《新建筑》杂志社	2003.4
旅游开发与传统聚落保护的现状与思考	刘源，李晓峰	《新建筑》2003，(2)	29	《新建筑》杂志社	2003.4
上海里弄保护更新的一种模式探索——上海西王家库地块里弄的保护与更新	吕晓钧，卢济威	《新建筑》2003，(2)	10	《新建筑》杂志社	2003.4
我国旧城住区更新的新视野——支撑体住宅与菊儿胡同新四合院之解析	徐小东	《新建筑》2003，(2)	7	《新建筑》杂志社	2003.4
张掖"黑水国"古绿洲沙漠化之调查研究	李并成	《中国历史地理论丛》2003，(2)	17	《中国历史地理论丛》编辑部	2003.4
龙潭古镇人居环境的保护与发展	赵万民，李泽新	《重庆建筑》2003，(4)	9	《重庆建筑》杂志社	2003.4
福建畲族民居	戴志坚	《福建工程学院学报》2003，(1)	59	福建工程学院	2003.4
闽台传统建筑文化比较	林从华	《福建工程学院学报》2003，(1)	53	福建工程学院	2003.4
培田古民居建筑群雕刻艺术探析	卓娜，戴志坚	《福建建筑》2003，(4)	16	福建省建筑学会	2003.4
交通与人口聚落——阳朔县人口迁移与分布的个案分析	范玉春	《广西师范大学学报》(哲学社会科学版)2003，(2)	121	广西师范大学	2003.4
潮州意溪的客家会馆	刘泽煊	《广西右江民族师专学报》2003，(2)	19	广西右江民族师专	2003.4
新徽派建筑初探	梁珂	《合肥工业大学学报》(社会科学版)2003，(2)	86	合肥工业大学	2003.4
传统民居的类设计模式建构	关瑞明，陈力，朱怿，王珊	《华侨大学学报》(自然科学版)2003，(2)	151	华侨大学	2003.4
客家祠堂文化	李小燕	《嘉应大学学报》2003，(2)	119	嘉应大学	2003.4
中国民族传统建筑内涵与设计借鉴	刘彦才	《建筑师》2003，(4)	33	中国建筑工业出版社	2003.4
杭州名人故居保护利用研究	周振宇，周公宁	《建筑学报》2003，(4)	63	中国建筑学会	2003.4
建筑创新与地域文化——谈黄龙风景区的规划设计	沈三陵，王亦知	《建筑学报》2003，(4)	52	中国建筑学会	2003.4
丽江古城传统民居环境的古今思考	许涛	《重庆建筑大学学报》2003，(2)	20	重庆建筑大学	2003.4
重庆"湖广会馆"建筑中的木雕刻	李茹冰，陈建红	《重庆建筑大学学报》2003，(2)	14	重庆建筑大学	2003.4
张谷英历史街区保护规划思考	周晟	《规划师》2003，(5)	31	《规划师》编辑部	2003.5
传播学视域里的乡土建筑研究	洪汉宁，李晓峰	《华中建筑》2003，(5)	38	《华中建筑》编辑部	2003.5
中国传统民居建筑中模糊空间所体现的功能性	袁丰	《华中建筑》2003，(5)	98	《华中建筑》编辑部	2003.5
客家土楼民居建筑的色彩与人的情感协调	熊青珍	《家具与室内装饰》2003，(9)	52	《家具与室内装饰》杂志社	2003.5
牌坊建筑文化初探	乔云飞，罗微	《四川文物》2003，(3)	68	《四川文物》编辑部	2003.5

续表

论文名	作者	刊载杂志	页码	编辑出版单位	出版日期
"江南民居"与现代生活的融合——江南城市郊区农居建筑设计探索	宋绍杭，谢榕，潘丽春	《小城镇建设》2003，(5)	41	《小城镇建设》编辑部	2003.5
传承民居建筑文化 铺垫农宅设计新途——福建村镇住宅小区建设试点设计初探	骆中钊，虞文军	《小城镇建设》2003，(5)	32	《小城镇建设》编辑部	2003.5
民居的建筑特色与时代局限——以福建培田民居为例	吴念民	《小城镇建设》2003，(5)	69	《小城镇建设》编辑部	2003.5
用之可以尊中国——三门塘民俗建筑赏析	吴正光	《小城镇建设》2003，(5)	72	《小城镇建设》编辑部	2003.5
重庆市域现存传统园林、建筑和民居调查初报	况平，廖怡如，吴涛	《重庆建筑》2003，(5)	6	《重庆建筑》杂志社	2003.5
传统住屋文化中的两性空间	赵复雄	《装饰》2003，(5)	93	《装饰》编辑部	2003.5
浅议中国西南少数民族传统住居文化资源的价值	廖丽	《涪陵师范学院学报》2003，(3)	63	涪陵师范学院	2003.5
浅析北京民居 略论保护内涵（下）	王屹	《北京规划建设》2003，(3)	56	《北京规划建设》编辑部	2003.6
略论北京的古建牌楼	韩昌凯	《北京社会科学》2003，(2)	106	《北京社会科学》编辑部	2003.6
玲珑剔透一桶扇 富华清雅总相宜——中国古建筑中的木桶扇	徐爱华	《东南文化》2003，(6)	80	《东南文化》杂志社	2003.6
略谈泾县古代祠堂的建筑、装饰艺术	甘胜利	《东南文化》2003，(6)	63	《东南文化》杂志社	2003.6
闽南古厝民居装饰艺术	郑东	《东南文化》2003，(6)	74	《东南文化》杂志社	2003.6
珠海会同村建筑形成的特点和历史艺术价值	门晓琴	《东南文化》2003，(6)	66	《东南文化》杂志社	2003.6
以文化生态学解读围龙屋建筑的风水观——兼议中国传统民居的旅游文化发掘	江金波，司徒尚纪	《福建地理》2003，(2)	26	《福建地理》编辑部	2003.6
浅谈兰溪城市建设与传统建筑文化的"兼容"	李彩标	《古建园林技术》2003，(2)	57	《古建园林技术》编辑部	2003.6
清代粤北石雕艺术探索	廖威	《广东史志》2003，(2)	75	《广东史志》编辑部	2003.6
从"桐芳巷"到"新天地"——谈苏州历史街区保护对策	王雨村	《规划师》2003，(6)	20	《规划师》编辑部	2003.6
聚落考古综述	王建华	《华夏考古》2003，(2)	97	《华夏考古》编辑部	2003.6
枪手的部落——来自苗族聚落岜沙的田野报告	张晓松	《华夏人文地理》2001，(3)	46	《华夏人文地理》编辑部	2003.6
开放的"里弄"——镇江市西津渡传统街区的保护与更新研究	杨靖，马进	《华中建筑》2003，(6)	68	《华中建筑》编辑部	2003.6
客家围屋——新围建筑文化研究	张嗣介	《华中建筑》2003，(6)	99	《华中建筑》编辑部	2003.6
谁谓波澜才一水，已觉山川是两乡？——金门印象	胡创伟，张勇	《两岸关系》2003，(6)	38	《两岸关系》杂志社	2003.6
锦纶会馆与广州丝织业史	孔柱新	《岭南文史》2003，(2)	32	《岭南文史》编辑部	2003.6
粤东北社会环境与围龙屋建筑文化景观	江金波，司徒尚纪	《岭南文史》2003，(2)	12	《岭南文史》编辑部	2003.6

续表

论文名	作者	刊载杂志	页码	编辑出版单位	出版日期
安昌古村落保护规划特点及其启示	沈兵明，黄忠华，陈淼	《小城镇建设》2003，(6)	72	《小城镇建设》编辑部	2003.6
孙中山故里翠亨民居研究	李文捷，何永泉	《新建筑》2003，(3)	49	《新建筑》杂志社	2003.6
走近"乡土建筑"——温州瑶溪外商活动中心设计	王昕洁，周科，蒋锦兰	《浙江建筑》2003，(3)	9	《浙江建筑》杂志社	2003.6
开放的东南亚地域主义建筑	吕海英	《中外建筑》2003，(6)	52	《中外建筑》杂志社	2003.6
驿前明清民居的门面装饰	肖学健，李田	《装饰》2003，(6)	42	《装饰》编辑部	2003.6
中国古代传统聚落的生态环境探析	张国梅	《安徽建筑》2003，(6)	3	安徽建筑学会	2003.6
论社旗山陕会馆建筑装饰艺术文化的传统德育内涵	骆平安	《安阳师范学院学报》2003，(3)	56	安阳师范学院	2003.6
社旗山陕会馆建筑装饰群中的艺术文化内涵研究	李芳菊	《安阳师范学院学报》2003，(3)	62	安阳师范学院	2003.6
闽南与台湾传统建筑匠艺探析	林从华	《福建工程学院学报》2003，(2)	10	福建工程学院	2003.6
窑洞的生态优势及其在现代建筑中的体现	崔玲，王波，王燕飞	《河南科技大学学报》（社会科学版）2003，(2)	85	河南科技大学	2003.6
中国宅第门饰艺术中的铺首装饰	季忠伟	《湖州师范学院学报》2003，(s1)	147	湖州师范学院	2003.6
华南民居的"生态群落"与美学思考	谭元亨	《华南农业大学学报》（社会科学版）2003，(2)	82	华南农业大学	2003.6
皖南传统聚落的生态适应性	张希晨	《江南大学学报》（自然科学版）2003，(2)	190	江南大学	2003.6
安徽传统民居夏季室内热环境模拟	宋凌，林波荣，朱颖心	《清华大学学报》（自然科学版）2003，(6)	826	清华大学	2003.6
黄淮平原乡村聚落土地资源规划与整治	余方镇，张卫星	三门峡职业技术学院学报2003，(2)	54	三门峡职业技术学院	2003.6
山西明代传统戏场建筑研究	薛林平，王季卿	《同济大学学报》（自然科学版）2003，(3)	319	同济大学	2003.6
蒙族民居的热工特性及演变	刘铮，刘加平	《西安建筑科技大学学报》（自然科学版）2003，(2)	103	西安建筑科技大学	2003.6
云南民居建筑的空间取向	王声跃，张文，肖海珍	《玉溪师范学院学报》2003，(6)	35	玉溪师范学院	2003.6
戏台考索	高琦华	《浙江艺术职业学院学报》2003，(2)	25	浙江艺术职业学院	2003.6
聚落形态研究与文明探源	王巍	《郑州大学学报》（哲学社会科学版）2003，(3)	9	郑州大学	2003.6
多元拓展与互融共生——"广义地域性建筑"的创新手法探析	曾坚，杨崴	《建筑学报》2003，(6)	10	中国建筑学会	2003.6
都市化与农民的终结——广州南景村经济变迁研究	孙庆忠	《中国农业大学学报》（社会科学版）2003，(2)	15	中国农业大学	2003.6
重庆古城的建筑与历史文化	邓晓	《重庆师范大学学报》（哲学社会科学版）2003，(4)	62	重庆师范大学	2003.6

续表

论文名	作者	刊载杂志	页码	编辑出版单位	出版日期
陕南汉江走廊新石器时代考古聚落研究	陶卫宁	《经济地理》2003,（4）	486	《经济地理》编辑部	2003.7
国内外乡村聚落生态研究	陈勇	《农村生态环境》2005,（3）	58	《农村生态环境》编委会	2003.7
新疆喀什传统城市聚落景观分析	张泓,李钢	《室内设计》2003,（3）	38	《室内设计》杂志社	2003.7
具有耕读文明的窑居村落——山西省汾西县师家沟清代民居	王玉富	《文物世界》2003,（4）	7	《文物世界》编辑部	2003.7
中国回族的"乌玛"建筑——甘南临潭西道堂"大房子"的色彩与装修	陈建红,李茹冰	《小城镇建设》2003,（7）	56	《小城镇建设》编辑部	2003.7
明清时期陕南汉江走廊乡村聚落类型的地名研究	陶卫宁	《中国历史地理论丛》2003,（3）	73	《中国历史地理论丛》编辑部	2003.7
清末以来会馆的地理分布——以东亚同文书院调查资料为依据	（日）薄井由	《中国历史地理论丛》2003,（3）	80	《中国历史地理论丛》编辑部	2003.7
古代峡江地区聚落变迁与社区经济发展态势探论	钟礼强	《中国社会经济史研究》2003,（3）	29	《中国社会经济史研究》编辑部	2003.7
古村落文化景观的基因表达与景观识别	刘沛林	《衡阳师范学院学报》2003,（4）	1	衡阳师范学院	2003.7
闽粤赣边客家土楼民居的文化适应探索	杨载田	《衡阳师范学院学报》2003,（4）	9	衡阳师范学院	2003.7
中国南方传统聚落特点及其GIS系统的设计	唐云松,朱诚	《衡阳师范学院学报》2003,（4）	13	衡阳师范学院	2003.7
中国碉楼的起源、分布与类型	张国雄	《湖北大学学报》（哲学社会科学版）2003,（4）	79	湖北大学	2003.7
古村落民居保护与开发的产权分析	许抄军,刘沛林,周晓君	《衡阳师范学院学报》2003,（4）	19	湖州师范学院	2003.7
上海"老房子"的新课题：保护性修缮	刘加农	《上海城市管理职业技术学院学报》2003,（4）	42	上海城市管理职业技术学院	2003.7
浅析地域文化影响下的辽东村镇居住模式——新宾满族自治县上夹河镇民居的改建	唐作剑,吴晓平,王占奇,阎宝林	《沈阳建筑工程学院学报》（自然科学版）2003,（3）	194	沈阳建筑工程学院	2003.7
韩国关庙与中国关庙戏台	姜春爱	《中央戏剧学院学报》2003,（3）	78	中央戏剧学院	2003.7
旧城保护与危改的方法	朱嘉广	《北京规划建设》2003,（4）	52	《北京规划建设》编辑部	2003.8
房龄五千年的"小康住宅"	工程建设与档案	《工程建设与档案》2003,（4）	43	《工程建设与档案》杂志社	2003.8
当前破坏城镇文脉现象剖析	杨卫红	《国土经济》2003,（4）	16	《国土经济》编辑部	2003.8
北京胡同中的建筑文化	王铭珍	《建筑知识》2003,（4）	1	《建筑知识》编辑部	2003.8
中国传统堡寨聚落形式的实际运用——昆明"新达广场"的规划设计	高崧	《江苏建筑》2003,（4）	2	《江苏建筑》编辑部	2003.8
山西传统民居门饰中的门环与铺首	王建华	《荣宝斋》2003,（4）	206	《荣宝斋》出版社	2003.8
城市特色与建筑创新	张建华	《山西建筑》2003,（10）	11	《山西建筑》杂志社	2003.8
广安翰林院子修复记	唐明媚,庄裕光	《四川建筑》2003,（s1）	95	《四川建筑》编辑部	2003.8

续表

论文名	作者	刊载杂志	页码	编辑出版单位	出版日期
山陕甘会馆的建筑形制考略	田文高，李嘉华	《四川建筑》2003，(s1)	71	《四川建筑》编辑部	2003.8
近代北京的山西会馆	宸晓红	《文史月刊》2003，(8)	42	《文史月刊》杂志社	2003.8
河北平泉一带发现的石城聚落遗址——兼论夏家店下层文化的城堡带问题	郑绍宗	《文物春秋》2003，(4)	1	《文物春秋》编辑部	2003.8
胶东传统渔村民居的水文化特征	李政，李贺楠	《中国房地产》2003，(8)	77	《中国房地产》杂志社	2003.8
传统民居生态建筑经验的科学化与再生	刘加平	《中国科学基金》2003，(4)	234	《自然科学基金》杂志社	2003.8
民居装饰装修中的误区	苗书祺	《河北理工学院学报》（社会科学版）2003，(s1)	132	河北理工学院	2003.8
传统聚落文化浅析	刘福智，刘学贤，刘加平	《青岛建筑工程学院学报》2003，(4)	23	青岛建筑工程学院	2003.8
论棠樾牌坊群的艺术魅力	常文学	《美与时代》2003，(8)	17	郑州大学美学研究所	2003.8
传统堡寨聚落防御性空间探析	王绚	《建筑师》2003，(4)	64	中国建筑工业出版社	2003.8
羌族建筑与村寨	任浩	《建筑学报》2003，(8)	62	中国建筑学会	2003.8
山西传统堡寨聚落研究	王绚，黄为隽，侯鑫	《建筑学报》2003，(8)	59	中国建筑学会	2003.8
"镇西庙宇冠全疆"初探	王建基	《中南民族大学学报》（人文社会科学版）2003，(s2)	32	中南民族大学	2003.8
四合院建筑与庭院——菖蒲河公园花鸟鱼虫馆设计	游江	《古建园林技术》2003，(3)	45	《古建园林技术》编辑部	2003.9
湘西土家族民居构造特色浅探	阎家瑞，阎若	《古建园林技术》2003，(3)	61	《古建园林技术》编辑部	2003.9
山东章丘市小荆山后李文化环壕聚落勘探报告	王守功，宁荫堂	《华夏考古》2003，(3)	3	《华夏考古》编辑部	2003.9
中国史前防御设施的社会意义考察	朱永刚	《华夏考古》2003，(3)	41	《华夏考古》编辑部	2003.9
从婺源民居看徽派建筑文化	姜晓樱	《家具与室内装饰》2003，(9)	74	《家具与室内装饰》杂志社	2003.9
寻求云南藏族传统民居更新的建材支撑	翟辉，柏文峰	《建材发展导向》2003，(3)	92	《建材发展导向》编辑部	2003.9
岭南秦汉遗民居住房屋述略	杨豪	《岭南文史》2003，(3)	59	《岭南文史》编辑部	2003.9
江西信丰小河镇明代客家民居遗址发掘	徐长青，严振洪，余江安	《南方文物》2003，(3)	21	《南方文物》编辑部	2003.9
氐人聚落与民居	季富政	《四川文物》2003，(5)	50	《四川文物》编辑部	2003.9
厦门骑楼建筑风貌分析	余强	《小城镇建设》2003，(9)	36	《小城镇建设》编辑部	2003.9
泉州传统民居官式大厝的生态精神	薛佳薇，关瑞明，冉茂宇	《南方建筑》2003，(3)	12	广东省建筑学会	2003.9
深圳市龙岗区村镇规划建设的探索与实践	孟丹	《华南理工大学学报》（社会科学版）2003，(3)	72	华南理工大学	2003.9
庐陵古村群存在的支撑——江西古村落群建筑特色研究之二	邓洪武，邹元宾	《南昌大学学报》（人文社会科学版）2003，(5)	89	南昌大学	2003.9

续表

论文名	作者	刊载杂志	页码	编辑出版单位	出版日期
明代徽州宗祠的特点	常建华	《南开学报》（哲学社会科学版）2003，(5)	101	南开大学	2003.9
长江流域乡村聚落环境及其可持续发展	邓先瑞	《沙洋师范高等专科学校学报》2003，(5)	49	沙洋师范高等专科学校	2003.9
从汉字看先民居住方式兼论方位词"北"的产生	杜恒联	《宿州师专学报》2003，(3)	45	宿州师专	2003.9
徽派古民居建筑艺术对现代设计的启示	郭立群	《武汉化工学院学报》2003，(3)	32	武汉化工学院	2003.9
彝族的建筑文化	张方玉，杨显川	《云南民族大学学报》（哲学社会科学版）2003，(5)	71	云南民族大学	2003.9
近代常州的会馆公所与商会	程玲莉	《档案与建设》2003，(10)	37	《档案与建设》编辑部	2003.10
简论儒家伦理对传统建筑文化的影响	秦红岭	《华夏文化》2003，(4)	26	《华夏文化》编辑部	2003.10
民居建筑的整旧与创新——对上海"新天地"旧城改造的思考	李昊	《家具与室内装饰》2003，(10)	16	《家具与室内装饰》杂志社	2003.10
嘉绒藏寨碉群及其世界文化遗产价值	张先进	《四川建筑》2003，(5)	12	《四川建筑》编辑部	2003.10
西递古村落结构研究	张晓冬	《小城镇建设》2003，(10)	66	《小城镇建设》编辑部	2003.10
合院瓦解与原型转化	谭刚毅，钱闽	《新建筑》2003，(5)	45	《新建筑》杂志社	2003.10
两宋时期民居与居住形态研究	谭刚毅，陆元鼎	《新建筑》2003，(5)	76	《新建筑》杂志社	2003.10
客家民居及其防御性空间特色	李蕾	《中国房地产》2003，(10)	75	《中国房地产》杂志社	2003.10
清代中后期太原盆地镇的类型及形成因素	张青瑶，王社教	《中国社会经济史研究》2003，(4)	67	《中国社会经济史研究》编辑部	2003.10
中国牛形古村落——安徽黟县宏村	杜丹，李之江，戴能康	《中国园林》2003，(10)	37	《中国园林》杂志社	2003.10
会馆与陕南城镇社会	蔡云辉	《宝鸡文理学院学报》（社会科学版）2003，(5)	27	宝鸡文理学院	2003.10
汉水中上游民居文化现代转型的研究报告	李锐	《汉中师范学院学报》2003，(5)	20	汉中师范学院	2003.10
山居建构之探索	李雪松	《湖北工业大学学报》2003，(5)	64	湖北工业大学	2003.10
无锡传统民居户外多功能空间的研究	过伟敏，邱冰，羊笑亲	《江南大学学报》（自然科学版）2003，(4)	381	江南大学	2003.10
明清工商会馆的产生及其社会整合作用——以山陕会馆为例	宋伦	《兰州商学院学报》2003，(5)	93	兰州理工大学	2003.10
潮汕民居的美学意蕴——以陈慈黉侨宅个案研究为例	曾建平	《汕头大学学报》（人文社会科学版）2003，(5)	103	汕头大学	2003.10
三峡地区的传统聚居建筑	程世丹	《武汉大学学报》（工学版）2003，(5)	94	武汉大学	2003.10
关于空间维度转换和投射问题的几点思考	王昀	《建筑师》2003，(5)	42	中国建筑工业出版社	2003.10

续表

论文名	作者	刊载杂志	页码	编辑出版单位	出版日期
南京书院考述	奚可桢	《东南文化》2003，(11)	89	《东南文化》杂志社	2003.11
浅析传统民居的卫生习俗——以苏州市吴中区西山镇为例	高玉达，吴馨萍	《东南文化》2003，(11)	80	《东南文化》杂志社	2003.11
浅谈西部地区住居的可持续发展	安玉源	《甘肃科技》2003，(11)	11	《甘肃科技》杂志社	2003.11
传统小城镇保护与发展刍议	单德启，郁枫	《建设科技》2003，(11)	38	《建设科技》杂志社	2003.11
盘龙城与早商政权在长江流域的势力扩张	陈朝云	《史学月刊》2003，(11)	17	《史学月刊》编辑部	2003.11
开平碉楼	李玉祥	《室内设计与装修》2003，(11)	90	《室内设计与装修》编辑部	2003.11
空间句法与皖南村落巷道空间系统研究——以安徽南屏村为例	高峰	《小城镇建设》2003，(11)	42	《小城镇建设》编辑部	2003.11
侨乡小城镇近代骑楼保护对策探讨	李琛	《小城镇建设》2003，(11)	52	《小城镇建设》编辑部	2003.11
西古堡	罗德胤	《小城镇建设》2003，(11)	48	《小城镇建设》编辑部	2003.11
乡村古建筑的保护与管理——江西赣县客家古建筑调研引发的思考	陈金泉	《小城镇建设》2003，(11)	38	《小城镇建设》编辑部	2003.11
关于中国农村聚落中"空心户"问题的探讨	李福龙，陈淑兰	《中国农学通报》2003，(6)	142	《中国农学通报》期刊社	2003.11
特定环境孕育特色建筑——透视徽州民居	姜晓樱，张萌	《装饰》2003，(11)	8	《装饰》编辑部	2003.11
徽州牌坊兴盛的根源及其文化传播意义	罗锋，杨新敏	《安庆师范学院学报》（社会科学版）2003，(6)	102	安庆师范学院	2003.11
在"采风"中提炼传统民居的共性	尹培如，杨思声	《福建建筑》2003，(s1)	17	福建省建筑学会	2003.11
从苏州春秋晚期聚落形态看灵岩大城址	姚瑶，金怡	《苏州科技学院学报》（社会科学版）2003，(4)	103	苏州科技学院	2003.11
藏族传统建筑在现代社会中的变迁——丹巴县中路藏族聚落环境调查	袁晓文，王玲	《西南民族大学学报》（人文社科版）2003，(11)	5	西南民族大学	2003.11
徽州古民居建筑中的人文精神	庄一兵	《盐城师范学院学报》（人文社会科学版）2003，(4)	71	盐城师范学院	2003.11
从"未庄"到"新未庄"——当代村庄聚落规划设计	范霄鹏，谢兴长，杨健，胡绍军	《建筑学报》2003，(11)	69	中国建筑学会	2003.11
山地历史城镇的整体性保护方法研究——以重庆涞滩古镇为例	李和平	《城市规划》2003，(12)	85	《城市规划》编辑部	2003.12
论乐平古戏台的艺术特征	丘斌，张苇	《东南文化》2003，(12)	74	《东南文化》杂志社	2003.12
徽州明清民居瓦作工艺技术（上）	江峰	《古建园林技术》2003，(4)	20	《古建园林技术》编辑部	2003.12
宋画《清明上河图》中的民居和商业建筑研究	谭刚毅	《古建园林技术》2003，(4)	38	《古建园林技术》编辑部	2003.12
中国传统民居研究二十年	陆元鼎	《古建园林技术》2003，(4)	8	《古建园林技术》编辑部	2003.12
广西桂北山区传统民居改造	谢德风	《广西城镇建设》2003，(4)	9	《广西城镇建设》编辑部	2003.12

续表

论文名	作者	刊载杂志	页码	编辑出版单位	出版日期
皖南古村落旅游开发的初步研究	卢松，陆林，凌善金，徐茗	《国土与自然资源研究》2003，（4）	71	《国土与自然资源研究》编辑部	2003.12
四川民居天井的启迪	王道明	《建筑工人》2003，（12）	33	《建筑工人》编辑部	2003.12
江西传统聚落建筑文化研究的方法	潘莹	《江西社会科学》2003，（12）	211	《江西社会科学》编辑部	2003.12
榕树·河涌·镬耳墙——略谈岭南水乡的景观特色	朱光文	《岭南文史》2003，（4）	41	《岭南文史》编辑部	2003.12
面对SARS民居和医院工程建设需改进的问题	刘文民，郑晓红	《内蒙古煤炭经济》2003，（6）	38	《内蒙古煤炭经济》编辑部	2003.12
明清时期华南地区乡村聚落的宗族化与军事化——以赣南乡村围寨为中心	饶伟新	《史学月刊》2003，（12）	95	《史学月刊》编辑部	2003.12
风水·环境意象·生态——论古村张谷英传统建筑文化的发掘与开发	张岳望	《小城镇建设》2003，（12）	46	《小城镇建设》编辑部	2003.12
陕西蓝田古道之驿——辋川乡的山地民居	祁今燕	《小城镇建设》2003，（12）	56	《小城镇建设》编辑部	2003.12
吸收多学科思想是发展生态建筑的必由之路	严建伟，王丽洁	《新建筑》2003，（6）	26	《新建筑》杂志社	2003.12
社旗山陕会馆的"借光"与用色	杨絮飞	《安阳师范学院学报》2003，（6）	93	安阳师范学院	2003.12
谈谈社旗山陕会馆商文化中的儒、佛、道融合	骆乐，王云雪	《安阳师范学院学报》2003，（6）	90	安阳师范学院	2003.12
诺伯格·舒尔茨的"场所和场所精神"理论及其批判	陈育霞	《长安大学学报》（建筑与环境科学版）2003，（4）	30	长安大学	2003.12
生土建筑围护结构表面吸放湿过程实验研究	闫增峰，赵敬源，刘加平	《长安大学学报》（建筑与环境科学版）2003，（4）	16	长安大学	2003.12
中国传统民居院落的分析与继承	孔宇航，韩宇星	《大连理工大学学报》（社会科学版）2003，（4）	92	大连理工大学	2003.12
视野与方法——文化圈背景下的侗族传统村落及建筑研究	蔡凌	《贵州民族研究》2003，（4）	26	贵州省民族研究所	2003.12
"堡"的居住形态	王彤业，张春茂，李涛	《河北建筑工程学院学报》2003，（4）	57	河北建筑工程学院	2003.12
四合院居住心理探讨与继承	成丽，王琬，黄一成	《河北建筑工程学院学报》2003，（4）	35	河北建筑工程学院	2003.12
新疆喀什维吾尔族民居文化	茹克娅·吐尔地	《河北建筑工程学院学报》2003，（4）	51	河北建筑工程学院	2003.12
四合院中的文化新解	尤琪	《河南师范大学学报》（哲学社会科学版）2003，（6）	F003	河南师范大学	2003.12
江西流坑村乡土建筑初探	伍海翔	《华东交通大学学报》2003，（6）	54	华东交通大学	2003.12
逐渐消亡的四合院	吕宝华	《上海城市管理职业技术学院学报》2003，（21）	56	上海城市管理职业技术学院	2003.12
宋夏战争中的乡兵与堡寨	强文学，黄领霞	《天水师范学院学报》2003，（6）	69	天水师范学院	2003.12

续表

论文名	作者	刊载杂志	页码	编辑出版单位	出版日期
文化是个熔炉——探究土楼聚落生成中的文化力量	綦伟琦,路秉杰,王宇丹	《同济大学学报》（社会科学版）2003,（6）	13	同济大学	2003.12
传统民居与可持续性的生态建筑战略	孙世胜	《芜湖职业技术学院学报》2003,（4）	85	芜湖职业技术学院	2003.12
低能耗夯实粗粒土建筑特性的试验研究	尚建丽,刘加平,赵西平	《西安建筑科技大学学报》（自然科学版）2003,（4）	325	西安建筑科技大学	2003.12
谈舟山传统民居建筑	吴承华	《浙江海洋学院学报》（人文科学版）2003,（4）	37	浙江海洋学院	2003.12
家园精神之创造——东阳民居文化初探	潘勤	《浙江师范大学学报》（社会科学版）2003,（6）	97	浙江师范大学	2003.12
传统民居类设计的未来展望	关瑞明,聂兰生	《建筑学报》2003,（12）	47	中国建筑学会	2003.12
乡土建筑的技术范式及其转换	王冬	《建筑学报》2003,（12）	26	中国建筑学会	2003.12
徐州城市规划建设专家论坛（发言摘登）	胡绍学,何玉如,黄星元,谢玉明,谢远骥,曹亮功,周畅,宋春华	《建筑学报》2003,（12）	12	中国建筑学会	2003.12
岷江上游聚落分布规律及其生态特征——以四川理县为例	陈勇,陈国阶,杨定国	《长江流域资源与环境》2004,（1）	72	《长江流域资源与环境》编辑部	2004.1
南岭山区传统聚落景观资源及其旅游开发研究	杨载田,刘沛林	《长江流域资源与环境》2004,（1）	35	《长江流域资源与环境》编辑部	2004.1
给建筑一个环境——西安千年文化商业街设计	俞孔坚,刘向军,龙翔,林树郁	《城市建筑》2004,（1）	18	《城市建筑》杂志社	2004.1
古村落空间演变的文献学解读——以南阁村保护性规划设计的调研为例	张杰,庞骏,董卫	《规划师》2004,（1）	10	《规划师》编辑部	2004.1
鄂西大水井古建筑群考察报告	王莉,吴凡	《华中建筑》2004,（1）	97	《华中建筑》编辑部	2004.1
客家围屋的生态特色——江西龙南县客家围屋佣景研究	汪颖	《华中建筑》2004,（1）	100	《华中建筑》编辑部	2004.1
浅谈武汉传统里弄中的情结空间	陈李波,李玉堂	《华中建筑》2004,（1）	125	《华中建筑》编辑部	2004.1
咫尺空间,别有天地——"文化飞地"二十八都镇古民居院落空间赏析	田利,仲德崑	《华中建筑》2004,（1）	107	《华中建筑》编辑部	2004.1
论明清山陕会馆的创立及其特点——以工商会馆为例	宋伦	《晋阳学刊》2004,（1）	86	《晋阳学刊》编辑部	2004.1
浅析徽商对传统徽州村落营建的影响	陈晓东	《小城镇建设》2004,（1）	54	《小城镇建设》编辑部	2004.1
漫谈乡土建筑的保护与合理利用	殷力欣	《艺术评论》2004,（1）	16	《艺术评论》杂志社	2004.1
救救脆弱的乡土建筑——访清华大学建筑学院教授陈志华	宫苏艺	《中国地产市场》2004,（z1）	18	《中国地产市场》编辑部	2004.1
明清工商会馆"馆市合一"模式初论——以山陕会馆为例	李刚,宋伦	《中国社会经济史研究》2004,（1）	35	《中国社会经济史研究》编辑部	2004.1
论北宋西北堡寨的军事功能	程龙	《中国史研究》2004,（1）	89	《中国史研究》杂志社	2004.1
从闫氏宗祠看豫南穿斗建筑特点	孙红梅,赵彤梅	《中原文物》2004,（1）	66	《中原文物》编辑部	2004.1
聚落·城址·部落·古国——张学海谈海岱考古与中国文明起源	曹兵武	《中原文物》2004,（2）	9	《中原文物》编辑部	2004.1

续表

论文名	作者	刊载杂志	页码	编辑出版单位	出版日期
石之印象——贵州屯堡建筑	越剑	《重庆建筑》2004,（1）	15	《重庆建筑》杂志社	2004.1
东北满族民居的特点——乌拉街镇"后府"研究	王中军	《长春工程学院学报》（自然科学版）2004,（1）	36	长春工程学院	2004.1
泉州官式大厝的"中庭"与北京四合院的"内院"之比较	赵鹏	《福建建筑》2004,（1）	13	福建省建筑学会	2004.1
风水理论对荆门地区传统民居村落选址的影响	周百灵	《南方建筑》2004,（1）	76	广东省建筑学会	2004.1
美哉古为今用——中国传统装饰在现代居室中的运用	李蔚，蔡道馨	《南方建筑》2004,（1）	58	广东省建筑学会	2004.1
都市村庄：南景——一个学术名村的人类学追踪研究	孙庆忠	《广西民族学院学报》（哲学社会科学版）2004,（1）	62	广西民族学院	2004.1
北京魏公村史顾（待续）	周泓	《辽宁大学学报》（哲学社会科学版）2004,（1）	98	辽宁大学	2004.1
简论中国古代民居设计	黄旭曦	《南平师专学报》2004,（1）	126	南平师专	2004.1
两城地区考古及其主要收获	栾丰实	《山东大学学报》（哲学社会科学版）2004,（1）	1	山东大学	2004.1
门头装饰设计中的文化特色	吕伟	《苏州工艺美术职业技术学院学报》2004,（1）	27	苏州工艺美术职业技术学院	2004.1
Tjibaou文化中心——传统文化与现代技术的结合	李梁，张玉坤	《天津大学学报》（社会科学版）2004,（1）	66	天津大学	2004.1
传统民居的院落空间	卢醒秋	《长江建设》2004,（2）	41	《长江建设》杂志社	2004.2
鄂东南传统民居现状及保护	江岚	《长江建设》2004,（2）	38	《长江建设》杂志社	2004.2
武汉里分的保护和改造	郑洁	《长江建设》2004,（2）	45	《长江建设》杂志社	2004.2
汉口里分建筑的文化魅力	董玉梅	《长江论坛》2004,（2）	55	《长江论坛》编辑部	2004.2
试析中国传统民居建筑的文化精神	唐孝祥	《城市建筑》2004,（2）	12	《城市建筑》杂志社	2004.2
大昌移民新镇住宅设计中的地域性创作思维	郭璇	《工业建筑》2004,（2）	13	《工业建筑》杂志社	2004.2
建筑底部架空设计的思考	周文琴，姜晓琴	《华中建筑》2004,（2）	49	《华中建筑》编辑部	2004.2
水乡聚落生活场景的延续——对浙江柯桥"三桥四水"历史地段保护与利用的思考	郁枫	《华中建筑》2004,（2）	115	《华中建筑》编辑部	2004.2
西蜀遗韵——北川李家大院测绘研究	李嘉华，戴志中	《华中建筑》2004,（2）	135	《华中建筑》编辑部	2004.2
寻觅现代与传统的交点——张家界武陵源"新传统"民居设计的体会	曹麻茹，张媛媛	《华中建筑》2004,（2）	65	《华中建筑》编辑部	2004.2
山西古戏台	英瑞	《今日山西》2004,（2）	46	《今日山西》杂志社	2004.2
张氏庭院的艺术特色	余继平	《美术大观》2004,（2）	48	《美术大观》杂志社	2004.2
论天人合一思想在中国传统建筑中的体现	孟聪龄，王伟	《山西建筑》2004,（5）	2	《山西建筑》杂志社	2004.2
聚落生态系统变迁对民族文化的影响——对泸沽湖周边聚落的研究	李锦	《思想战线》2004,（2）	98	《思想战线》编辑部	2004.2

续表

论文名	作者	刊载杂志	页码	编辑出版单位	出版日期
积淀与变迁——重庆古镇磁器口的文化人类学探讨	龙贇,李亚	《四川建筑》2004,(1)	13	《四川建筑》编辑部	2004.2
浦江郑宅的家族文化与建筑	王小波,宣建华	《小城镇建设》2004,(2)	38	《小城镇建设》编辑部	2004.2
羌族聚落景观与民居空间分析	张青	《装饰》2004,(2)	18	《装饰》编辑部	2004.2
皖南古村落中的水环境	傅凯,倪勇	《装饰》2004,(2)	20	《装饰》编辑部	2004.2
中西方传统建筑装饰艺术比较	王旭敏	《福建建筑》2004,(2)	11	福建省建筑学会	2004.2
高椅民居本体内涵环境保护初探	储学文	《怀化学院学报》2004,(1)	59	怀化学院	2004.2
从客家民居建筑的造型谈其色彩对比美	熊青珍	《嘉应学院学报》2004,(1)	86	嘉应学院	2004.2
西京、高丽西京和大同——《元史》辨误一则	张素梅	《苏州科技学院学报》（社会科学版）2004,(1)	121	苏州科技学院	2004.2
"天人合一"思想与中国传统民居可持续发展	李连璞,刘连兴,赵荣	《西北大学学报》（自然科学版）2004,(1)	114	西北大学	2004.2
弱化的秩序与异化的领域——北京大吉片危改项目探索	许铁铖	《建筑师》2004,(1)	12	中国建筑工业出版社	2004.2
从"天人合一"谈山西传统民居的美学思想	孟聪龄,马军鹏	《建筑学报》2004,(2)	78	中国建筑学会	2004.2
论华北宗族的典型特征	兰林友	《中央民族大学学报》（哲学社会科学版）2004,(1)	55	中央民族大学	2004.2
多元一体 各有千秋——贵州建筑与徽州建筑之比较	吴正光	《古建园林技术》2004,(1)	23	《古建园林技术》编辑部	2004.3
闽西客家地区的天后宫与文昌阁	曹春平	《古建园林技术》2004,(1)	46	《古建园林技术》编辑部	2004.3
山塘雕花楼修复记	张品荣,张民	《古建园林技术》2004,(1)	25	《古建园林技术》编辑部	2004.3
西递古村落空间构成模式研究	彭松	《规划师》2004,(3)	85	《规划师》编辑部	2004.3
Arc View地理信息系统在中原地区聚落考古研究中的应用	张海	《华夏考古》2004,(1)	98	《华夏考古》编辑部	2004.3
维鲁河谷课题与聚落考古——回顾与当前的认识	高登·R·威利,贾伟明	《华夏考古》2004,(1)	66	《华夏考古》编辑部	2004.3
荆门地区传统民居形制调查	吕江波,周百灵	《华中建筑》2004,(3)	127	《华中建筑》编辑部	2004.3
民族理念与地缘特征的高度融合——聚焦屯堡建筑及其文化	王江萍,曹春霞	《华中建筑》2004,(3)	123	《华中建筑》编辑部	2004.3
巍山传统建筑及其文化	吴晓敏,高志宏	《华中建筑》2004,(3)	130	《华中建筑》编辑部	2004.3
清代河南赊旗镇的商业——基于山陕会馆碑刻资料的考察	许檀	《历史研究》2004,(2)	56	《历史研究》杂志社	2004.3
明清时期苏州东山民居建筑艺术与香山帮建筑	臧丽娜	《民俗研究》2004,(1)	129	《民俗研究》编辑部	2004.3
用暖通空调的观点研究风水学说	戴文献	《暖通空调》2004,(3)	34	《暖通空调》编辑部	2004.3
古镇保护与发展探索——以重庆市走马古镇实践为例	胡纹,杨玲,董颖	《小城镇建设》2004,(3)	36	《小城镇建设》编辑部	2004.3
建筑历史文化遗产——西秦盐业会馆	谢岚	《小城镇建设》2004,(3)	46	《小城镇建设》编辑部	2004.3

续表

论文名	作者	刊载杂志	页码	编辑出版单位	出版日期
山地城镇聚落空间初探	谭岚	《小城镇建设》2004,(3)	26	《小城镇建设》编辑部	2004.3
礼制·祭祀·合院民居——浙江民居建筑室内构成纲要	吴晓淇	《新美术》2004,(3)	61	《新美术》编辑部	2004.3
中日传统居住空间之比较	王芳,陈红玲	《中外建筑》2004,(3)	23	《中外建筑》杂志社	2004.3
屈家岭文化的聚落形态与社会结构分析——以淅川黄楝树遗址为例	郭立新	《中原文物》2004,(6)	9	《中原文物》编辑部	2004.3
商代聚落体系及其成因探析	陈朝云	《中州学刊》2004,(6)	117	《中州学刊》编辑部	2004.3
历史文化街区现状调查及发展规划的建议	李颍伯,郭利娅,崇菊义	《北京联合大学学报》(人文社会科学版)2004,(1)	15	北京联合大学	2004.3
四合院与四合院思维	陈胜昌	《北京联合大学学报》(人文社会科学版)2004,(1)	46	北京联合大学	2004.3
北京的旧城改造应放慢步伐	宋如意,刘莉,姜学云	《北京林业大学学报》(社会科学版)2004,(1)	58	北京林业大学	2004.3
浅谈中日传统建筑文化	刘志杰,盛海涛	《长安大学学报》(建筑与环境科学版)2004,(1)	40	长安大学	2004.3
中西建筑文化交融下的古聚落——和顺侨乡	张轶群,扶国	《长沙铁道学院学报》(社会科学版)2004,(1)	72	长沙铁道学院	2004.3
苏州地区传统建筑屋面基层工艺研究	杨慧	《东南大学学报》(自然科学版)2004,(2)	278	东南大学	2004.3
福建传统民居的形态与保护	戴志坚	《福建工程学院学报》2004,(1)	89	福建工程学院	2004.3
广东传统村镇民居的生态环境及其可持续发展	陆元鼎,廖志	《福建工程学院学报》2004,(1)	65	福建工程学院	2004.3
清后叶新疆库车王府刍议	陈震东	《福建工程学院学报》2004,(1)	70	福建工程学院	2004.3
探析赣中吉泰地区"天门式"传统民居	潘莹,施瑛	《福建工程学院学报》2004,(1)	94	福建工程学院	2004.3
皖南黟县古村落规划中的文化与环境观	潘敏文	《福建工程学院学报》2004,(1)	102	福建工程学院	2004.3
欲说九井十八厅	万幼楠	《福建工程学院学报》2004,(1)	99	福建工程学院	2004.3
中国传统民居的自然环境观及其文化渊源	李华珍	《福建工程学院学报》2004,(1)	110	福建工程学院	2004.3
开平碉楼:从迎龙楼到瑞石楼——中国广东开平碉楼再考	张复合,钱毅,杜凡丁	《建筑学报》2004,(7)	82	福建省建筑学会	2004.3
福建传统民居的形态与保护	潘跃红	《南方建筑》2004,(3)	29	广东省建筑学会	2004.3
谈全球化环境下的气候适应性建筑	孙喆	《南方建筑》2004,(3)	72	广东省建筑学会	2004.3
浅析侗族聚落模式及建筑形式	常征	《河南纺织高等专科学校学报》2004,(2)	1	河南纺织高等专科学校	2004.3

续表

论文名	作者	刊载杂志	页码	编辑出版单位	出版日期
"桃花源里人家"——记皖南黟县古民居的建筑艺术特色	朱建国	《焦作师范高等专科学校学报》2004,(1)	7	焦作师范高等专科学校	2004.3
北京魏公村史顾（续完）	周泓	《辽宁大学学报》（哲学社会科学版）2004,(2)	58	辽宁大学	2004.3
溪陂古建筑的文化艺术及其价值——江西古村落群建筑特色研究之三	邓洪武,邹元宾,郭晓康	《南昌大学学报》（人文社会科学版）2004,(2)	102	南昌大学	2004.3
古希腊与古罗马传统民居建筑中的庭院探析	张汀,张玉坤,王丙辰	《山东建筑工程学院学报》2004,(1)	36	山东建筑工程学院	2004.3
寓心于居——徽州民居中徽人若干精神文化特征浅析	黄薇薇,沈非	《宿州学院学报》2004,(1)	108	宿州学院	2004.3
论传统民宅建筑中的伦理文化——以乔家大院为例	张静	《武汉冶金管理干部学院学报》2004,(1)	72	武汉冶金管理干部学院	2004.3
试论客家民间社会保障：以众会为例	宋德剑	《西南民族大学学报》（人文社科版）2004,(3)	45	西南民族大学	2004.3
晚清至民国时期会馆演进的多维趋向	王日根	《厦门大学学报》（哲学社会科学版）2004,(2)	79	厦门大学	2004.3
敦煌荒漠化地区民居浅析	戚欢月	《建筑学报》2004,(3)	29	中国建筑学会	2004.3
熟悉而陌生的空间体验——杭州历史博物馆建筑设计回顾	金方,卜菁华,崔光亚	《建筑学报》2004,(3)	62	中国建筑学会	2004.3
日本建筑师继承传统建筑空间理论分析	张长文,刘大平	《低温建筑技术》2004,(2)	26	《低温建筑技术》编辑部	2004.4
并蒂奇葩——梅县与大埔客家传统民居之比较	李婷婷,刘东江	《广东建筑装饰》2004,(2)	58	《广东建筑装饰》杂志社	2004.4
广西书院研究	陈业强	《广西地方志》2004,(2)	53	《广西地方志》编辑部	2004.4
浙南传统乡土建筑的生态美	丁俊清	《规划师》2004,(4)	66	《规划师》编辑部	2004.4
古民居屋脊装饰设计的当代启示	任康丽	《国外建材科技》2004,(2)	130	《国外建材科技》编辑部	2004.4
谈徽州民居的美学特征	王晓丹	《湖北社会科学》2004,(4)	141	《湖北社会科学》编辑部	2004.4
赣南客家民居"盘石围"实测调研——兼谈赣南其他圆弧型"围屋"民居	万幼楠	《华中建筑》2004,(4)	128	《华中建筑》编辑部	2004.4
养心一涧水，习静四围山——浙江俞源古村落的聚落形态分析	李宁	《华中建筑》2004,(4)	136	《华中建筑》编辑部	2004.4
浙江泰顺古民居悬鱼装饰探究	刘淑婷	《华中建筑》2004,(4)	132	《华中建筑》编辑部	2004.4
郑宅镇历史文化保护区保护策略研究	邱明,宣建华	《华中建筑》2004,(4)	108	《华中建筑》编辑部	2004.4
中国传统民居装饰中的整体意匠	刘森林	《家具与室内装饰》2004,(4)	24	《家具与室内装饰》杂志社	2004.4
北京四合院的门楼建造艺术	王铭珍	《建筑知识》2004,(2)	1	《建筑知识》编辑部	2004.4
自贡盐业会馆的精品——西秦会馆	谢岚	《建筑知识》2004,(2)	27	《建筑知识》编辑部	2004.4
浅谈平遥古城民居的保护改造	马杨悦	《山西建筑》2004,(12)	2	《山西建筑》杂志社	2004.4
中国传统民居在电影中的情感演绎	熊燕	《山西建筑》2004,(11)	19	《山西建筑》杂志社	2004.4

续表

论文名	作者	刊载杂志	页码	编辑出版单位	出版日期
徽州民居空间艺术初探	张倩	《室内设计》2004,（2）	12	《室内设计》杂志社	2004.4
装修材料运用皖南传统建筑	翟芸	《室内设计》2004,（2）	32	《室内设计》杂志社	2004.4
非线性方法——传统村落空间形态研究的新思路	彭松	《四川建筑》2004,（2）	22	《四川建筑》编辑部	2004.4
徽州传统民居聚落空间观探析	程晖,汪坚强	《小城镇建设》2004,（4）	57	《小城镇建设》编辑部	2004.4
东晋南朝乡村社会基层组织的变迁	吴海燕	《中国农史》2004,（4）	111	《中国农史》编辑部	2004.4
徽州民居的象征文化	孙丹	《中外建筑》2004,（4）	63	《中外建筑》杂志社	2004.4
追寻潮汕民居的足迹——浅析潮汕民居的建筑布局及其文化渊源	林平	《重庆建筑》2004,（4）	21	《重庆建筑》杂志社	2004.4
侗族传统建筑文化美学之精神浅论	秦勤忠	《广西青年干部学院学报》2004,（2）	56	广西青年干部学院	2004.4
菊儿胡同住宅改造工程的类型学分析	苏继会,权薇	《合肥工业大学学报》（自然科学版）2004,（4）	372	合肥工业大学	2004.4
泉州传统民居中的类设计要素	关瑞明,陈力	《华侨大学学报》（自然科学版）2004,（2）	188	华侨大学	2004.4
皖南古黟"牛"形村——宏村古村落规划中的图腾和风水	潘敏文	《昆明理工大学学报》（理工版）2004,（2）	103	昆明理工大学	2004.4
简论书院建筑的艺术风格	万书元	《南京理工大学学报》（社会科学版）2004,（2）	8	南京理工大学	2004.4
中国传统四合院建筑的发生机制	张玉坤,李贺楠	《天津大学学报》（社会科学版）2004,（2）	101	天津大学	2004.4
楠溪江古村落咏叹——《楠溪江宗族村落》序	阮仪三	《同济大学学报》（社会科学版）2004,（2）	38	同济大学	2004.4
山西清代传统戏场建筑研究	薛林平,王季卿	《同济大学学报》（社会科学版）2004,（2）	40	同济大学	2004.4
剖析会馆文化 透视移民社会——从成都洛带镇会馆建筑谈起	傅红,罗谦	《西南民族大学学报》（人文社科版）2004,（4）	382	西南民族大学	2004.4
北窗杂记（八十二）	窦武	《建筑师》2004,（2）	106	中国建筑工业出版社	2004.4
新疆维吾尔族民居的装饰色彩	刘云,王茜	《中央民族大学学报》（哲学社会科学版）2004,（2）	42	中央民族大学	2004.4
侗族聚落及其文化初探	程艳	《重庆建筑大学学报》2004,（2）	32	重庆建筑大学	2004.4
开启中国建筑的文化视界——喜读《中国建筑文化研究文库》	侯幼彬	《华中建筑》2004,（5）	19	《华中建筑》编辑部	2004.5
他乡？原乡？——生存型移民及其建成环境（续）	谭刚毅	《华中建筑》2004,（5）	137	《华中建筑》编辑部	2004.5
"仟建""仿古"各有千秋——浙江横店古建保护工作的思路与经验	潘有华,吴新建,斯满芳	《建筑》2004,（10）	96	《建筑》编辑部	2004.5
鄂西土家族民居审美研究	姚雅琼	《山西建筑》2004,（13）	10	《山西建筑》杂志社	2004.5
浅谈传统思想在中国民居中的运用	王金平,白佩芳	《山西建筑》2004,（13）	4	《山西建筑》杂志社	2004.5

续表

论文名	作者	刊载杂志	页码	编辑出版单位	出版日期
明代山西镇边的城堡	杜春梅	《文物世界》2004，(6)	66	《文物世界》编辑部	2004.5
古韵流香的古村落寨卜昌	左满常	《小城镇建设》2004，(5)	59	《小城镇建设》编辑部	2004.5
历史文化名城的保护和利用——由社旗县历史文化名镇规划引起的思考	郭明，闫欲晓	《小城镇建设》2004，(5)	26	《小城镇建设》编辑部	2004.5
桑基鱼塘孕育小桥·流水——岭南水乡特色在顺德是这样"炼"成的	朱光文	《小城镇建设》2004，(5)	62	《小城镇建设》编辑部	2004.5
北京四合院的保护与修缮	杨志强	《住宅科技》2004，(5)	31	《住宅科技》编辑部	2004.5
来自徽州民居的启发	潘国泰	《住宅科技》2004，(5)	28	《住宅科技》编辑部	2004.5
苏州古民居的保护改造	张斌	《住宅科技》2004，(5)	35	《住宅科技》编辑部	2004.5
浅谈黟县历史文化的保护	张永梅	《安徽建筑》2004，(5)	13	安徽建筑学会	2004.5
徽州古村落的审美意象	贺为才	《安徽农业大学学报》（社会科学版）2004，(3)	83	安徽农业大学	2004.5
"线"的艺术——岳阳市庙前街广场仿占戏台设计	肖灿，柳肃	《南方建筑》2004，(5)	36	广东省建筑学会	2004.5
谈广州历史建筑周边环境的改造	黎松	《南方建筑》2004，(5)	27	广东省建筑学会	2004.5
传说建构与村落记忆	万建中	《南昌大学学报》（人文社会科学版）2004，(3)	134	南昌大学	2004.5
天津的四合院文化	刘有义	《天津成人高等学校联合学报》2004，(3)	101	天津城市建设学院	2004.5
论江万里在南宋书院发展史上的贡献	徐明德，江梓荣，江裕英	《浙江大学学报》（人文社会科学版）2004，(3)	81	浙江大学	2004.5
乡土建筑中的汉字文化	赵复雄	《美与时代》2004，(5)	48	《郑州大学美学研究所》	2004.5
保护下叶村的山乡风貌	何卫明	《城乡建设》2004，(6)	38	《城乡建设》编辑部	2004.6
黎里古镇文化特色保护	朱东风	《城乡建设》2004，(6)	34	《城乡建设》编辑部	2004.6
郑宅镇："江南第一家"	张世颖	《城乡建设》2004，(6)	36	《城乡建设》编辑部	2004.6
福建民居挑檐特征与分区研究	张玉瑜	《古建园林技术》2004，(2)	6	《古建园林技术》编辑部	2004.6
福建南靖和贵楼	楼建龙	《古建园林技术》2004，(2)	25	《古建园林技术》编辑部	2004.6
绍兴大舜庙建筑空间艺术构图试析	过伟明	《古建园林技术》2004，(2)	37	《古建园林技术》编辑部	2004.6
襄樊山陕会馆维修工程	刘怀鸿	《古建园林技术》2004，(2)	56	《古建园林技术》编辑部	2004.6
《规划师》杂志理事会2004年年会暨旅游规划与民居保护研讨会在桂林召开	陈小胜	《规划师》2004，(6)	5	《规划师》编辑部	2004.6
厦门旧城街巷空间特色及其保护对策	兰贵盛	《规划师》2004，(6)	28	《规划师》编辑部	2004.6
浅析传统民居中的人居环境	李青，张琪	《国外建材科技》2004，(3)	122	《国外建材科技》编辑部	2004.6

续表

论文名	作者	刊载杂志	页码	编辑出版单位	出版日期
日照两城地区聚落考古：人口问题	方辉，加利·费曼，文德安，琳达·尼古拉斯	《华夏考古》2004，(2)	37	《华夏考古》编辑部	2004.6
北极圈内的建筑杰作——建筑大师帕拉斯玛对传统民居的现代诠释	方海	《华中建筑》2004，(6)	21	《华中建筑》编辑部	2004.6
东阳明清聚落卢宅保护价值分析	洪铁城，郑阳	《华中建筑》2004，(6)	145	《华中建筑》编辑部	2004.6
浙江宁海明清宅第的石窗艺术	华炜	《华中建筑》2004，(6)	142	《华中建筑》编辑部	2004.6
西藏独特的民居	杨从彪	《建筑》2004，(11)	85	《建筑》编辑部	2004.6
透过凤凰的眼睛——我对少数民族传统民居保护的一点感受与思考	沈瑶	《建筑知识》2004，(3)	9	《建筑知识》编辑部	2004.6
重庆磁器口老街住区与文化研究	孙胜，林晓妍，成志军	《建筑知识》2004，(3)	1	《建筑知识》编辑部	2004.6
广府传统的复原与展示——番禺大岭古村聚落文化景观	朱光文	《岭南文史》2004，(2)	25	《岭南文史》编辑部	2004.6
浅谈窑洞民居	关庆华	《山西建筑》2004，(18)	25	《山西建筑》杂志社	2004.6
谈建筑符号学	吴耀华	《山西建筑》2004，(12)	5	《山西建筑》杂志社	2004.6
赏析巴蜀会馆建筑	陈蔚，胡斌	《四川建筑》2004，(3)	23	《四川建筑》编辑部	2004.6
留下历史的足迹——大慈寺历史文化保护区现状分析	佘龙	《四川建筑科学研究》2004，(2)	125	《四川建筑科学研究》编辑部	2004.6
夕佳山民居景园建筑风格与环境艺术	袁犁，姚萍，李嘉林	《四川建筑科学研究》2004，(2)	102	《四川建筑科学研究》编辑部	2004.6
从高屏六堆民居看客家建筑文化的传衍与变异——以围龙屋建构为重点分析	房学嘉	《台湾研究集刊》2004，(2)	74	《台湾研究集刊》编辑部	2004.6
腰山王氏庄园的建筑格局、功能及特色	侯璐	《文物春秋》2004，(3)	46	《文物春秋》编辑部	2004.6
湘西土家民居聚焦	黄金城，罗振彪	《小城镇建设》2004，(6)	47	《小城镇建设》编辑部	2004.6
侗文化圈传统村落及建筑研究框架	蔡凌	《新建筑》2004，(6)	7	《新建筑》杂志社	2004.6
从文化遗存看渔洋在商代的聚落性质	郭旭东	《殷都学刊》2004，(2)	51	《殷都学刊》编辑部	2004.6
渔洋明清建筑结构与装饰风格的审美价值	孙修恩	《殷都学刊》2004，(2)	65	《殷都学刊》编辑部	2004.6
重塑精神家园——论中国当代艺术设计	王可君	《中外建筑》2004，(6)	18	《中外建筑》杂志社	2004.6
民居住宅文化的词语表现	李力，由田	《长春大学学报》2004，(3)	32	长春大学	2004.6
澜沧江流域传统民居研究	汪任平，蔡镇钰	《南方建筑》2004，(6)	71	广东省建筑学会	2004.6
历史文化名城长汀价值特色分析与保护	何郑莹，裘行洁	《南方建筑》2004，(6)	85	广东省建筑学会	2004.6
论传统民居对现代居住建筑文化的启示	王湘昀	《南方建筑》2004，(6)	17	广东省建筑学会	2004.6
乡土建筑保护的新倾向——以保护原生态营造宜居性的方式来保护乡土遗产	郝晓赟，贾晓元	《南方建筑》2004，(6)	20	广东省建筑学会	2004.6

续表

论文名	作者	刊载杂志	页码	编辑出版单位	出版日期
民居建筑美的形态分析——读《中国民居建筑》	唐孝祥，赖瑛	《华南理工大学学报》（社会科学版）2004，(3)	79	华南交通大学	2004.6
中国传统建筑文化中的规定与通变——以江西景德镇瑶里镇程氏宗祠为例	陈东有，曹雪稚	《江西财经大学学报》2004，(3)	93	江西财经大学	2004.6
从甘南地区传统住居的地域基因浅析地域建筑文化的延续和发展	安玉源	《兰州理工大学学报》2004，(3)	102	兰州理工大学	2004.6
中国传统建筑环境体现的文化意蕴	赵慧宁	《南京工业大学学报》（社会科学版）2004，(2)	79	南京工业大学	2004.6
浅谈古城平遥的建筑文化因素	姜晓樱，李斌	《青岛建筑工程学院学报》2004，(3)	42	青岛建筑工程学院	2004.6
思茅明清书院研究	陈业强	《思茅师范高等专科学校学报》2004，(2)	25	思茅师范高等专科学校	2004.6
对两本书的平行阅读	徐永利	《时代建筑》2004，(6)	156	同济大学出版社	2004.6
周城白族民居的变迁	盛建荣	《武汉大学学报》（工学版）2004，(3)	79	武汉大学	2004.6
浅论丹巴甲居嘉绒藏寨民居	李明，袁姝丽	《宜宾学院学报》2004，(4)	86	宜宾学院	2004.6
河南古代宅园初步分析	马辉，杨春艳，马晗健	《郑州大学学报》（工学版）2004，(2)	105	郑州大学	2004.6
河南古代宅园初步分析	屈德印，邢燕	《郑州大学学报》（工学版）2004，(2)	105	郑州大学	2004.6
祠堂与居住的关系研究	田军，须颖	《建筑师》2004，(3)	82	中国建筑工业出版社	2004.6
从传统走向未来——印度建筑师查尔斯·柯里亚	朱宏宇	《建筑师》2004，(3)	45	中国建筑工业出版社	2004.6
传统建筑保护与开发利用——有感于第七次中德建筑研讨会	周畅	《建筑学报》2004，(6)	5	中国建筑学会	2004.6
传统住居空间——"院落空间"探析	龙宏	《重庆建筑大学学报》2004，(3)	10	重庆建筑大学	2004.6
山陕会馆	姜继兴	《城乡建设》2004，(7)	74	《城乡建设》编辑部	2004.7
辽代西拉木伦河流域聚落分布与环境选择	韩茂莉	《地理学报》2004，(4)	543	《地理学报》编辑部	2004.7
延安、榆林黄土丘陵沟壑区乡村聚落土地利用研究	甘枝茂，甘锐，岳大鹏，刘啸，裴新富	《干旱区资源与环境》2004，(4)	101	《干旱区资源与环境》编委会	2004.7
湘西民居的反秩序美	胡安明	《规划师》2004，(7)	92	《规划师》编辑部	2004.7
赵宝沟聚落结构的微观考察	陈淑卿	《考古与文物》2004，(4)	33	《考古与文物》编辑部	2004.7
建筑文化发展与传统民居研究	李红光，刘宇清	《山西建筑》2004，(21)	7	《山西建筑》杂志社	2004.7
谈赵树理故居古村落的保护与利用	朱向东，赵志芳	《山西建筑》2004，(13)	13	《山西建筑》杂志社	2004.7
也说北京四合院	吴焕加	《山西建筑》2004，(7)	76	《山西建筑》杂志社	2004.7
商代聚落模式及其所体现的政治经济景观	陈朝云	《史学集刊》2004，(3)	16	《史学集刊》杂志社	2004.7
讨论四合院存废的"真问题"	王军	《世界建筑》2004，(7)	74	《世界建筑》编辑部	2004.7
开平碉楼的类型、特征、命名	张国雄	《中国历史地理论丛》2004，(3)	23	《中国历史地理论丛》编辑部	2004.7

续表

论文名	作者	刊载杂志	页码	编辑出版单位	出版日期
资源开发与史前居住方式及建筑技术进步	钱耀鹏	《中国历史地理论丛》2004，(3)	5	《中国历史地理论丛》编辑部	2004.7
白族民居建筑	谷成东	《住宅科技》2004，(7)	43	《住宅科技》编辑部	2004.7
徽派西递民居建筑环境艺术中的风水理论	饶平山	《装饰》2004，(7)	66	《装饰》编辑部	2004.7
梅县客家民居空间构成中的理性色彩	熊青珍	《装饰》2004，(7)	71	《装饰》编辑部	2004.7
浅析客家聚居建筑的空间布局	林皎皎	《福建农林大学学报》（哲学社会科学版）2004，(4)	88	福建农林大学	2004.7
地域建筑创作中类设计的作品评析	关瑞明，陈力	《福建建筑》2004，(1)	5	福建省建筑学会	2004.7
皖南古村落及历史街区保护现状与对策	万国庆	《工程建设与档案》2004，(4)	55	《工程建设与档案》杂志社	2004.8
江西古村落的空间分析及旅游开发比较	方志远，冯淑华	《江西社会科学》2004，(8)	220	《江西社会科学》编辑部	2004.8
居住建筑中的交往空间	魏雪琰	《山西建筑》2004，(16)	52	《山西建筑》杂志社	2004.8
山西传统民居文化的保护与继承	陆凤华，王艳锋	《山西建筑》2004，(22)	10	《山西建筑》杂志社	2004.8
新疆绿色民居构造研究	姜曙光，江煜，唐艳娟	《山西建筑》2004，(23)	3	《山西建筑》杂志社	2004.8
巴渝古镇民居文化的传承	许亮	《室内设计与装修》2004，(8)	100	《室内设计与装修》编辑部	2004.8
建筑装饰艺术中的一颗璀璨明珠——浅谈山陕甘会馆的建筑装饰艺术	田文高，李嘉华	《四川建筑》2004，(4)	44	《四川建筑》编辑部	2004.8
论"后乡土建筑"	何敬东	《四川建筑》2004，(4)	48	《四川建筑》编辑部	2004.8
浅析传统民居的中轴精神——雷畅故居中轴空间分析	童辉	《四川建筑》2004，(4)	59	《四川建筑》编辑部	2004.8
抱水而居 得水之灵——浅谈浙北民居村镇聚落的生长性	张聪	《小城镇建设》2004，(10)	124	《小城镇建设》编辑部	2004.8
金门传统建筑撷要	陈凯峰	《小城镇建设》2004，(8)	88	《小城镇建设》编辑部	2004.8
同一个屋顶下的聚落——张谷英村扫描	张轶群	《小城镇建设》2004，(8)	80	《小城镇建设》编辑部	2004.8
"两甩袖"院落的当代传承——冀南民居模式的发展探索	陈雾霞，周凡，郝峻弘	《新建筑》2004，(4)	42	《新建筑》杂志社	2004.8
潮汕传统民居装饰风格要论	李启色	《装饰》2004，(8)	84	《装饰》编辑部	2004.8
简论闽南砖石墙的装饰特色	黄坚	《装饰》2004，(8)	85	《装饰》编辑部	2004.8
皖南民居庭园研究	方四文	《装饰》2004，(8)	94	《装饰》编辑部	2004.8
论社旗山陕会馆艺术装饰中的古代先哲思想	李芳菊	《安阳师范学院学报》2004，(4)	111	安阳师范学院	2004.8
客家传统民居的主要类型及其文化渊源	肖承光，金晓润	《赣南师范学院学报》2004，(4)	50	赣南师范学院	2004.8
骑楼制度与城市骑楼建筑	彭长歆，杨晓川	《华南理工大学学报》（社会科学版）2004，(4)	29	华南理工大学	2004.8

续表

论文名	作者	刊载杂志	页码	编辑出版单位	出版日期
徽州古民居建筑的美学价值	丁剑	《淮北煤炭师范学院学报》（哲学社会科学版）2004，（4）	128	淮北煤炭师范学院	2004.8
滇东北民居防灾研究	万谦，李志刚	《武汉大学学报》（工学版）2004，（4）	124	武汉大学	2004.8
徽州古村落的演化过程及其机理	陆林，凌善金，焦华富，杨兴柱	《地理研究》2004，（5）	686	《地理研究》编辑部	2004.9
聚落构成与公共空间营造	李蕾，李红	《规划师》2004，（9）	81	《规划师》编辑部	2004.9
祠堂与宗族社会	罗艳春	《史林》2004，（5）	42	《史林》杂志社	2004.9
河北省成功举办"村镇民居建筑设计方案"巡回展	马辉，杨春艳，马晗健	《小城镇建设》2004，（9）	49	《小城镇建设》编辑部	2004.9
绍兴柯桥古镇保护与更新的实践	林玉娟	《小城镇建设》2004，（9）	61	《小城镇建设》编辑部	2004.9
拾掇民居精华——考察古徽州民居札记	朱涛，朱丽颖	《小城镇建设》2004，（9）	66	《小城镇建设》编辑部	2004.9
藏、羌建筑形式在环艺专业教学中的运用	刘晓平	《阿坝师范高等专科学校学报》2004，（3）	74	阿坝师范高等专科学校	2004.9
喀什民居和闽西土楼的空间形态比较分析	郑宁，刘樯	《北方工业大学学报》2004，（3）	89	北方工业大学	2004.9
乡村聚落人地关系的演化及其可持续发展研究	赵之枫	《北京工业大学学报》2004，（3）	299	北京工业大学	2004.9
析洛阳山陕会馆的建筑艺术	梁雅明	《福建工程学院学报》2004，（3）	331	福建工程学院	2004.9
湘西自治州城镇、村寨布局与建筑特色研究	吴春明	《湖南城市学院学报》（自然科学版）2004，（3）	34	湖南城市学院	2004.9
早期酋长制群体的聚落形态比较研究——以内蒙古东部、安第斯山北部和美洲中部三个地区为例	周南，柯睿思	《吉林大学社会科学学报》2004，（5）	15	吉林大学	2004.9
泉州古民居建筑名称源流	林方明	《泉州师范学院学报》2004，（5）	18	泉州师范学院	2004.9
客家土楼及其文化	王丽	《三明高等专科学校学报》2004，（3）	78	三明高等专科学校	2004.9
陕北黄土丘陵沟壑区乡村聚落分布及其用地特征	甘枝茂，岳大鹏，甘锐，刘啸，裴新富	《陕西师范大学学报》（自然科学版）2004，（3）	102	陕西师范大学	2004.9
武汉里分的历史情结与保护	常芳	《武汉科技学院学报》2004，（5）	23	武汉科技学院	2004.9
武汉里分民居的人文价值与再生方向探析	王瞻宁	《武汉科技学院学报》2004，（5）	4	武汉科技学院	2004.9
武汉历史民居——里分建筑现状调查——兼谈历史街区保护中的"渐进性"更新	傅欣，王瞻宁	《武汉科技学院学报》2004，（5）	15	武汉科技学院	2004.9
武汉历史文化街区的开发与保护	刘虹弦	《武汉科技学院学报》2004，（5）	12	武汉科技学院	2004.9
武汉民居中的视觉研究	沈志红	《武汉科技学院学报》2004，（5）	21	武汉科技学院	2004.9

续表

论文名	作者	刊载杂志	页码	编辑出版单位	出版日期
新民居符号体系的应用与分析	赖曦凌	《西南交通大学学报》（社会科学版）2004，(5)	36	西南交通大学	2004.9
白岩河聚落及其民居文化景观——白岩河乡村人类学研究系列之一	孙和平	《西南科技大学学报》（哲学社会科学版）2004，(3)	80	西南科技大学	2004.9
2004年中国近代建筑史研讨会综述	李华东	《建筑学报》2004，(9)	51	中国建筑学会	2004.9
传统建筑的新生命——菖蒲河公园东苑戏楼	王葵，林楠	《建筑学报》2004，(9)	48	中国建筑学会	2004.9
中国碉楼民居的分布及其特征	刘亦师	《建筑学报》2004，(9)	52	中国建筑学会	2004.9
广东五邑侨乡规划与建筑体现中西文化融合初探	许桂灵，司徒尚纪	《中山大学学报》（自然科学版）2004，(5)	107	中山大学	2004.9
聚落文化：当代人居环境应该珍惜的根	王涛	《北京规划建设》2004，(5)	154	《北京规划建设》编辑部	2004.10
上海老城厢历史文化风貌区的保护	陈业伟	《城市规划汇刊》2004，(5)	50	《城市规划汇刊》编辑部	2004.10
"古大厝"——用雕刻艺术塑造起凝固的故乡魂	骆中钊	《城乡建设》2004，(10)	20	《城乡建设》编辑部	2004.10
建水古城的保护与更新	沈斌	《规划师》2004，(10)	39	《规划师》编辑部	2004.10
植根传统民居文化土壤的新生——以2006桂林乡村住宅设计竞赛方案为例	李玲	《华中建筑》2004，(10)	28	《华中建筑》编辑部	2004.10
黄土高原新窑居	刘加平，张继良	《建设科技》2004，(19)	30	《建设科技》杂志社	2004.10
陕北窑洞的民间施工工艺	杨红霞，崔保龙	《建筑工人》2004，(10)	14	《建筑工人》编辑部	2004.10
以批判地域主义的观点来看瓷器口的改造	唐莉	《建筑知识》2004，(5)	23	《建筑知识》编辑部	2004.10
明清山陕商人在湖北的活动及其会馆建设	宋伦，李刚	《江汉论坛》2004，(10)	88	《江汉论坛》编辑部	2004.10
山西民居空间环境特色——浅析山西灵石"王家大院"	赵迎	《室内设计》2004，(4)	41	《室内设计》杂志社	2004.10
川西北乡土建筑的生态特征初探	成斌	《四川建筑》2004，(5)	17	《四川建筑》编辑部	2004.10
鄂西传统村落公共空间的行为—场所研究	唐迅，姚雅琼	《四川建筑》2004，(5)	26	《四川建筑》编辑部	2004.10
古村落空间意象与设计借鉴	何敬东	《四川建筑》2004，(5)	28	《四川建筑》编辑部	2004.10
建水历史文化名城的保护与发展	苏晓毅	《现代城市研究》2004，(10)	50	《现代城市研究》编辑部	2004.10
抱水而居 得水之灵——浅谈浙北民居村镇聚落的生长性	张聪	《小城镇建设》2004，(10)	68	《小城镇建设》编辑部	2004.10
第13届中国民居学术会议暨无锡传统建筑发展国际学术研讨会在无锡隆重召开	唐孝祥	《新建筑》2004，(5)	37	《新建筑》杂志社	2004.10
宗族、市场、盗寇与蛋民——明以后珠江三角洲的族群与社会	陆林，凌善金，焦华富，王莉	《中国社会经济史研究》2004，(3)	1	《中国社会经济史研究》编辑部	2004.10
章渡老街的启示	翟芸，翟光逵	《安徽建筑工业学院学报》（自然科学版）2004，(5)	16	安徽建筑工业学院	2004.10

续表

论文名	作者	刊载杂志	页码	编辑出版单位	出版日期
安顺屯堡文化——黔中喀斯特环境中的汉民族地域文化景观	吕燕平	《安顺师范高等专科学校学报》2004，（4）	66	安顺师范高等专科学校	2004.10
阿伊努民族文物的初步调查	张敏杰，黎霞	《黑龙江民族丛刊》2004，（5）	119	黑龙江省民族研究所	2004.10
惠安乡土建筑中的石技艺特色	陈晓向	《华侨大学学报》（自然科学版）2004，（4）	401	华侨大学	2004.10
新民居小议	姬琳	《江南大学学报》（人文社会科学版）2004，（5）	120	江南大学	2004.10
徽州传统民居的象征文化探源	陈芬	《武汉理工大学学报》（社会科学版）2004，（5）	674	武汉理工大学	2004.10
批判的地域主义	沈克宁	《建筑师》2004，（4）	45	中国建筑工业出版社	2004.10
中国史前的聚落围沟	裴安平	《东南文化》2004，（6）	21	《东南文化》杂志社	2004.11
文化与学术相得益彰的好刊物	楼庆西	《建筑创作》2004，（11）	26	《建筑创作》编辑部	2004.11
从刘永福旧居建筑群看建筑形式与功能的关系	李红	《科技情报开发与经济》2004，（11）	245	《科技情报开发与经济》编辑部	2004.11
晋中平原地区农村聚落扩展分析	冯文勇，陈新莓	《人文地理》2004，（6）	93	《人文地理》编辑部	2004.11
山西传统民居文化的保护与继承	陆凤华，王艳锋	《山西建筑》2004，（22）	10	《山西建筑》杂志社	2004.11
保存原汁原味的历史——日本历史建筑的保护	沈坚	《社会观察》2004，（11）	40	《社会观察》杂志社	2004.11
纳西文化景观的再诠释——丽江玉湖小学及社区中心设计	王路	《世界建筑》2004，（11）	86	《世界建筑》编辑部	2004.11
浅析西秦会馆建造背景	陶宏	《四川文物》2004，（6）	47	《四川文物》编辑部	2004.11
尊重自然 传承文脉 营造村镇住区景观风貌	虞文军	《小城镇建设》2004，（11）	37	《小城镇建设》编辑部	2004.11
乡村聚落的区域差异	李娜	《中学地理教学参考》2004，（11）	14	《中学地理教学参考》编辑部	2004.11
巴渝传统民居建筑与装饰特征探微	许亮	《装饰》2004，（11）	88	《装饰》编辑部	2004.11
徽州木雕艺术美学价值论	黄凯，王茜	《装饰》2004，（11）	14	《装饰》编辑部	2004.11
诠释古徽州建筑的宗族观念	管志刚	《装饰》2004，（11）	83	《装饰》编辑部	2004.11
徽州古村落城镇化的启动模式与运行机制	梁德阔，王邦虎，江丕寅	《合肥学院学报》（社会科学版）2004，（4）	1	合肥学院	2004.11
顺应生态环境与遵循人地关系：商代聚落的择立要素	陈朝云	《河南大学学报》（社会科学版）2004，（6）	86	河南大学	2004.11
试析开平碉楼的功能——侨乡文书研究之三	张国雄	《五邑大学学报》（社会科学版）2004，（4）	51	五邑大学	2004.11
咸阳塔儿坡秦墓地再探讨	滕铭予	《北方文物》2004，（4）	7	《北方文物》编辑部	2004.12
浅议山西民居的建筑装饰艺术	庞卓赟	《沧桑》2004，（6）	26	《沧桑》杂志社	2004.12
徽州古村落的景观特征及机理研究	陆林，凌善金，焦华富，王莉	《地理科学》2004，（6）	660	《地理科学》编辑部	2004.12
福建闽中民居	戴志坚	《古建园林技术》2004，（4）	47	《古建园林技术》编辑部	2004.12
浅析徽州古民居防火功能	姚光钰，刘一举	《古建园林技术》2004，（4）	7	《古建园林技术》编辑部	2004.12
天水传统民居——冯国瑞故居的考察与分析	刘丽，苏童	《古建园林技术》2004，（4）	57	《古建园林技术》编辑部	2004.12

续表

论文名	作者	刊载杂志	页码	编辑出版单位	出版日期
黟县宏村汪氏宗祠	朱永春	《古建园林技术》2004，(3)	63	《古建园林技术》编辑部	2004.12
古村落的保护与开发策略研究——以河北省井陉县于家石头村为例	刘华领，莫鑫，杨辉	《规划师》2004，(12)	80	《规划师》编辑部	2004.12
生态建筑——建筑进化的未来	韩冰	《国外建材科技》2004，(6)	54	《国外建材科技》编辑部	2004.12
乡村聚落景观的旅游价值研究及开发模式探讨	冯淑华，方志远	《江西社会科学》2004，(12)	230	《江西社会科学》编辑部	2004.12
桑基鱼塘孕育的"小桥流水"——顺德水乡景观及其形成条件	朱光文	《岭南文史》2004，(4)	35	《岭南文史》编辑部	2004.12
厦门人文聚落的发展和厦门城的出现	彭维斌	《南方文物》2004，(4)	39	《南方文物》编辑部	2004.12
古太原晋阳建筑文化浅析	周吉平	《山西建筑》2004，(24)	13	《山西建筑》杂志社	2004.12
山西古牌楼浅析	王崇恩	《山西建筑》2004，(24)	15	《山西建筑》杂志社	2004.12
传统乡土的当代解读——以阿尔贝罗贝洛的雏里聚落为例	单军，王新征	《世界建筑》2004，(12)	80	《世界建筑》编辑部	2004.12
珠江三角洲小城镇风貌管窥	顾翠红	《小城镇建设》2004，(12)	43	《小城镇建设》编辑部	2004.12
常熟古城七号街坊景观特色的保护与延续	黄治，阳建强	《新建筑》2004，(6)	13	《新建筑》杂志社	2004.12
朝鲜族的生活模式对其民居室内空间的影响	朴玉顺，罗玲玲	《新建筑》2004，(6)	16	《新建筑》杂志社	2004.12
解读"生态建筑"	肖珩	《新建筑》2004，(6)	25	《新建筑》杂志社	2004.12
乡村文化精神的复兴与延伸——从香港大埔头村敬罗家塾修缮工程获奖谈起	曹劲	《新建筑》2004，(6)	22	《新建筑》杂志社	2004.12
小镇千家抱水园——从南浔小莲庄看江南水乡小镇的园林特色	沈济黄，王歆	《新建筑》2004，(6)	19	《新建筑》杂志社	2004.12
在古旧里泼洒新鲜——柿林古村景观节点概念设计	王炎松，周静，彭晖	《新建筑》2004，(6)	26	《新建筑》杂志社	2004.12
徽州民居村落聚居形态的有机更新	贾莉莉	《安徽建筑工业学院学报》（自然科学版）2004，(6)	54	安徽建筑工业学院	2004.12
论传统文化在现代设计中的应用	凤元利	《安徽建筑工业学院学报》（自然科学版）2004，(6)	67	安徽建筑工业学院	2004.12
福州马鞍墙的艺术特色	汪晓东	《福建工程学院学报》2004，(4)	456	福建工程学院	2004.12
探析福建汀州府文庙建筑文化特征	林从华，邱宏，林兆武，于苏建，薛小敏	《福建工程学院学报》2004，(4)	454	福建工程学院	2004.12
皖南古村落规划特征浅析	金乃玲	《合肥学院学报》（自然科学版）2004，(4)	73	合肥学院	2004.12
浅议客家建筑的审美属性	唐孝祥，赖瑛	《华南理工大学学报》（社会科学版）2004，(6)	53	华南理工大学	2004.12
客家土楼中的象征文化浅析	郝晓赟	《华中科技大学学报》（城市科学版）2004，(4)	84	华中科技大学	2004.12

续表

论文名	作者	刊载杂志	页码	编辑出版单位	出版日期
从传统聚落到当代人居环境	郭小辉，张玉坤	《山东建筑工程学院学报》2004，(4)	230	山东建筑工程学院	2004.12
拘谨与随意，内敛与渗透，质朴与灵性——周家大屋建筑文化评述	彭云	《天津城市建设学院学报》2004，(4)	223	天津城市建设学院	2004.12
关中地域历史文脉考论	汤道烈，王树声	《西安建筑科技大学学报》（社会科学版）2004，(4)	16	西安建筑科技大学	2004.12
福建南靖县石桥古村落保护和发展策略研究	李艳英	《建筑学报》2004，(12)	54	中国建筑学会	2004.12
鸡足山镇沙址佛教文化生态村的保护与发展	杨国才	《中央民族大学学报》（哲学社会科学版）2004，(6)	81	中央民族大学	2004.12
贵州少数民族地区山地人居浅析	邓磊	《规划师》2005，(1)	101	《规划师》编辑部	2005.1
世界遗产、亚太地区文化遗产与一般民居保护——以广东省从化市广裕祠保护修复为例	赵红红，阎瑾	《规划师》2005，(1)	25	《规划师》编辑部	2005.1
从聚落到村落：明清华北新兴村落的生长过程	黄忠怀	《河北学刊》2005，(1)	199	《河北学刊》杂志社	2005.1
近代传统建筑壁画的奇葩——题材奇特，极具战斗、生活气息的太平天国侍王府建筑壁画艺术	汪燕鸣	《华中建筑》2005，(1)	15	《华中建筑》编辑部	2005.1
龙翔凤翥——榆林地区明长城军事堡寨研究	张玉坤，李哲	《华中建筑》2005，(1)	150	《华中建筑》编辑部	2005.1
闽南风情——泉州城北环路整治设计实践	刘桂庭，余美生	《华中建筑》2005，(1)	101	《华中建筑》编辑部	2005.1
新江南民居——全球化思潮下的地域建筑探索	申丽萍，张凯	《华中建筑》2005，(1)	64	《华中建筑》编辑部	2005.1
徽州古民居建筑空间美浅析	刘华	《家具与室内装饰》2005，(1)	15	《家具与室内装饰》杂志社	2005.1
浅述北京城市住宅立面风格之演变	刘文鼎	《建筑创作》2005，(1)	24	《建筑创作》编辑部	2005.1
龙翔凤翥——榆林地区明长城军事堡寨研究	张玉坤，李哲	《人文地理》2005，(1)	150	《人文地理》编辑部	2005.1
川西南山地民族聚落生态研究——以米易县麦地村为例	陈勇，陈国阶，刘邵权，王青	《山地学报》2005，(1)	108	《山地学报》编辑委员会	2005.1
"城中村"改造与古建筑保护	齐宝崇	《山西建筑》2005，(1)	21	《山西建筑》杂志社	2005.1
浅谈农村民居建筑的设计问题	张章喜	《山西建筑》2005，(3)	19	《山西建筑》杂志社	2005.1
牟姆托工作室，哈尔登施泰因，格劳宾登州，瑞士	世界建筑	《世界建筑》2005，(1)	31	《世界建筑》编辑部	2005.1
黄土高原土壤侵蚀与聚落生存对策研究	王刚，李小曼	《水土保持通报》2005，(1)	25	《水土保持通报》编辑部	2005.1
对高寒牧区定居聚落生态系统的初步探讨	陈勇，陈国阶	《四川环境》2005，(1)	10	《四川环境》编辑部	2005.1
沁河流域的堡寨建筑	张广善	《文物世界》2005，(1)	25	《文物世界》编辑部	2005.1
东乡族人移居城市后饮食习俗的传承与变异——以兰州市小西湖柏树巷社区东乡族聚落为例	白晓荣	《中国穆斯林》2005，(1)	15	《中国穆斯林》编辑部	2005.1

续表

论文名	作者	刊载杂志	页码	编辑出版单位	出版日期
康百万庄园——中原古代民居的典范之作	赵海星，张毅海	《中国文化遗产》2005，(1)	72	《中国文化遗产》杂志社	2005.1
乡土建筑的内涵与设计借鉴	张峰	《中外建筑》2005，(1)	46	《中外建筑》杂志社	2005.1
北京建筑批判（上）	张捷	《重庆建筑》2005，(1)	63	《重庆建筑》杂志社	2005.1
传统聚落的类型学分析	张振	《南方建筑》2005，(1)	14	广东省建筑学会	2005.1
广东地域建筑的类型及其区划初探	林琳，任炳勋	《南方建筑》2005，(1)	10	广东省建筑学会	2005.1
兰溪古建筑的戏曲题材雕刻艺术	陈星，周菊青	《南方建筑》2005，(1)	43	广东省建筑学会	2005.1
中国传统建筑生态优化的理念与实践	邓其生，胡冬香	《南方建筑》2005，(1)	1	广东省建筑学会	2005.1
中国传统建筑组群形态生成机制研究	邹衍庆	《南方建筑》2005，(1)	103	广东省建筑学会	2005.1
论史前中国东北地区的文明进程——以西辽河地区为中心	田广林	《辽宁师范大学学报》（社会科学版）2005，(1)	106	辽宁师范大学	2005.1
浅论传统建筑艺术中的文化特质	褚云生	《零陵学院学报》2005，(1)	149	零陵学院	2005.1
中国传统民居的中庭建筑空间	雷平，王向阳	《南昌大学学报》（人文社会科学版）2005，(1)	64	南昌大学	2005.1
泉州古民居的美学风格及其成因	戴冠青，谢秋萍	《泉州师范学院学报》2005，(1)	26	泉州师范学院	2005.1
20世纪上半叶中国宗族组织的态势——以徽州宗族为对象的历史考察	唐力行	《上海师范大学学报》（哲学社会科学版）2005，(1)	103	上海师范大学	2005.1
北京四合院年代考证	陈达，陈伯超	《沈阳建筑大学学报》（自然科学版）2005，(1)	32	沈阳建筑大学	2005.1
建筑聚落的构成形态研究	马烨，张达，乐音	《沈阳建筑大学学报》（社会科学版）2005，(1)	25	沈阳建筑大学	2005.1
实现传统建筑的改造性再利用——广州上下九商业街区的保护对策	任兰滨	《沈阳建筑大学学报》（社会科学版）2005，(1)	22	沈阳建筑大学	2005.1
秦岭山地民居墙体构造技术	赵西平，赵方周，刘加平，尚建丽	《西安科技大学学报》2005，(1)	114	西安科技大学	2005.1
夏尔洼藏族民居建筑艺术特色	东干·格西奇珠	《西藏艺术研究》2005，(1)	60	西藏民族艺术研究所	2005.1
夕佳山民居图案的精神内涵	陈华	《宜宾学院学报》2005，(1)	83	宜宾学院	2005.1
广西西江流域民族文化资源的保护与开发	过伟	《玉林师范学院学报》2005，(1)	52	玉林师范学院	2005.1
论社旗山陕会馆商文化中的儒、佛、道融合	李芳菊，骆乐，王云雪	《中州大学学报》2005，(1)	81	中州大学	2005.1
牌坊与徽州文化	孙燕京，施彦	《安徽史学》2005，(1)	88	《安徽史学》编辑部	2005.2
岭南民间工匠传统建筑设计法则研究初步	肖旻	《城市建筑》2005，(2)		《城市建筑》杂志社	2005.2
对于中国传统民居环境的研究	夏为，陆艳伟	《低温建筑技术》2005，(1)	21	《低温建筑技术》编辑部	2005.2

续表

论文名	作者	刊载杂志	页码	编辑出版单位	出版日期
传承与困惑——徽州三雕调研有感	程小武，朱光亚	《东南文化》2005，（2）	87	《东南文化》杂志社	2005.2
论良渚文化中心聚落的特殊性	陈声波	《东南文化》2005，（2）	11	《东南文化》杂志社	2005.2
文化风土与空间形态的交融——黄岐镇一河两岸区段控制性详细规划及城市设计	徐卫国，胡文娜	《规划师》2005，（2）	35	《规划师》编辑部	2005.2
旅游城镇持续的保护与开发——藉阳朔、丽江及江南古村……而析	郑光复	《华中建筑》2005，（2）	106	《华中建筑》编辑部	2005.2
浅析黟县门楣匾额的人文内涵与建筑意趣	林治，王炎松，张维	《华中建筑》2005，（2）	126	《华中建筑》编辑部	2005.2
中国传统民居防卫性研究	刘凯	《华中建筑》2005，（2）	120	《华中建筑》编辑部	2005.2
凤凰古城民居脊饰特征探析	吴卫	《家具与室内装饰》2005，（2）	32	《家具与室内装饰》杂志社	2005.2
《哲匠录》序言	罗哲文	《建筑创作》2005，（2）	132	《建筑创作》编辑部	2005.2
建筑视觉与空间塑造——从徽州民居天井的视线分析谈起	钱江林	《建筑知识》2005，（1）	17	《建筑知识》编辑部	2005.2
客家建筑瑰宝——培田古民居	许勇铁	《建筑知识》2005，（1）	13	《建筑知识》编辑部	2005.2
徽州老祠堂	潘小平	《江淮文史》2005，（1）	162	《江淮文史》编辑部	2005.2
东北地域农村朝鲜族民居实态调查研究	李信昊，刘荣厚，张文基	《农业工程学报》2005，（s1）	232	《农业工程学报》编辑部	2005.2
江南水乡设计模式初探	陈康诠	《山西建筑》2005，（5）	10	《山西建筑》杂志社	2005.2
结合地域特色谈蔚州古城的保护与发展	赵建彬，温小英	《山西建筑》2005，（3）	7	《山西建筑》杂志社	2005.2
客家建筑的生殖崇拜	梁昌俊	《山西建筑》2005，（6）	5	《山西建筑》杂志社	2005.2
水在中国传统建筑环境中的生态应用	华亦雄，周浩明	《山西建筑》2005，（3）	3	《山西建筑》杂志社	2005.2
土在传统建筑与室内设计中的生态价值与应用	苏媛媛，周浩明，叶晓明	《山西建筑》2005，（4）	23	《山西建筑》杂志社	2005.2
西北民族地区生态恢复过程中社会转型的初步分析——以宁夏回族自治区泾源县为例	马海龙，米文宝	《水土保持研究》2005，（1）	95	《水土保持通报》编辑部	2005.2
沿承传统建筑文脉中的对比之美	曹君满，周波	《四川建筑》2005，（1）	34	《四川建筑》编辑部	2005.2
云南驿——西南丝路古驿道聚落的研究	王志群	《四川建筑》2005，（1）	39	《四川建筑》编辑部	2005.2
台湾之农村社区更新	刘健哲	《台湾农业探索》2005，（2）	7	《台湾农业探索》编辑部	2005.2
传统社区的更新——浙江南阁传统宗族村落研究	许业和	《小城镇建设》2005，（2）	74	《小城镇建设》编辑部	2005.2
走马洪江古商城	余翰武，杨毅	《小城镇建设》2005，（2）	68	《小城镇建设》编辑部	2005.2
会馆之城说会馆	任佩	《云南档案》2005，（2）	15	《云南档案》编辑部	2005.2
侗族村寨：人文与自然互动中的生态图景	中国西部	《中国西部》2005，（2）	32	《中国西部》杂志社	2005.2
侗族建筑：文化空间的聚合与叙事	中国西部	《中国西部》2005，（2）	46	《中国西部》杂志社	2005.2

续表

论文名	作者	刊载杂志	页码	编辑出版单位	出版日期
美国聚落考古学的历史与未来	杰里米·A·萨布罗夫温迪·阿什莫尔，陈洪波	《中原文物》2005，(4)	54	《中原文物》编辑部	2005.2
徽州古村落水系形态设计的审美特色	逯海勇	《装饰》2005，(2)	102	《装饰》编辑部	2005.2
中国古代建筑风水学在现代建筑中的影响与运用	李远国	《资源与人居环境》2005，(4)	35	《资源与人居环境》杂志社	2005.2
对皖南古民居原真性保护的思考	姜长征，夏娃，翟芸	《安徽建筑工业学院学报》（自然科学版）2005，(1)	1	安徽建筑工业学院	2005.2
简论徽派古民居建筑的审美特征	李道先，侯曙芳	《安徽建筑工业学院学报》（自然科学版）2005，(1)	5	安徽建筑工业学院	2005.2
光与中国传统建筑	黄常华	《福建建筑》2005，(2)	29	福建省建筑学会	2005.2
泉州近代中山路与洛阳街骑楼比较	王珊，杨思声	《福建建筑》2005，(2)	21	福建省建筑学会	2005.2
中国传统民居村落空间之"消极性"	郭立源，葛红旺，饶小军	《南方建筑》2005，(1)	154	广东省建筑学会	2005.2
高技乡土——高技建筑的地域化倾向	杨崴，曾坚	《哈尔滨工业大学学报》2005，(2)	276	哈尔滨工业大学	2005.2
徽州古祠堂特色初探	姚邦藻，每文	《黄山学院学报》2005，(1)	16	黄山学院	2005.2
清代苏州的嘉应会馆	刘正刚	《嘉应学院学报》2005，(1)	78	嘉应学院	2005.2
无锡传统民居屋脊的基本造型与变化	史明，魏娜，成美捷	《江南大学学报》（人文社会科学版）2005，(1)	113	江南大学	2005.2
尹家城遗址龙山文化礼器及社会组织结构的探讨	王建华	《绥化学院学报》2005，(1)	133	绥化学院	2005.2
劫后羌笛古韵——羌族建筑文化浅析	索朗白姆	《西藏大学学报》（汉文版）2005，(1)	56	西藏大学	2005.2
论西藏城镇建设中传统建筑的继承与发展问题	郭宏伟	《西藏大学学报》（汉文版）2005，(1)	50	西藏大学	2005.2
皖南传统建筑装饰的文化风格	陶媛	《安徽工业大学学报》（社会科学版）2005，(2)	59	安徽工业大学	2005.3
珠江三角洲城市边缘聚落的城市化	刘晖，梁励韵	《城市问题》2005，(3)	43	《城市问题》杂志社	2005.3
传统建筑装饰艺术的瑰宝——鄂西传统建筑石雕装饰艺术探索	辛艺峰	《古建园林技术》2005，(1)	50	《古建园林技术》编辑部	2005.3
历史的年鉴 文化的载体——清代满族民居"后府"刍议	于海民	《古建园林技术》2005，(1)	40	《古建园林技术》编辑部	2005.3
从瓦店遗址看中原地区国家文明的起源——《禹州瓦店》读后感	张海	《华夏考古》2005，(1)	108	《华夏考古》编辑部	2005.3
美洲聚落形态研究的过去、现在和未来	布莱恩·R·贝尔曼，贾伟明	《华夏考古》2005，(1)	102	《华夏考古》编辑部	2005.3
鄂东南传统民居防潮措施述评	江岚，李晓峰	《华中建筑》2005，(3)	142	《华中建筑》编辑部	2005.3
梁启超故居及饮冰室修复改造实录	杨洋	《华中建筑》2005，(3)	169	《华中建筑》编辑部	2005.3

续表

论文名	作者	刊载杂志	页码	编辑出版单位	出版日期
燃池的困境与出路——对一种低技术采暖方式的分析	吕爱民	《华中建筑》2005，(3)	34	《华中建筑》编辑部	2005.3
探寻传统建筑的象征性——以"三孔"的象征文化为例	马振华	《华中建筑》2005，(3)	3	《华中建筑》编辑部	2005.3
探寻传统建筑的象征性——以"三孔"的象征文化为例	顾凯，刘辉瑜	《华中建筑》2005，(3)	7	《华中建筑》编辑部	2005.3
桃园风光，民居瑰宝——陕西韩城党家村初探	汤移平，陈洋，万人选	《华中建筑》2005，(3)	139	《华中建筑》编辑部	2005.3
岭南古祠堂建筑的年代标尺——广裕祠	李剑波	《岭南文史》2005，(1)	35	《岭南文史》编辑部	2005.3
淮军民居建筑研究	甄新生，朱君	《山西建筑》2005，(7)	19	《山西建筑》杂志社	2005.3
不求创新的艺术——记《乡土瑰宝》与乡土建筑测绘	罗德胤	《世界建筑》2005，(3)	106	《世界建筑》编辑部	2005.3
再说古北京城的整体保护	陈志华	《世界建筑》2005，(3)	100	《世界建筑》编辑部	2005.3
尉迟寺史前聚落遗存的微观考察与研究	王吉怀	《文物世界》2005，(2)	10	《文物世界》编辑部	2005.3
花开两朵——湘西与黔东南苗族民居比较	李博韬	《小城镇建设》2005，(3)	72	《小城镇建设》编辑部	2005.3
深山瑰宝——于家村石头四合院	刘丽，刘华领，王军	《小城镇建设》2005，(3)	66	《小城镇建设》编辑部	2005.3
论江南传统建筑粉黛色彩的文化根源	钟磊	《新美术》2005，(3)	82	《新美术》编辑部	2005.3
漫谈福建土楼民居的防水	谢华章	《中国建筑防水》2005，(3)	35	《中国建筑防水》杂志社	2005.3
传统民居与画家的对话——看刘凤兰水彩画有感	宋丹青	《中外建筑》2005，(3)	80	《中外建筑》杂志社	2005.3
徽州古村落生态旅游资源内涵解析	朱生东，张亲青	《中外建筑》2005，(3)	74	《中外建筑》杂志社	2005.3
城乡聚落对比分析	朱平	《中学地理教学参考》2005，(3)	24	《中学地理教学参考》编辑部	2005.3
对茂县营盘山古蜀文化遗址保护与展示的构想	杨文健，庄春辉，巴桑，李瑞琼	《阿坝师范高等专科学校学报》2005，(1)	4	阿坝师范高等专科学校	2005.3
营盘山遗址——藏彝走廊史前区域文化中心	陈剑，陈学志，范永刚，蔡清	《阿坝师范高等专科学校学报》2005，(1)	1	阿坝师范高等专科学校	2005.3
略论历史文化底蕴对喜洲白族民居建筑的影响	薛祖军	《大理学院学报》2005，(2)	5	大理学院	2005.3
传统民居的气候适应性对建筑节能设计的启示	邱文明，崔育新	《福建建筑》2005，(3)	68	福建省建筑学会	2005.3
历史文化古城保护与更新的探索——以泉州古城为例	刘桂庭	《福建建筑》2005，(3)	130	福建省建筑学会	2005.3
"斗"的聚居和衍生——解读贵州黎平肇兴大寨	蔡凌	《南方建筑》2005，(3)	32	广东省建筑学会	2005.3
湘南民居中的天井空间研究	寇广建	《南方建筑》2005，(3)	38	广东省建筑学会	2005.3
浙南古镇腾蛟的保护与规划	祁艳，阳建强	《南方建筑》2005，(3)	93	广东省建筑学会	2005.3
广西壮族与云南傣族"干阑"民居比较研究	农祥亮	《广西民族学院学报》（哲学社会科学版）2005，(2)	139	广西民族学院	2005.3

续表

论文名	作者	刊载杂志	页码	编辑出版单位	出版日期
哈尼族聚落景观的美学思考	张敏	《贵州大学学报》（艺术版）2005，（1）	1	贵州大学	2005.3
重特色、守文化——山海关古城保护开发项目策划研究	雍星	《河北建筑工程学院学报》2005，（1）	78	河北建筑工程学院	2005.3
古建民居保护 贵在原汁原味——从一张国外老照片谈起	吴苹	《衡阳师范学院学报》2005，（2）	3	衡阳师范学院	2005.3
中国古代文明过程考察的不同角度及其相关问题	杨建华	《吉林大学社会科学学报》2005，（2）	111	吉林大学	2005.3
古村落的生长与其传统形态和历史文化的延续——以太湖西山明湾、东村的保护规划为例	王一丁，吴晓红	《南京工业大学学报》（社会科学版）2005，（3）	76	南京工业大学	2005.3
云南彝族传统民居构造技术	赵西平，刘加平，尚建丽，赵方周	《西安建筑科技大学学报》（自然科学版）2005，（1）	40	西安建筑科技大学	2005.3
中国湘楚明清民居之"活化石"——湖南岳阳张谷英大屋研究之二	何林福，李翠娥	《岳阳职业技术学院学报》2005，（1）	28	岳阳职业技术学院	2005.3
绍兴古戏台的文化建构	高军	《东方博物》2005，（1）	38	浙江省博物馆	2005.3
清代北京会馆的政治属性与士商交融	刘凤云	《中国人民大学学报》2005，（2）	122	中国人民大学	2005.3
中国传统聚落景观评价案例与模式	张祖群，赵荣，杨新军，黎筱筱，张宏	《重庆大学学报》（社会科学版）2005，（2）	18	重庆大学	2005.3
负洲傍海 商贸名港——广州黄埔村考察	言倩	《南方文物》2005，（3）	100	《南方文物》编辑部	2005.3
国家历史文化名城研究中心历史街区调研——广东珠海唐家湾镇会同村	周芃	《城市规划》2005，（4）	19	《城市规划》编辑部	2005.4
建川博物馆聚落川军馆及其街坊	徐行川	《城市建筑》2005，（4）	46	《城市建筑》杂志社	2005.4
乡村聚落的发展与保护	朱平	《地理教育》2005，（2）	21	《地理教育》杂志社	2005.4
山地垂直人文带研究	邓祖涛，陆玉麒，尹贻梅	《地域研究与开发》2005，（2）	11	《地域研究与开发》编辑部	2005.4
关于南朝村的渊源问题	章义和	《福建论坛》（人文社会科学版）2005，（4）	69	《福建论坛（人文社会科学版）》编辑部	2005.4
徽州古村落水系形态设计的审美特色——黟县宏村水环境探析	逯海勇	《华中建筑》2005，（4）	144	《华中建筑》编辑部	2005.4
论乡土景观及其对现代景观设计的意义	俞孔坚，王志芳，黄国平	《华中建筑》2005，（4）	123	《华中建筑》编辑部	2005.4
浅析传统建筑的伦理功能——从同里古镇看起	钱雅妮	《华中建筑》2005，（4）	156	《华中建筑》编辑部	2005.4
浅析邓小平同志纪念园建筑特色	辛克靖	《华中建筑》2005，（6）	44	《华中建筑》编辑部	2005.4
泉州传统民居红砖文化探析与保护刍议	李俐，张恒	《华中建筑》2005，（4）	137	《华中建筑》编辑部	2005.4
真的作点"土"建筑——大理古榕会馆设计与思考	高娜，王冬	《华中建筑》2005，（4）	34	《华中建筑》编辑部	2005.4
天津老城厢15#地块	刘文鼎	《建筑创作》2005，（4）	21	《建筑创作》编辑部	2005.4
白族建筑文化鉴赏	谷忠校	《建筑工人》2005，（4）	40	《建筑工人》编辑部	2005.4
湖南民居艺术在现代室内设计中的运用	刘快	《山西建筑》2005，（12）	25	《山西建筑》杂志社	2005.4

续表

论文名	作者	刊载杂志	页码	编辑出版单位	出版日期
建筑的地域性因素	李正涛	《山西建筑》2005，(8)	14	《山西建筑》杂志社	2005.4
山西传统民居公共空间布局形态分析	康峰，曹如姬	《山西建筑》2005，(11)	18	《山西建筑》杂志社	2005.4
谈潮汕民居	陈东	《山西建筑》2005，(12)	27	《山西建筑》杂志社	2005.4
中国传统建筑的美学审视	龚维政，朱寅	《山西建筑》2005，(8)	11	《山西建筑》杂志社	2005.4
古民居保护与旅游开发——以深圳大鹏所城、南头古城为例	王庆，胡卫华	《小城镇建设》2005，(4)	66	《小城镇建设》编辑部	2005.4
闽南三地小城镇骑楼风貌展	余强	《小城镇建设》2005，(4)	62	《小城镇建设》编辑部	2005.4
西域粟特移民聚落补考	荣新江	《西域研究》2005，(2)	1	《新疆社会科学》杂志社	2005.4
论江南古民居卢宅的文物价值	杨进发	《浙江建筑》2005，(2)	3	《浙江建筑》杂志社	2005.4
论江南古民居卢宅的文物价值	杨进发	《浙江建筑》2005，(2)	3	《浙江建筑》杂志社	2005.4
摩梭木楞房的建筑文化	钟华	《中华建设》2005，(4)	49	《中华建设》杂志社	2005.4
议岭南传统建筑文化在住宅设计中的传承	黄建军	《中外建筑》2005，(4)	46	《中外建筑》杂志社	2005.4
"乐由中出，礼自外作"——北京四合院的伦理功能解读	王乐	《中外建筑》2005，(4)	70	《中外建筑》杂志社	2005.4
中国传统建筑文化的继承问题	秦红岭	《中外建筑》2005，(4)	42	《中外建筑》杂志社	2005.4
与高原土地共生的康巴民居	贺先枣	《重庆建筑》2005，(4)	66	《重庆建筑》杂志社	2005.4
乐由中出 礼自外作——北京四合院的伦理功能解读	王乐	《安徽建筑》2005，(4)	6	安徽建筑学会	2005.4
浅谈兴隆洼文化聚落形态	吕昕娱	《赤峰学院学报》（汉文哲学社会科学版）2005，(5)	24	赤峰学院	2005.4
徽州传统村落民居门楼的审美意蕴	贺为才	《华南理工大学学报》（社会科学版）2005，(2)	54	华南理工大学	2005.4
徽州古村落山水文化解读——以唐模、灵山为中心	汪大白	《黄山学院学报》2005，(2)	13	黄山学院	2005.4
纵论安徽古村落世界遗产项目之扩展	许宗元	《黄山学院学报》2005，(2)	53	黄山学院	2005.4
略论木雕艺术在客家传统民居建筑中的应用	林爱芳	《嘉应学院学报》2005，(2)	75	嘉应学院	2005.4
近代建筑文化在浦东的民间传播	曹永康	《同济大学学报》（自然科学版），2005，(4)	456	同济大学	2005.4
六安市百花苑建筑风格及其与环境兼容性的关系探讨	赵平，叶葆菁	《皖西学院学报》2005，(2)	79	皖西学院	2005.4
土家吊脚楼的特色及其可持续发展思考——渝东南土家族地区传统民居考察	刘晓晖，覃琳	《武汉理工大学学报》（社会科学版）2005，(2)	273	武汉理工大学	2005.4
从民居建筑看西北回族的审美文化特征	马燕	《西北第二民族学院学报》（哲学社会科学版）2005，(2)	53	西北第二民族学院	2005.4
模仿生物·模拟机器·效仿传统建筑——简析生态建筑设计的三种途径	刘源，肖大威，陈翀	《建筑师》2005，(2)	27	中国建筑工业出版社	2005.4
成都清华坊	王豫章	《建筑学报》2005，(4)	47	中国建筑学会	2005.4

续表

论文名	作者	刊载杂志	页码	编辑出版单位	出版日期
重庆移民会馆产生和兴盛的原因探析	王巧萍	《重庆工商大学学报》（社会科学版）2005，（2）	129	重庆工商大学	2005.4
聚落·会馆——洛带客家移民文化之初探	张兴国，冷婕	《重庆建筑大学学报》2005，（2）	1	重庆建筑大学	2005.4
聚落·会馆——洛带客家移民文化之初探	马跃峰，张庆顺	《重庆建筑大学学报》2005，（2）	30	重庆建筑大学	2005.4
文物古建筑保护原则中"原真性"的认识与实践——以重庆湖广会馆修复工程为例	马跃峰，张庆顺	《重庆建筑大学学报》2005，（2）	30	重庆建筑大学	2005.4
陕北黄土丘陵区乡村聚落土壤水蚀观测分析	甘枝茂，岳大鹏，甘锐，查小春	《地理学报》2005，（3）	519	《地理学报》编辑部	2005.5
世界文化遗产宏村——解析宏村空间形态发展结构因素	姚珏，赵思毅	《东南文化》2005，（5）	48	《东南文化》杂志社	2005.5
明清遗韵 古村新貌——党家村民居特色及建筑型制	洪晖	《规划师》2005，（5）	126	《规划师》编辑部	2005.5
"聚落"的营造——日本京都车站大厦公共空间设计与原广司的聚落研究	卜菁华，韩中强	《华中建筑》2005，（5）	29	《华中建筑》编辑部	2005.5
成都东山地区早期客家建筑对广东客家建筑的继承——以东山客家围龙屋廖家祠为例	周密	《华中建筑》2005，（5）	139	《华中建筑》编辑部	2005.5
中西方传统哲学思想在建筑中的体现	孔洁	《建筑》2005，（10）	82	《建筑》编辑部	2005.5
聚落的传承与发展：丽江市玉龙纳西族自治县行政办公区总体设计	罗文兵	《建筑创作》2005，（5）	66	《建筑创作》编辑部	2005.5
聚落考古中的墓地规模——以重庆万州墓群为例	麻赛萍，高蒙河	《考古与文物》2005，（3）	66	《考古与文物》编辑部	2005.5
从四合院到大杂院	刘幸	《山西建筑》2005，（3）	8	《山西建筑》杂志社	2005.5
江南水乡古镇——乌镇的特色及保护	宋丽宏，华峰	《山西建筑》2005，（14）	12	《山西建筑》杂志社	2005.5
浅析丁村民居村落格局与建筑群	李青丽	《山西建筑》2005，（14）	25	《山西建筑》杂志社	2005.5
婺源古村落之"乡村园林"溯源	谢煜林，刘雪华	《小城镇建设》2005，（5）	62	《小城镇建设》编辑部	2005.5
复苏的洞口民间祠堂文化	谢惠钧	《艺海》2005，（3）	27	《艺海》编辑部	2005.5
胶东传统民居装饰的海文化特征	李政，李贺楠	《装饰》2005，（5）	73	《装饰》编辑部	2005.5
梅州传统民居装饰对现代室内设计的启示	李婷婷	《装饰》2005，（5）	87	《装饰》编辑部	2005.5
泉州传统民居红砖文化探议	李俐	《装饰》2005，（5）	86	《装饰》编辑部	2005.5
西南白族民居建筑探究	饶平山	《装饰》2005，（5）	72	《装饰》编辑部	2005.5
析论湘西土家族传统民居建筑艺术	刘俊	《装饰》2005，（5）	71	《装饰》编辑部	2005.5
乡土之美，设计之源——浅谈乡土建筑的现代设计借鉴	周愿	《南方建筑》2005，（5）	110	广东省建筑学会	2005.5
长江流域书院与长江文化	朱汉民	《湖南大学学报》（社会科学版）2005，（3）	3	湖南大学	2005.5
聊城山陕会馆碑刻分类及其史料价值	李红娟	《聊城大学学报》（社会科学版）2005，（3）	263	聊城大学	2005.5

续表

论文名	作者	刊载杂志	页码	编辑出版单位	出版日期
中国传统建筑中的装饰艺术	张缨	《西南交通大学学报》（社会科学版）2005，(3)	97	西南交通大学	2005.5
新疆少数民族社区居住文化的传承与变迁研究	王茜，吴琼	《新疆大学学报》（社会科学版）2005，(3)	99	新疆大学	2005.5
鹤庆古城鹤阳镇的文化底蕴	杨知勇	《云南民族大学学报》（哲学社会科学版）2005，(3)	84	云南民族大学	2005.5
羌族民居建筑群的价值及其开发利用	杨光伟	《西南民族大学学报》（人文社科版）2005，(5)	333	云南民族大学	2005.5
略论泉州土楼的形式美及其意义	蔡靖芳	《美与时代》2005，(5)	49	郑州大学美学研究所	2005.5
从类型开始——探析聚落精神在场地中的重构	姚志琳	《建筑学报》2005，(5)	66	中国建筑学会	2005.5
地域风格在印度	彭一刚	《建筑学报》2005，(5)	80	中国建筑学会	2005.5
爨底下村遗产开发之忧	孙克勤	《北京规划建设》2005，(3)	88	《北京规划建设》编辑部	2005.6
中国农村聚落空心化问题实证研究	王成新，姚士谋，陈彩虹	《地理科学》2005，(3)	257	《地理科学》编辑部	2005.6
话说富川功臣祠	唐庆得，廖序铭	《广西地方志》2005，(3)	54	《广西地方志》编辑部	2005.6
对传统居住模式继承的思考——基于菊儿胡同居住实态调查的分析	吕勇，胡惠琴	《建筑知识》2005，(3)	1	《建筑知识》编辑部	2005.6
苏州东山的氏族与古村落（续一）	薛利华	《江苏地方志》2005，(3)	41	《江苏地方志》编辑部	2005.6
负洲傍海 商贸名港——广州黄埔村考察	闫晓青	《岭南文史》2005，(2)	14	《岭南文史》编辑部	2005.6
南粤璞玉——解读从化古村老宅	李剑波	《岭南文史》2005，(2)	20	《岭南文史》编辑部	2005.6
中国家族文化博物馆——祠堂	李新才	《南方文物》2005，(2)	97	《南方文物》编辑部	2005.6
传统文化与当代居住区建设	徐虹	《山西建筑》2005，(18)	29	《山西建筑》杂志社	2005.6
荆楚地区传统民居的象征文化初探	李敏	《山西建筑》2005，(17)	12	《山西建筑》杂志社	2005.6
浅谈山西民居风格源起	周涛	《山西建筑》2005，(16)	60	《山西建筑》杂志社	2005.6
浅谈中国传统民居中的理想景观模式	徐伟，石铁矛	《山西建筑》2005，(18)	32	《山西建筑》杂志社	2005.6
山西省窑洞式生态建筑的设计与研究	史向红	《山西建筑》2005，(16)	34	《山西建筑》杂志社	2005.6
兴城古城民居院落空间研究	王阿慧，石铁矛	《山西建筑》2005，(18)	19	《山西建筑》杂志社	2005.6
儒家文化对中国传统建筑和现代建筑的影响	苏晓毅	《四川建筑科学研究》2005，(3)	125	《四川建筑科学研究》编辑部	2005.6
林坑村古风貌：在旅游者的脚步声里传承	李爱国，陈庆	《小城镇建设》2005，(6)	66	《小城镇建设》编辑部	2005.6
云南驿——多元文化的聚落	刘蕊，黄宇，施维琳	《小城镇建设》2005，(2)	68	《小城镇建设》编辑部	2005.6
洪江古商城明清会馆建筑研究	蒋学志	《中外建筑》2005，(6)	77	《中外建筑》杂志社	2005.6
中国传统建筑空间的特性	胡李峰	《中外建筑》2005，(6)	49	《中外建筑》杂志社	2005.6

续表

论文名	作者	刊载杂志	页码	编辑出版单位	出版日期
北京四合院的哲学思想	谢占宇,郝鸥	《安徽建筑》2006,(4)	41	安徽建筑学会	2005.6
士人会馆——北京旧城会馆建筑文化内涵三题	张健	《北京工业大学学报》2005,(1)	45	北京工业大学	2005.6
中国传统建筑的外在表观与内在文化	赵维学,孙巍	《长春工程学院学报》(社会科学版)2005,(2)	39	长春工程学院	2005.6
浅谈中西传统建筑的艺术特色	乔建奇	《大同职业技术学院学报》2005,(2)	44	大同职业技术学院	2005.6
徽州村落环境空间形态与构成秩序	朱瑾	《东华大学学报》(社会科学版)2005,(2)	42	东华大学	2005.6
商人会馆与近代桂东北城镇的发展变迁	侯宣杰	《广西民族研究》2005,(2)	187	广西民族研究所	2005.6
社旗山陕会馆商业文化的四大特征	郑国伟	《河南工业大学学报》(社会科学版)2005,(2)	27	河南工业大学	2005.6
"道"的艺术观与中国传统建筑	李一晖,黄晖,林新峰	《华东交通大学学报》2005,(3)	104	华东交通大学	2005.6
传统聚落建筑的审美文化特征及其现实意义	朱岸林	《华南理工大学学报》(社会科学版)2005,(3)	27	华南理工大学	2005.6
清代甘肃书院的时空分布特征	李并成,吴超	《青岛科技大学学报》(社会科学版),2005,(2)	61	青岛科技大学	2005.6
唐君毅先生论中国节日与祠庙	蔡仁厚	《西南民族大学学报》(人文社科版)2005,(6)	5	西南民族大学	2005.6
基于气候条件的传统建筑技术的创新应用	魏建军,郭琳	《徐州工程学院学报》2005,(4)	39	徐州工程学院	2005.6
中国乡土建筑装饰之风格	梁伟	《徐州工程学院学报》2005,(3)	47	徐州工程学院	2005.6
中西方传统建筑的比较与探讨	杨洁,黄金凤	《徐州建筑职业技术学院学报》2005,(2)	29	徐州建筑职业技术学院	2005.6
江南传统民居的生态建筑材料及其使用考察	石江辉	《浙江万里学院学报》2005,(3)	53	浙江万里学院	2005.6
北窗杂记(八十九)	窦武	《建筑师》2005,(3)	116	中国建筑工业出版社	2005.6
从传统民居建筑形成的规律探索民居研究的方法	陆元鼎	《建筑师》2005,(3)	5	中国建筑工业出版社	2005.6
从民居建筑布局看"堂文化"的神圣表述——"堂文化"所呈现的中国文化思维模式论之一	王瑾瑾	《建筑师》2005,(3)	74	中国建筑工业出版社	2005.6
对乡土建筑的重新认识与评价——解读《没有建筑师的建筑》	梁雪	《建筑师》2005,(3)	105	中国建筑工业出版社	2005.6
关于北京历史街区保护及改造的建议	孙大章	《建筑师》2005,(3)	91	中国建筑工业出版社	2005.6
国内当代乡土与地区建筑理论研究现状及评述	袁牧	《建筑师》2005,(3)	18	中国建筑工业出版社	2005.6
河南地区传统聚落与堡寨建筑	郑东军,张玉坤	《建筑师》2005,(3)	27	中国建筑工业出版社	2005.6
胶东传统民居与海上丝绸之路——文化生态学视野下的沿海聚落文化生成机理研究	李政,曾坚	《建筑师》2005,(3)	69	中国建筑工业出版社	2005.6

续表

论文名	作者	刊载杂志	页码	编辑出版单位	出版日期
空间、制度、文化与历史叙述——新人文视野下传统聚落与民居建筑研究	李东，许铁铖	《建筑师》2005，(3)	7	中国建筑工业出版社	2005.6
略论传统聚落的风土保护与再生	常青	《建筑师》2005，(3)	87	中国建筑工业出版社	2005.6
泉州传统民居空间设计分析及其启示	朱怿，关瑞明	《建筑师》2005，(3)	74	中国建筑工业出版社	2005.6
世界乡土居屋和可持续性建筑设计	王建国，高源	《建筑师》2005，(3)	108	中国建筑工业出版社	2005.6
苏北金字梁架及其文化意义	李新建，李岚	《建筑师》2005，(3)	82	中国建筑工业出版社	2005.6
土著的前卫——大地艺术视野中的乡土聚落	陈晶，单德启	《建筑师》2005，(3)	42	中国建筑工业出版社	2005.6
一座传统村落的前世今生——新技术、保护概念与乐清南阁村保护规划的关联性	董卫	《建筑师》2005，(3)	94	中国建筑工业出版社	2005.6
对传统建筑空间中模糊空间的初探	陆海鹏，周铁军	《重庆建筑大学学报》2005，(3)	19	重庆建筑大学	2005.6
中国古代建筑等级制度初探	庄雪芳，刘虹	《大众科技》2005，(7)	4	《大众科技》杂志社	2005.7
《周易》对中国传统建筑文化的影响	董睿，李泽琛	《东岳论丛》2005，(4)	143	《东岳论丛》编辑部	2005.7
浅谈广西传统民居对现代住宅设计的几点启示	刘西，叶雁冰	《广西城镇建设》2005，(7)	2	《广西城镇建设》编辑部	2005.7
传统聚落的交往空间对现代人居环境的启迪	连蓓	《华中建筑》2005，(1)	25	《华中建筑》编辑部	2005.7
鄂西宣恩县土家族吊脚楼民居特征及其保护研究	王炎松，袁铮	《华中建筑》2005，(1)	81	《华中建筑》编辑部	2005.7
广州近代骑楼发展考	林冲	《华中建筑》2005，(1)	114	《华中建筑》编辑部	2005.7
特克斯县历史文化名城的保护与更新	陈震东，梅虹，刘娴	《建筑创作》2005，(7)	114	《建筑创作》编辑部	2005.7
论城市改造中传统建筑与现代建筑的结合	姚江	《科技情报开发与经济》2005，(21)	183	《科技情报开发与经济》编辑部	2005.7
周玳与周氏祠堂	徐海丽，梁宇红	《文物世界》2005，(4)	28	《文物世界》编辑部	2005.7
宜宾民居"变脸"	尹邦会	《小城镇建设》2005，(7)	106	《小城镇建设》编辑部	2005.7
在秩序与诗意之间——试析济南传统合院民居的地域特色	王辉，赵琳	《小城镇建设》2005，(7)	44	《小城镇建设》编辑部	2005.7
清代以来广西城镇会馆分布考析	侯宣杰	《中国地方志》2005，(7)	43	《中国地方志》编辑部	2005.7
说不尽的"祠堂"——综观20世纪乡土文学看取"祠堂"视角的整体变迁轨迹	陈欢	《涪陵师范学院学报》2005，(4)	37	涪陵师范学院	2005.7
论历史文化名城中住宅特色的承传	万娟，徐建刚	《合肥工业大学学报》（自然科学版），2005，(7)	804	合肥工业大学	2005.7
徽派古村落宏村建筑美学探究	李顺华	《湖北成人教育学院学报》2005，(4)	59	湖北成人教育学院	2005.7

续表

论文名	作者	刊载杂志	页码	编辑出版单位	出版日期
原始建筑的美学与环境设计意识——红山文化聚落遗址及城堡建筑的考究	叶梵，杜浩，叶伟夫	《辽宁师专学报》（社会科学版）2005，(4)	130	辽宁师专	2005.7
追寻东方别墅的影子——重塑新徽派三合院	朱方诚	《南京艺术学院学报》（美术与设计版）2005，(3)	51	南京艺术学院	2005.7
清代河南集镇的发展特征	邓玉娜	《陕西师范大学学报》（哲学社会科学版）2005，(4)	90	陕西师范大学	2005.7
细部艺术：上海近代居住建筑的人文符号（上）	陈晖	《上海城市管理职业技术学院学报》2005，(4)	63	上海城市管理职业技术学院	2005.7
传统聚落文化与现代人居环境	黄国军，彭刚	《建筑师》2005，(13)	15	中国建筑工业出版社	2005.7
对北京四合院多功能利用的研究	魏闽红，胡桦	《建筑学报》2005，(7)	30	中国建筑学会	2005.7
民居聚落再生之路——广西融水县苗族民房改建模式考察	王晖，肖铭，王乘	《建筑学报》2005，(7)	32	中国建筑学会	2005.7
乡土建筑保护与更新模式的分析与反思	李晓峰	《建筑学报》2005，(7)	8	中国建筑学会	2005.7
白塔寺地区保护与更新规划研究	应臻	《北京规划建设》2005，(4)	47	《北京规划建设》编辑部	2005.8
从经济发展战略的高度看旧城的保护与利用	丁艾	《北京规划建设》2005，(4)	79	《北京规划建设》编辑部	2005.8
对三眼井地区保护、更新、改造规划的几点意见	马炳坚	《北京规划建设》2005，(4)	42	《北京规划建设》编辑部	2005.8
菊儿胡同近况	梁嘉樑，宗树	《北京规划建设》2005，(4)	72	《北京规划建设》编辑部	2005.8
国家历史文化名城研究中心历史街区调研——福建连城培田古村落	李渌，雷冬霞	《城市规划》2005，(8)	23	《城市规划》编辑部	2005.8
从平遥古城到王家大院	赵旺，何佳	《城市建筑》2005，(8)	92	《城市建筑》杂志社	2005.8
历史文化名城建设的再思考	李雄飞	《规划师》2005，(8)	59	《规划师》编辑部	2005.8
义乌市佛堂历史古镇旅游开发规划研究	吴海燕	《规划师》2005，(1)	36	《规划师》编辑部	2005.8
徽州古村落水系形态设计的审美特色——黟县宏村水环境探析	逯海勇	《华中建筑》2005，(4)	342	《华中建筑》编辑部	2005.8
道孚县藏族民居坡屋顶渊源思考	刘长存	《技术与市场》2005，(8)	57	《技术与市场》杂志社	2005.8
旧时的南京会馆	徐龙梅，徐延平	《江苏地方志》2005，(4)	60	《江苏地方志》编辑部	2005.8
苏州东山的氏族与古村落（续二）	薛利华	《江苏地方志》2005，(4)	43	《江苏地方志》编辑部	2005.8
管窥西藏高原民居	范霄鹏，赵之枫	《世界建筑》2005，(8)	74	《世界建筑》编辑部	2005.8
北极圈内的建筑杰作——建筑大师帕拉斯玛对拉普兰文化遗产的诠释和设计	方海，方滨	《室内设计与装修》2005，(8)	56	《室内设计与装修》编辑部	2005.8
中国传统民居中的"门"文化	魏雪琰	《四川建筑》2005，(4)	27	《四川建筑》编辑部	2005.8
对历史传统风貌地段保护的思索——洛阳老城区南大街景观保护规划	张少伟，宋岭	《四川建筑科学研究》2005，(4)	153	《四川建筑科学研究》编辑部	2005.8
江南水乡传统建筑遗存保护方法研究——以江阴市南门古街道保护设计为例	谷华	《现代城市研究》2005，(8)	39	《现代城市研究》编辑部	2005.8

续表

论文名	作者	刊载杂志	页码	编辑出版单位	出版日期
旧村改造与乡村民俗旅游的契合——北京市怀柔区官地村改造述略	谭伟	《小城镇建设》2005,(8)	28	《小城镇建设》编辑部	2005.8
传统边地聚落生态适应性研究及启示——解读云南和顺乡	童志勇,李晓丹	《新建筑》2005,(4)	22	《新建筑》杂志社	2005.8
电影·情感·民居——中国传统民居在电影中的情感演绎	熊燕	《新建筑》2005,(4)	无	《新建筑》杂志社	2005.8
厘清古村脉络,还原历史原貌——广东从化钱岗村保护与发展研究计划	郭谦,林冬娜	《新建筑》2005,(4)	33	《新建筑》杂志社	2005.8
尊重民间,向民间学习——建筑师在村镇聚落营造中应关注的几个问题	王冬	《新建筑》2005,(4)	10	《新建筑》杂志社	2005.8
从凿穴构木到搭房筑屋——远古先民居住文化初探	王兆祥	《中国房地产》2005,(8)	76	《中国房地产》杂志社	2005.8
中国传统民居的审美特征	邓泰	《中国科技信息》2005,(8)	118	《中国科技信息》杂志社	2005.8
谢灵运山居考	王欣,胡坚强	《中国园林》2005,(8)	73	《中国园林》杂志社	2005.8
走向精品之路的传统四合院有机更新	吴良镛	《中国园林》2005,(8)	23	《中国园林》杂志社	2005.8
呼唤沉睡的院落情结	晓枫	《中华建设》2005,(8)	44	《中华建设》杂志社	2005.8
重庆山地民居形态与现代人居——浅析重庆山地民居的保护与更新	黄红春	《重庆建筑》2005,(8)	65	《重庆建筑》杂志社	2005.8
湘西土家族传统民居建筑的形式演变	陈丽霞	《装饰》2005,(8)	72	《装饰》编辑部	2005.8
屏山光裕堂特色分析	贾尚宏,侯晓婷	《安徽建筑工业学院学报》(自然科学版)2005,(4)	77	安徽建筑工业学院	2005.8
用信息技术诠释乡土文化——历史文化名城保护与建筑教育的和谐共振(英文)	朱斯坦	《长江大学学报》(社会科学版)2005,(4)	95	长江大学	2005.8
从民俗学角度看徽州古民居的主要特点	胡颖	《黄山学院学报》2005,(4)	16	黄山学院	2005.8
中原传统自然村落设施调查述略	尉迟从泰	《商丘师范学院学报》2005,(4)	71	商丘师范学院	2005.8
传统聚落旅游开发中的迪斯尼逻辑	李森,朱蕾	《建筑师》2005,(4)	97	中国建筑工业出版社	2005.8
汉代集市聚落演变考订	杨毅	《建筑师》2005,(4)	85	中国建筑工业出版社	2005.8
中西方传统建筑:一种符号学视角的观察	王贵祥	《建筑师》2005,(4)	32	中国建筑工业出版社	2005.8
龙口市城镇聚落空间信息提取与动态变化研究	张安定,衣华鹏,王周龙,李德	《地理科学进展》2005,(5)	113	《地理科学进展》编辑部	2005.9
洛阳山陕会馆石质建筑材料的保护	张月峰	《古建园林技术》2005,(3)	59	《古建园林技术》编辑部	2005.9
青海民居庄廓院	张君奇	《古建园林技术》2005,(3)	54	《古建园林技术》编辑部	2005.9

续表

论文名	作者	刊载杂志	页码	编辑出版单位	出版日期
韶关曲江南华寺钟楼落架和复原性修复	许涛，康新民	《古建园林技术》2005，(3)	47	《古建园林技术》编辑部	2005.9
寨门、牌坊与墓碑	吴正光	《古建园林技术》2005，(3)	56	《古建园林技术》编辑部	2005.9
南屏古村的园林化	凌申	《规划师》2005，(9)	100	《规划师》编辑部	2005.9
现代建筑地域性，乡土建筑时代性：南宁荔园山庄建筑与环境设计	蒋伯宁，徐欢澜，马武坚，韦纲	《建筑创作》2005，(9)	118	《建筑创作》编辑部	2005.9
惠山祠堂建筑的装饰艺术	过伟敏，吴钰，史明	《美术大观》2005，(9)	56	《美术大观》杂志社	2005.9
本土建筑的新尝试	阎少华	《世界建筑》2005，(9)	112	《世界建筑》编辑部	2005.9
易郡——新北京四合院	阎少华，许善	《世界建筑》2005，(9)	2	《世界建筑》编辑部	2005.9
鄂东祠堂	李晓峰，邓晓红	《室内设计与装修》2005，(9)	96	《室内设计与装修》编辑部	2005.9
透视新时期"城市再造"的乡土危机	刘宏梅，周波	《四川建筑》2005，(1)	82	《四川建筑》编辑部	2005.9
乡土建筑现代化——以藏式建筑为例	唐岭飞，周波，王瑾	《四川建筑》2005，(1)	73	《四川建筑》编辑部	2005.9
乡土建筑与现代建筑的风格在特定地域环境中的辩证运用	杨天权	《四川建筑》2005，(1)	88	《四川建筑》编辑部	2005.9
保留传统建筑"内涵信息"——以"丽江现象"为例谈传统建筑的保护与更新	王琪，魏宏杨，钟纪刚	《小城镇建设》2005，(9)	52	《小城镇建设》编辑部	2005.9
龙胜风景区红瑶传统民居及近年演变点滴	徐玫	《小城镇建设》2005，(9)	48	《小城镇建设》编辑部	2005.9
千年传承 关山依旧——天水飞将故里一探	南喜涛	《小城镇建设》2005，(8)	39	《小城镇建设》编辑部	2005.9
喜洲白族民居初探	顾程琼	《小城镇建设》2005，(9)	54	《小城镇建设》编辑部	2005.9
江南民居生态新解——从常熟翁同龢故居看江南地区民居生态因素的利用	蒋励，周浩明	《中国科技信息》2005，(9)	166	《中国科技信息》杂志社	2005.9
由徽州古民居建筑装饰引发的思考	韩君	《装饰》2005，(3)	59	《装饰》编辑部	2005.9
论对传统建筑材料进行生态化改造的必要性和可行性	万治华	《湖北教育学院学报》2005，(5)	65	湖北教育学院	2005.9
金门民间道教仪式的知识流动与重组	李翘宏	《湖北民族学院学报》(哲学社会科学版)2005，(5)	14	湖北民族学院	2005.9
地域建筑形式与宗教内涵的结合——长春清真寺建筑的分析和赏评	张俊峰	《吉林建筑工程学院学报》2005，(3)	17	吉林建筑工程学院	2005.9
嵩阳书院的历史沿革及其特色	刘畅	《开封教育学院学报》2005，(3)	20	开封教育学院	2005.9
卓立于泉州文化之奇葩——走进泉州土楼	梁燕丽，黄艳红，蔡靖芳	《黎明职业大学学报》2005，(3)	3	黎明职业大学	2005.9
徽州古村落环境艺术简析	曲红升	《洛阳大学学报》2005，(3)	105	洛阳大学	2005.9
晋商施教方略与中华会馆文化的渊源探析	李芳菊	《山西财经大学学报》(高等教育版)2005，(3)	83	山西财经大学	2005.9

续表

论文名	作者	刊载杂志	页码	编辑出版单位	出版日期
中国古代农耕社会村落选址及其风水景观模式	王娟，王军	《西安建筑科技大学学报》（社会科学版）2005，(3)	17	西安建筑科技大学	2005.9
陕西地区的传统堡寨聚落	王绚，黄为隽，侯鑫	《西北工业大学学报》（社会科学版）2005，(3)	31	西北工业大学	2005.9
中国传统建筑文化地理特征、模式及地理要素关系研究	陆泓，王筱春，王建萍	《云南师范大学学报》（哲学社会科学版）2005，(5)	9	云南师范大学	2005.9
本色之美 自然之美 内在之美——广西少数民族传统建筑装饰探研	陈伯群	《美与时代》2005，(9)	21	郑州大学美学研究所	2005.9
北方乡村生态屋设计实践	虹，A. Enard，R. Celaire	《建筑学报》2005，(9)	24	中国建筑学会	2005.9
江浙地区传统民居节能技术研究	黄继红，张毅，郑卫锋	《建筑学报》2005，(9)	22	中国建筑学会	2005.9
千年古村落 京西看灵水	孙克勤	《北京规划建设》2005，(5)	80	《北京规划建设》编辑部	2005.10
基于RS和GIS的桓仁县乡村聚落景观格局分析	于淼，李建东	《测绘与空间地理信息》2005，(5)	50	《测绘与空间地理信息》编辑部	2005.10
传统建筑与城市环境的人性和哲理思考	陈震东	《城市规划学刊》2005，(5)	83	《城市规划学刊》杂志社	2005.10
论民间信仰的正统化与地方化——以宁化河龙的伊公信仰为分析对象	钟晋兰	《福建论坛》（人文社会科学版）2005，(10)	76	《福建论坛（人文社会科学版）》编辑部	2005.10
大宅门内的北京城	谷建	《工业建筑》2005，(10)	90	《工业建筑》杂志社	2005.10
传统民居聚落的生态再生和规划研究	谭良斌，周伟，刘加平	《规划师》2005，(10)	22	《规划师》编辑部	2005.10
尹氏宗祠寻迹	钟畅	《家具与室内装饰》2005，(10)	30	《家具与室内装饰》杂志社	2005.10
精心保护历史信息——访著名建筑史学专家、清华大学教授陈志华	张安蒙	《今日国土》2005，(4)	47	《今日国土》杂志社	2005.10
南阳衙署建筑的保护与改造	马兴波，蔡家伟	《山西建筑》2005，(20)	40	《山西建筑》杂志社	2005.10
山西高平市二郎庙戏台保护与修复对策初探	乔云飞	《山西建筑》2005，(20)	23	《山西建筑》杂志社	2005.10
乡土建筑的建构探析	段鹏程，韩林飞	《山西建筑》2005，(20)	7	《山西建筑》杂志社	2005.10
福州近代传统建筑形态的变异	郑君瓅，朱永春	《福州大学学报》（自然科学版）2005，(5)	628	福州大学	2005.10
福州近代教堂与传统建筑的互动	刘智颖，朱永春	《福州大学学报》（自然科学版）2005，(5)	632	福州大学	2005.10
泉州近代骑楼与当代骑楼比较	王珊，关瑞明	《华侨大学学报》（自然科学版）2005，(4)	385	华侨大学	2005.10
教会大学建筑与中国传统建筑艺术的复兴	董黎	《南京大学学报》（哲学·人文科学·社会科学版）2005，(5)	70	南京大学	2005.10
以物寓意 雅俗共赏——从吴宅砖雕门楼看苏州砖雕艺术	王汉卿	《苏州工艺美术职业技术学院学报》2005，(4)	45	苏州工艺美术职业技术学院	2005.10
中国传统建筑的柱与础	唐梦骥	《苏州工艺美术职业技术学院学报》2004，(4)	17	苏州工艺美术职业技术学院	2005.10

续表

论文名	作者	刊载杂志	页码	编辑出版单位	出版日期
析礼制在传统建筑中的表现	马冬梅，咸宝林	《同济大学学报》（社会科学版）2005，(5)	45	同济大学	2005.10
传统建筑中的色彩构成艺术	胡静	《美与时代》2005，(10)	64	郑州大学美学研究所	2005.10
古宅　古村　古城布局新考	赵复雄	《美与时代》2005，(10)	43	郑州大学美学研究所	2005.10
宋元时期江汉—洞庭平原聚落的变迁及其环境因素	杨果	《长江流域资源与环境》2005，(6)	675	《长江流域资源与环境》编辑部	2005.11
沈阳近现代建筑的地域性特征	刘思铎，陈伯超	《城市建筑》2005，(11)	26	《城市建筑》杂志社	2005.11
老北京之魂——城南会馆小记	肖复兴	《城乡建设》2005，(11)	64	《城乡建设》编辑部	2005.11
传统村寨的价值判读与保护复兴——以广西灵山大芦古村规划为例	荣海山	《广西城镇建设》2005，(11)	25	《广西城镇建设》编辑部	2005.11
关于倒影与"半月塘"及其客家围龙屋的审美思考	熊青珍	《家具与室内装饰》2005，(11)	30	《家具与室内装饰》杂志社	2005.11
保护与发展	王颂	《建筑创作》2005，(11)	4	《建筑创作》编辑部	2005.11
老西安民居	鹤坪	《北京规划建设》2005，(6)	125	《北京规划建设》编辑部	2005.12
永安安贞堡及其建筑文化	黄道宾	《福建建设科技》2005，(6)	32	《福建建设科技》编辑部	2005.12
曲巷深处多元文化的足音——黔东南山区聚落与建筑	周波，王波，周振伦	《工业建筑》2005，(12)	27	《工业建筑》杂志社	2005.12
富有岭南地方特色的骑楼建筑	谢浩，刘晓帆	《古建园林技术》2005，(4)	50	《古建园林技术》编辑部	2005.12
洛阳山陕会馆山门木构架的形制特点与矫正技术	肖东	《古建园林技术》2005，(4)	61	《古建园林技术》编辑部	2005.12
浅析祁门古戏台——会源堂建筑布局	姚光钰	《古建园林技术》2005，(4)	20	《古建园林技术》编辑部	2005.12
新疆喀什维吾尔族传统建筑装饰风格及色彩	王超，张泓	《国外建材科技》2005，(6)	88	《国外建材科技》编辑部	2005.12
基于规则的属性泛化算法在聚落考古中的应用——以姜寨遗址一期文化为例	孙懿青，毕硕本，黄家柱，闾国年，裴安平	《计算机工程与应用》2005，(35)	189	《计算机工程与应用》杂志社	2005.12
珠江三角洲最后的果林水乡——小洲水乡的外部环境与聚落景观	朱光文	《岭南文史》2005，(4)	25	《岭南文史》编辑部	2005.12
"仁义"的诠释——小说《白鹿原》中祠堂的社会控制功能浅析	程鹏立	《南方文物》2005，(3)	47	《南方文物》编辑部	2005.12
晋商传统建筑研究状况述评	朱培仁	《山西建筑》2005，(24)	9	《山西建筑》杂志社	2005.12
浅议武汉建筑与楚文化	王琨，袁强	《四川建筑》2005，(6)	21	《四川建筑》编辑部	2005.12
乡村旅游开发与渐进式村落更新模式	李翅，麦贤敏，黎皇兴	《小城镇建设》2005，(12)	98	《小城镇建设》编辑部	2005.12
文化趋同与异质抗拒——地区主义建筑辨析及其当代意义	史永高，仲德崑	《新建筑》2005，(6)	65	《新建筑》杂志社	2005.12
总结民居经验　赓续规划文脉——评介《广西民居》	侯其强	《新建筑》2005，(6)	92	《新建筑》杂志社	2005.12
雕壁含韵　幽庭藏春——记北京东城礼士胡同李氏宅园	贾珺	《中国园林》2005，(12)	65	《中国园林》杂志社	2005.12

续表

论文名	作者	刊载杂志	页码	编辑出版单位	出版日期
洪江古商城聚落格局与空间形态研究	蒋学志	《长沙交通学院学报》2005，(4)	47	长沙交通学院	2005.12
建筑创作的灵感之源——浅析现代建筑设计与传统建筑设计的结合	余志红	《福建工程学院学报》2005，(6)	652	福建工程学院	2005.12
粤东会馆与明清广西社会变迁	胡小安	《广西民族学院学报》(哲学社会科学版) 2005，(s2)	39	广西民族大学	2005.12
传统古村落的保护与发展——以宁波余姚柿林村为例	胡杏云	《宁波大学学报》(理工版) 2005，(4)	500	宁波大学	2005.12
闽西客家土楼建筑与文化	陈李冬	《温州大学学报》2005，(6)	48	温州大学	2005.12
佤族传统聚落的背景与功能研究	杨宝康	《文山师范高等专科学校学报》2005，(4)	309	文山师范高等专科学校	2005.12
我们能认同乡土建筑吗？	王冬	《建筑师》2005，(6)	99	中国建筑工业出版社	2005.12
黄土高原村镇形态与大地景观	霍耀中，刘沛林	《建筑学报》2005，(12)	42	中国建筑学会	2005.12
民居景观的可持续发展模式初探	王群华	《重庆建筑大学学报》2005，(6)	16	重庆建筑大学	2005.12
基于遥感技术的圩田时空特征分析——以皖东南及其相邻地域为例	陆应诚，王心源，高超	《长江流域资源与环境》2006，(1)	61	《长江流域资源与环境》编辑部	2006.1
道家学说与传统建筑理念浅析	常健，王敏	《华中建筑》2006，(1)	16	《华中建筑》编辑部	2006.1
坡地低层居住聚落的营造——中国良渚文化村·阳光天际组群设计构思随想	楼宇红，陈翔	《华中建筑》2006，(1)	69	《华中建筑》编辑部	2006.1
中国传统建筑的伦理功能	刘兰	《华中建筑》2006，(1)	1	《华中建筑》编辑部	2006.1
建筑匾额：文化品质的缩影	魏凤娇，金磊	《建筑创作》2006，(1)	152	《建筑创作》编辑部	2006.1
审美文化视野中的徽州古民居	程相占	《江海学刊》2006，(1)	54	《江海学刊》杂志社	2006.1
兴隆洼文化的类型、分期与聚落结构研究	赵宾福	《考古与文物》2006，(1)	25	《考古与文物》编辑部	2006.1
红山文化聚落的层次化演变与文明起源	张星德，金仁安	《理论界》2006，(1)	172	《理论界》杂志社	2006.1
论上海旧建筑改造与可持续发展	孙宏亮	《山西建筑》2006，(2)	24	《山西建筑》杂志社	2006.1
乡土建筑研究的新视角	韩瑛，任国栋	《山西建筑》2006，(2)	51	《山西建筑》杂志社	2006.1
竹建筑表皮的延续性分析	王海涛，柏文峰	《山西建筑》2006，(1)	10	《山西建筑》杂志社	2006.1
东北漫岗区村落的分布特征分析	刘洪鹄，刘宪春，赵晓辉	《生态与农村环境学报》2006，(1)	15	《生态与农村环境学报》编辑部	2006.1
阿拉伯东部地区宗教文化对传统建筑的影响	伊玛德	《世界建筑》2006，(1)	118	《世界建筑》编辑部	2006.1
新疆喀什维吾尔族传统建筑的装饰风格及色彩研究	张泓，张涵	《室内设计》2006，(1)	31	《室内设计》杂志社	2006.1
广东佛山东华里古建筑群保护与利用初探	王海娜	《四川文物》2006，(1)	64	《四川文物》编辑部	2006.1
兴隆洼文化	西部资源	《西部资源》2006，(1)	57	《西部资源》编辑部	2006.1
远去的果林水乡——小洲水乡的外部环境与聚落景观	朱光文	《小城镇建设》2006，(1)	28	《小城镇建设》编辑部	2006.1
明代山西北部聚落变迁	王杰瑜	《中国历史地理论丛》2006，(1)	113	《中国历史地理论丛》编辑部	2006.1

续表

论文名	作者	刊载杂志	页码	编辑出版单位	出版日期
陈志华与乡土建筑	侯虹斌	《中华建设》2006，(1)	53	《中华建设》杂志社	2006.1
客家民居建筑文化风格 白鹭村	许鹏	《中华建设》2006，(1)	48	《中华建设》杂志社	2006.1
解读原生态的符号——走进宽窄巷子	邱月，邱长沛	《装饰》2006，(1)	31	《装饰》编辑部	2006.1
黟县西递村落——非物质文化遗产与聚落空间的现代解读	王韡	《安徽建筑》2006，(1)	9	安徽建筑学会	2006.1
从墙与空间的关系探讨中国传统建筑美学思想	程小蓉，程平	《成都航空职业技术学院学报》2006，(1)	41	成都航空职业技术学院	2006.1
海岛聚落	潘跃红	《福建建筑》2006，(1)	14	福建省建筑学会	2006.1
马祖古民居考察随笔	沈继武	《福建建筑》2006，(1)	16	福建省建筑学会	2006.1
马祖芹壁传统聚落研究——兼论马祖民居的建筑特色	缪小龙	《福建建筑》2006，(1)	9	福建省建筑学会	2006.1
闽南传统建筑彩画艺术	曹春平	《福建建筑》2006，(1)	43	福建省建筑学会	2006.1
闽南传统建筑中的泥塑、陶作与剪粘装饰	曹春平	《福建建筑》2006，(1)	48	福建省建筑学会	2006.1
关注历史传统街区中的"弱势群体"	刘伟，郑凯	《南方建筑》2006，(1)	40	广东省建筑学会	2006.1
贵州屯堡民居文化内涵浅析	彭丽莉，龙彬	《南方建筑》2006，(1)	47	广东省建筑学会	2006.1
徽州民居——现代人向往的精神寓所	章斌全	《南方建筑》2006，(1)	44	广东省建筑学会	2006.1
浅谈风水文化对中国传统建筑空间构成的影响	孙威	《江苏农林职业技术学院学报》2006，(1)	58	江苏农林职业技术学院	2006.1
西平郡城考证	巢生祥	《青海民族研究》2006，(1)	74	青海民族学院民族研究所	2006.1
古村落的保护与开发策略研究——以山东潍坊市牛寨红水谷旅游地开发为例	秦雅林	《潍坊学院学报》2006，(1)	60	潍坊学院	2006.1
"礼"——徽州祠堂之"伦理"理性	季欣	《美与时代》2006，(1)	38	郑州大学美学研究所	2006.1
土家族吊脚楼文化研究	祝国超	《重庆电力高等专科学校学报》2006，(2)	46	重庆电力高等专科学校	2006.1
讨论四合院存废：不该失去的认识立场	王军	《北京规划建设》2006，(1)	161	《北京规划建设》编辑部	2006.2
也聊北京胡同 也说城市规划 也谈法制建设	冯肯	《北京规划建设》2006，(1)	156	《北京规划建设》编辑部	2006.2
流失中的黄土高原村镇形态	霍耀中，刘沛林	《城市规划》2006，(2)	46	《城市规划》编辑部	2006.2
中国传统村落的延续与演变——传统聚落规划的再思考	马航	《城市规划学刊》2006，(1)	102	《城市规划学刊》杂志社	2006.2
张家界地域文化与乡村建筑特征	刘兴国	《工程建设》2006，(1)	26	《工程建设》杂志社	2006.2
浅谈乡土生态建筑环境观在当代中国的价值	郭建民	《广东科技》2006，(2)	159	《广东科技》杂志社	2006.2
傩祭与中国传统建筑	吴珂，朱永春	《华中建筑》2006，(2)	1	《华中建筑》编辑部	2006.2
南京清代名宅现状及保护开发	祁颢	《江苏地方志》2006，(1)	54	《江苏地方志》编辑部	2006.2
张弼士故居开发利用模式初探	陈育文，万耀明，杨季衡	《科技情报开发与经济》2006，(5)	133	《科技情报开发与经济》编辑部	2006.2

续表

论文名	作者	刊载杂志	页码	编辑出版单位	出版日期
湘南民居的建筑装饰艺术价值	唐凤鸣	《美术学报》2006,(2)	36	《美术学报》编辑部	2006.2
有意味的形式——浙江省古镇聚落装饰艺术研究	屈德印	《美术研究》2006,(2)	99	《美术研究》杂志社	2006.2
祠堂与庙宇：民间演剧的空间阐释	傅谨	《民族艺术》2006,(2)	34	《民族艺术》杂志社	2006.2
传统建筑的存在及其保护对策	潘宏图	《内江科技》2006,(2)	121	《内江科技》编辑部	2006.2
浅析福建客家土楼建筑特点	张勇，卢燕来，张秀珩	《山西建筑》2006,(4)	33	《山西建筑》杂志社	2006.2
干草仓库改造，科尔特加卡，莫尔塔瓜，葡萄牙	若昂·门德斯·里贝托，徐知兰	《世界建筑》2006,(2)	95	《世界建筑》编辑部	2006.2
黄土高原古村落	霍耀中	《文艺研究》2006,(2)	135	《文艺研究》杂志社	2006.2
徽州古民居	孔祥锋	《农业科技与信息·现代园林》2006,(2)	22	《现代园林》编辑部	2006.2
传统宗族村落中的"权力"空间初探	王韡	《小城镇建设》2006,(2)	88	《小城镇建设》编辑部	2006.2
广府村落田野调查个案：横坑	冯江，阮思勤，徐好好	《新建筑》2006,(1)	32	《新建筑》杂志社	2006.2
风水观念对古聚落文化的影响	屈德印，朱彦	《新美术》2006,(2)	103	《新美术》编辑部	2006.2
汉唐村落形态略论	马新，齐涛	《中国史研究》2006,(2)	85	《中国史研究》杂志社	2006.2
自然村寨景观的价值取向及其保护利用研究	余压芳	《中国园林》2006,(2)	66	《中国园林》杂志社	2006.2
传统民居的奇葩——环保节能的天井洞房院	苗健，陈建萍	《中外建筑》2006,(2)	42	《中外建筑》杂志社	2006.2
徐州户部山余家大院建筑艺术探议	王春雷	《中外建筑》2006,(2)	48	《中外建筑》杂志社	2006.2
试错与自组织——自发型聚落形态演变的启示	孟彤	《装饰》2006,(2)	13	《装饰》编辑部	2006.2
马祖景观建筑的元素分析	朱永春	《福建建筑》2006,(2)	1	福建省建筑学会	2006.2
巴渝民居的文化品格	蔡致洁	《南方建筑》2006,(2)	123	广东省建筑学会	2006.2
粉墙黛瓦 庭院悠悠——梧桐村谢家大宅调查报告	余翰武	《南方建筑》2006,(2)	113	广东省建筑学会	2006.2
河北定州翟城生态示范屋设计实践	张淑肖，郝赤彪	《南方建筑》2006,(2)	111	广东省建筑学会	2006.2
浅析家族制度对民居聚落格局之影响	田长青，柳肃	《南方建筑》2006,(2)	119	广东省建筑学会	2006.2
中国传统民居建筑装饰的文化表达	周鸣鸣	《南方建筑》2006,(2)	116	广东省建筑学会	2006.2
从围龙屋的神圣空间看其历史文化积淀——以粤东梅县丙村仁厚祠为重点分析	房学嘉	《嘉应学院学报》2006,(1)	69	嘉应学院	2006.2
中国传统建筑特征分析	罗强	《青岛理工大学学报》2006,(1)	125	青岛理工大学	2006.2
我国古代聚落若干类型的探析	杨毅	《同济大学学报》（社会科学版）2006,(1)	46	同济大学	2006.2
杭州来氏聚落再生设计	常青，沈黎，张鹏，吕峰	《时代建筑》2006,(2)	106	同济大学出版社	2006.2

续表

论文名	作者	刊载杂志	页码	编辑出版单位	出版日期
重庆湖广会馆的复兴	张兴国，廖屿荻	《时代建筑》2006，(2)	82	同济大学出版社	2006.2
徘徊在传统聚落和现代建筑之间——建筑师王昀访谈	范路，易娜，王昀	《建筑师》2006，(2)	12	中国建筑工业出版社	2006.2
风水文化对中国传统建筑空间构成的影响	孙威	《济源职业技术学院学报》2006，(1)	75	济源职业技术学院	2006.3
江西吉林双元古村——国家历史文化名城研究中心历史街区调研	姚子刚	《城市规划》2006，(3)	28	《城市规划》编辑部	2006.3
生长之城	柳巍	《城市建筑》2006，(3)	86	《城市建筑》杂志社	2006.3
论传统建筑文化的继承和发扬	赵彬，王健，赵海波	《房材与应用》2006，(2)	51	《房材与应用》杂志社	2006.3
湖北古民居的保存现状与保护对策概述	李劲	《古建园林技术》2006，(3)	49	《古建园林技术》编辑部	2006.3
内蒙古草原传统民居——蒙古包浅析	张金胜	《古建园林技术》2006，(1)	51	《古建园林技术》编辑部	2006.3
深圳客家民居的文化渊源探析	孙红梅	《古建园林技术》2006，(3)	13	《古建园林技术》编辑部	2006.3
温州陈氏祠堂及"会典标名"坊	黄培量	《古建园林技术》2006，(1)	54	《古建园林技术》编辑部	2006.3
中西合璧 黯然别墅——江村的一座古建筑测绘与分析	张明皓，张艳锋	《古建园林技术》2006，(1)	45	《古建园林技术》编辑部	2006.3
阿城市文庙建筑的外部装饰艺术	才大泉	《黑龙江史志》2006，(3)	29	《黑龙江史志》编辑部	2006.3
寻求传统建筑材料的再生之路——对青砖魅力的挖掘和发展	罗卿平，钱涛	《华中建筑》2006，(3)	70	《华中建筑》编辑部	2006.3
朱仙镇传统建筑形态与格局的当代衍变	刘永涛	《民间文化论坛》2006，(2)	48	《民间文化论坛》杂志社	2006.3
赣南农村聚落名研究	温珍琴	《农业考古》2006，(3)	158	《农业考古》编辑部	2006.3
传统建筑空间的有限与无限	孟聪龄，苏敏静	《山西建筑》2006，(6)	3	《山西建筑》杂志社	2006.3
传统建筑中的风水文化与现代科学的联系	翟振威	《山西建筑》2006，(6)	21	《山西建筑》杂志社	2006.3
民族的才是世界的——从芙蓉古城看成都现代房地产中民俗元素的运用	蔡郎与	《社会科学家》2006，(1)	222	《社会科学家》杂志社	2006.3
从批判的地域主义到机械性地域主义——初探拉丁美洲现代建筑基本特征	王育林，于文波	《世界建筑》2006，(3)	121	《世界建筑》编辑部	2006.3
姜寨一期房屋的分类及相关问题	于璞	《四川文物》2006，(2)	25	《四川文物》编辑部	2006.3
西藏民居建筑的军事防御风格	杨永红	《西藏研究》2006，(1)	79	《西藏研究》编辑部	2006.3
空间分析技术支持的聚落考古研究	刘建国，王琳	《遥感信息》2006，(3)	51	《遥感信息》编辑部	2006.3
雪山脚下的"玉湖完小"	分野	《中华建设》2006，(3)	38	《中华建设》杂志社	2006.3
诸葛村 诸葛亮后裔最大的聚居地	陈志华，李秋香，李玉祥	《中华遗产》2006，(2)	127	《中华遗产》杂志社	2006.3
"嘉庚建筑"承载的文化	周红	《中外建筑》2006，(3)	57	《中外建筑》杂志社	2006.3
广西龙胜平安寨传统壮族干栏式民居的变迁及思考	李旭	《中外建筑》2006，(3)	61	《中外建筑》杂志社	2006.3

续表

论文名	作者	刊载杂志	页码	编辑出版单位	出版日期
析藏式传统建筑	蔡玲	《中外建筑》2006,（3）	59	《中外建筑》杂志社	2006.3
厦门地域建筑形态研究	李苏豫,王绍森	《中外建筑》2006,（3）	54	《中外建筑》杂志社	2006.3
吴城文化的社会形态与文明进程	彭明瀚	《中原文物》2006,（5）	23	《中原文物》编辑部	2006.3
中原第一红石古寨——临沣寨探微	郑东军,吕军辉	《中原文物》2006,（5）	80	《中原文物》编辑部	2006.3
四川省雅安市上里乡四甲村韩家大院调查	黄河	《重庆建筑》2006,（3）	35	《重庆建筑》杂志社	2006.3
庐陵古民居建筑的美学意蕴	任重	《装饰》2006,（3）	103	《装饰》编辑部	2006.3
论湘西土家族传统聚落文化	刘俊	《装饰》2006,（3）	106	《装饰》编辑部	2006.3
文化 建筑 传播——传播文化学视野中的徽州牌坊	罗锋	《安徽大学学报》（哲学社会科学版）2007,（2）	108	安徽大学	2006.3
成都杜甫草堂古环境探微	刘兴诗	《成都理工大学学报》（社会科学版）2006,（1）	48	成都理工大学	2006.3
泉州沿海农村新村建设中民居特色的保护与延续	王家和,关瑞明	《福建建筑》,2006,（3）	6	福建省建筑学会	2006.3
古建筑礼屏公祠的建筑风格与特点	李哲扬,王丹	《广东工业大学学报》（社会科学版）2006,（1）	83	广东工业大学	2006.3
传统聚落中的商业文化精神——解读诸葛村	苏汉钦	《南方建筑》2006,（3）	53	广东省建筑学会	2006.3
适形而止空间的人性化设计	祝云	《南方建筑》2006,（3）	115	广东省建筑学会	2006.3
湘西南洪江古商城建筑源流与形态特征	蒋学志	《南方建筑》2006,（3）	55	广东省建筑学会	2006.3
新传统建筑的设计探索 天津改造古文化街节点沿海河建筑立面设计	盛海涛,张洁	《南方建筑》2006,（3）	67	广东省建筑学会	2006.3
多维视野中的壮侗民族建筑文化	黄恩厚,覃彩銮	《广西民族研究》2006,（1）	105	广西民族研究所	2006.3
婺源古村落的选址与布局初探——以理源和李坑两古村落为例	郑建鸿,吴竞,张庐陵	《江西农业大学学报》（社会科学版）2006,（1）	128	江西农业大学	2006.3
中国环境史研究刍议	刘翠溶	《南开学报》（哲学社会科学版）2006,（2）	14	南开大学	2006.3
宏村——古村落水系、建筑景观及其人文背景的考察与重构保护的思考	韩好齐	《上海应用技术学院学报》（自然科学版）2006,（1）	55	上海应用技术学院	2006.3
"井"文化与中国传统建筑	苏敏静	《太原大学学报》2006,（1）	38	太原大学	2006.3
关于"中国式住宅"的论坛	吴光庭,张杰,方斌,卢铿,居培成,王欣	《时代建筑》2006,（3）	67	同济大学出版社	2006.3
清代甘肃书院时间分布特点成因分析	陈尚敏	《西北师大学报》（社会科学版）2006,（2）	68	西北师大	2006.3
藏族传统建筑艺术——访著名藏族传统建筑艺术理论与设计家木雅·曲吉建才先生	白日·洛桑扎西,德吉	《西藏大学学报》（汉文版）2006,（1）	1	西藏大学	2006.3
茶马古道的历史物证——马店	薛春霖,施维琳	《云南民族大学学报》（哲学社会科学版）2006,（2）	77	云南民族大学	2006.3

续表

论文名	作者	刊载杂志	页码	编辑出版单位	出版日期
嵊州古戏台调查	王荣法	《东方博物》2006，(1)	94	浙江省博物馆	2006.3
浙西宗族祠堂之探析	冯宝英	《东方博物》2006，(1)	88	浙江省博物馆	2006.3
地方性高等院校与边区非物质文化遗产——以渝黔川边区为例	谭宏，王天祥	《重庆文理学院学报》(社会科学版)2006，(2)	7	重庆文理学院	2006.3
保护历史传统建筑 保持天津城市特色	王明浩，李小羽	《城市》2006，(4)	4	《城市》编辑部	2006.4
云南腾冲县和顺古镇——国家历史文化名城研究中心历史街区调研	张艳华，倪颖	《城市规划》2006，(4)	29	《城市规划》编辑部	2006.4
权力空间的象征——徽州的宗族、宗祠与牌坊	王韡	《城市建筑》2006，(4)	84	《城市建筑》杂志社	2006.4
黑色与白色的房间构筑——管窥杨起装置中的中国传统建筑哲学理念	邵若男，陈亚峰	《雕塑》2006，(2)	47	《雕塑》杂志社	2006.4
皖南古村落的旅游营销构想——以世界文化遗产西递、宏村为例	李艳娜，张辉	《高等函授学报》(自然科学版)2006，(2)	41	《高等函授学报(自然科学版)》编辑部	2006.4
对住宅院落空间的人文解读	严敏，吴永发	《工程与建设》2006，(2)	115	《工程与建设》杂志社	2006.4
村庄布点规划中的文化反思——以嘉兴凤桥镇村庄布点规划为例	唐燕	《规划师》2006，(4)	49	《规划师》编辑部	2006.4
聚类算法在姜寨一期聚落考古中的应用	毕硕本，裴安平，陈济民，闾国年	《计算机工程》2006，(8)	89	《计算机工程》杂志社	2006.4
徽州古民居浅谈	汪润南	《建筑工人》2006，(4)	43	《建筑工人》编辑部	2006.4
风水观念对台湾北埔地区客家聚落构成之影响	梁宇元	《建筑与文化》2006，(4)	42	《建筑与文化》杂志编辑部	2006.4
古民居保护与利用的新思考	刘先觉	《建筑与文化》2006，(4)	74	《建筑与文化》杂志编辑部	2006.4
传统建筑中的风水文化与现代科学的联系	翟振威，谷红勋	《建筑知识》2006，(2)	15	《建筑知识》编辑部	2006.4
走出硬传统，走向创新——浅析日本传统建筑，看中国建筑未来发展	尹维玲，王菁菁	《建筑知识》2006，(2)	51	《建筑知识》编辑部	2006.4
对大同历史街区保护和环境整治的探讨	孟庆华	《山西建筑》2006，(7)	37	《山西建筑》杂志社	2006.4
谈浙江水乡街道建筑形式的空间关系	闫宝林，范文东	《山西建筑》2006，(11)	11	《山西建筑》杂志社	2006.4
以岳阳张谷英村为例探讨湘北民居风水	张昉	《山西建筑》2006，(12)	19	《山西建筑》杂志社	2006.4
福州古民居建筑中的木雕装饰艺术	潘春利	《室内设计》2006，(2)	43	《室内设计》杂志社	2006.4
沪上"四合院"	梁景华	《室内设计与装修》2006，(4)	34	《室内设计与装修》编辑部	2006.4
《著》诗与中国传统建筑空间序列	汪梦林	《四川建筑》2006，(2)	31	《四川建筑》编辑部	2006.4
浅论江南水乡古镇中的符号现象	羊笑亲	《四川建筑》2006，(2)	41	《四川建筑》编辑部	2006.4
从中国清真寺传统建筑看伊斯兰的美学思想	杨静	《西北民族研究》2006，(2)	76	《西北民族研究》杂志社	2006.4

续表

论文名	作者	刊载杂志	页码	编辑出版单位	出版日期
从审美文化视角谈开平碉楼的文化特征	吴招胜，唐孝祥	《小城镇建设》2006，(4)	90	《小城镇建设》编辑部	2006.4
冀南伯延镇传统民居特色及发展保护研究	谢空，谷健辉	《小城镇建设》2006，(4)	85	《小城镇建设》编辑部	2006.4
浅谈中国传统建筑装饰文化	沈春源	《艺术探索》2006，(2)	64	《艺术探索》编辑部	2006.4
中国传统建筑的线型空间特征	李畅	《艺术探索》2006，(2)	63	《艺术探索》编辑部	2006.4
明代地方城市的"坊"——以江西省府、县城为中心	魏幼红	《中国历史地理论丛》2006，(2)	23	《中国历史地理论丛》编辑部	2006.4
房地产开发与民族传统建筑的保护	李憾怡	《中国民族》2006，(4)	59	《中国民族》杂志社	2006.4
白马人村落人居环境的地理特色	顾人和，梁海棠，陈爽	《中国园林》2006，(4)	56	《中国园林》杂志社	2006.4
传统建筑形式与宗教内涵的结合——析宁夏同心清真大寺建筑	燕宁娜	《中外建筑》2006，(4)	68	《中外建筑》杂志社	2006.4
古镇宏村环境艺术分析	西丹丹	《装饰》2006，(4)	44	《装饰》编辑部	2006.4
社旗山陕会馆建筑考略	黄续	《装饰》2006，(4)	38	《装饰》编辑部	2006.4
水圩式民居建筑研究	甄新生，张咏梅	《装饰》2006，(4)	45	《装饰》编辑部	2006.4
武夷山下梅古村落建筑文化的意象透视	魏峰，李积权，丁榕锋	《装饰》2006，(4)	40	《装饰》编辑部	2006.4
浙南畲族传统民居探究	丁占勇	《装饰》2006，(4)	47	《装饰》编辑部	2006.4
从休闲视野看中国传统居家文化	曹红	《自然辩证法研究》2006，(4)	96	《自然辩证法研究》杂志社	2006.4
浅论海派文化与海派建筑	蒋德江	《安徽建筑》2006，(4)	39	安徽建筑学会	2006.4
略论九华山佛教寺庙的建筑文化特色	钱汉东，周佩东	《池州师专学报》2006，(2)	53	池州师专	2006.4
传统乡土聚落景观品质的"提升"与"退化"	余压芳	《南方建筑》2006，(4)	104	广东省建筑学会	2006.4
释"丘"——中国传统聚落文化解读	郑东军	《南方建筑》2006，(4)	6	广东省建筑学会	2006.4
浅析名人故居旅游资源的保护与开发——以苏州及其周边地区为例	王晓洋	《湖州师范学院学报》2006，(2)	117	湖州师范学院	2006.4
福建唐宋石塔与欧洲中世纪石塔楼之比较	谢鸿权	《华侨大学学报》（自然科学版）2006，(2)	166	华侨大学	2006.4
围龙屋的空间—意义结构解析	周建新，陈文红	《青海民族学院学报》2006，(2)	73	青海民族学院	2006.4
四寨子的族群演变——一项族群社会学的历史研究	菅志翔，马艾	青海民族研究2006，(2)	1	青海民族学院民族研究所	2006.4
锢窑四合院民居的保护与利用	高博，罗屹立	《时代建筑》2006，(4)	85	同济大学出版社	2006.4
回归真实 徐行川的川军抗战馆	邓敬	《时代建筑》2006，(4)	102	同济大学出版社	2006.4
气候是不可移植的地方特征 适应气候的重庆地区传统建筑技术更新	周铁军	《时代建筑》2006，(4)	60	同济大学出版社	2006.4
束河更新：现实与理想"之间"	翟辉	《时代建筑》2006，(4)	83	同济大学出版社	2006.4
西部乡土建筑的启示	何如朴	《时代建筑》2006，(4)	79	同济大学出版社	2006.4

续表

论文名	作者	刊载杂志	页码	编辑出版单位	出版日期
西南地域文化与建筑创作的地域性	张兴国，冯棣	《时代建筑》2006，（4）	38	同济大学出版社	2006.4
中国西南地区传统建筑的历史人文特征	蓝勇	《时代建筑》2006，（4）	28	同济大学出版社	2006.4
人类家园定量研究：陕西传统民居景观评价	张祖群	《西北大学学报》（自然科学版），2006，（2）	325	西北大学	2006.4
赣西邓家大屋的布局结构、花纹雕饰及历史文化蕴含	聂朋	《新余高专学报》2006，（2）	33	新余高专	2006.4
传统防御性聚落分类研究	王绚，侯鑫	《建筑师》2006，（2）	75	中国建筑工业出版社	2006.4
生态视野下的北京旧城更新	张路峰	《建筑学报》2006，（4）	40	中国建筑学会	2006.4
渝东南土家族民居的建造技术与艺术	孙雁，覃琳	《重庆建筑大学学报》2006，（2）	21	重庆建筑大学	2006.4
遗珠拾粹（30）——江西吉水燕坊古村	姚子刚	《城市规划》2006，（5）	30	《城市规划》编辑部	2006.5
庭院深深几许——走进山西大院	梁敏，胡军	《城乡建设》2006，（5）	69	《城乡建设》编辑部	2006.5
浙东宁波地区传统民居的建筑风格	王玉靖	《城乡建设》2006，（5）	66	《城乡建设》编辑部	2006.5
试论中庸思想对中国传统建筑的影响	王琼	《当代经理人》（下旬刊）2006，（5）	172	《当代经理人》杂志社	2006.5
中国南方传统聚落景观区划及其利用价值	申秀英，刘沛林，邓运员，王良健	《地理研究》2006，（3）	485	《地理研究》编辑部	2006.5
传统建筑屋顶的现代诠释——浅析现代住宅坡屋顶的可持续设计	胡英，张威，胡杨	《华中建筑》2006，（5）	44	《华中建筑》编辑部	2006.5
古徽州民居庭园中的水景艺术	欧阳桦，欧阳刚	《华中建筑》2006，（5）	127	《华中建筑》编辑部	2006.5
中国传统佛寺与道观之选址布局比较	胡辞，王青	《华中建筑》2006，（5）	131	《华中建筑》编辑部	2006.5
中国传统建筑环境中水的低技术生态应用	周浩明，华亦雄	《华中建筑》2006，（5）	117	《华中建筑》编辑部	2006.5
传统宅门抱鼓石考略	吴卫	《家具与室内装饰》2006，（5）	92	《家具与室内装饰》杂志社	2006.5
徽州古民居防火体系	刘文海	《家具与室内装饰》2006，（5）	54	《家具与室内装饰》杂志社	2006.5
历史时期洞庭湖地区城镇职能的演变	董力三	《经济地理》2006，（3）	500	《经济地理》编辑部	2006.5
贺兰口岩画空间分布与历史环境风貌研究	权东计，李海燕	《考古与文物》2006，（3）	71	《考古与文物》编辑部	2006.5
文化人类学视野中的鄂伦春族居住文化	于学斌	《内蒙古社会科学》（汉文版）2006，（3）	87	《内蒙古社会科学》杂志社	2006.5
天人合一：中国传统建筑中的哲学	汪洪澜	《宁夏社会科学》2006，（3）	117	《宁夏社会科学》编辑部	2006.5
汾城镇古城保护与旅游开发修建性详细规划	郑安生，方尉元，刘崎	《山西建筑》2006，（15）	20	《山西建筑》杂志社	2006.5
浅析中国古建筑空间格局	李愉	《山西建筑》2006，（9）	30	《山西建筑》杂志社	2006.5
当代语境下传统聚落的嬗变——德中两处世界遗产聚落旅游转型的比较研究	郁枫	《世界建筑》2006，（5）	118	《世界建筑》编辑部	2006.5

续表

论文名	作者	刊载杂志	页码	编辑出版单位	出版日期
传统建筑的门文化意象	姚慧，杨萍惠	《文博》2006，(3)	40	《文博》杂志社	2006.5
聚落形态研究与中华文明探源	王巍	《文物》2006，(5)	58	《文物》编辑部	2006.5
西藏传统建筑——边玛墙	次多	《中国西藏》（中文版）2006，(5)	189	《中国西藏》杂志社	2006.5
南太行山山地民居解读	商振东	《中国园林》2006，(5)	72	《中国园林》杂志社	2006.5
人物	中华建设	《中华建设》2006，(5)	42	《中华建设》杂志社	2006.5
古民居建筑村落的保护与开发——以徐州周边城镇为例	郑雷	《中外建筑》2006，(5)	85	《中外建筑》杂志社	2006.5
传统建筑材料演绎下的现代建筑	何苗，刘塨	《中外建筑》2006，(5)		《中外建筑》杂志社	2006.5
宋代的宗族祠堂、祭祀及其他	游彪	《安徽师范大学学报》（人文社会科学版）2006，(3)	322	安徽师范大学	2006.5
撷英咀华 雅俗共赏——评长北教授新著《江南建筑雕饰艺术——徽州卷》	练正平	《东南大学学报》（哲学社会科学版）2006，(3)	124	东南大学	2006.5
兰溪勾蓝瑶古寨防御性规划探析	李泓沁	《南方建筑》2006，(5)	119	广东省建筑学会	2006.5
试析康百万庄园建筑的文化内涵	左满常，董志华	《河南大学学报》（社会科学版）2006，(3)	155	河南大学	2006.5
CRM的GIS应用及其对我国传统聚落景观管理的启示	邓运员，申秀英，刘沛林	《衡阳师范学院学报》2006，(3)	693	衡阳师范学院	2006.5
民族地区残存宗族组织的现状剖析——以湖南永顺县羊峰乡青龙村土家族社区为例	瞿州莲	《湖北民族学院学报》（哲学社会科学版）2006，(3)	32	湖北民族学院	2006.5
北京四合院——中国传统文化和造型艺术的载体	贾黎威	《九江学院学报》2006，(3)	61	九江学院	2006.5
景观基因图谱：聚落文化景观区系研究的一种新视角	申秀英，刘沛林，邓运员，郑文武	《辽宁大学学报》（哲学社会科学版）2006，(3)	143	辽宁大学	2006.5
晚清名臣故居旅游开发理念的构建——以曾国藩故居旅游开发为例	王业良，刘辛田，全华	《职教与经济研究》（娄底职业技术学院学报）2006，(2)	28	娄底职业技术学院	2006.5
明朝军事政策与晋冀沿边地区生态环境变迁	王杰瑜	《山西大学学报》（哲学社会科学版）2006，(3)	16	山西大学	2006.5
从汉晋墓葬看河西走廊砖拱顶建筑技术	陈菁	《西北民族大学学报》（哲学社会科学版）2006，(3)	127	西北民族大学	2006.5
四川夕佳山民居"情景教育空间"的营造探析	罗谦，莫妮娜，贺琼，牟坤	《西南民族大学学报》（人文社科版）2006，(5)	158	西南民族大学	2006.5
论民族聚落的形成及其民俗功能——以丝绸之路沿线民族情况为依据	周红，吴艳春	《新疆大学学报》（哲学人文社会科学版）2006，(3)	70	新疆大学	2006.5
青岩古镇的保护与实践	罗德启	《建筑学报》2006，(5)	28	中国建筑学会	2006.5
中国传统建筑艺术的象征性表达	黄赓华	《科技资讯》2006，(16)	153	《科技资讯》杂志社	2006.6
仿古建筑的设计应当体现四个价值	张辉	《宝鸡社会科学》2006，(2)	28	《宝鸡社会科学》编辑部	2006.6
陈志华：抢救乡土建筑 拯救乡土中国	文爱平	《北京规划建设》2006，(3)	183	《北京规划建设》编辑部	2006.6
留在历史记忆中的千年古镇——新滩镇	安康	《城建档案》2006，(6)	20	《城建档案》编辑部	2006.6

续表

论文名	作者	刊载杂志	页码	编辑出版单位	出版日期
国家历史文化名城研究中心历史街区调研——江西吉安溪陂古村	张波，倪斌	《城市规划》2006，(6)	31	《城市规划》编辑部	2006.6
珠海市会同古村保护与再生利用策略	周芃，朱晓明	《城市规划学刊》2006，(3)	52	《城市规划学刊》杂志社	2006.6
建国后徽州地区农村传统民居"住"空间构造变化	倪琪，王玉	《城市建筑》2006，(6)	87	《城市建筑》杂志社	2006.6
北京四合院	楼庆西	《出版经济》2006，(6)	66	《出版经济》杂志社	2006.6
环太湖地区与中原地区文明化进程的宏观比较	高江涛	《东南文化》2006，(6)	12	《东南文化》杂志社	2006.6
窑居文化研究	王文权	《甘肃社会科学》2006，(3)	194	《甘肃农业》编辑部	2006.6
北京四合院的装饰艺术	李育泽	《高等建筑教育》2006，(2)	17	《高等建筑教育》编辑部	2006.6
浅析岱庙西华门的文物价值和科学保护	赵祥明	《古建园林技术》2006，(2)	9	《古建园林技术》编辑部	2006.6
苏州市级文物保护工程明清安徽会馆移建修复小记	陆耀祖	《古建园林技术》2006，(2)	32	《古建园林技术》编辑部	2006.6
厌胜在中国传统建筑中的运用发展及意义	张剑葳	《古建园林技术》2006，(2)	37	《古建园林技术》编辑部	2006.6
中国传统民居建筑修缮中木构件保存问题探讨——以南捕厅为例	乐志	《古建园林技术》2006，(2)	46	《古建园林技术》编辑部	2006.6
凤凰古城建设与传统民居保护	黄禹康	《规划师》2006，(6)	86	《规划师》编辑部	2006.6
聚落群再研究——兼说中国有无酋邦时期	张学海	《华夏考古》2006，(2)	102	《华夏考古》编辑部	2006.6
建筑·环境·文化——以环境和文化的观点考察乡土建筑保护	游志雄	《华中建筑》2006，(6)	116	《华中建筑》编辑部	2006.6
让雕龙腾飞——略谈对"雕龙碑文化"的感受	高介华	《华中建筑》2006，(6)	110	《华中建筑》编辑部	2006.6
中国古民居防火技术和艺术	杨鸣，胡晓芳	《华中建筑》2006，(6)	112	《华中建筑》编辑部	2006.6
探索传统民居合理的更新途径——以西双版纳曼景法村傣族民居更新实践为例	胡海洪，柏文峰	《建筑科学》2006，(6)	61	《建筑科学》编辑部	2006.6
福陵——中国古代"天人合一"哲学思想的杰作	邹明，乔博	《建筑设计管理》2006，(3)	58	《建筑设计管理》杂志社	2006.6
传统民居与城市地域文化	张轶群	《建筑与文化》2006，(6)	5	《建筑与文化》杂志编辑部	2006.6
传统之河流向未来——中国人家玉鉴园设计简述	章晓宇，王晔	《建筑与文化》2006，(6)	36	《建筑与文化》杂志编辑部	2006.6
农村新民居与文化	陈昌本	《建筑与文化》2006，(6)	8	《建筑与文化》杂志编辑部	2006.6
重返人类住居记忆的深处——传统聚落特征对现代居住区设计的启迪	冯姗姗，姚刚	《建筑知识》2006，(3)	28	《建筑知识》编辑部	2006.6
GIS支持下的传统聚落景观管理模式	邓运员	《经济地理》2006，(4)	139	《经济地理》编辑部	2006.6
建筑人类学的思考——论建筑文化与传统建筑的关系	侯东亮	《科技情报开发与经济》2006，(20)	167	《科技情报开发与经济》编辑部	2006.6

续表

论文名	作者	刊载杂志	页码	编辑出版单位	出版日期
传统建筑形式的冷库阁楼及其历史演变	王书元	《冷藏技术》2006,(2)	1	《冷藏技术》编辑部	2006.6
以"礼"论中国传统建筑装饰的等级特征	夏晋	《理论月刊》2006,(6)	93	《理论月刊》编辑部	2006.6
方圆龙壁显"和合"——从辉县山西会馆中龙壁饰砖雕的艺术特点看晋商的崇儒情怀	赵世学	《美术大观》2006,(6)	106	《美术大观》杂志社	2006.6
论社旗山陕会馆石栏小院八字墙的石雕艺术及文化功能	李芳菊	《美术大观》2006,(6)	68	《美术大观》杂志社	2006.6
北京四合院的传统环境观	乌进高娃	《内蒙古科技与经济》2006,(11)	66	《内蒙古科技与经济》杂志社	2006.6
对中国传统建筑与西方现代建筑之体会	乌进高娃	《内蒙古科技与经济》2006,(12)	34	《内蒙古科技与经济》杂志社	2006.6
对梅州传统客家民居保护与利用的思考	林智敏	《山西建筑》2006,(17)	39	《山西建筑》杂志社	2006.6
浅谈中国传统建筑与城市形象的塑造	朱向东,邢君	《山西建筑》2006,(12)	8	《山西建筑》杂志社	2006.6
陕北窑洞民居之土文化	韩奕	《山西建筑》2006,(16)	33	《山西建筑》杂志社	2006.6
无锡传统临水街区(水弄堂)景观特征的研究	邵丹,陈闯	《山西建筑》2006,(16)	16	《山西建筑》杂志社	2006.6
"无为"&"有为"——惠山祠堂建筑群布局特色及营建思想初探	吴珏,过伟敏	《室内设计与装修》2006,(6)	124	《室内设计与装修》编辑部	2006.6
四川阿坝州藏族石砌民居室内空间与装饰特色	唐妮	《四川建筑》2006,(3)	37	《四川建筑》编辑部	2006.6
城镇化背景下传统聚落重建规划的思考——以丽江昭庆村恢复重建规划为例	欧阳国元,王冬	《小城镇建设》2006,(6)	33	《小城镇建设》编辑部	2006.6
从传统民居营建到新民居标准图集编制——《传统特色小城镇住宅(丽江地区)》标准图集编制引发的思考	陆莹,王冬	《小城镇建设》2006,(6)	64	《小城镇建设》编辑部	2006.6
记山东荣成民居——海草房	李玉琳	《小城镇建设》2006,(6)	52	《小城镇建设》编辑部	2006.6
让传统与现代接轨——昆明市传统民居建筑单体保护改造再利用	李晓丹,王冬,孔俊婷	《新建筑》2006,(3)	81	《新建筑》杂志社	2006.6
江南民居解读	王修水	《浙江建筑》2006,(6)	1	《浙江建筑》杂志社	2006.6
文化的传承,技术的移植——闽南与台湾民居建筑	政协天地	《政协天地》2006,(6)	23	《政协天地》杂志社	2006.6
土楼建筑与文化	张昉	《中外建筑》2006,(6)	50	《中外建筑》杂志社	2006.6
浙江古镇聚落空间类型分析	屈德印,黄利萍	《装饰》2006,(6)	22	《装饰》编辑部	2006.6
农村和小城镇建设中的历史文化遗产保护	崔博娟	《资源与人居环境》2006,(11)	24	《资源与人居环境》编辑部	2006.6
从聚落到城市——中国传统建筑文化内向性特征研究	汪武庆	《安徽建筑》2006,(6)	31	安徽建筑学会	2006.6
从聚落到城市——中国传统建筑文化内向性特征研究	汪武庆	《安徽建筑》2006,(6)	31	安徽建筑学会	2006.6

续表

论文名	作者	刊载杂志	页码	编辑出版单位	出版日期
晋南寺庙戏场建筑的分析比较	方冉	《安徽建筑》2006，（6）	44	安徽建筑学会	2006.6
上海石库门住宅的特征和变迁过程	黄岩松	《安徽建筑》2006，（6）	41	安徽建筑学会	2006.6
古村落型旅游地管理体制研究——以黟县西递、宏村为例	王咏，陆林，章德辉，陶平，王莉	《安徽师范大学学报》（自然科学版）2006，（3）	294	安徽师范大学	2006.6
西双版纳傣族园景观研究	方仁	《德宏师范高等专科学校学报》2006，（2）	12	德宏师范高等专科学校	2006.6
传统木门窗的视知觉分析	孙凯莉，黄汉民	《福建建筑》2006，（6）	1	福建省建筑学会	2006.6
传统建筑的新使命	刘峰高	《南方建筑》2006，（6）	28	广东省建筑学会	2006.6
宏村古村落空间构成模式研究	揭鸣浩	《南方建筑》2006，（6）	119	广东省建筑学会	2006.6
梧州骑楼与骑楼文化的延续	吴韬，梁武波	《南方建筑》2006，（6）	25	广东省建筑学会	2006.6
广西古建筑旅游资源的保护和开发建议	朱四畅	《广西师范学院学报》（自然科学版）2006，（1）	156	广西师范学院	2006.6
千古第一村——流坑的旅游资源特色及开发建议	吴丽芳	《广西师范学院学报》（自然科学版）2006，（1）	165	广西师范学院	2006.6
丹巴县特色文化资源调查	文博	《康定民族师范高等专科学校学报》2006，（3）	10	康定民族师范高等专科	2006.6
论明清牌坊石刻艺术	李德胜	《丽水学院学报》2006，（3）	92	丽水学院	2006.6
中国传统建筑时空意向的本源追溯	李峰	《青岛理工大学学报》2006，（3）	47	青岛理工大学	2006.6
5~7世纪吐鲁番地区居住生活方式及其环境背景分析	吴宏岐	《西北大学学报》（自然科学版）2006，（3）	477	西北大学	2006.6
旧城改造中对城市个性延续的探讨	傅红，莫妮娜	《西南民族大学学报》（人文社科版），2006，（6）	224	西南民族大学	2006.6
浅谈徽州古民居的建筑装饰艺术与文化观念	王海涛	《扬州职业大学学报》2006，（2）	18	扬州职业大学	2006.6
试论藏族民居装饰的嬗变（英文）	夏格旺堆	《China Tibetology》2006，（1）	28	中国藏学研究中心	2006.6
传统建筑装饰语言属性解析	刘大平，顾威	《建筑学报》2006，（6）	49	中国建筑学会	2006.6
"重生意识"与中国传统建筑文化	谭文勇，阎波	《重庆建筑大学学报》2006，（3）	12	重庆建筑大学	2006.6
梅州古村落系统的几点研究	李婷婷	《重庆建筑大学学报》2006，（3）	20	重庆建筑大学	2006.6
国家历史文化名城研究中心历史街区调研——江西吉安钓源古村	张波，倪斌	《城市规划》2006，（7）	32	《城市规划》编辑部	2006.7
民俗社会学与乡土建筑研究	董睿，巩庆鑫	《东岳论丛》2006，（4）	181	《东岳论丛》编辑部	2006.7
厦门近代骑楼发展原因初探	庄海红	《华中建筑》2006，（7）	144	《华中建筑》编辑部	2006.7
因农而兴的湖北古镇——巴东野三关	李百浩，余波	《华中建筑》2006，（7）	137	《华中建筑》编辑部	2006.7
中国传统建筑空间之气——试以围棋论建筑	叶凯伦	《华中建筑》2005，（1）	85	《华中建筑》编辑部	2006.7
生态环境与苗族干阑建筑形态的研究	王红，潘兴忠，顾永堂	《环境科学与技术》2006，（7）	94	《环境科学与技术》编辑部	2006.7
日本的都市庭园	戴向东	《家具与室内装饰》2006，（7）	24	《家具与室内装饰》杂志社	2006.7

续表

论文名	作者	刊载杂志	页码	编辑出版单位	出版日期
人的尺度：中国建筑的审美主题	刘月	《建筑》2006，(14)	72	《建筑》编辑部	2006.7
社旗山陕会馆石栏小院石牌坊的装饰艺术与教化因素探究	李芳菊	《美术大观》2006，(7)	64	《美术大观》杂志社	2006.7
景观"基因图谱"视角的聚落文化景观区系研究	申秀英，刘沛林，邓运员	《人文地理》2006，(4)	109	《人文地理》编辑部	2006.7
论新地方主义建筑的发展	惠国夫，余敏，李丽姝	《山西建筑》2006，(20)	44	《山西建筑》杂志社	2006.7
浅谈中国传统建筑木结构的抗震技术特点	朱向东，张同乐	《山西建筑》2006，(14)	3	《山西建筑》杂志社	2006.7
浅析农村住宅建设现状及建议	王芳	《山西建筑》2006，(20)	39	《山西建筑》杂志社	2006.7
浅析山西传统民居建筑文化内涵	李章	《山西建筑》2006，(21)	34	《山西建筑》杂志社	2006.7
浅析武乡八路军总司令部旧址的民居历史信息	白佩芳，周吉平	《山西建筑》2006，(21)	50	《山西建筑》杂志社	2006.7
中国北方传统民居装饰艺术与特征	赵青，乔飞	《山西建筑》2006，(19)	8	《山西建筑》杂志社	2006.7
长江下游原始文明新源头——浙江嵊州小黄山新石器时代早期遗存的考古学研讨	王心喜	《文博》2006，(4)	72	《文博》杂志社	2006.7
古戏台的形成及其演变	王慧慧	《文博》2006，(4)	43	《文博》杂志社	2006.7
长治三教庙山门戏台探析	李玉明	《文物世界》2006，(4)	43	《文物世界》编辑部	2006.7
会馆之城 庙宇之都——云南省会泽县金钟镇	小城镇建设	《小城镇建设》2006，(7)	73	《小城镇建设》编辑部	2006.7
新疆阿布达里人渊源考	艾力·吾甫尔	《西域研究》2006，(3)	64	《新疆社会科学》杂志社	2006.7
西秦会馆大解读	颜炎	《盐业史研究》2006，(3)	64	《盐业史研究》编辑部	2006.7
清代西安、兰州和太原的书院分布与选址	刘景纯	《中国历史地理论丛》2006，(3)	94	《中国历史地理论丛》编辑部	2006.7
广州西关传统建筑的保护和改造	吴楚杰	《南方建筑》2006，(7)	56	广东省建筑学会	2006.7
满堂大围的建筑特色与美学价值	钟英明	《广西民族学院学报》（哲学社会科学版）2006，(4)	83	广西民族学院	2006.7
洪江十大会馆神祗文化解读	刘嘉弘	《湖南文理学院学报》（社会科学版）2006，(4)	104	湖南文理学院	2006.7
贞节牌坊考论	辛灵美	《聊城大学学报》（社会科学版）2006，(4)	71	聊城大学	2006.7
民族传统建筑装饰研究与学生设计创造能力培养	陈伯群	《南宁职业技术学院学报》2005，(3)	45	南宁职业技术学院	2006.7
论历史乡村地理学研究	王社教	《陕西师范大学学报》（哲学社会科学版）2006，(4)	71	陕西师范大学	2006.7
浅议客家围龙屋的保护、开发和利用	李小燕	《韶关学院学报》2006，(7)	77	韶关学院	2006.7
传统民居的环境适应性分析	赵西平，徐海滨，刘加平	《西安科技大学学报》2006，(3)	334	西安科技大学	2006.7
试论西安明城传统人文街区的形成与保护	刘勇，祁今燕	《西北大学学报》（哲学社会科学版）2006，(4)	115	西北大学	2006.7

续表

论文名	作者	刊载杂志	页码	编辑出版单位	出版日期
略论广西容县之骑楼	麦晓霜	《玉林师范学院学报》2006，(4)	89	玉林师范学院	2006.7
怎样判定乡土建筑的建造年代	陈志华	《中国文物科学研究》2006，(3)	48	中国文物学会	2006.7
徽州木雕艺术的文人化审美	孙莉群	《安徽文学》（下半月），2006，(8)	88	《安徽文学》编辑部	2006.8
规划品茶之再说胡同保护	赵知敬，马炳坚，张威，郑光中，魏科	《北京规划建设》2006，(4)	138	《北京规划建设》编辑部	2006.8
旧城居民生活现状及旧城改造应关注的重点问题	曲媛媛	《北京规划建设》2006，(4)	88	《北京规划建设》编辑部	2006.8
老北京的死与生	王军	《北京规划建设》2006，(4)	125	《北京规划建设》编辑部	2006.8
国家历史文化名城研究中心历史街区调研——江西吉水仁和店古村	阮仪三，姚子刚	《城市规划》2006，(8)	33	《城市规划》编辑部	2006.8
甘青川滇藏区传统地域建筑文化的多元性	柏景，杨昌鸣	《城市建筑》2006，(8)	25	《城市建筑》杂志社	2006.8
新疆地域建筑的过去与现在	王小东	《城市建筑》2006，(8)	10	《城市建筑》杂志社	2006.8
赢得"海丝"满人间——泉州桥南古村保护再生规划	李凤禹	《城市建筑》2006，(8)	53	《城市建筑》杂志社	2006.8
城市化进程中传统建筑的保护	于荣，王海宽	《低温建筑技术》2006，(4)	139	《低温建筑技术》编辑部	2006.8
试论中国乡村旅游景观开发设计	师守祥，沈红芬	《甘肃农业》2006，(8)	104	《甘肃科技纵横》杂志社	2006.8
广州番禺沙湾民居庭园简析	朱文亮，产斯友	《广东园林》2006，(4)	1	《广东园林》编辑部	2006.8
云南布依族的景观环境与乡土建筑	罗艳艳	《广东园林》2006，(4)	25	《广东园林》编辑部	2006.8
邢台特色民居"布袋院"的保护与利用	曹宽义，王凤军	《规划师》2006，(8)	88	《规划师》编辑部	2006.8
从传统技术而来的建筑气候设计	张靖	《华中建筑》2006，(8)	61	《华中建筑》编辑部	2006.8
从徐霞客、梁思成到《广西民居》	曾昭奋	《华中建筑》2006，(8)	142	《华中建筑》编辑部	2006.8
鄂西民居特色与现代建筑设计——以沪蓉西高速公路宜恩段配套服务设施设计为例	陈铭，张茵，邓	《华中建筑》2006，(8)	46	《华中建筑》编辑部	2006.8
解读骑楼建筑	周彝馨	《华中建筑》2006，(8)	163	《华中建筑》编辑部	2006.8
文化因素对建筑空间环境的影响——以徽州民居为例	陈建红，李茹冰	《华中建筑》2006，(8)	1	《华中建筑》编辑部	2006.8
浙江具有地域特色的现代住居研究	杨晓莉，陈静，冯凌英	《华中建筑》2006，(8)	66	《华中建筑》编辑部	2006.8
苏州安徽会馆	张扬	《江淮文史》2006，(4)	155	《江淮文史》编辑部	2006.8
从文脉主义解读古镇保护——以苏州木渎古镇保护整治规划为例	吴蔚，董卫	《江苏建筑》2006，(4)	2	《江苏建筑》编辑部	2006.8
传统客家村落聚落和领域形态的形成	陈超，马正麟	《山西建筑》2006，(16)	28	《山西建筑》杂志社	2006.8
从古村落民居空间看现代城市空间	宋晶	《山西建筑》2006，(23)	36	《山西建筑》杂志社	2006.8

续表

论文名	作者	刊载杂志	页码	编辑出版单位	出版日期
浅谈窑洞的建筑形式与生态建设	郭斌	《山西建筑》2006，(24)	46	《山西建筑》杂志社	2006.8
浅析阳泉市大阳泉古村的传统风貌特点	阴新明	《山西建筑》2006，(22)	51	《山西建筑》杂志社	2006.8
香格里拉藏民居住环境调研	宗和双	《山西建筑》2006，(23)	16	《山西建筑》杂志社	2006.8
中国传统民居中的虚与实	贾宁	《山西建筑》2006，(24)	14	《山西建筑》杂志社	2006.8
芬兰和斯堪的纳维亚的木构建筑传统	马库·马蒂拉，丽塔·莎拉斯蒂，黄倩	《世界建筑》2005，(8)	30	《世界建筑》编辑部	2006.8
拉卜楞寺藏族传统宗教建筑	许新亚	《世界建筑》2006，(8)	110	《世界建筑》编辑部	2006.8
融·忆·品——关中大院	吴昊，李建勇	《室内设计与装修》2006，(8)	68	《室内设计与装修》编辑部	2006.8
隆昌石牌坊保护规划构想	杨东昱	《四川建筑》2006，(4)	13	《四川建筑》编辑部	2006.8
关于传统民居普查的研究	李婷婷	《四川建筑科学研究》2006，(4)	204	《四川建筑科学研究》编辑部	2006.8
楚都探索的考古学观察	王红星	《文物》2006，(8)	63	《文物》编辑部	2006.8
阳朔西街历史街区保护与再利用	蒋丽，周彦	《现代城市研究》2006，(8)	40	《现代城市研究》编辑部	2006.8
传统村寨空间网络探析——以桂北少数民族村寨为例	郑景文，欧阳东	《新建筑》2006，(4)	73	《新建筑》杂志社	2006.8
传统民居与旅游开发——通海论坛	新建筑	《新建筑》2006，(4)	26	《新建筑》杂志社	2006.8
徽州传统民俗文化的经典图式——探寻古民居雕刻装饰的"味"与"道"	吴小中	《新建筑》2006，(4)	123	《新建筑》杂志社	2006.8
查济古民居的砖雕艺术	王丽	《安徽建筑》2006，(4)	29	安徽建筑学会	2006.8
浅论旧城改造的可持续性	黄岚	《安徽建筑》2006，(4)	17	安徽建筑学会	2006.8
吉祥图案在辉县山西会馆建筑装饰艺术中的应用	赵世学	《安阳师范学院学报》2006，(4)	145	安阳师范学院	2006.8
清代广东会馆与粤商的本土化发展——以广西为视域	侯宣杰	《百色学院学报》2006，(4)	58	百色学院	2006.8
中国古代民居中的建筑风水文化——江西万载周家大屋考察	陈牧川	《华东交通大学学报》2006，(4)	33	华东交通大学	2006.8
徽州民居的审美价值	宋左	《济宁师范专科学校学报》2006，(4)	40	济宁师范专科学校	2006.8
中国民居的特点及发展	王光峰，郝霞	《济宁师范专科学校学报》2006，(4)	46	济宁师范专科学校	2006.8
"虚"与"实"的对称——对倒影在"半月塘"里的客家围龙屋建筑的思考	熊青珍	《嘉应学院学报》2006，(4)	24	嘉应学院	2006.8
试论藏族宗堡建筑的文化内涵	龙珠多杰	《康定民族师范高等专科学校学报》2006，(4)	23	康定民族师范高等专科学校	2006.8
川西民居辩说	季富政	《时代建筑》2006，(4)	30	同济大学出版社	2006.8
锢窑四合院民居的保护与利用	高博，罗屹立	《时代建筑》2006，(4)	85	同济大学出版社	2006.8
关于民居建筑的演变和发展	刘加平	《时代建筑》2006，(4)	82	同济大学出版社	2006.8
西安城市复兴与关中民居文化	屈培青	《时代建筑》2006，(4)	85	同济大学出版社	2006.8
中国西南地区传统建筑的历史人文特征	蓝勇	《时代建筑》2006，(4)	28	同济大学出版社	2006.8

续表

论文名	作者	刊载杂志	页码	编辑出版单位	出版日期
中国传统民居中的真善美探析	向岚麟	《西南交通大学学报》（社会科学版）2006，(4)	124	西南交通大学	2006.8
我国南方山地型古村落的视觉审美及其展示——以云南诺邓村为例	陶少华	《宜宾学院学报》2006，(8)	34	宜宾学院	2006.8
张谷英村古建筑中传统文化之管见	张迎冰	《岳阳职业技术学院学报》2006，(4)	56	岳阳职业技术学院	2006.8
"里坊制"城市之过渡形态——多堡城镇	谭立峰，张玉坤	《建筑师》2006，(4)	51	中国建筑工业出版社	2006.8
雪域建筑——西藏山南之旅	易娜，黄居正	《建筑师》2006，(4)	115	中国建筑工业出版社	2006.8
园之较——对比大舍在青浦的两个同以"园"为意匠的建筑	薄宏涛	《建筑师》2006，(4)		中国建筑工业出版社	2006.8
生态博物馆研究进展及其对文化遗产保护理念的影响	余压芳，刘建浩	《建筑学报》2006，(8)	79	中国建筑学会	2006.8
黄姚古镇形成与存留原因探析	苍铭	《中央民族大学学报》（哲学社会科学版）2006，(4)	92	中央民族大学	2006.8
国家历史文化名城研究中心历史街区调研——贵州安顺云山屯及本寨	顿明明	《城市规划》2006，(9)	34	《城市规划》编辑部	2006.9
古村落场理论及景观安全格局探讨	冯淑华，沙润	《地理与地理信息科学》2006，(5)	91	《地理与地理信息科学》编辑部	2006.9
晋中古村落初探——以山西榆次六堡村为例	郝文慧	《高等教育与学术研究》2006，(3)	29	《高等教育与学术研究》编辑部	2006.9
从燕赵辽塔中寻觅河北的建筑文化	杨瑞，刘蕴忠	《工程建设与设计》2006，(9)	17	《工程建设与设计》编辑部	2006.9
山西万荣李家大院	贾珺，廖慧农	《古建园林技术》2006，(3)	52	《古建园林技术》编辑部	2006.9
深圳客家民居的文化渊源探析	孙红梅	《古建园林技术》2006，(3)	13	《古建园林技术》编辑部	2006.9
桂北民居中的建构研究初探	曾红艺	《广西城镇建设》2006，(9)	66	《广西城镇建设》编辑部	2006.9
大嘴子第三期文化聚落遗址研究	张翠敏	《华夏考古》2006，(3)	61	《华夏考古》编辑部	2006.9
鄂西少数民族标志性建筑的移植与再生——恩施清江风情园规划设计简介	杨晓昕，单德启	《华中建筑》2006，(9)	77	《华中建筑》编辑部	2006.9
徽州古村落民居建筑的文化心理解析	朱生东	《华中建筑》2006，(9)	1	《华中建筑》编辑部	2006.9
精于营造 殊途同归——广西黄姚古镇对现代生态城市规划的启示	雷翔，全峰梅	《华中建筑》2006，(9)	9	《华中建筑》编辑部	2006.9
与气候相适宜的建筑节能——对传统民居的研究启示	杨志华	《华中建筑》2006，(9)	32	《华中建筑》编辑部	2006.9
中国传统建筑单体的生态文化内涵浅析	敖仕恒，赵晓峰	《华中建筑》2006，(9)	117	《华中建筑》编辑部	2006.9
细说古窗——论我国传统建筑窗饰艺术之源起	陈冲，向正祥	《家具与室内装饰》2006，(9)	59	《家具与室内装饰》杂志社	2006.9
北京城的胡同与民居	刘志雄	《建筑创作》2006，(9)	52	《建筑创作》编辑部	2006.9

续表

论文名	作者	刊载杂志	页码	编辑出版单位	出版日期
倾听"福建土楼"的呼唤	黄汉民	《建筑创作》2006，(9)	58	《建筑创作》编辑部	2006.9
传统窑居的演进与合院式住宅的定型	张昕，陈捷	《建筑科学与工程学报》2006，(3)	86	《建筑科学与工程学报》编辑部	2006.9
中华建筑美学思想源头探析——对陕西古建筑的解读	祁嘉华	《理论导刊》2006，(9)	112	《理论导刊》杂志社	2006.9
试析岭南传统建筑中的天人合一思想	胡继芳	《岭南文史》2006，(3)	8	《岭南文史》编辑部	2006.9
顺德昌教岭南水乡古村落研究	林小峰	《热带建筑》2006，(3)	12	《热带建筑》出版社	2006.9
试论藏彝走廊独立族群聚居地的文化景观——以白马人为例	顾人和，刘晓玫，郭华，李晟之	《人文地理》2006，(5)	66	《人文地理》编辑部	2006.9
中国山区发展研究的态势与主要研究任务	陈国阶	《山地学报》2006，(5)	531	《山地学报》编辑委员会	2006.9
小议小尺度介入及大范围影响的城市发展策略	王涤非	《山西建筑》2006，(18)	14	《山西建筑》杂志社	2006.9
中国传统建筑之意境美	李羿	《山西建筑》2006，(17)	13	《山西建筑》杂志社	2006.9
浅谈聚落空间的组织要素及相互作用	张华东	《四川建材》2006，(5)	38	《四川建材》杂志社	2006.9
继承与创新——解析天津石家大院	聂蕊	《四川建筑》2006，(1)	82	《四川建筑》编辑部	2006.9
西藏传统民居建筑概要	阙龙开，毛中华	《四川建筑》2006，(1)	65	《四川建筑》编辑部	2006.9
鄂西地域宗法中枢堡垒——大水井李氏宗祠	陈飞，方国剑	《文博》2006，(5)	9	《文博》杂志社	2006.9
点评——碛口镇、皇城村、张壁村	孙大章	《小城镇建设》2006，(9)	28	《小城镇建设》编辑部	2006.9
点评——张壁村、皇城村、南社村、西文兴村	楼庆西	《小城镇建设》2006，(9)	28	《小城镇建设》编辑部	2006.9
最古老的维吾尔族村落——吐峪沟麻扎村	向峰	《小城镇建设》2006，(9)	62	《小城镇建设》编辑部	2006.9
东汉画像石的配置结构与意义——以宋山小祠堂和武梁祠为例	邵立	《艺术百家》2006，(5)	81	《艺术百家》杂志社	2006.9
试论中国传统建筑装饰的民俗文化特征	吴陪秀	《艺术百家》2006，(5)	208	《艺术百家》杂志社	2006.9
怎样保护乡土聚落	陈志华，李玉祥	《中华遗产》2006，(5)	16	《中华遗产》杂志社	2006.9
传统苏式木雕门窗的装饰艺术	廖军，蔡晓岚	《装饰》2006，(9)	30	《装饰》编辑部	2006.9
解读湘西传统建筑雕饰文化	刘俊	《装饰》2006，(9)	39	《装饰》编辑部	2006.9
粤北客家围楼民居建筑探究	傅志毅	《装饰》2006，(9)	32	《装饰》编辑部	2006.9
徽州文化的积淀——安徽黟县南屏民居鉴赏	王川进	《沧州师范专科学校学报》2006，(3)	98	沧州师范专科学校	2006.9
浅析羌族碉楼中体现的生态建筑设计	余志红	《福建工程学院学报》2006，(3)	310	福建工程学院	2006.9
大运河兴衰与清代淮安的会馆建设	沈旸，王卫清	《南方建筑》2006，(9)	71	广东省建筑学会	2006.9
读缪朴《传统的本质——中国传统建筑的十三个特点》	唐莲	《南方建筑》2006，(9)	130	广东省建筑学会	2006.9
邯郸传统民居地方特色和乡土适宜建造技术研究	杨文斌	《河北建筑科技学院学报》2006，(3)	25	河北建筑科技学院	2006.9

续表

论文名	作者	刊载杂志	页码	编辑出版单位	出版日期
冀南民居"两甩袖"	魏丽丽，乔景顺	《河北建筑科技学院学报》2006，(3)	27	河北建筑科技学院	2006.9
建筑的哲学之思	刘华龙，孔令南	《河北建筑科技学院学报》（社科版）2006，(3)	52	河北建筑科技学院	2006.9
日本南方传统住宅中的"接合空间"——以鹿儿岛县入来町地区为例	李旭	《湖南大学学报》（社会科学版）2006，(5)	123	湖南城市学院	2006.9
甘肃书院诸问题探讨	黄兆宏	《湖南大学学报》（社会科学版）2006，(4)	10	湖南大学	2006.9
从农业文明特征看中国传统建筑的设计意念	龚维政	《江苏工业学院学报》（社会科学版）2006，(3)	52	江苏工业学院	2006.9
镇江火星庙戏台研究	刘叙武	《江苏科技大学学报》（社会科学版）2006，(3)	42	江苏科技大学	2006.9
解读浙南畲族民居	丁占勇	《美术大观》2006，(9)	61	辽宁美术出版社	2006.9
西拉沐沦河以北红山文化遗存分析	徐子峰	《内蒙古大学学报》（人文·社会科学版）2006，(5)	42	内蒙古大学	2006.9
徽州传统建筑砖雕中的灰塑工艺研究	程小武，周佶	《南京工业大学学报》（社会科学版）2006，(3)	81	南京工业大学	2006.9
"走西口"习俗对蒙汉交汇区村落文化构建的影响	段友文，高瑞芬	《山西大学学报》（哲学社会科学版）2006，(5)	92	山西大学	2006.9
西山东村的发展变迁、村落形态与乡土建筑	卢朗，彭长武	《苏州大学学报》（工科版）2006，(5)	10	苏州大学	2006.9
古村朱家峪及其传统建筑	雍振华	《苏州科技学院学报》（工程技术版）2006，(3)	41	苏州科技学院	2006.9
秦岭山地传统民居冬季热工性能分析	赵西平，刘元，刘加平	《太原理工大学学报》2006，(5)	565	太原理工大学	2006.9
长白山满族草房图论	张玉东	《通化师范学院学报》2006，(5)	8	通化师范学院	2006.9
秦岭山地夯土墙传统民居再生（英文）	赵西平，周伟，王景芹，刘加平	《西安建筑科技大学学报》（自然科学版）2006，(3)	395	西安建筑科技大学	2006.9
论良渚文化的高台墓地	刘恒武	《西北大学学报》（哲学社会科学版）2006，(5)	119	西北大学	2006.9
明清陕西山陕会馆的特点及市场化因素	宋伦，谢明	《西北大学学报》（哲学社会科学版）2006，(5)	74	西北大学	2006.9
论清代陕西商人在新疆的活动及其会馆建设	李刚，袁娜	《新疆大学学报》（哲学人文社会科学版）2006，(5)	66	新疆大学	2006.9
农村聚落更移与自然环境变化——以水城县沙坡村为例	鲁礼新	《信阳农业高等专科学校学报》2006，(3)	13	信阳农业高等专科学校	2006.9
古村落与传统民居旅游开发模式刍议	齐学栋	《学术交流》2006，(10)	131	《学术交流》杂志社	2006.10
四川阿坝黑虎羌寨——国家历史文化名城研究中心历史街区调研	丁枫	《城市规划》2006，(10)	35	《城市规划》编辑部	2006.10
浅析皖南民居中的"三雕"艺术	艾永生	《雕塑》2006，(5)	46	《雕塑》杂志社	2006.10

续表

论文名	作者	刊载杂志	页码	编辑出版单位	出版日期
某木结构古民居的加固	吴志雄	《福建建设科技》2006，(5)	18	《福建建设科技》编辑部	2006.10
陈埭丁氏宗祠杂记——一个穆斯林家族的汉化史	萧春雷	《福建乡土》2006，(5)	4	《福建乡土》杂志社	2006.10
浅谈景观设计的地域性	李学端	《甘肃科技纵横》2006，(5)	146	《甘肃科技纵横》杂志社	2006.10
关于大圩古镇保护性开发的思考	姚斌	《广西城镇建设》2006，(10)	85	《广西城镇建设》编辑部	2006.10
略论广州会馆保护与开发	唐湘雨，姚顺东	《广西地方志》2006，(5)	29	《广西地方志》编辑部	2006.10
阿拉伯干热地区地域性气候与地域传统建筑形式研究	伊玛德	《华中建筑》2006，(10)	188	《华中建筑》编辑部	2006.10
多元文化影响下的三峡地区传统民居	严广超，严文乐，赵婕	《华中建筑》2006，(10)	174	《华中建筑》编辑部	2006.10
历史的保护与生活形态的重塑	朱瑞	《华中建筑》2006，(10)	140	《华中建筑》编辑部	2006.10
香格里拉东北地区藏式民居的人文背景探析——香格里拉格咱乡翁水村综合调查	王志蓉	《华中建筑》2006，(10)	170	《华中建筑》编辑部	2006.10
赣北清代民居建筑装饰艺术	李晓琼	《建筑知识》2006，(5)	45	《建筑知识》编辑部	2006.10
中国古建筑色彩的发展及象征性刍议	杨大伟	《美术观察》2006，(10)	110	《美术观察》编辑部	2006.10
阿怒人世界观在传统建筑中的表述	何林，赵美	《民族艺术研究》2006，(5)	47	《民族艺术研究》编辑部	2006.10
居住区路径空间营造的思考	黄林琳	《山西建筑》2006，(20)	19	《山西建筑》杂志社	2006.10
移民聚落中庙宇选址的结构性特征	张昕，陈捷	《山西建筑》2006，(19)	11	《山西建筑》杂志社	2006.10
重庆吊脚楼民居初探	杨丹	《室内设计》2006，(4)	40	《室内设计》杂志社	2006.10
传统山地村镇的视觉审美分析	冯梅，牟江	《四川建筑》2006，(5)	31	《四川建筑》编辑部	2006.10
文化建筑"保护性"改造 结构技术的保护和再生——解析旧上海"里弄"建筑设计及建造中的理性成分	邱木生	《四川建筑》2006，(5)	25	《四川建筑》编辑部	2006.10
尊重历史城市的文化生态——由武汉民国时期民居研究探寻历史城市建筑保护之道	王瞻宁	《四川建筑科学研究》2006，(5)	184	《四川建筑科学研究》编辑部	2006.10
历史文化保护区保护规划探析——以乐清市南阁村为例	陈显秀，董卫	《小城镇建设》2006，(10)	56	《小城镇建设》编辑部	2006.10
徽州古村落——自然与人文的完美结合	杨俊，蔡超	《小城镇建设》2006，(10)	90	《小城镇建设》编辑部	2006.10
楠溪江古村落特色及保护开发	徐建光	《小城镇建设》2006，(10)	59	《小城镇建设》编辑部	2006.10
浅谈历史文化名镇的保护——以永嘉县岩头镇为例	周建强，金震	《小城镇建设》2006，(10)	54	《小城镇建设》编辑部	2006.10
历史街区传统建筑修复设计探析	李浈，雷冬霞	《新建筑》2006，(5)	14	《新建筑》杂志社	2006.10
清代重庆八省会馆初探	梁勇	《重庆社会科学》2006，(10)	93	《重庆社会科学》编辑部	2006.10
保护传统 发扬特色——提高名城传统建筑文化品位	王新华	《安徽建筑工业学院学报》（自然科学版）2006，(5)	29	安徽建筑工业学院	2006.10

续表

论文名	作者	刊载杂志	页码	编辑出版单位	出版日期
论室内陈设艺术在徽州古民居中的意义	詹学军	《巢湖学院学报》2006，(5)	104	巢湖学院	2006.10
福州近代居住建筑典型类型分析	郑瑜，朱永春	《福州大学学报》（自然科学版）2006，(5)	721	福州大学	2006.10
清代安徽书院的地域分布特点	姚娟，刘锡涛	《阜阳师范学院学报》（社科版）2006，(5)	121	阜阳师范学院	2006.10
江西天井民居的生态意识	程飚	《南方建筑》2006，(10)	86	广东省建筑学会	2006.10
谈徽派建筑的特色	马佳	《南方建筑》2006，(10)	102	广东省建筑学会	2006.10
徐霞客对西南民族聚落地理的考察	管彦波	《贵州师范大学学报》（社会科学版）2006，(5)	31	贵州师范大学	2006.10
湘东北地区"大屋"民居的传统文化特征	伍国正，刘新德，林小松	《怀化学院学报》2006，(10)	5	怀化学院	2006.10
清代成都民居及其特色	吴长根	《乐山师范学院学报》2006，(10)	97	乐山师范学院	2006.10
从宝镜古民居雕刻艺术看瑶汉文化的媾和	刘勇	《美术大观》2006，(10)	32	辽宁美术出版社	2006.10
浅谈客家民居的建筑艺术与生态文化	汪振泽	《美术大观》2006，(10)	62	辽宁美术出版社	2006.10
老子大道理念与福建土楼人居生态	陈水德	《龙岩学院学报》2006，(5)	51	龙岩学院	2006.10
浅析云南民居的原生特色	于维维	《沈阳建筑大学学报》（社会科学版）2006，(4)	337	沈阳建筑大学	2006.10
小议传统建筑中的栏杆意匠	田波，鲍继峰	《沈阳建筑大学学报》（社会科学版）2006，(4)	313	沈阳建筑大学	2006.10
论西藏民主改革前农业庄园的建筑社会学特征	周晶	《同济大学学报》（社会科学版）2006，(5)	37	同济大学	2006.10
先秦人类对黄土高原生存环境的选择与改造	蒋连华	《西安建筑科技大学学报》（自然科学版）2006，(5)	100	西安建筑科技大学	2006.10
从中国传统建筑文化谈可持续性发展	周玉明	《咸宁学院学报》2006，(5)	245	咸宁学院	2006.10
谈新余市古民居的保护与利用	廖芸莲，聂朋	《新余高专学报》2006，(5)	45	新余高专	2006.10
皖南民居和人居环境的承继和发展——SAR理论在未来村落建设中的应用	汪喆	《浙江万里学院学报》2006，(5)	56	浙江万里学院	2006.10
镇江西津渡历史街区中西建筑之比较	张峥嵘，王敏松，李蓓	《镇江高专学报》2006，(4)	36	镇江高专	2006.10
北窗杂记（九十六）	窦武	《建筑师》2006，(4)	107	中国建筑工业出版社	2006.10
北窗杂记（九十七）	窦武	《建筑师》2006，(5)	105	中国建筑工业出版社	2006.10
表现与象征的意义——人类居住空间中的人体象征	魏泽崧，张玉坤	《建筑师》2006，(5)	64	中国建筑工业出版社	2006.10
立于礼，成于乐——理乐精神对传统居住建筑室内环境艺术的影响	王茹	《建筑师》2006，(5)	70	中国建筑工业出版社	2006.10
权力变迁与村落结构的演化	张昕，陈捷	《建筑师》2006，(5)	75	中国建筑工业出版社	2006.10
也拟回春手，试将补天工——记重庆湖广会馆的保护性开发设计	李旭佳	《建筑师》2006，(5)	16	中国建筑工业出版社	2006.10

续表

论文名	作者	刊载杂志	页码	编辑出版单位	出版日期
闽台传统建筑类型及其文化特征	林从华，林兆武，于苏建，薛小敏	《重庆建筑大学学报》2006，（5）	75	重庆建筑大学	2006.10
符号在我国传统建筑中的表达与运用	孙亚男	《学术交流》2006，（11）	187	《学术交流》杂志社	2006.11
济南老街巷的石板路	黄永河	《城建档案》2006，（11）	19	《城建档案》编辑部	2006.11
传统居住形态中的"聚落生态文化"	刘福智，刘加平	《工业建筑》2006，（11）	48	《工业建筑》杂志社	2006.11
传统居住形态中的"聚落生态文化"	刘福智，刘加平	《工业建筑》2006，（11）	48	《工业建筑》杂志社	2006.11
古邮驿聚落的可持续发展探讨——以鸡鸣驿为例	吕晓东	《规划师》2006，（11）	43	《规划师》编辑部	2006.11
传统村落的人居环境——张谷英和黄泥湾古村落的调查报告	伍国正，吴越，郭俊明	《华中建筑》2006，（11）	128	《华中建筑》编辑部	2006.11
鄂东杰构——阳新县祠堂建筑及文化特征初探	王炎松，徐靓，朱锋	《华中建筑》2006，（11）	91	《华中建筑》编辑部	2006.11
徽州民居室内空间的视线设计	陈建红，李茹冰	《华中建筑》2006，（11）	112	《华中建筑》编辑部	2006.11
聚落的形成与整合——洪江古商城聚落空间形态研究	黄筱蔚，蒋学志	《华中建筑》2006，（11）	154	《华中建筑》编辑部	2006.11
论中国传统民居的生态特性	王建华	《华中建筑》2006，（11）	118	《华中建筑》编辑部	2006.11
闽南近代骑楼建筑研究	陈志宏	《华中建筑》2006，（11）	189	《华中建筑》编辑部	2006.11
明清时期天津的会馆与天津城	沈旸	《华中建筑》2006，（11）	102	《华中建筑》编辑部	2006.11
浅谈徽州民居的成因及特点	周燕芳	《华中建筑》2006，（11）	131	《华中建筑》编辑部	2006.11
浅析日本传统町屋的空间和装饰特色	王劲韬	《华中建筑》2006，（11）	193	《华中建筑》编辑部	2006.11
神圣与世俗——宗教观念下的云南傣族聚落变迁	王晓帆	《华中建筑》2006，（11）	203	《华中建筑》编辑部	2006.11
试论乡土建筑的保护——以山西灵石王家大院为例	王婷	《华中建筑》2006，（11）	146	《华中建筑》编辑部	2006.11
湘西茶峒镇街道景观探讨	王群华	《华中建筑》2006，（11）	165	《华中建筑》编辑部	2006.11
新世纪、新视野中的传统民居再研究	张铁群	《华中建筑》2006，（11）	121	《华中建筑》编辑部	2006.11
于无声处听惊雷——晋商合院空间的突破与变异	张昕，陈捷	《华中建筑》2006，（11）	125	《华中建筑》编辑部	2006.11
云南民居的生态适应性	郑云瀚	《华中建筑》2006，（11）	108	《华中建筑》编辑部	2006.11
张壁古堡之里坊模式探析	胡英娜，张玉坤	《华中建筑》2006，（11）	98	《华中建筑》编辑部	2006.11
中国书院建筑的语义结构与纪念性特征	万书元	《华中建筑》2006，（11）	78	《华中建筑》编辑部	2006.11
重庆巴南清代民居初探——巴南朱家大院建筑测绘与复原研究	李震，刘志勇，徐千里	《华中建筑》2006，（11）	115	《华中建筑》编辑部	2006.11
族权影响下的宗祠建设——以静升村为例	陈捷，张昕	《华中建筑》2006，（11）	85	《华中建筑》编辑部	2006.11
芙蓉古村落营建的现代景观价值	邹钧文	《技术与市场》（园林工程）2006，（11）	26	《技术与市场》杂志社	2006.11
UNION 美的艺术：从日本传统建筑文化谈起	赵大卫	《建筑创作》2006，（11）	166	《建筑创作》编辑部	2006.11

续表

论文名	作者	刊载杂志	页码	编辑出版单位	出版日期
香格里拉传统民居建筑技术改进研究——以泥土地板实验为例	王海涛，柏文峰	《建筑科学》2006，（5）	50	《建筑科学》编辑部	2006.11
弘扬传统建筑文化 创建现代品牌建筑	梁卫蓉	《辽宁经济》2006，（11）	86	《辽宁经济》杂志社	2006.11
陕西传统堡寨聚落类型研究	王绚，侯鑫	《人文地理》2006，（6）	35	《人文地理》编辑部	2006.11
从文化看中国传统建筑布局	袁文岑，施维琳	《山西建筑》2006，（22）	32	《山西建筑》杂志社	2006.11
浅谈晋商会馆建筑	刘原平，赵明	《山西建筑》2006，（21）	11	《山西建筑》杂志社	2006.11
以四合院为例浅析京郊小城镇健康住宅	米硕成，李亚光	《山西建筑》2006，（22）	30	《山西建筑》杂志社	2006.11
中国传统建筑中的影壁艺术	范占军	《山西建筑》2006，（22）	64	《山西建筑》杂志社	2006.11
浙江省泰顺县东溪乡旅游景观规划	汪梅，王利炯	《上海建设科技》2006，（6）	12	《上海建设科技》编辑部	2006.11
古建筑保护理念浅析	张国维	《文物世界》2006，（6）	46	《文物世界》编辑部	2006.11
武汉里分式住宅改造设计的分析与研究	熊绎	《武汉建设》2006，（4）	42	《武汉建设》杂志社	2006.11
魂牵吊脚楼	左超林	《西部大开发》2006，（11）	62	《西部大开发》杂志社	2006.11
城市传统文化景观空间结构保护	张杰	《现代城市研究》2006，（11）	13	《现代城市研究》编辑部	2006.11
理学名村——理坑	毕新丁	《小城镇建设》2006，（11）	41	《小城镇建设》编辑部	2006.11
湘西土家民居建筑艺术中的吉祥图案	唐琼	《艺术教育》2006，（11）	25	《艺术教育》编辑部	2006.11
重庆湖广会馆 历史与修复研究	何智亚	《重庆建筑》2006，（11）	1	《重庆建筑》杂志社	2006.11
"嘉庚建筑"的艺术形式特征	周红	《装饰》2006，（11）	106	《装饰》编辑部	2006.11
简单的生活——西藏民居建筑研究	陈炜	《装饰》2006，（11）	125	《装饰》编辑部	2006.11
羌族民居建筑上的"房号"图案分析	彭代明	《装饰》2006，（11）	128	《装饰》编辑部	2006.11
建筑用竹材墙体制造技术研究	江泽慧，王正，常亮，高黎，陈绪和	《北京林业大学学报》2006，（6）	155	北京林业大学	2006.11
彝族民居民俗文化研究	陈永香	《楚雄师范学院学报》2006，（11）	43	楚雄师范学院	2006.11
上海市北外滩地区城市环境分析及改善策略	王鹏，赖亚妮	《南方建筑》2006，（11）	120	广东省建筑学会	2006.11
对住宅院落空间的人文解读	严敏	《合肥工业大学学报》（自然科学版）2006，（11）	1445	合肥工业大学	2006.11
李鸿章与保定淮军昭忠祠公所	傅德元	《河北师范大学学报》（哲学社会科学版）2006，（6）	124	河北师范大学	2006.11
宋代"家礼"——文化整合的一个范式	刘欣	《河南理工大学学报》（社会科学版）2006，（4）	331	河南理工大学	2006.11
独特的历史文化遗存——漫谈西递建筑文化	陈爱玲	《美术大观》2006，（11）	61	辽宁美术出版社	2006.11
中国传统民居中的家文化偏向	于会歌	《辽宁师范大学学报》（社会科学版）2006，（6）	14	辽宁师范大学	2006.11

续表

论文名	作者	刊载杂志	页码	编辑出版单位	出版日期
传统堡寨聚落的精神防卫机能	王绚，侯鑫	《天津大学学报》（社会科学版）2006，（6）	450	天津大学	2006.11
开平碉楼的设计	张国雄	《五邑大学学报》（社会科学版）2006，（4）	30	五邑大学	2006.11
快速城市化进程中的城郊新农居设计探索——杭州市转塘镇双流地块农居住宅区设计	应四爱，赵小龙，高辉	《浙江大学学报》（理学版）2006，（6）	717	浙江大学	2006.11
低成本传统民居改建探究——以同里镇鱼行街168号民居改建为例	周俭，黄勇	《城市建筑》2006，（12）	33	《城市建筑》杂志社	2006.12
地域文化的现代诠释——印度当代乡土建筑之路	崔森森，苏继会	《工程与建设》2006，（6）	711	《工程与建设》杂志社	2006.12
徽州明清民居瓦作工艺技术（下）	江峰	《古建园林技术》2006，（4）	9	《古建园林技术》编辑部	2006.12
洛阳山陕会馆舞楼窝角柱的构造特点与抽换技术	肖东	《古建园林技术》2006，（4）	22	《古建园林技术》编辑部	2006.12
香港上水廖应龙祠堂古迹维修	沈惠身	《古建园林技术》2006，（4）	26	《古建园林技术》编辑部	2006.12
广西传统聚落空间意象分析与启示	林志强	《规划师》2006，（12）	85	《规划师》编辑部	2006.12
乡土建筑现今面临的问题及其原因分析	杨俊青	《河南建材》2006，（4）	54	《河南建材》编辑部	2006.12
广州建城年代新考——兼与麦英豪先生商榷	李翰	《华中建筑》2006，（12）	200	《华中建筑》编辑部	2006.12
徽州古村宅坦人工水系——"无溪出活龙"营建探微	贺为才	《华中建筑》2006，（12）	197	《华中建筑》编辑部	2006.12
浅论江西"古色"旅游资源之木雕艺术	丁依群，刘锦云，习宁英	《集团经济研究》2006，（27）	320	《集团经济研究》杂志社	2006.12
浙西古民居人文特色——霞山祠堂建筑文化略论	陈凌广	《家具与室内装饰》2006，（12）	58	《家具与室内装饰》杂志社	2006.12
乡土建筑的旅游价值及其可持续利用探讨	唐勇，杨忠华	《价格月刊》2006，（12）	5	《价格月刊》杂志社	2006.12
广东骑楼建筑的历史渊源探析	林琳	《建筑科学》2006，（6）	87	《建筑科学》编辑部	2006.12
析高椅村的住居环境与营造理念	余翰武	《建筑科学》2006，（6）	91	《建筑科学》编辑部	2006.12
基于气候适应性的湘南天井式民居研究	焦胜，柳肃，周建飞，曾光明，陈飞虎	《建筑热能通风空调》2006，（6）	88	《建筑热能通风空调》编辑部	2006.12
赣北清代民居建筑装饰艺术（续）	李晓琼	《建筑知识》2006，（6）	17	《建筑知识》编辑部	2006.12
中国传统建筑院落形态的成因与发展	唐飚，陈祖展	《建筑知识》2006，（6）	14	《建筑知识》编辑部	2006.12
东西方自然美学观的交流在壮族传统民居变迁中的映像	何峰，宁绍强	《美术观察》2006，（12）	109	《美术观察》编辑部	2006.12
民居艺术浅析	徐跃东	《美术研究》2006，（4）	73	《美术研究》杂志社	2006.12
传统建筑与现代建筑的交汇	赵艳君	《山西建筑》2006，（24）	26	《山西建筑》杂志社	2006.12
浅谈中国传统建筑的色彩	郭建政	《山西建筑》2006，（24）	18	《山西建筑》杂志社	2006.12
从聚落拓扑形态的演变谈城市聚居环境中可持续的聚落建设	张辉	《社科纵横》2006，（12）	65	《社科纵横》杂志社	2006.12

续表

论文名	作者	刊载杂志	页码	编辑出版单位	出版日期
村的起源及"村"概念的泛化——立足于唐以前的考察	刘再聪	《史学月刊》2006，(12)	5	《史学月刊》编辑部	2006.12
浅议儒家思想对中国民间建筑的影响	夏源	《四川建筑》2006，(6)	44	《四川建筑》编辑部	2006.12
传统建筑的启示	余自力	《四川建筑科学研究》2006，(6)	220	《四川建筑科学研究》编辑部	2006.12
古羌寨遗址建筑群布局与建筑特征探究	袁犁	《四川建筑科学研究》2006，(6)	205	《四川建筑科学研究》编辑部	2006.12
乡土聚落的多元文化融合——泸州市福宝古镇	刘宏梅，周波	《四川建筑科学研究》2006，(6)	210	《四川建筑科学研究》编辑部	2006.12
依顺自然 诗意栖居——从吊脚楼看湘西民居的美学诉求	陈素娥	《文史博览》2006，(12)	18	《文史博览》杂志社	2006.12
乌镇传统人居环境空间模式初探	周红卫	《农业科技与信息》（现代园林）2006，(12)	57	《现代园林》编辑部	2006.12
浅析延续莆田古城风貌	蔡金狮	《小城镇建设》2006，(12)	82	《小城镇建设》编辑部	2006.12
中国新乡土建筑的当代策略	支文军，朱金良	《新建筑》2006，(6)	82	《新建筑》杂志社	2006.12
中国传统民居聚落的生态意象	胡赛强	《艺术·生活》2006，(6)	49	《艺术·生活》杂志社	2006.12
苗族民居"半边楼"的审美特征浅析	赵曼丽	《重庆建筑》2006，(12)	22	《重庆建筑》杂志社	2006.12
论赣北清代民居建筑装饰艺术	李晓琼，辛艺峰，李华锋	《装饰》2006，(12)	122	《装饰》编辑部	2006.12
土家古宅"老院子"的建筑艺术特征分析	龙自立	《装饰》2006，(12)	123	《装饰》编辑部	2006.12
从徽州民居看现代住宅的生态节能设计	张亮	《安徽建筑工业学院学报》（自然科学版）2006，(6)	80	安徽建筑工业学院	2006.12
道家思想对徽州建筑文化的影响研究	肖宏，吴智慧	《安徽建筑工业学院学报》（自然科学版）2006，(6)	86	安徽建筑工业学院	2006.12
上海石库门住宅的特征和变迁过程	黄岩松	《安徽建筑》2006，(6)	41	安徽建筑学会	2006.12
体味空间意境——中国传统民居建筑空间研究	贾宁	《安徽建筑》2006，(6)	23	安徽建筑学会	2006.12
名人故居保护与利用的比较研究	成志芬，张宝秀	《北京联合大学学报》（人文社会科学版）2006，(4)	33	北京联合大学	2006.12
论闽南传统建筑独特的地域色彩	靳凤华	《福建工程学院学报》2006，(6)	791	福建工程学院	2006.12
贵州安顺屯堡民居文化的形成	王蕾蕾，何颖娴	《南方建筑》2006，(12)	114	广东省建筑学会	2006.12
结合城市经营的黄埔古村规划——一次历史地段保护规划的教学实践	邓毅，蔡凌，彭长歆	《南方建筑》2006，(12)	126	广东省建筑学会	2006.12
彝族古代建筑——九重宫殿浅析	李平凡，陈世鹏	《贵州民族研究》2006，(4)	110	贵州省民族研究所	2006.12
趋同与变异——合院背景下的静升商业建筑	张昕，陈捷	《河北建筑科技学院学报》2006，(4)	27	河北建筑科技学院	2006.12
董仲舒故里考证	魏文华	《衡水学院学报》2006，(4)	38	衡阳学院	2006.12

续表

论文名	作者	刊载杂志	页码	编辑出版单位	出版日期
安徽宏村古民居的建筑美学	马昆林，陈敬良	《湖南工业职业技术学院学报》2006，(4)	108	湖南工业职业技术学院	2006.12
永州古村文化	张官妹	《湖南科技学院学报》2006，(12)	38	湖南科技学院	2006.12
"铺廊"与骑楼：从张之洞广州长堤计划看岭南骑楼的官方原型	彭长歆	《华南理工大学学报》(社会科学版) 2006，(6)	66	华南理工大学	2006.12
"计白当黑"与中国传统建筑空间设计	陈改花	《淮北煤炭师范学院学报》(哲学社会科学版) 2006，(6)	141	淮北煤炭师范学院	2006.12
从传统民居看文化思想对建筑艺术的影响	雷雪梅	《美术大观》2006，(12)	33	辽宁美术出版社	2006.12
空间化的彝族民居文化——以云南麻栗树村的土掌房为个案	谷家荣	《内蒙古大学艺术学院学报》2006，(4)	36	内蒙古大学	2006.12
族权对移民聚落的结构性塑造——以静升村为例	张昕，陈捷	《山东建筑大学学报》2006，(6)	516	山东建筑大学	2006.12
小沙江镇木结构民居质量检测	李蓉	《邵阳学院学报》(自然科学版) 2006，(4)	57	邵阳学院	2006.12
新疆南疆种族的历史变迁与统一多民族格局的形成	谢贵平，安晓平	《塔里木大学学报》2006，(4)	23	塔里木大学	2006.12
赣南旅游开发进程中客家文化保护	罗小燕，吴亚平	《文山师范高等专科学校学报》2006，(4)	24	文山师范高等专科学校	2006.12
从道家学说角度看徽州民居的审美价值	宋左	《西安建筑科技大学学报》(社会科学版) 2006，(4)	32	西安建筑科技大学	2006.12
浅析中国传统建筑中的"绘画现象"	陈静	《西安建筑科技大学学报》(社会科学版) 2006，(4)	29	西安建筑科技大学	2006.12
古私宅的公共维护难题	孙展	《中国新闻周刊》2006，(45)	65	新闻周刊杂志社	2006.12
传统民居的灰空间	王春雷，谢海琴	《徐州建筑职业技术学院学报》2006，(4)	18	徐州建筑职业技术学院	2006.12
朝鲜族集聚地建筑文化的探讨——以吉林省龙井市区为例	崔文一，李佰寿	《延边大学学报》(自然科学版) 2006，(4)	280	延边大学	2006.12
周庆云的西溪词缘	李剑亮	《浙江工业大学学报》(社科版) 2006，(2)	121	浙江工业大学	2006.12
甘肃省农村民居抗震设防现状与地震安全农居示范工程对策	张守洁，王兰民，吴建华，高晓明，贺建雄，汤爱华	《震灾防御技术》2006，(4)	345	中国地震台中心	2006.12
新疆农村抗震民居房屋结构类型及应用	张勇	《震灾防御技术》2006，(4)	359	中国地震台中心	2006.12
历史视野中的乡土建筑——一种充满质疑的建筑	维基·理查森，吴晓	《建筑师》2006，(6)	37	中国建筑工业出版社	2006.12
仪式在中国传统民居营造中的意义——以滇南"一颗印"民居营造仪式为例	杨立峰，莫天伟	《建筑师》2006，(6)	88	中国建筑工业出版社	2006.12
徽派古民居建筑的地域文化特征	侯曙芳，李道先	《重庆建筑大学学报》2006，(6)	24	重庆建筑大学	2006.12
工业聚落居住空间的崛起与再生	曾梓峰，许经纬	《城市建筑》2007，(1)	70	《城市建筑》杂志社	2007.1
闽台传统红砖建筑墙面表现艺术	黄庄巍	《城乡建设》2007，(1)	74	《城乡建设》编辑部	2007.1
傣族民居的保护与振兴	柏文峰，吕珏	《工业建筑》2007，(1)	38	《工业建筑》杂志社	2007.1

续表

论文名	作者	刊载杂志	页码	编辑出版单位	出版日期
从邕江两岸传统民居看当代滨水住区环境营造的地方性	朱炜宏	《规划师》2007，(1)	82	《规划师》编辑部	2007.1
中国传统建筑	俞旸	《黑龙江科技信息》2007，(2)	220	《黑龙江科技信息》杂志社	2007.1
从文化心理研究长沙近代公馆建筑	罗明，柳肃	《华中建筑》2007，(1)	185	《华中建筑》编辑部	2007.1
防避·适用·创造——地区建筑演进机制诠释	魏秦，王竹，曹永康	《华中建筑》2007，(1)	21	《华中建筑》编辑部	2007.1
河源干旱地区人居环境调查与研究——甘南藏族山地聚落的生态适应性浅析	韩晓莉，李志民，王军	《华中建筑》2007，(1)	165	《华中建筑》编辑部	2007.1
湖北的牌坊	李德喜	《华中建筑》2007，(1)	180	《华中建筑》编辑部	2007.1
湖北乡土建筑的功能、形式与文化初探	李百浩，杨洁	《华中建筑》2007，(1)	176	《华中建筑》编辑部	2007.1
江南民居的现代诠释与农居设计思考	宋绍杭，赵淑红	《华中建筑》2007，(1)	83	《华中建筑》编辑部	2007.1
类型：行为、意象与文化内涵	刘捷	《华中建筑》2007，(1)	64	《华中建筑》编辑部	2007.1
辽东满族民居建筑地域性营造技术调查——兼谈寒冷地区村镇建筑生态化建造关键技术	汝军红	《华中建筑》2007，(1)	73	《华中建筑》编辑部	2007.1
绿洲建筑学若干关键问题研究——西北绿洲地区生土聚落变迁研究与生态技术优化对策	岳邦瑞，王军	《华中建筑》2007，(1)	112	《华中建筑》编辑部	2007.1
摩梭文化习俗影响下的摩梭民居	左辉，李嘉华	《华中建筑》2007，(1)	79	《华中建筑》编辑部	2007.1
试析传统民居建筑中的身体观	胡哲，曾忠忠	《华中建筑》2007，(1)	160	《华中建筑》编辑部	2007.1
武汉里分住宅堂屋空间流变与分析	黄绢	《华中建筑》2007，(1)	169	《华中建筑》编辑部	2007.1
忆读济南老城区的特征民居院落	孔祥娜，黄绳	《华中建筑》2007，(1)	209	《华中建筑》编辑部	2007.1
徽州传统民居建筑空间分析	谭富微	《科协论坛》(下半月)2007，(1)	135	《科协论坛》杂志社	2007.1
浅谈碛口古镇的民居建筑——窑洞	陈强	《美术大观》2007，(1)	36	《美术大观》杂志社	2007.1
浅谈陕北民居里的民间绘画艺术	高晓黎	《美术大观》2007，(1)	60	《美术大观》杂志社	2007.1
硬山建筑探源	崔垠	《山西建筑》2007，(1)	30	《山西建筑》杂志社	2007.1
广式里弄建筑形态来源初探	黄金玉，宋扬	《上海城市规划》2007，(1)	40	《上海城市规划》编辑部	2007.1
岭南传统建筑的防雨技术剖析	谢浩	《室内设计》2007，(1)	10	《室内设计》杂志社	2007.1
中国传统建筑的美学特征及其当代转型	刘一光，康宁	《艺术百家》2007，(1)	206	《艺术百家》杂志社	2007.1
浅析日本建筑设计中禅的精神	和水英	《艺术与设计》(理论)2007，(1)	50	《艺术与设计》杂志社	2007.1
清代黄土高原地区城镇书院的时空分布与选址特征	刘景纯	《中国历史地理论丛》2007，(1)	62	《中国历史地理论丛》编辑部	2007.1
明清时期徽州宗族祠堂的控制功能	陈瑞	《中国社会经济史研究》2007，(1)	54	《中国社会经济史研究》编辑部	2007.1
中国传统院落与岭南庭院	屈寒飞，冯继红	《中外建筑》2007，(1)	38	《中外建筑》杂志社	2007.1
中国古代民居的环境营造	陈丰	《中外建筑》2007，(1)	41	《中外建筑》杂志社	2007.1

续表

论文名	作者	刊载杂志	页码	编辑出版单位	出版日期
中日传统建筑檐下空间别裁	彭鹏,李焰	《中外建筑》2007,(1)	33	《中外建筑》杂志社	2007.1
山西传统民居的象征文化——以灵石王家大院为例	黎昊	《湖南大众传媒职业技术学院学报》2007,(1)	104	湖南大众传媒职业技术学院	2007.1
当前骑楼建筑发展研究	陈志宏,王剑平	《华侨大学学报》(自然科学版)2007,(1)	79	华侨大学	2007.1
西双版纳傣族竹楼文化	高立士	《德宏师范高等专科学校学报》2007,(1)	1	理德宏师范高等专科学校	2007.1
说"巷"	彭达池,刘精盛	《宁夏大学学报》(人文社会科学版)2007,(1)	26	宁夏大学	2007.1
会泽古建筑的历史文化内涵	王瑞红,钱家先	《曲靖师范学院学报》2007,(1)	16	曲靖师范学院	2007.1
清代怀庆会馆的历史考察	王兴亚	《石家庄学院学报》2007,(1)	62	石家庄学院	2007.1
山西省书院建筑初探	王金平,张莹莹	《太原理工大学学报》2007,(1)	76	太原理工大学	2007.1
明清时期青海山陕会馆的创立及其市场化因素	宋伦,李刚	《西安电子科技大学学报》(社会科学版)2007,(1)	137	西安电子科技大学	2007.1
试论云南民族建筑的文化特征	杨庆	《云南民族大学学报》(哲学社会科学版)2007,(1)	93	云南民族大学	2007.1
云南乡土建筑文化遗产保护的机制构建	叶全胜,李希昆	《云南民族大学学报》(哲学社会科学版)2007,(1)	89	云南民族大学	2007.1
缙云县古官道民居的文化价值研究	周斌	《浙江万里学院学报》2007,(1)	6	浙江万里学院	2007.1
中国传统民居的保护与创新	赵爱辉	《安徽文学》(下半月)2007,(2)	124	《安徽文学》编辑部	2007.2
圆土楼及其亲缘类型之解说	张一兵	《北京规划建设》2007,(1)	120	《北京规划建设》编辑部	2007.2
寒区村镇朝鲜族住宅可持续设计策略	董玉梅	《低温建筑技术》2007,(1)	21	《低温建筑技术》编辑部	2007.2
中国传统建筑设计中的艺术与文化	何鸣	《广东建筑装饰》2007,(1)	84	《广东建筑装饰》杂志社	2007.2
北方寒冷地区乡村住宅本土生态技术研究	赵华,金虹	《哈尔滨工业大学学报》2007,(2)	235	《国外建材科技》编辑部	2007.2
四川传统民居简析	潘波,王旭东	《黑龙江科技信息》2007,(5)	196	《黑龙江科技信息》杂志社	2007.2
滇南民居立架记	杨立峰,莫天伟	《华中建筑》2007,(2)	166	《华中建筑》编辑部	2007.2
复合概念在佤族茅草房改造中的运用	刘肇宁,王冬	《华中建筑》2007,(2)	58	《华中建筑》编辑部	2007.2
光·传统·建筑	闫杰,曾子卿	《华中建筑》2007,(2)	7	《华中建筑》编辑部	2007.2
闽南红砖传统砌筑工艺及其启示	赖世贤,郑志	《华中建筑》2007,(2)	154	《华中建筑》编辑部	2007.2
明清聊城的会馆与聊城	沈旸	《华中建筑》2007,(2)	158	《华中建筑》编辑部	2007.2
宁波老墙门民居的类型演变分析	邱枫,陈芳	《华中建筑》2007,(2)	172	《华中建筑》编辑部	2007.2
浅析阳新县祠堂、民居门楣匾额的人文内涵、成因及其影响	王炎松,白冰,崔骞	《华中建筑》2007,(2)	163	《华中建筑》编辑部	2007.2
异彩纷呈的福建地域性建筑	庄丽娥	《华中建筑》2007,(2)	144	《华中建筑》编辑部	2007.2

续表

论文名	作者	刊载杂志	页码	编辑出版单位	出版日期
榆林四合院民居的历史成因及其演进的分析	王小莉，于洪强	《华中建筑》2007，(2)	170	《华中建筑》编辑部	2007.2
中国传统建筑的空间美	刘月	《华中建筑》2007，(2)	139	《华中建筑》编辑部	2007.2
传统民居——苏州历史文化的"活化石"	杨玲	《家具与室内装饰》2007，(2)	22	《家具与室内装饰》杂志社	2007.2
城堡式窑洞豪宅 姜氏庄园	郭冰庐，李恩中	《建筑知识》2007，(1)	7	《建筑知识》编辑部	2007.2
喀什传统民居建筑装饰	阿不都热合曼·吾曼，苏文土	《建筑知识》2007，(1)	29	《建筑知识》编辑部	2007.2
湘西民居院落空间特色	肖湘东，陈伟志	《江苏建筑》2007，(1)	15	《江苏建筑》编辑部	2007.2
传统建筑空间中的"道家思想"	谭富微	《科协论坛》（下半月）2007，(2)	170	《科协论坛》杂志社	2007.2
城头山城墙、壕沟的营造及其所反映的聚落变迁	郭伟民	《南方文物》2007，(2)	70	《南方文物》编辑部	2007.2
川南会馆建筑布局中的人文精神	谢岚，范庭刚	《山西建筑》2007，(6)	59	《山西建筑》杂志社	2007.2
从民居色彩看西南地区的文化特色	何一，唐文	《山西建筑》2007，(6)	26	《山西建筑》杂志社	2007.2
对传统窑居原生绿色思想的思考	吕燕红，季强	《山西建筑》2007，(4)	35	《山西建筑》杂志社	2007.2
灵泉村古建木结构构造探讨	马付彪，滑程耀，王博	《山西建筑》2007，(4)	23	《山西建筑》杂志社	2007.2
浅析吴文化对苏州传统住宅建筑特点的影响	刘长飞	《山西建筑》2007，(4)	38	《山西建筑》杂志社	2007.2
原生环境对古村落居住建筑形态及构造的影响	刘原平，刘琳	《山西建筑》2007，(4)	10	《山西建筑》杂志社	2007.2
院落简筑	朱勇	《山西建筑》2007，(6)	22	《山西建筑》杂志社	2007.2
中国传统聚落模式及其在现代建筑中的再现	张磊，任乃鑫	《山西建筑》2007，(6)	18	《山西建筑》杂志社	2007.2
和而不同：客家围屋建筑与徽派民居建筑文化内涵之比较	陈涛，吕晓娟	《文教资料》2007，(5)	187	《文教资料》编辑部	2007.2
浙江余杭瓶窑、良渚古城结构的遥感考古	张立，吴健平	《文物》2007，(2)	74	《文物》编辑部	2007.2
解析中国传统民居的人性化设计	孙红哲，郝赤彪，刘海翔	《小城镇建设》2007，(2)	71	《小城镇建设》编辑部	2007.2
浅淡廿八都古建筑	柴土生	《小城镇建设》2007，(2)	62	《小城镇建设》编辑部	2007.2
乡村传统民居的出路——以河北定州翟城村的示范屋为例	张淑肖，郭晓兰，张万良	《小城镇建设》2007，(2)	55	《小城镇建设》编辑部	2007.2
培田宗族社会空间与村落形制初探	饶小军	《新建筑》2007，(1)	76	《新建筑》杂志社	2007.2
浅析湘南民间石雕艺术与安宅兴家的民俗意蕴	何次贤	《艺术教育》2007，(2)	24	《艺术教育》编辑部	2007.2
初访喜洲白族民居	武燕	《艺术与设计》（理论）2007，(2)	75	《艺术与设计》杂志社	2007.2
陶寺遗址聚落形态的初步考察	高江涛	《中原文物》2007，(3)	13	《中原文物》编辑部	2007.2
古城客栈名人故居	蒋爱兵，张琼	《重庆建筑》2007，(2)	54	《重庆建筑》杂志社	2007.2
对湘西传统民居建筑装饰文化的思考	刘俊	《装饰》2007，(2)	123	《装饰》编辑部	2007.2

续表

论文名	作者	刊载杂志	页码	编辑出版单位	出版日期
川东院落民居的特点及历史文化内涵	李天明	《资源与人居环境》2007，(3)	72	《资源与人居环境》杂志社	2007.2
民居风水之室外篇Ⅰ	孙景浩，孙德元	《资源与人居环境》2007，(4)	66	《资源与人居环境》杂志社	2007.2
传统建筑文化在现代室内设计中的继承与发展的原则研究	肖宏，吴智慧	《安徽建筑工业学院学报》（自然科学版）2007，(1)	14	安徽建筑工业学院	2007.2
中国古塔的形式分析	季文媚	《安徽建筑工业学院学报》（自然科学版）2007，(1)	94	安徽建筑工业学院	2007.2
明清时期古商道在河南的分布与中小城镇的形成——探询明清时期河南的古商道、商业通道、商业重镇	骆平安，李芳菊	《安阳师范学院学报》2007，(1)	145	安阳师范学院	2007.2
明清时期河南古商道沿途的商业会馆	李芳菊	《安阳师范学院学报》2007，(1)	148	安阳师范学院	2007.2
壮族首领侬智高反宋与桂林古石城之谜初探	银景旭，郭金宝	《百色学院学报》2007，(1)	80	百色学院	2007.2
浅谈喀什高台民居外观风格的形成	邬建华，杨涛	《昌吉学院学报》2007，(1)	42	昌吉学院	2007.2
读解凌家滩、红山文化玉龙的社会文化内涵——兼谈史前文明因素特点	陶治强，张后武	《巢湖学院学报》2007，(1)	63	巢湖学院	2007.2
中国南北方汉族居住区宗族聚居的地域差异	刘军，王询	《东北财经大学学报》2007，(2)	73	东北财经大学	2007.2
论赣南客家古村落文化的保护——以赣县白鹭村为例	钟福民	《赣南师范学院学报》2007，(1)	78	赣南师范学院	2007.2
贵州民族民居与地区旅游开发	卢家鑫	《贵州师范大学学报》（自然科学版）2007，(1)	101	贵州师范大学	2007.2
邓显鹤故居保护与利用刍议	钟新梅，谢本瑞	《湖南人文科技学院学报》2007，(2)	113	湖南人文科技学院	2007.2
无锡传统街区中西合璧建筑细部分析	钟贞，过伟敏	《江南大学学报》（人文社会科学版）2007，(1)	119	江南大学	2007.2
客家人聚合性格与围屋——以广西贺州客家为例	韦祖庆	《龙岩学院学报》2007，(1)	32	龙岩学院	2007.2
粤东客家"围龙屋"文化研究	陈晋红	《牡丹江师范学院学报》（哲学社会科学版）2007，(1)	123	牡丹江师范学院	2007.2
闽西永定土楼——客家人的方圆世界	上善，温志宏	《世界博览》（看中国）2007，(2)		世界知识出版社	2007.2
客家传统民居文化在现代住宅建设中的传承	李婷婷，陈震云	《四川建筑科学研究》2007，(1)	167	四川省建筑科学研究院	2007.2
信仰虔诚 人神共居 中西融合——开平民间信仰文化的特色	梅伟强	《五邑大学学报》（社会科学版）2007，(1)	29	五邑大学	2007.2
少数民族民居建设与社会转型的关系——以云南双柏县鄂加镇小麻旧村为例	郭万红	《云南民族大学学报》（哲学社会科学版）2007，(2)	29	云南民族大学	2007.2
浅谈延边地区朝鲜族民居的生态设计策略	王秀萍，陈伟志，王依涵	《职业圈》2007，(3)	93	中国工人出版社	2007.2
闽南侨乡近代地域性建筑文化的比较研究	陈志宏，曾坚	《建筑师》2007，(1)	75	中国建筑工业出版社	2007.2

续表

论文名	作者	刊载杂志	页码	编辑出版单位	出版日期
闽台传统建筑文化的特征——以闽台传统民居为例	戴志坚	《建筑师》2007，(1)	65	中国建筑工业出版社	2007.2
评叶廷芳"中国传统建筑的文化反思及展望"	汪之力	《建筑学报》2007，(2)	76	中国建筑学会	2007.2
略论徽州古民居所蕴含的文化特色	张洪玲，徐天兴	《遵义师范学院学报》2007，(1)	21	遵义师范学院	2007.2
浙中的祠堂建筑	章立，章海君	《寻根》2007，(2)	56	《寻根》杂志社	2007.3
城市化背景下乡村聚落空间演变特征研究	邢谷锐，徐逸伦	《安徽农业科学》2007，(7)	2087	《安徽农业科学》杂志社	2007.3
明初沧州移民的到来及移民聚落的形成	于秀萍，童广俊	《安徽农业科学》2007，(8)	98	《安徽农业科学》杂志社	2007.3
大理白族民居建筑的文化意蕴	张汝梅	《大理文化》2007，(3)	54	《大理文化》编辑部	2007.3
良渚文化的聚落级差及城市萌芽	刘恒武，王力军	《东南文化》2007，(3)	12	《东南文化》杂志社	2007.3
云南怒江峡谷民居与森林资源可持续利用	杨文忠，靳莉，王卫斌	《福建林业科技》2007，(1)	163	《福建林业科技》编辑部	2007.3
浙江乐清南阁牌楼群建筑初探	黄培量	《古建园林技术》2007，(1)	38	《古建园林技术》编辑部	2007.3
山东地区商文化聚落形态演变初探	陈雪香	《华夏考古》2007，(1)	102	《华夏考古》编辑部	2007.3
民居研究方法：从结构主义、类型学到现象学	姜梅	《华中建筑》2007，(3)	4	《华中建筑》编辑部	2007.3
浅析徽州古民居建筑的布局特征	高英强，李映彤	《技术与市场》2007，(3)	63	《技术与市场》杂志社	2007.3
传统民居进行旅游开发的理性思考	蒋慧，黄芳	《经济地理》2007，(2)	347	《经济地理》编辑部	2007.3
风水文化对传统民居的影响	刘飞	《科技促进发展》2007，(3)	53	《科技促进发展》杂志社	2007.3
济南传统民居及其环境特色评析	秦杨	《科技信息》2007，(8)	114	《科技信息》编辑部	2007.3
论徽州宗祠的遗存情况与民俗文化特征	臧丽娜	《民俗研究》2007，(3)	107	《民俗研究》编辑部	2007.3
从"彭家寨"的价值看民族文化遗产抢救与保护	孙万心	《民族大家庭》2007，(2)	41	《民族大家庭》杂志社	2007.3
浅析培田传统民居装饰木雕	黄东海	《内江科技》2007，(3)	12	《内江科技》编辑部	2007.3
考古学中的聚落形态	欧文·劳斯，潘艳，陈洪波	《南方文物》2007，(3)	94	《南方文物》编辑部	2007.3
玛雅低地的聚落形态	戈登·R·威利，陈洪波	《南方文物》2007，(3)	99	《南方文物》编辑部	2007.3
江西传统聚落中的祭祀类建筑	潘莹，施瑛	《农业考古》2007，(3)	201	《农业考古》编辑部	2007.3
广府明清风水塔数理浅析	赖传青	《热带建筑》2007，(1)	18	《热带建筑》出版社	2007.3
传统地域建筑与生物气候建筑	李可	《山西建筑》2007，(9)	55	《山西建筑》杂志社	2007.3
喀什民居的保护与发展	田雪红	《山西建筑》2007，(8)	50	《山西建筑》杂志社	2007.3
闽南与台湾现代地域建筑屋顶造型手法研究	黄庄巍	《山西建筑》2007，(9)	52	《山西建筑》杂志社	2007.3
浅析中国传统建筑庭院	桑振群	《山西建筑》2007，(9)	57	《山西建筑》杂志社	2007.3
青果巷传统居住文化的保护和开发初探	张新荣	《山西建筑》2007，(7)	21	《山西建筑》杂志社	2007.3

续表

论文名	作者	刊载杂志	页码	编辑出版单位	出版日期
以剑川金华镇何氏院落为例谈古民居建筑要素	王薇	《山西建筑》2007，(7)	70	《山西建筑》杂志社	2007.3
江南的聚落、社区与农民共同关系	滨岛敦俊	《社会》2007，(3)	189	《社会》杂志社	2007.3
论徽州乡土景观	孔祥锋	《农业科技与信息》（现代园林）2007，(3)	1	《现代园林》编辑部	2007.3
传统院落住宅在小城镇住宅建设中的借鉴意义	王丽洁	《小城镇建设》2007，(3)	70	《小城镇建设》编辑部	2007.3
闽西客家土楼民居中风水因素的探究	熊海群，张怀珠	《小城镇建设》2007，(3)	81	《小城镇建设》编辑部	2007.3
中国传统建筑意念中的记号学倾向	庞峰	《艺术百家》2007，(2)	125	《艺术百家》杂志社	2007.3
传统民居与现代绿色建筑体系	张建锋，周颖	《中国集体经济》（下半月）2007，(3)	155	《中国集体经济》杂志社	2007.3
中国古村落：困境与生机——乡土建筑的价值及其保护	楼庆西	《中国文化遗产》2007，(2)	10	《中国文化遗产》杂志社	2007.3
登封王城岗遗址聚落形态再考察	方燕明	《中原文物》2007，(5)	30	《中原文物》编辑部	2007.3
河南明清时期会馆及其建筑特征	孙红梅，邓学青	《中原文物》2007，(5)	92	《中原文物》编辑部	2007.3
豫北地区聚落考古的又一重大成果《新乡李大召——仰韶文化至汉代遗址发掘报告》读后	袁广阔	《中原文物》2007，(5)	111	《中原文物》编辑部	2007.3
巴渝地区碉楼建筑与山地人居环境——以丰盛古镇碉楼建筑为例	王滔，王展	《重庆建筑》2007，(3)	32	《重庆建筑》杂志社	2007.3
皖南民居建筑的生态性	季文媚	《住宅科技》2007，(3)	36	《住宅科技》编辑部	2007.3
蔡氏红砖厝民居建筑艺术风格与装饰	周红	《装饰》2007，(3)	85	《装饰》编辑部	2007.3
民居风水之室外篇Ⅱ 居室与外景	孙景浩，孙德元	《资源与人居环境》2007，(6)	78	《资源与人居环境》杂志社	2007.3
民居风水之文化篇 室内水与水文化	无	《资源与人居环境》2007，(5)	72	《资源与人居环境》杂志社	2007.3
徽州古村落色彩分析	谈理	《安徽教育学院学报》2007，(2)	123	安徽教育学院	2007.3
贵州喀斯特山区农村景观生态可持续发展优化模式	刘力阳，苏维词，丁坚平	《沧州师范专科学校学报》2007，(1)	2387	沧州师范专科学校	2007.3
民国时期的书院研究述评	周雪敏，苑宏光	《长春师范学院学报》（人文社会科学版）2007，(3)	46	长春师范学院	2007.3
浅谈泉州传统佛教建筑的型制特征	徐铭华	《福建建筑》2007，(3)	72	福建省建筑学会	2007.3
清代重庆的移民会馆与城市的分析	谢璇	《广东技术师范学院学报》2007，(3)	79	广东技术师范学院	2007.3
三门峡地区天井窑院研究	刘宁	《河南纺织高等专科学校学报》2007，(2)	62	河南纺织高等专科学校	2007.3
内蒙古俄罗斯族木刻楞民居文化	李智远	《湖北民族学院学报》（哲学社会科学版）2007，(2)	50	湖北民族学院	2007.3
社会主义新农村建设规划——以沈阳市于洪区大潘镇西古村建设与人居环境治理规划为例	龚蓉，谷洪波	《湖南城市学院学报》（自然科学版）2007，(1)	24	湖南城市学院	2007.3

续表

论文名	作者	刊载杂志	页码	编辑出版单位	出版日期
浅析传统聚落住居及其潜意识——以怀化高椅村为例	余翰武，吴越	《吉林建筑工程学院学报》2007，（1）	9	吉林建筑工程学院	2007.3
靖节祠、明碑与德安的"陶渊明故里"	欧阳春，李宁宁	《九江学院学报》（社会科学版）2007，（2）	1	九江学院	2007.3
中国传统建筑设计中的哲学思想	赵潇	《开封教育学院学报》2007，（1）	42	开封教育学院	2007.3
论基诺族民居的现代变迁与文化选择	董学荣	《昆明师范高等专科学校学报》2007，（1）	72	昆明师范高等专科学校	2007.3
《中华装饰》之我见——传统人居环境记忆的疏正	樊灵燕	《美术大观》2007，（3）	66	辽宁美术出版社	2007.3
洛阳山陕会馆建筑艺术略说	苏江	《洛阳大学学报》2007，（1）	10	洛阳大学	2007.3
浙东宁波地区传统聚落与民居特色探析	王玉靖	《平顶山工学院学报》2007，（2）	1	平顶山工学院	2007.3
从康百万庄园透析中原传统民居文化	崔梦一，秦宛宛，杨国忠	《三门峡职业技术学院学报》2007，（1）	36	三门峡职业技术学院	2007.3
浅析平遥古城建筑的中国礼制文化特色	宰政	《三门峡职业技术学院学报》2007，（1）	34	三门峡职业技术学院	2007.3
白族传统建筑文化的变迁及应对措施——以大理白族民居建筑为例	曾茜	《陕西职业技术学院学报》2007，（1）	20	陕西职业技术学院	2007.3
清代陕南会馆建筑的地域特征及文化价值	姜小军，卞建	《商洛学院学报》2007，（1）	32	商洛学院	2007.3
中国传统建筑文化元素审美性探略	胡发仲	《四川教育学院学报》2007，（3）	92	四川教育学院	2007.3
碛口古镇聚落与民居形态初探	王金平，杜林霄	《太原理工大学学报》2007，（2）	160	太原理工大学	2007.3
彝族传统民居建筑室内天然光照度的测量方法研究	陈涛	《西安欧亚学院学报》2007，（2）	86	西安欧亚学院	2007.3
唐代粟特人移民聚落形成原因考	李树辉	《西北民族大学学报》（哲学社会科学版）2004，（2）	14	西北民族大学	2007.3
河南卫辉小店河古民居群保护性开发探讨	李华辰，梁留科	《新乡师范高等专科学校学报》2007，（2）	85	新乡师范高等专科学校	2007.3
苏北传统民居的门窗艺术	蒋露瑶，杜长海	《徐州建筑职业技术学院学报》2007，（1）	33	徐州建筑职业技术学院	2007.3
苏北地区古民居屋顶装饰艺术探讨	谢海琴，王春雷	《徐州建筑职业技术学院学报》2007，（1）	30	徐州建筑职业技术学院	2007.3
江山古建筑特色谈	姜江来	《东方博物》2007，（1）	79	浙江省博物馆	2007.3
试析大理白族民居建筑中的照壁	杨丽萍	《大理文化》2007，（4）	52	《大理文化》编辑部	2007.4
论民居的装饰艺术以云南建水团山民居为例	陈军	《大众科学》（科学研究与实践）2007，（8）	83	《大众科学》杂志社	2007.4
村落的形成与发展变化	陆加铭	《地理教育》2007，（2）	18	《地理教育》杂志社	2007.4
试论中西传统建筑审美特征的差异	陈佳伟	《工业建筑》2007，（4）	106	《工业建筑》杂志社	2007.4
新村镇建设中古村落景观的保护与发展——以雷州市邦塘村为例	林潇	《广东园林》2007，（2）	74	《广东园林》编辑部	2007.4
近代武汉教会书院述论	刘军	《广西社会科学》2007，（4）	114	《广西社会科学》杂志社	2007.4

续表

论文名	作者	刊载杂志	页码	编辑出版单位	出版日期
闽西客家土楼民居解析——以福建上杭绳武楼为例	吉慧，温沛纲	《广州建筑》2007，(2)	3	《广州建筑》	2007.4
广州住宅风格	何恩	《黑龙江科技信息》2007，(10)	245	《黑龙江科技信息》杂志社	2007.4
传统村落形态与里坊、坊巷、街巷——以湖南省传统村落为例	伍国正，吴越	《华中建筑》2007，(4)	98	《华中建筑》编辑部	2007.4
各地民居速写系列	王炎松，陆虹	《华中建筑》2007，(4)	145	《华中建筑》编辑部	2007.4
关注新城中的"老房子"——传统建筑在新环境中的困窘与再生	张微	《华中建筑》2007，(4)	53	《华中建筑》编辑部	2007.4
上海里弄住宅的演变	罗珊珊，张健	《华中建筑》2007，(4)	113	《华中建筑》编辑部	2007.4
泗溪镇廊桥文化园保护与发展研究	朱怡，刘杰	《华中建筑》2007，(4)	79	《华中建筑》编辑部	2007.4
自然山水格局正误解读——以浙江省缙云县河阳村为例	洪铁城	《华中建筑》2007，(4)	93	《华中建筑》编辑部	2007.4
梅州客家围拢屋美妙空间初探	侯利阳	《家具与室内装饰》2007，(4)	18	《家具与室内装饰》杂志社	2007.4
湘西民居的室内环境特征初探	姜姣兰	《家具与室内装饰》2007，(4)	72	《家具与室内装饰》杂志社	2007.4
形有尽而意无穷——中国传统建筑室内空间意境的营造	张塔洪，杨婷	《家具与室内装饰》2007，(4)	22	《家具与室内装饰》杂志社	2007.4
明清工商会馆"会底银两"资本运作方式探析——以山陕会馆为例	宋伦，李刚	《江苏社会科学》2007，(2)	223	《江苏社会科学》杂志社	2007.4
清代山西书院空间分布的统计分析	成文浩，孙文学	《晋阳学刊》2007，(4)	35	《晋阳学刊》编辑部	2007.4
新农村建设与乡村传统聚落关系研究	许五军	《科技广场》2007，(4)	37	《科技广场》杂志社	2007.4
民居中的建筑遮阳	谢浩	《门窗》2007，(4)	36	《门窗》杂志社	2007.4
南雄珠玑古巷黎氏祠堂花园的营造 南方农业（园林花卉版）	李强华，吴彩琼	《南方农业》（园林花卉版）2007，(4)	18	《南方农业》杂志社	2007.4
布依族村寨景观初探	杨俊，张建林，邓旭	《山西建筑》2007，(11)	27	《山西建筑》杂志社	2007.4
泸沽湖木楞房建筑新特色探讨	刘柯岐，李嘉林	《山西建筑》2007，(10)	19	《山西建筑》杂志社	2007.4
浅析传统羌寨聚落形态特点与根源	谭志科，熊唱	《山西建筑》2007，(10)	32	《山西建筑》杂志社	2007.4
浅析山西阳泉银圆山庄	朱向东，崔凯	《山西建筑》2007，(11)	5	《山西建筑》杂志社	2007.4
影壁在民居中的意义	王振宏，陈芊宇	《山西建筑》2007，(11)	42	《山西建筑》杂志社	2007.4
预科学校，帕普索尔斯，瑞士	瓦勒里欧·奥加提，黄怀海	《世界建筑》2007，(4)	58	《世界建筑》编辑部	2007.4
徽州民居的建筑类型学研究	周亚琦，周均清	《四川建筑》2007，(2)	46	《四川建筑》编辑部	2007.4
梁金山故居修景策略	郭艳荣，张俊伟	《四川建筑》2007，(2)	30	《四川建筑》编辑部	2007.4
渼陂古村之建筑空间意象	谢佳，刘伟丞	《四川建筑》2007，(2)	65	《四川建筑》编辑部	2007.4
齐鲁古村朱家峪的特色分析	温莹蕾，游小文，王化新	《四川建筑》2007，(2)	60	《四川建筑》编辑部	2007.4
诗意的栖居——云南腾冲地区和顺乡巡礼	撒莹，王波	《四川建筑》2007，(2)	43	《四川建筑》编辑部	2007.4

续表

论文名	作者	刊载杂志	页码	编辑出版单位	出版日期
新川西民居与后现代设计之比较研究	旷万洁	《四川建筑》2007，(2)	63	《四川建筑》编辑部	2007.4
四川民居元素特征及园林应用	喻明红，辜彬，罗言云，徐澜婷	《四川建筑科学研究》2007，(2)	157	《四川建筑科学研究》编辑部	2007.4
从生态可持续性看太阳房在喀什传统民居建筑上的利用	姬小羽	《太阳能》2007，(4)	42	《太阳能》编辑部	2007.4
浅谈中国书院建筑	张文剑	《文博》2007，(2)	47	《文博》编辑部	2007.4
寻访西安古民居	雷珍	《西部大开发》2007，(4)	57	《西部大开发》杂志社	2007.4
浅析山西传统民居的审美文化特征——以王家大院为例	程轶婷，唐孝祥	《小城镇建设》2007，(4)	67	《小城镇建设》编辑部	2007.4
传统堡寨聚落研究——兼以秦晋地区为例	王绚，黄为隽	《新建筑》2007，(2)	124	《新建筑》杂志社	2007.4
围墙内的安居家园——例析传统民间堡寨防御性空间意匠	王绚，侯鑫	《新建筑》2007，(2)	85	《新建筑》杂志社	2007.4
川盐古道与盐业古镇的历史研究	赵逵，杨雪松	《盐业史研究》2007，(2)	35	《盐业史研究》编辑部	2007.4
中国传统民居的建筑语言刍议	郑海晨	《中国科技信息》2007，(7)	181	《中国科技信息》杂志社	2007.4
地方性会馆研究的厚实之作——评刘正刚的《广东会馆论稿》	朱湘云	《中国社会经济史研究》2007，(2)	109	《中国社会经济史研究》编辑部	2007.4
赏析拉萨古城	魏伟	《中华建设》2007，(4)	54	《中华建设》杂志社	2007.4
中国传统建筑中的"点"	石英	《中外建筑》2007，(4)	74	《中外建筑》杂志社	2007.4
杭州历史民居建筑的地域特征	朱天禄	《住宅科技》2007，(4)	40	《住宅科技》编辑部	2007.4
岭南民居的建筑遮阳	谢浩	《住宅科技》2007，(4)	9	《住宅科技》编辑部	2007.4
民居风水之室内篇Ⅰ	孙景浩，孙德元	《资源与人居环境》2007，(8)	70	《资源与人居环境》杂志社	2007.4
民居风水之文化篇Ⅱ 中国吉祥物探义	孙景浩，孙德元	《资源与人居环境》2007，(7)	78	《资源与人居环境》杂志社	2007.4
探讨乡土建筑的保护与利用	唐柱，李道兵	《安徽建筑工业学院学报》（自然科学版）2007，(2)	88	安徽建筑工业学院	2007.4
土家族传统建筑文化内涵研究	龙湘平，郭建国	《昌吉学院学报》2007，(2)	38	昌吉学院	2007.4
安徽古村落园林景观的开发与保护	高飞，郑永莉，许大为	《东北林业大学学报》2007，(4)	59	东北林业大学	2007.4
山情水意寓其中——福建崇仁古村研究及保护整治探析	彭荔，彭晋媛	《福建建筑》2007，(4)	8	福建省建筑学会	2007.4
甘南藏族民居建筑及其特点	刘健，李云峰	《甘肃高师学报》2007，(2)	133	甘肃高师	2007.4
黑龙江流域满族先民居室初论	戴洪霞	《黑龙江民族丛刊》2007，(4)	183	黑龙江省民族研究所	2007.4
传统中式家居设计的文化内涵	姚辉	《湖南科技学院学报》2007，(4)	182	湖南科技学院	2007.4
徽州古民居设计的艺术特征及其成因	陆峰	《美术大观》2007，(4)	56	辽宁美术出版社	2007.4
人居环境审美探源——浅谈中国传统民居形态之"三美"观	孙冬，解旭东，刘海翔	《青岛理工大学学报》2007，(2)	50	青岛理工大学	2007.4

续表

论文名	作者	刊载杂志	页码	编辑出版单位	出版日期
湘西的风土民居——吊脚楼	于薇，解本娟	《沈阳大学学报》2007，(2)	105	沈阳大学	2007.4
新疆清代传统建筑特色研究——花板踩与弧腹仔角梁	邓禧，曹磊，李江	《沈阳建筑大学学报》（社会科学版）2007，(2)	150	沈阳建筑大学	2007.4
城郊乡村聚落的保留与改造 上海嘉定区毛桥村新农村实践	周建斌	《时代建筑》2007，(4)	70	同济大学出版社	2007.4
让多村更乡村？新乡村建筑	支文军	《时代建筑》2007，(4)	1	同济大学出版社	2007.4
山中教堂 湖南株洲朱亭堂	缪朴	《时代建筑》2007，(4)	44	同济大学出版社	2007.4
乡村聚落的共同建造与建筑师的融入	王冬	《时代建筑》2007，(4)	16	同济大学出版社	2007.4
乡土材料的建造试验 记一名非建筑师的生态建筑实践	钱学军	《时代建筑》2007，(4)	58	同济大学出版社	2007.4
整合与重构 陕西关中乡村聚落转型研究	雷振东，刘加平	《时代建筑》2007，(4)	22	同济大学出版社	2007.4
徽派建筑的文化诠释	杨润清	《咸宁学院学报》2007，(2)	186	咸宁学院	2007.4
北窗杂记（一〇〇）	窦武	《建筑师》2007，(3)	113	中国建筑工业出版社	2007.4
吐鲁番吐峪沟麻扎村传统民居及村落环境	杨晓峰，周若祁	《建筑学报》2007，(4)	36	中国建筑学会	2007.4
北京内外城四合院布局差异原因探察	李青森，韩茂莉	《城市问题》2007，(5)	37	《城市问题》杂志社	2007.5
平武县农村民居调查研究	刘学华	《高原地震》2007，(2)	33	《高原地震》编辑部	2007.5
浅谈西部农牧区民居安全问题	李淑玲	《高原地震》2007，(1)	67	《高原地震》编辑部	2007.5
中国传统建筑文化中数字的丰富内涵与应用	孙洁，肖晓存，焦雷	《工程建设与设计》2007，(5)	22	《工程建设与设计》编辑部	2007.5
重庆地域传统人居形态及文化研究	王纪武	《规划师》2007，(5)	67	《规划师》编辑部	2007.5
满族民居：沐浴冰雪中的别样四合院	周搏	《国土资源》2007，(5)	54	《国土资源》杂志社	2007.5
南通民居特色初探	徐永战，姚栋	《河南科技》2007，(6)	51	《河南科技》杂志社	2007.5
桂北侗乡采风	金京	《华中建筑》2007，(5)	175	《华中建筑》编辑部	2007.5
在继承中发展——关中传统民居的现代化尝试	王向波，武云霞	《华中建筑》2007，(5)	108	《华中建筑》编辑部	2007.5
关于云南传统民居聚落改建的几点思考	范玉洁，唐文	《建筑与文化》2007，(5)	90	《建筑与文化》杂志编辑部	2007.5
晋域新农村节能民居模式构建研究	余浩远	《科技情报开发与经济》2007，(15)	161	《科技情报开发与经济》编辑部	2007.5
传统民居研究之贵州青岩古镇	宋洁	《科技信息》（学术研究）2007，(13)	198	《科技信息》编辑部	2007.5
反映在徽州传统民居建筑中的民俗隐喻	叶云	《科协论坛》（下半月）2007，(5)	197	《科协论坛》杂志社	2007.5
论徽州传统民居的意境美	孙辉	《科协论坛》（下半月）2007，(5)	193	《科协论坛》杂志社	2007.5
郭壁古村落保护与利用刍议	赵志芳	《山西建筑》2007，(15)	45	《山西建筑》杂志社	2007.5
红军东征总指挥部旧址建筑群研究	郭晋峰，王瑛	《山西建筑》2007，(15)	9	《山西建筑》杂志社	2007.5

续表

论文名	作者	刊载杂志	页码	编辑出版单位	出版日期
晋徽民居建筑装饰性格比较研究	高颂华，李楠	《山西建筑》2007，(13)	226	《山西建筑》杂志社	2007.5
闽南传统建筑文化的继承与发展	吴瑞英	《山西建筑》2007，(14)	46	《山西建筑》杂志社	2007.5
浅析山西传统民居理念的可持续发展	王崇恩	《山西建筑》2007，(15)	19	《山西建筑》杂志社	2007.5
山西寺观祠庙传统建筑研究的内容与方法	朱向东	《山西建筑》2007，(14)	1	《山西建筑》杂志社	2007.5
阎锡山故居中的典型建筑分析	王春芳	《山西建筑》2007，(15)	20	《山西建筑》杂志社	2007.5
杂谈会馆与会所	黄丽军，张新月	《山西建筑》2007，(15)	34	《山西建筑》杂志社	2007.5
试析乔家大院建筑艺术的文化内涵	马俊芳	《文物世界》2007，(3)	31	《文物世界》编辑部	2007.5
国保查济 古村新屋——安徽泾县查济新农村建设住房设计方案	许和本，严珊珊，许国，左艳红	《小城镇建设》2007，(5)	35	《小城镇建设》编辑部	2007.5
农村古民居适当市场化可行性研究及构想	杨莹	《小城镇建设》2007，(5)	66	《小城镇建设》编辑部	2007.5
祥云县城历史文化街区特色分析及保护研究	任洁	《小城镇建设》2007，(5)	61	《小城镇建设》编辑部	2007.5
重庆山地滨水聚落的地域特色浅析——从重庆市江津中山古镇谈起	张润欣	《小城镇建设》2007，(5)	52	《小城镇建设》编辑部	2007.5
人居环境"阅读"——北京四合院居住文化	吴陆茵	《艺术与设计》(理论)2007，(5)	79	《艺术与设计》杂志社	2007.5
浅析徽州古民居灭火技术	沈颂远，姜皖东	《现代商贸工业》2007，(5)	183	《中国商办工业》杂志社	2007.5
中西融汇的岭南乡村文化景观	无	《中国文化遗产》2007，(3)	12	《中国文化遗产》杂志社	2007.5
生态建筑的基本理念与乡土化表达	王宏涛，王小凡	《中外建筑》2007，(5)	57	《中外建筑》杂志社	2007.5
民居风水之室内篇Ⅱ	孙景浩，孙德元	《资源与人居环境》2007，(9)	70	《资源与人居环境》杂志社	2007.5
论徽州古村落的文化及学术价值	吴宗友	《安徽大学学报》(哲学社会科学版)2007，(3)	43	安徽大学	2007.5
论徽州古村落研究对徽学发展的方法论价值	王邦虎	《安徽大学学报》(哲学社会科学版)2007，(3)	38	安徽大学	2007.5
试析徽州古村落的现代生态失衡之原因	李娟	《安徽大学学报》(哲学社会科学版)2007，(3)	48	安徽大学	2007.5
徽州民居空间的行为心理学分析	徐震，顾大治	《安徽建筑》2007，(5)	9	安徽建筑学会	2007.5
徽州古村落形成与发展的地理环境研究	陆林，葛敬炳	《安徽师范大学学报》(自然科学版)2007，(3)	377	安徽师范大学	2007.5
变迁中的傣族传统建筑文化及应对措施——以新平傣族土掌房为例	邝嘉，曾茜	《楚雄师范学院学报》2007，(5)	58	楚雄师范学院	2007.5
福建土楼绿化环境景观建设的思考	陈镇荣	《福建建筑》2007，(5)	10	福建省建筑学会	2007.5
地域性建筑的创造	何宇飞	《福建建筑》2007，(5)	4	福建省建筑学会	2007.5
贵阳青岩牌坊的宗教人类学透视	陈晓毅	《广西民族大学学报》(哲学社会科学版)2007，(3)	60	广西民族大学	2007.5

续表

论文名	作者	刊载杂志	页码	编辑出版单位	出版日期
一个单姓家庭村落的同构型空间文化解读——湖北大冶水南湾村建筑构型和装饰艺术探论	侯姝慧	《湖北民族学院学报》（哲学社会科学版）2007，(3)	77	湖北民族学院	2007.5
徽州建筑中的木雕艺术	段泽民，柴彬彬	《湖南大众传媒职业技术学院学报》2007，(3)	92	湖南大众传媒职业技术学院	2007.5
论城乡界限淡化条件下的聚落模式	陈文哲	《绵阳师范学院学报》2007，(5)	95	绵阳师范学院	2007.5
钓源古村"风水玄机"中的生态环境理念——江西古村落群建筑特色研究之四	邓洪武，邓裴，雷平	《南昌大学学报》（人文社会科学版）2007，(3)	88	南昌大学	2007.5
论江西传统聚落布局的模式特征	潘莹，施瑛	《南昌大学学报》（人文社会科学版）2007，(3)	94	南昌大学	2007.5
商丘古城建筑文化内涵之管窥	陈道山	《商丘师范学院学报》2007，(5)	29	商丘师范学院	2007.5
山西南部山体建筑空间形态分析	朱向东，王敏	《太原理工大学学报》2007，(3)	264	太原理工大学	2007.5
论天水传统民居建筑的"生殖崇拜"意识——天水传统民居心态文化研究之二	南喜涛	《天水师范学院学报》2007，(3)	58	天水师范学院	2007.5
中国现代建筑的一个经典读本——习习山庄解析	彭怒，王炜炜，姚彦彬	《时代建筑》2007，(5)	50	同济大学出版社	2007.5
康巴地区藏族民居的"门文化"解读	刘传军，毛颖	《西北民族大学学报》（哲学社会科学版）2007，(3)	85	西北民族大学	2007.5
清代陕北长城外农村聚落地理初步研究	郭平若，刘祥秀	《宜宾学院学报》2007，(5)	90	宜宾学院	2007.5
现代设计中传统建筑形式的应用误区	汪亮	《浙江万里学院学报》2007，(3)	26	浙江万里学院	2007.5
陕西古民居生态美学意蕴解读	薛敏，祁嘉华	《美与时代》2007，(5)	74	郑州大学美学研究所	2007.5
现代建筑的文艺复兴——关中民宅与西安城市设计	和红星	《建筑学报》2007，(5)	5	中国建筑学会	2007.5
新型下沉式窑洞——洛阳市冢头村特色窑洞规划构想	周卓燕，刘培岩，周卓琳	《建筑学报》2007，(5)	30	中国建筑学会	2007.5
清末至民国大同北部堡寨的城隍信仰	张月琴	《沧桑》2007，(6)	37	《沧桑》杂志社	2007.6
魏氏庄园，清代建筑民居的一朵奇葩	鲁建文，肖瑾，田锦	《城建档案》2007，(6)		《城建档案》编辑部	2007.6
中国传统聚落形态的有机演进途径及其启示	刘晓星	《城市规划学刊》2007，(3)	55	《城市规划学刊》杂志社	2007.6
民居防震的杰出典范	田华，田玉萍	《防灾博览》2007，(3)		《防灾博览》杂志社	2007.6
福建农村民居防震保安工程重要而紧迫——面对九江瑞昌震害的思索	陈金海	《福建地震》2007，(1)	80	《福建地震》杂志社	2007.6
中原地区农村聚落建设优化研究	丁正	《甘肃科技》2007，(6)	179	《甘肃科技》杂志社	2007.6
沈阳市采煤沉陷区受损民居的修复与加固	王帅，崔熙光，马辉，韩杨，齐凤宇，李静轩	《工程抗震与加固改造》2007，(3)	90	《工程抗震与加固改造》杂志社	2007.6
论新时期民居建设的技术更新	闫凤彬	《工程与建设》2007，(3)	270	《工程与建设》杂志社	2007.6

续表

论文名	作者	刊载杂志	页码	编辑出版单位	出版日期
深圳市元勋旧址修缮设计	杨星星，邓其生	《古建园林技术》2007，(3)	39	《古建园林技术》编辑部	2007.6
探索皖南（徽州）古村落建筑的"身世"源流	王仲奋	《古建园林技术》2007，(2)	46	《古建园林技术》编辑部	2007.6
湘南古村落遗踪——体味兰溪勾蓝瑶古村坚固的防御式城堡	陈幼君	《古建园林技术》2007，(2)	33	《古建园林技术》编辑部	2007.6
再看彩衣堂——常熟翁氏故居生态新解	蒋励，周浩明	《古建园林技术》2007，(2)	50	《古建园林技术》编辑部	2007.6
中西文化兼容：独特的上海里弄民居	张慧娜	《国土资源》2007，(6)	56	《国土资源》杂志社	2007.6
农村居民建筑存在的设计问题	刘雪艳	《河北农业科技》2007，(6)	52	《河北农业科技》编辑部	2007.6
传统建筑现代转型中的"道外模式"浅析	王岩，侯幼彬，陆彤	《华中建筑》2007，(6)	170	《华中建筑》编辑部	2007.6
京杭大运河沿岸聚落分布规律分析	李琛	《华中建筑》2007，(6)	163	《华中建筑》编辑部	2007.6
新农村住宅设计概念方案——楚宅浅析	段翔，苏彦，陈慧宇	《华中建筑》2007，(5)	30	《华中建筑》编辑部	2007.6
重赋活力——以福州三坊七巷为例，浅谈历史地段的保护与更新模式	吴昕	《华中建筑》2007，(4)	62	《华中建筑》编辑部	2007.6
皖南传统民居与家具	张亚池，何燕丽	《家具与室内装饰》2007，(6)	11	《家具与室内装饰》杂志社	2007.6
乡土建筑文化的历史记忆	陈志文	《建筑》2007，(12)	74	《建筑》编辑部	2007.6
非物质与物质文化遗产整体性保护研究——陕西凤翔泥塑及其建筑环境保护	杨豪中，张蔚萍，卢渊	《建筑与文化》2007，(6)	36	《建筑与文化》杂志编辑部	2007.6
黄土高原新型窑居建筑	刘加平，何泉，杨柳，闫增峰	《建筑与文化》2007，(6)	39	《建筑与文化》杂志编辑部	2007.6
西部生土民居建筑的再生设计研究——以云南永仁彝族扶贫搬迁示范房为例	刘加平，谭良斌，闫增峰，杨柳	《建筑与文化》2007，(6)	42	《建筑与文化》杂志编辑部	2007.6
淹没在南京都市中的祠堂建筑	陈宁骏	《江苏地方志》2007，(3)	48	《江苏地方志》编辑部	2007.6
试析早期美国华侨的"堂斗"	潮龙起	《江苏社会科学》2007，(3)	168	《江苏社会科学》杂志社	2007.6
浅谈西安清真大寺的建筑文化	刘淑凤	《今日科苑》2006，(12)	82	《今日科苑》杂志社	2007.6
白马藏族原生态风情保护与开发初探	马松涛	《科技信息》（学术研究）2007，(16)	497	《科技信息》编辑部	2007.6
张弼士故居的保护和开发利用	黄森章	《岭南文史》2007，(2)	57	《岭南文史》编辑部	2007.6
张弼士故居的保护和开发利用	黄森章	《岭南文史》2007，(2)	57	《岭南文史》编辑部	2007.6
《周易》古文化对传统民居的深远影响	廖少华	《美术》2007，(6)	120	《美术》编辑部	2007.6
中国传统建筑文化的演变与现代中国传统设计的关系	刘勇	《美术大观》2007，(6)	96	《美术大观》杂志社	2007.6
论怒族传统民居的文化意义——对贡山县丙中洛乡和福贡县匹河乡怒族村寨的田野考察	张跃，刘娴贤	《民族研究》2007，(3)	54	《民族研究》杂志社	2007.6

续表

论文名	作者	刊载杂志	页码	编辑出版单位	出版日期
高楼大厦中残存的传统建筑符号	苏波，张芳兰	《山西建筑》2007，(17)	65	《山西建筑》杂志社	2007.6
山西寺观祠庙传统建筑的研究意义	王崇恩，朱向东，王金平	《山西建筑》2007，(16)	5	《山西建筑》杂志社	2007.6
运用建筑现象学对中国传统建筑文化的思考	杨宏杰	《山西建筑》2007，(17)	34	《山西建筑》杂志社	2007.6
中国传统建筑的界面对空间设计的启示	赵健彬，刘翔未	《山西建筑》2007，(17)	23	《山西建筑》杂志社	2007.6
巴蜀民居的生态特性	张晶晶	《四川建筑科学研究》2007，(3)	174	《四川建筑科学研究》编辑部	2007.6
基于地域文化与豫北民居风格传承关系的研究	唐红，张永忠，赵琳	《四川建筑科学研究》2007，(3)	169	《四川建筑科学研究》编辑部	2007.6
湖北利川市大水井古建筑群——李氏宗祠	张枫	《文物春秋》2007，(3)	57	《文物春秋》编辑部	2007.6
平遥民居的保护与改造	王怀宇	《文艺研究》2007，(6)	161	《文艺研究》杂志社	2007.6
乡镇里的古民居	白晶	《西部大开发》2007，(6)	37	《西部大开发》杂志社	2007.6
楠溪江流域新农村建设中的乡土建筑保护	徐建光	《小城镇建设》2007，(6)	81	《小城镇建设》编辑部	2007.6
传统保护中审美意识的误区辨析——对《丽江古城传统民居保护维修手册》的再思考	朱良文	《新建筑》2007，(3)	14	《新建筑》杂志社	2007.6
中国建筑文化再反思——回应叶廷芳先生《中国传统建筑的文化反思及展望》	张良皋	《新建筑》2007，(3)	52	《新建筑》杂志社	2007.6
中国传统民居旅游审美意蕴初探——以湖南张谷英村为例	李爱军	《新学术》2007，(3)	170	《新学术》编辑部	2007.6
杭州传统街巷庭院空间探析	张高源，杨红芳	《浙江建筑》2007，(3)	1	《浙江建筑》杂志社	2007.6
土族民居中的大房	王青林	《中国土族》2007，(2)	45	《中国土族》编辑部	2007.6
古镇的人居环境、建筑艺术价值研究——以宜宾龙华古镇为例	刘伟	《中国西部科技》（学术）2007，(6)	32	《中国西部科技》杂志社	2007.6
我国传统民居气候设计的启示	谢浩	《住宅科技》2007，(6)	28	《住宅科技》编辑部	2007.6
徽州古民居艺术特征形成原因分析	陆峰	《装饰》2007，(6)	60	《装饰》编辑部	2007.6
民居风水之室内篇Ⅲ	孙景浩，孙德元	《资源与人居环境》2007，(11)	66	《资源与人居环境》杂志社	2007.6
民居风水之室内篇Ⅳ	孙景浩，孙德元	《资源与人居环境》2007，(12)	78	《资源与人居环境》杂志社	2007.6
藏族传统聚落形态与藏传佛教的世界观	张雪梅，陈昌文	《宗教学研究》2007，(2)	201	《宗教学研究》编辑部	2007.6
中国乡土生态建筑发展趋势的探讨	谢珂，谢震林	《安徽建筑》2007，(6)	158	安徽建筑学会	2007.6
南杨桥古街及民居研究	张新荣	《常州工学院学报》（社科版）2007，(3)	11	常州工学院	2007.6
实践中的传统建筑艺术	黄昌钦	《福建建筑》2007，(6)	108	福建省建筑学会	2007.6
客家移民流动与乡村聚落变迁——对一个华南乡村姓氏的追踪调查	刘军	《广西民族研究》2007，(2)	68	广西民族研究所	2007.6

续表

论文名	作者	刊载杂志	页码	编辑出版单位	出版日期
西双版纳傣族传统民居更新设计浅析	胡海洪	《河北工程大学学报》（自然科学版）2007，(2)	27	河北工程大学	2007.6
客家围屋的生态美学意蕴——以贺州客家围龙屋为例	韦祖庆	《贺州学院学报》2007，(1)	40	贺州学院	2007.6
基诺族民居变迁的文化学阐释	董学荣	《黑龙江民族丛刊》2007，(3)	169	黑龙江省民族研究所	2007.6
友谊县汉魏时期遗址的分布与形制	黄星坤	《鸡西大学学报》2007，(3)	88	鸡西大学	2007.6
台湾原住民泰雅族宗教信仰探讨	朱明珍	《昆明理工大学学报》（社会科学版）2007，(2)	55	昆明理工大学	2007.6
中国传统文化观念在北京四合院中的体现	王晖，张越，孙洪军	《辽宁工学院学报》2007，(3)	176	辽宁工学院	2007.6
中国传统文化观念在北京四合院中的体现	张越	《辽宁经济职业技术学院》（辽宁经济管理干部学院学报）2007，(2)	112	辽宁经济职业技术学院	2007.6
从环境看我国西北回族传统民居文化	韦丽军，宋乃平	《宁夏工程技术》2007，(2)	183	宁夏大学	2007.6
开封古街巷胡同的现状和保护对策探析	张献梅	《三门峡职业技术学院学报》2007，(2)	50	三门峡职业技术学院	2007.6
黄土丘陵区乡村聚落土壤水蚀观测研究	师谦友，王敏，甘枝茂	《陕西师范大学学报》（自然科学版）2007，(2)	103	陕西师范大学	2007.6
盛装的大屋顶——传统建筑的屋顶文化	唐文林	《邵阳学院学报》（社会科学版）2007，(3)	133	邵阳学院	2007.6
浅谈中国传统建筑及其现代继承	武寅刚	《太原城市职业技术学院学报》2007，(3)	135	太原城市职业技术学院	2007.6
浅谈干阑式建筑在民居中的传承与发展	李长虹，舒平，张敏	《天津城市建设学院学报》2007，(2)	83	天津城市建设学院	2007.6
"原"非其"真"第四届中国建筑史学国际研讨会综述	朱宇晖，董一平	《时代建筑》2007，(6)	134	同济大学出版社	2007.6
论明清工商会馆的经济管理功能	宋伦，董戈	《西安工程科技学院学报》2007，(3)	402	西安工程科技学院	2007.6
公弄布朗族的传统居住文化	陈柳	《西南民族大学学报》（人文社科版）2007，(6)	44	西南民族大学	2007.6
维吾尔族民居及伊斯兰教建筑中多元文化的交融荟萃	李云	《新疆艺术学院学报》2007，(2)	7	新疆艺术学院	2007.6
生物气候地方主义理论对小城镇住宅设计的影响研究	付彬	《浙江工业大学学报》2007，(3)	328	浙江工业大学	2007.6
论古村镇的非物质遗产保护	刘锡诚	《浙江师范大学学报》（社会科学版）2007，(3)	13	浙江师范大学	2007.6
徽州民居水园之理与趣	贺为才	《建筑师》2007，(3)	75	中国建筑工业出版社	2007.6
中国传统建筑孕育着"生态优化"理念	胡冬香，邓其生	《建筑师》2007，(3)	95	中国建筑工业出版社	2007.6
让带有故事的老房子重回历史舞台——上海一百商城（新楼）设计全过程	庄斌，汪孝安	《建筑学报》2007，(6)	85	中国建筑学会	2007.6
农村社会的崩解？当代台湾农村新发展的启示	黄应贵	《中国农业大学学报》（社会科学版）2007，(2)	3	中国农业大学	2007.6

续表

论文名	作者	刊载杂志	页码	编辑出版单位	出版日期
传统民居演变过程中防灾作用的初步研究——以梅州客家传统民居为例	李婷婷	《重庆建筑大学学报》2007，(3)	22	重庆建筑大学	2007.6
乡村聚落景观生态研究进展	雷凌华	《安徽农业科学》2007，(21)	6524	《安徽农业科学》杂志社	2007.7
明清时期襄阳府书院初探	马桂菊	《成功》（教育）2007，(7)	138	《成功》杂志社	2007.7
天津李纯祠堂建筑艺术特色及其保护策略浅析	辛塞波，赵晓峰	《城市》2007，(7)	65	《城市》编辑部	2007.7
解读乡村景观的同质性——以福建土楼为例	顾燕，姚准	《规划师》2007，(7)	96	《规划师》编辑部	2007.7
同宗共祖　文脉相承——走近台湾民居	贺娟	《国土资源》2007，(7)	54	《国土资源》杂志社	2007.7
福建沿海农村建筑物抗震性能与震害预测研究	郑传华	《海峡科学》2007，(7)	37	《海峡科学》杂志社	2007.7
浅谈中国传统民居与现代人居环境的关系	熊瑶，杨云峰	《黑龙江科技信息》2007，(20)	157	《黑龙江科技信息》杂志社	2007.7
传统建筑的时代命运	陈燕燕	《华夏文化》2007，(3)	55	《华夏文化》编辑部	2007.7
福建（华安）土楼采风	徐倩	《华中建筑》2007，(7)	169	《华中建筑》编辑部	2007.7
黄土高原上传统山地窑居村落的杰出之作——山西汾西县师家沟古村落	薛林平，刘捷	《华中建筑》2007，(7)	96	《华中建筑》编辑部	2007.7
空间、秩序与整体环境的共生——宁波市梅墟新城南区安置住区三期工程	胡洁，金武	《华中建筑》2007，(7)	111	《华中建筑》编辑部	2007.7
社会主义新农村建设中的住宅设计浅析——一次农村住宅项目的分析与总结	周曦	《华中建筑》2007，(7)	66	《华中建筑》编辑部	2007.7
赵家堡故事的解读与认知——对谭刚毅、曹春平文章的评论	万谦	《华中建筑》2007，(7)	3	《华中建筑》编辑部	2007.7
古朴丰富的生活画册——浅析客家民居壁画艺术	梁嘉	《家具与室内装饰》2007，(7)	13	《家具与室内装饰》杂志社	2007.7
传统民居对建筑节能设计的启示	董宏	《建设科技》2007，(7)	66	《建设科技》杂志社	2007.7
鄂东北小河镇古民居的艺术文化	余方达	《建筑》2007，(13)	76	《建筑》编辑部	2007.7
寒冷地区民居建筑外表皮节能分析	李慧敏，冯巍，杜雨良	《建筑节能》2007，(7)	34	《建筑节能》杂志社	2007.7
自然通风技术在建筑中的应用探析	王战友	《建筑节能》2007，(7)	20	《建筑节能》杂志社	2007.7
古民居，放在哪里才"适得其所"	冯骥才	《建筑与文化》2007，(7)	103	《建筑与文化》杂志编辑部	2007.7
山区农村聚落空心化特点分析	冯文勇	《农村经济》2007，(7)	51	《农村经济》杂志社	2007.7
服务于旅游地形象定位的徽州古村落景观特色研究	梅琳	《农村经济与科技》2007，(7)	80	《农村经济与科技》编辑部	2007.7
长江上游山区聚落与水土保持的耦合机制	王青	《山地学报》2007，(4)	455	《山地学报》编辑委员会	2007.7

续表

论文名	作者	刊载杂志	页码	编辑出版单位	出版日期
地理要素对中国传统民居建筑形制的影响	焦雷，高成全	《山西建筑》2007，(20)	10	《山西建筑》杂志社	2007.7
平遥古城的保护与开发利用	顾凤霞	《山西建筑》2007，(21)	47	《山西建筑》杂志社	2007.7
云南少数民族聚落构筑的启示	王海云	《山西建筑》2007，(20)	36	《山西建筑》杂志社	2007.7
中国传统建筑装饰在现代室内设计中的应用	赵梅红	《山西建筑》2007，(21)	264	《山西建筑》杂志社	2007.7
中国传统民居建筑形式要素研究	刘星颢，李亚光	《山西建筑》2007，(20)	3	《山西建筑》杂志社	2007.7
浅析山西明清民居砖雕艺术与保护	孟希旺	《文物世界》2007，(4)	53	《文物世界》编辑部	2007.7
确立传统街巷名在文化遗产保护中的应有地位——以大同古城传统街巷名为例	刘贵斌	《文物世界》2007，(4)	55	《文物世界》编辑部	2007.7
绘画艺术与客家民居建筑艺术的美学相似性	熊青珍，梁嘉	《文艺争鸣》2007，(7)	156	《文艺争鸣》杂志社	2007.7
湘南"坐歌堂"中的非个人化表述	郑长天	《文艺争鸣》2007，(7)	150	《文艺争鸣》杂志社	2007.7
1950年代—1970年代海南西部人口—聚落关系研究	史铁丑，徐晓红，孙武	《乡镇经济》2007，(7)	59	《乡镇经济》杂志社	2007.7
世界遗产平遥古城旅游发展中居民管理及民居建筑保护初探	范玉仙	《消费导刊》2007，(7)	120	《消费导刊》杂志社	2007.7
台山侨乡的建筑风貌特色与传承	蔡柏滋	《小城镇建设》2007，(7)	49	《小城镇建设》编辑部	2007.7
中国现代建筑对传统建筑文化的承传	范存江	《艺术百家》2007，(4)	199	《艺术百家》杂志社	2007.7
国外乡土民居漫谈	骆云洲	《中国高新技术企业》2007，(14)	155	《中国高新技术企业》杂志社	2007.7
清代汉口商人会馆的建构及其类型	刘嘉乘	《中国社会经济史研究》2007，(3)	14	《中国社会经济史研究》编辑部	2007.7
建筑表现教学中对四川民居资源的应用研究	彭锦	《中国西部科技》（学术）2007，(8)	74	《中国西部科技》杂志社	2007.7
泸沽湖岸摩梭传统聚落景观要素分析	兰玲	《重庆建筑》2007，(7)	59	《重庆建筑》杂志社	2007.7
旧民居建筑的保护修缮	朱天禄	《住宅科技》2007，(7)	35	《住宅科技》编辑部	2007.7
论民居建筑艺术中地域文化的体现	王大凯	《装饰》2007，(7)	125	《装饰》编辑部	2007.7
民居风水之室内篇V	孙景浩，孙德元	《资源与人居环境》2007，(13)	60	《资源与人居环境》杂志社	2007.7
民居风水之植物篇I	孙景浩，孙德元	《资源与人居环境》2007，(14)	66	《资源与人居环境》杂志社	2007.7
论传统民居文化与现代住宅设计	麦朗，罗蔚	《佛山科学技术学院学报》（社会科学版）2007，(4)	34	佛山科学技术学院	2007.7
传统居住建筑在当代	鲍如昕	《合肥工业大学学报》（自然科学版）2007，(7)	898	合肥工业大学	2007.7
当代民居建筑景观中的"历史虚无主义"——对中国民居建筑景观现状的思考	傅志毅，王亚	《衡阳师范学院学报》2007，(4)	171	衡阳师范学院	2007.7

续表

论文名	作者	刊载杂志	页码	编辑出版单位	出版日期
日本建筑及其美学特征	过玲	《湖北广播电视大学学报》2007，（7）	71	湖北广播电视大学	2007.7
白鹿洞书院：中国书院文化的典范	詹建志	《九江学院学报》2007，（4）	23	九江学院	2007.7
浅谈自然与人文生态同构中国传统民居生态环境	傅璟	《美术大观》2007，（7）	70	辽宁美术出版社	2007.7
羲皇故里的两种景观——古城天水的城市现代化与古建筑保护	白丽	《南京艺术学院学报》（美术与设计版）2007，（3）	142	南京艺术学院	2007.7
明清地域性商帮的传媒属性：以晋商为例	张宪平	《山西大学学报》（哲学社会科学版）2007，（4）	101	山西大学	2007.7
拱形结构在黄土高原民居中的应用现状	马琳瑜，胡文	《陕西建筑》2007，（7）	1	陕西省建设厅	2007.7
宁夏传统建筑的营造特征	杨大为，李江	《沈阳建筑大学学报》（社会科学版）2007，（3）	261	沈阳建筑大学	2007.7
沈阳故宫木构架中的多民族特征	朴玉顺，陈伯超	《沈阳建筑大学学报》（社会科学版）2007，（3）	257	沈阳建筑大学	2007.7
意大利古旧建筑改造再利用浅析	陈学文，王艳婷	《天津大学学报》（社会科学版）2007，（4）	366	天津大学	2007.7
肇庆传统村落建构与发展的内在机制研究	李颖怡	《肇庆学院学报》2007，（4）	23	肇庆学院	2007.7
泉城济南泉水聚落空间环境与景观的层次类型研究	张建华，王丽娜	《建筑学报》2007，（7）	85	中国建筑学会	2007.7
保护城市现代化进程中的传统民居	杨春蓉	《经济导刊》2007，（7）	92	中信出版社	2007.7
作为系统的文化保护——以徽州民居的保护为例	傅培凯	《重庆职业技术学院学报》2007，（4）	116	重庆职业技术学院	2007.7
白族民居建筑的文化意蕴	张汝梅	《边疆经济与文化》2007，（8）	83	《边疆经济与文化》杂志社	2007.8
浙东古村落	李玉祥	《北京规划建设》2007，（4）	134	《北京规划建设》编辑部	2007.8
潮汕传统建筑的技术特征简析	唐孝祥，郑小露	《城市建筑》2007，（8）	79	《城市建筑》杂志社	2007.8
中国传统文化与建筑装饰艺术的完美结合——山西常家庄园砖雕艺术浅析	潘冬梅，孟祥彬	《电影评介》2007，（15）	77	《电影评介》杂志社	2007.8
皖南新农村民居发展探索	刘颖，潘国泰	《工程与建设》2007，（4）	531	《工程与建设》杂志社	2007.8
安徽传统戏场建筑研究	薛林平	《华中建筑》2007，（8）	149	《华中建筑》编辑部	2007.8
福建永安青水乡土建筑测绘七则	薛力，许东锬	《华中建筑》2007，（8）	133	《华中建筑》编辑部	2007.8
甘青传统建筑屋顶探析	郎云鹏，盛海涛，李江	《华中建筑》2007，（8）	144	《华中建筑》编辑部	2007.8
近代浦东民居初探	冯浩，刘朔坦	《华中建筑》2007，（8）	156	《华中建筑》编辑部	2007.8
彭家寨乡土建筑的生态特征对未来建筑发展的启示	盛建荣，章玲	《华中建筑》2007，（8）	166	《华中建筑》编辑部	2007.8
泰顺祠堂宫庙遍布的景观特色分析	刘淑婷	《华中建筑》2007，（8）	140	《华中建筑》编辑部	2007.8
豫北石板岩民居利用自然资源和应对环境的设计探讨	张建涛，高长征	《华中建筑》2007，（8）	162	《华中建筑》编辑部	2007.8

续表

论文名	作者	刊载杂志	页码	编辑出版单位	出版日期
园林景观在徽州民居庭院中的应用	陈建红	《华中建筑》2007，(8)	159	《华中建筑》编辑部	2007.8
西化之初的日本民居与家具——以东京三田家住宅为例	戴向东	《家具与室内装饰》2007 (8)	36	《家具与室内装饰》杂志社	2007.8
中国传统家具与传统建筑的关系	侯利阳	《家具与室内装饰》2007，(8)	92	《家具与室内装饰》杂志社	2007.8
名人故居与北京城	高巍，朱文一	《建筑创作》2007，(8)	166	《建筑创作》编辑部	2007.8
赵嗣助故居建筑及石雕的保护与维修	李绪洪	《建筑技术》2007，(8)	601	《建筑节能》杂志社	2007.8
徽派民居建筑的继承与创新探索——以舟岛庄园住宅小区概念规划设计为例	高璟，王继平，徐大路，卢国	《建筑科学》2007，(8)	98	《建筑科学》编辑部	2007.8
宗教与藏族建筑文化	张兆娟	《科技促进发展》2007，(8)	81	《科技促进发展》杂志社	2007.8
传统民居中的文化意识	王素芳	《科技信息》（学术研究）2007，(24)	459	《科技信息》编辑部	2007.8
贵州民居撷粹	吴正光	《理论与当代》2007，(8)	50	《理论与当代》杂志部	2007.8
浅析湘西民居建筑元素特点	龙社勤	《美术大观》2007，(8)	125	《美术大观》杂志社	2007.8
宁波近代港口和近代建筑的形成及其价值	黄定福	《宁波经济》（三江论坛）2007，(8)	43	《宁波经济》杂志社	2007.8
坐"井"观天读徽居	张勇	《齐鲁艺苑》2007，(4)	35	《齐鲁艺苑》编辑部	2007.8
古建筑保护中的新技术应用	王超，薛烨	《山西建筑》2007，(22)	28	《山西建筑》杂志社	2007.8
中国传统民居的创作方法借鉴	王海云	《山西建筑》2007，(22)	46	《山西建筑》杂志社	2007.8
西藏传统建筑中的色彩构成艺术	贡桑尼玛	《四川建筑》2007，(4)	34	《四川建筑》编辑部	2007.8
安仁古镇街巷空间特色解析与保护更新	孙宵奕	《小城镇建设》2007，(8)	83	《小城镇建设》编辑部	2007.8
当代民居营造中的标准化与非标准化——《传统特色小城镇住宅（丽江地区）》标准图集编制的相关问题	陆笙，王冬，毛志睿	《新建筑》2007，(4)	4	《新建筑》杂志社	2007.8
飘梁记	杨立峰，莫天伟	《新建筑》2007，(4)	31	《新建筑》杂志社	2007.8
渝东南土家族民居之基本形制及其智慧	刘晓晖，李必瑜，李先逵	《新建筑》2007，(4)	35	《新建筑》杂志社	2007.8
中国传统建筑特点分析	安吉乡，袁园	《艺术探索》2007，(3)	92	《艺术探索》编辑部	2007.8
论白族民居彩绘装饰艺术对包装设计的启示	徐游宜，沈德坤	《艺术与设计》（理论）2007，(8)	56	《艺术与设计》杂志社	2007.8
海陆文化整合下的泉州民居多元文化探究	张恒，李俐	《重庆建筑》2007，(8)		《重庆建筑》杂志社	2007.8
中国传统建筑空间图式的原型简析	张润欣	《重庆建筑》2007，(8)	57	《重庆建筑》杂志社	2007.8
民居风水之环境篇	孙景浩，孙德元	《资源与人居环境》2007，(16)	60	《资源与人居环境》杂志社	2007.8
民居风水之植物篇Ⅱ	孙景浩，孙德元	《资源与人居环境》2007，(15)	无	《资源与人居环境》杂志社	2007.8
浅谈城市建筑风貌的地域特色	陈硕	《贵州工业大学学报》（社会科学版）2007，(4)	201	贵州工业大学	2007.8

续表

论文名	作者	刊载杂志	页码	编辑出版单位	出版日期
豫西窑院文化保存现状及保护对策初探	闵虹	《河南教育学院学报》（哲学社会科学版）2007，（4）	14	河南教育学院	2007.8
人居空间与自然环境的和谐共生——西北少数民族聚落生态文化浅析	马宗保，马晓琴	《黑龙江民族丛刊》2007，（4）	127	黑龙江省民族研究所	2007.8
徽州古民居特性浅识	方筠，大山	《黄山学院学报》2007，（4）	55	黄山学院	2007.8
看得见的徽州历史——感知"徽州古街"	汪良发，每文	《黄山学院学报》2007，（4）	10	黄山学院	2007.8
中国皖南古村落黄山市千村保护与发展研究报告	黄山市社会科学界联合会课题组，陈安生，汪炜	《黄山学院学报》2007，（4）	1	黄山学院	2007.8
陕南与江南民居建筑环境适应性研究	段然，邱枫	《陕西理工学院学报》（社会科学版）2007，（3）	55	陕西理工学院	2007.8
丹江口水库淹没区传统民居研究	刘炜，张慧，李百浩	《武汉理工大学学报》（社会科学版）2007，（4）	536	武汉理工大学	2007.8
浅析客家传统民居建筑的审美表现	郑杰	《西南大学学报》（社会科学版）2007，（4）	193	西南大学	2007.8
湘南古民居的保护与利用	唐凤鸣	《湘南学院学报》2007，（4）	93	湘南学院	2007.8
徽派民居的人性关怀研究	姚桃	《湛江师范学院学报》2007，（4）	123	湛江师范学院	2007.8
窑洞民居中的生态思想	朱丽博	《郑州轻工业学院学报》（社会科学版）2007，（4）	12	郑州轻工业学院	2007.8
明清南京的会馆与南京城	沈旸	《建筑师》2007，（4）	68	中国建筑工业出版社	2007.8
观照欲望与图示概念——传统建筑图示中的视角分析	曹正伟，邓宏，贾祺	《重庆建筑大学学报》2007，（4）	17	重庆建筑大学	2007.8
宋代理学禁锢女性在建筑上的反映	张献梅	《重庆科技学院学报》（社会科学版）2007，（4）	125	重庆科技学院	2007.8
鄂西土家族传统民居研究	周传发	《安徽农业科学》2007，（25）	7821	《安徽农业科学》杂志社	2007.9
桂北城镇聚落空间形态及景观	邓春凤，冯兵，龚克，刘声伟	《城市问题》2007，（9）	62	《城市问题》杂志社	2007.9
中国传统民居聚落中的一枝奇葩——张谷英大屋	黄禹康	《城乡建设》2007，（9）	74	《城乡建设》编辑部	2007.9
匠场——中国传统建筑营造运作机制研究的一种视角	杨立峰	《古建园林技术》2007，（3）	14	《古建园林技术》编辑部	2007.9
晋中汉纹锦彩画概述	陈捷，张昕	《古建园林技术》2007，（3）	10	《古建园林技术》编辑部	2007.9
浅谈北京南池子与苏州20号街坊民居的保护	马海东，左玉罡	《古建园林技术》2007，（3）	53	《古建园林技术》编辑部	2007.9
百年建筑与垃圾建筑的背后——从社会功能的角度看建筑	沈远跃，梅训安	《华中建筑》2007，（9）	19	《华中建筑》编辑部	2007.9
国之瑰宝——二宜楼和华安大地土楼群	李雄飞	《华中建筑》2007，（9）	140	《华中建筑》编辑部	2007.9
江西安义古村中女性使用空间的探讨	罗雅，万芳，俞禹斌	《华中建筑》2007，（9）	156	《华中建筑》编辑部	2007.9

续表

论文名	作者	刊载杂志	页码	编辑出版单位	出版日期
南宁旧民居考察研究	谷云黎	《华中建筑》2007，(9)	152	《华中建筑》编辑部	2007.9
师法自然 和谐共生——侗族传统建筑生态意义探寻	吴斯真，郑志	《华中建筑》2007，(9)	159	《华中建筑》编辑部	2007.9
试论传统古村镇及古建筑硬质要素与软质要素的保护与发展	段傅瀚，巫纪光	《华中建筑》2007，(9)	162	《华中建筑》编辑部	2007.9
顺天应人 崇儒重文——云南保山和顺镇古建筑初探	高勇，杨磊	《建筑》2007，(17)	75	《建筑》编辑部	2007.9
鲁迅故里与"山水城市"	单德启	《建筑与文化》2007，(9)	42	《建筑与文化》杂志编辑部	2007.9
我国生态移民的战略思考与建议	王倩，王丽萍	《决策咨询通讯》2007，(5)	387	《决策咨询通讯》编辑部	2007.9
营造归属感与交往空间——论聚落文化对现代住区景观空间的启示	陈国阶	《科技信息》（学术研究）2007，(27)	1	《科技信息》杂志社	2007.9
古民居的价值及其保护	陆炜，杨珊珊	《科教文汇》（上旬刊）2007，(9)	179	《科教文汇》杂志社	2007.9
土家民居的建筑特点在民族文化及审美艺术上的反映	杜锐	《科教文汇》（中旬刊）2007，(9)	198	《科教文汇》杂志社	2007.9
浅谈广西少数民族传统建筑装饰	黄春波	《美术大观》2007，(9)	32	《美术大观》杂志社	2007.9
干栏式苗族民居的地域性特色及其启发性	向业容	《山西建筑》2007，(25)	54	《山西建筑》杂志社	2007.9
关中乡土建筑转型研究	李罡，张豪	《山西建筑》2007，(27)	42	《山西建筑》杂志社	2007.9
论传统建筑的继承和保护	俞梅芳，赵斌	《山西建筑》2007，(26)	45	《山西建筑》杂志社	2007.9
浅谈不同自然观对中西传统建筑文化的影响	修贝贝，刘福智	《山西建筑》2007，(26)	35	《山西建筑》杂志社	2007.9
浅析闽南传统民居建筑	黄乌燕	《山西建筑》2007，(25)	66	《山西建筑》杂志社	2007.9
浅议清城传统民居	禢冬杰	《山西建筑》2007，(27)	60	《山西建筑》杂志社	2007.9
以北京四合院为例谈居住空间教育属性	苏震	《山西建筑》2007，(27)	52	《山西建筑》杂志社	2007.9
对我国传统民居生态思想的初探	贾松林，邵影军	《四川建筑》2007，(s1)	66	《四川建筑》编辑部	2007.9
浅谈现代建筑创作与传统建筑文化的结合	马佳，高建志	《四川建筑》2007，(s1)	59	《四川建筑》编辑部	2007.9
浅析桂北民居群落特点	张凯，王军	《四川建筑》2007，(s1)	48	《四川建筑》编辑部	2007.9
岐山孔头沟遗址商周时期聚落性质初探	种建荣，张敏，雷兴山	《文博》2007，(5)	45	《文博》杂志社	2007.9
寻找民间艺术的遗迹——徽州宏村门环艺术赏析	潘辉	《文教资料》2007，(25)	89	《文教资料》编辑部	2007.9
米脂窑洞古城民居聚落形态的价值分析	李建勇	《新西部》（下半月）2007，(9)	217	《新西部》杂志社	2007.9
浅议社旗山陕会馆的石雕装饰艺术	汤士东	《艺术与设计》（理论）2007，(9)	83	《艺术与设计》杂志社	2007.9
洱海地区传统村镇风貌特色探析	褚云生，杜小光	《有色金属设计》2007，(3)	31	《有色金属设计》编辑部	2007.9
浅议宋夏沿边堡寨命名方式及其特色	陆宁	《中国经贸》（学术版）2007，(9)	39	《中国经贸》杂志社	2007.9

续表

论文名	作者	刊载杂志	页码	编辑出版单位	出版日期
多元文化催生下的民居奇葩——闽南蔡氏古民居的成因探析与特征研究	宁小卓	《中外建筑》2007,(9)	58	《中外建筑》杂志社	2007.9
民居风水之环境篇Ⅱ	孙景浩,孙德元	《资源与人居环境》2007,(17)	70	《资源与人居环境》杂志社	2007.9
民居风水之杂谈篇	孙景浩,孙德元	《资源与人居环境》2007,(18)	64	《资源与人居环境》杂志社	2007.9
白龙江流域藏族文化的边缘性及其成因研究——以甘肃宕昌县藏族为例	魏梓秋	《阿坝师范高等专科学校学报》2007,(3)	40	阿坝师范高等专科学校	2007.9
粤东会馆与明清广西社会变迁	胡小安	《安庆师范学院学报》(社会科学版)2007,(5)	64	安庆师范学院	2007.9
传统民居中的生态适应性——兼论哈桑·法斯的类设计实践	李婷,陈力,关瑞明	《福建建筑》2007,(9)	10	福建省建筑学会	2007.9
浅析建筑文化的多元化与区域化	唐云阳,黄存平,黄健强	《广西工学院学报》2007,(3)	88	广西工学院	2007.9
贵州省从江秀塘壮族民居试析	周真刚	《广西民族大学学报》(哲学社会科学版)2007,(5)	61	广西民族大学	2007.9
贵州传统民居建筑的环境自然生态观	周慧	《贵州民族研究》2007,(3)		贵州省民族研究所	2007.9
清代民族边缘地区宗族组织的形成与乡村社会转型——以鄂西南土家族为中心的考察	吴雪梅	《贵州民族研究》2007,(3)	153	贵州省民族研究所	2007.9
古今庭院文化的暗和与差异	高力强,韩志军,郝喆	《河北建筑工程学院学报》2007,(3)	67	河北建筑工程学院	2007.9
清代慈善机构的地域分布及其原因	刘宗志	《河南师范大学学报》(哲学社会科学版)(理论)2007,(5)	162	河南师范大学	2007.9
张谷英古村的特色空间探析	谢志平,郭建东,彭建国	《湖南城市学院学报》(自然科学版)2007,(3)	31	湖南城市学院	2007.9
嘉庚建筑的文化背景和艺术特征	周红	《集美大学学报》(哲学社会科学版)2007,(3)	111	集美大学	2007.9
探寻客家民居旅游资源的八大亮点	郑杰	《牡丹江大学学报》2007,(9)	52	牡丹江大学	2007.9
杭州城郊民居建筑造型中的文化内涵研究	白志刚	《三门峡职业技术学院学报》2007,(3)	33	三门峡职业技术学院	2007.9
中国传统清真寺的建筑文化——以化觉巷清真寺为例	赵海春,王月英,谢秉宏	《陕西建筑》2007,(9)	7	陕西省建设厅	2007.9
苏州洞庭东、西山古村落选址和布局的初步研究	曹健,张振雄	《苏州教育学院学报》2007,(3)	72	苏州教育学院	2007.9
关于山西古村落及其旅游开发保护问题的探讨	邵秀英	《太原师范学院学报》(自然科学版)2007,(3)	46	太原师范学院	2007.9
场所精神的深化与表达——中国传统建筑中文学语言的美学释义	李伟,陈朝晖	《天津大学学报》(社会科学版)2007,(4)	373	天津大学	2007.9
徽州古村落景观意象及其在现代景观设计中的运用研究	肖宏,吴智慧	《西安建筑科技大学学报》(社会科学版)2007,(3)	31	西安建筑科技大学	2007.9
陕西书院的历史概貌与区域特征初探	刘晓喆,胡玲翠	《西北大学学报》(哲学社会科学版)2007,(5)	28	西北大学	2007.9

续表

论文名	作者	刊载杂志	页码	编辑出版单位	出版日期
藏族传统建筑初探	次多	《西藏大学学报》（汉文版）2007，(3)	66	西藏大学	2007.9
方位·空间·造型——中国古代剧场基本规制解析	高琦华	《浙江艺术职业学院学报》2007，(3)	16	浙江艺术职业学院	2007.9
苏州水巷邻里商业项目	蔡晟	《建筑学报》2007，(9)	46	中国建筑学会	2007.9
论城市传统民居的旅游开发——以上海石库门为例	李萌，徐慧霞	《学术交流》2007，(10)	119	《学术交流》杂志社	2007.10
客家民居建筑的美学思想	杨帆	《边疆经济与文化》2007，(10)	87	《边疆经济与文化》杂志社	2007.10
她们的美丽与哀愁——北京南城名伶故居调研	胡爽，于梦瑶	《北京规划建设》2007，(5)	78	《北京规划建设》编辑部	2007.10
窑洞式建筑聚落在陕北旅游开发中的价值探讨	张霞，王斌	《读与写》（教育教学刊）2007，(10)	126	《读与写（教育教学刊）》编辑部	2007.10
生态建筑与传统民居	叶玲玲	《福建建设科技》2007，(5)	37	《福建建设科技》编辑部	2007.10
福清古民居的魅力	林秋明	《福建乡土》2007，(5)	37	《福建乡土》杂志社	2007.10
明清民居建筑风格及其形成原因	陈燕	《广西轻工业》2007，(10)	99	《广西轻工业》杂志社	2007.10
传统生土民居建筑遗产保护对策——浅议福建永定客家土楼的保护	杨宝，宁倩	《华中建筑》2007，(10)	162	《华中建筑》编辑部	2007.10
河南清代戏场建筑研究	薛林平	《华中建筑》2007，(10)	151	《华中建筑》编辑部	2007.10
岭南客家围龙屋生态精神解读	王琴	《华中建筑》2007，(11)	103	《华中建筑》编辑部	2007.10
中国农耕文化瑰宝——后沟古村	王正祥	《建筑》2007，(19)	77	《建筑》编辑部	2007.10
白鹭湾G系列六户	张景尧建筑师事务所，许锦荣建筑师事务所	《建筑创作》2007，(10)	24	《建筑创作》编辑部	2007.10
地域建筑——从两座纳西民居所引发的思考	刘海，雕骏	《建筑与文化》2007，(10)	92	《建筑与文化》杂志编辑部	2007.10
平成时代的京都町家	土屋孝雄	《建筑与文化》2007，(10)	109	《建筑与文化》杂志编辑部	2007.10
浙西衢州明清古民居装饰形成因素探析	叶卫霞	《今日科苑》2007，(20)	210	《今日科苑》杂志社	2007.10
广西桂北特色古民居资源开发与利用的现状和对策	陈文捷	《科技情报开发与经济》2007，(31)	67	《科技情报开发与经济》编辑部	2007.10
徽州民居与江南民居艺术特点的比较	江勇，丁峰	《科技信息》（学术研究）2007，(30)	242	《科技信息》杂志社	2007.10
会理民居初探——让文化遗产与现代城市和谐发展	李茜莎，何茜	《科技信息》（学术研究）2007，(31)	457	《科技信息》杂志社	2007.10
中国传统建筑空间组织设计美学特征	付毅	《美术大观》2007，(10)	52	《美术大观》杂志社	2007.10
中国传统景观建筑与国外景观建筑比较辨析——以法国的凯旋门与明清的牌坊为例	范存星，谢翠琴	《内蒙古科技与经济》2007，(19)	107	《内蒙古科技与经济》杂志社	2007.10
凿石如木　鬼斧神工——潮汕民居的石雕艺术	林凯龙	《荣宝斋》2007，(5)	234	《荣宝斋》出版社	2007.10
和谐社会下传统建筑文化的发展	董立惠，刘海滨，顾天城	《山西建筑》2007，(29)	70	《山西建筑》杂志社	2007.10

续表

论文名	作者	刊载杂志	页码	编辑出版单位	出版日期
浅析高家堡传统民居中的民俗文化	相虹艳，郭锐	《山西建筑》2007，(29)	53	《山西建筑》杂志社	2007.10
中国传统建筑中的园林艺术	王洪海，唐安惠	《山西建筑》2007，(29)	351	《山西建筑》杂志社	2007.10
中国乡土生态建筑环境观的当代价值	张强	《山西建筑》2007，(30)	77	《山西建筑》杂志社	2007.10
重庆地区传统建筑的接地形态设计研究	桑振群	《山西建筑》2007，(30)	51	《山西建筑》杂志社	2007.10
柞水凤凰古镇的保护与发展	高琳，王静	《山西建筑》2007，(30)	27	《山西建筑》杂志社	2007.10
中国古代建筑瑰宝——西秦会馆	叶茂	《四川建筑》2007，(5)	49	《四川建筑》编辑部	2007.10
摩梭文化中的传统民居研究	刘浩，曾跃辉，杨建	《四川建筑科学研究》2007，(5)	161	《四川建筑科学研究》编辑部	2007.10
丘陵地区农村居民点空间布局研究——以重庆市永川区为例	唐世超，刁承泰	《四川农业科技》2007，(10)	16	《四川农业科技》编辑部	2007.10
物质与精神的有机整合——江门长堤骑楼历史街区空间形态解读	李晶，谭少华	《小城镇建设》2007，(10)	39	《小城镇建设》编辑部	2007.10
传统聚落文化的保护、更新与再生	张祺，胡莹	《新建筑》2007，(5)	91	《新建筑》杂志社	2007.10
中国传统建筑内向空间透视	苏畅，周玄星	《新建筑》2007，(5)	80	《新建筑》杂志社	2007.10
浅谈中国民居室内设计格局之变化	周欣	《新西部》（下半月）2007，(20)	208	《新西部》杂志社	2007.10
浅谈传统建筑对中华文化的承载	胡小勇	《艺术评论》2007，(10)	78	《艺术评论》杂志社	2007.10
"京都帝王府，潮州百姓家"——潮汕民居装饰及其启示	林凯龙	《艺术与设计》（理论）2007，(10)	103	《艺术与设计》杂志社	2007.10
黑白苏州——漫谈苏州古城民居色彩文化	周景崇，黄玉冰	《艺术与设计》（理论）2007，(10)	110	《艺术与设计》杂志社	2007.10
清代我国北方地区村镇关系初探——以晋南方志为中心	熊梅	《中国地方志》2007，(10)	38	《中国地方志》编辑部	2007.10
北宋书院考证及其特点分析	马泓波	《中国地方志》2007，(10)	26	《中国地方志》编辑部	2007.10
贵阳市民居室内外空气污染物分布及来源研究	程艳丽，颜敏，白郁华，刘兆荣，邵敏，李金龙，程群，吴德刚，田伟	《中国环境监测》2007，(5)	55	《中国环境监测》杂志社	2007.10
凝固的艺术 活化的历史——满族传统建筑与满族文化	那挺，曹福存	《中国民族》2007，(10)	38	《中国民族》杂志社	2007.10
传统聚落区旅游开发的反思——生活的不可臆想性	周凡，王建	《中外建筑》2007，(10)	47	《中外建筑》杂志社	2007.10
上海文物建筑保护措施及修缮实例	冯蕾	《住宅科技》2007，(10)	55	《住宅科技》编辑部	2007.10
徽州民居中女性空间浅析	何水	《安徽建筑工业学院学报》（自然科学版）2007，(5)	92	安徽建筑工业学院	2007.10
清代"乡地"制度考略	魏光奇	《北京师范大学学报》（社会科学版）2007，(5)	64	北京师范大学	2007.10
地域主义与建筑设计	刘建德	《贵州工业大学学报》（自然科学版）2007，(5)	76	贵州工业大学	2007.10
贵州古民居保护策略探析——以郎岱古镇为个案	任道丕	《贵州教育学院学报》2007，(5)	47	贵州教育学院	2007.10

续表

论文名	作者	刊载杂志	页码	编辑出版单位	出版日期
旅游影响下的古村落社会文化变迁研究——以陕西韩城党家村为例	王帆，赵振斌	《桂林旅游高等专科学校学报》2007，(5)	761	桂林旅游高等专科学校	2007.10
洛阳邵雍遗迹研究	赵振华，商春芳	《湖南科技学院学报》2007，(10)	12	湖南科技学院	2007.10
南宋时期两浙路市镇经济的发展	何和义，邵德琴	《湖州师范学院学报》2007，(5)	97	湖州师范学院	2007.10
明清时期漳、泉移民台湾与民间美术传播	李豫闽	《南京艺术学院学报》（美术与设计版）2007，(4)	65	南京艺术学院	2007.10
朴实归真，天成化合——婺源民居与山水画的融汇	郭屹，路艳红	《南京艺术学院学报》（美术与设计版）2007，(4)	176	南京艺术学院	2007.10
北京什刹海地区名人故居的现状及其旅游开发	张明庆，赵志壮，王婧	《首都师范大学学报》（自然科学版）2007，(5)	58	首都师范大学	2007.10
藏羌碉房：华夏文明传承的特别载体	李北东，连玉銮	《西南民族大学学报》（人文社科版）2007，(10)	52	西南民族大学	2007.10
中央苏区遗存红色建筑特征初探	王茜雯	《漳州职业技术学院学报》2007，(4)	33	漳州职业技术学院	2007.10
拾荒者的社区生活：都市新移民聚落研究	周大鸣，李翠玲	《广西民族大学学报》（哲学社会科学版）2007，(6)	50	广西民族大学	2007.11
闽东传统民居的地理经济选择及文化内涵	吴光玲	《经济与社会发展》2007，(11)	137	《经济与社会发展》杂志社	2007.11
徽州传统山村聚落形态的生成模式与演化机制研究	章光日	《安徽农业科学》2007，(32)	10504	《安徽农业科学》杂志社	2007.11
江南水乡古镇城市化倾向及其可持续发展对策——以乌镇、西塘、南浔三镇为例	王云才，李飞，陈田	《长江流域资源与环境》2007，(6)	700	《长江流域资源与环境》编辑部	2007.11
浅谈中国传统建筑的空间理论对现代建筑设计的影响	李冰	《广西城镇建设》2007，(11)	102	《广西城镇建设》编辑部	2007.11
川盐文化线路与传统聚落	赵逵，张钰，杨雪松	《规划师》2007，(11)	89	《规划师》编辑部	2007.11
传统民居的建造技术——以湖南传统民居建筑为例	伍国正，余翰武，隆万容	《华中建筑》2007，(11)	128	《华中建筑》编辑部	2007.11
福建蕉城区霍童古镇保护与发展策略研究	聂彤，戴志坚	《华中建筑》2007，(11)	173	《华中建筑》编辑部	2007.11
福建上杭县绳武楼解析	吉慧，张春阳，许建和	《华中建筑》2007，(11)	110	《华中建筑》编辑部	2007.11
广府民系聚落与居住建筑的防御性分析	邱丽，张海	《华中建筑》2007，(11)	132	《华中建筑》编辑部	2007.11
桂北民居中的建构研究	杨建华，刘文军	《华中建筑》2007，(11)	113	《华中建筑》编辑部	2007.11
泉州"手巾寮"民居空间设计解读	朱怿，关瑞明	《华中建筑》2007，(11)	117	《华中建筑》编辑部	2007.11
通山节孝坊屋探微	任虹，王吉	《华中建筑》2007，(11)	120	《华中建筑》编辑部	2007.11
戏曲建筑文化的瑰宝——浅析福州衣锦坊水榭戏台及其建筑艺术	高宁	《华中建筑》2007，(11)	104	《华中建筑》编辑部	2007.11
优化人居环境，构建和谐社区——浅谈我国传统聚落的人居环境思想及其对现代聚居社区的启示	陆虹，周晓丽	《华中建筑》2007，(11)	34	《华中建筑》编辑部	2007.11

续表

论文名	作者	刊载杂志	页码	编辑出版单位	出版日期
浙西球川古镇民居评析	李茹冰，陈建红	《华中建筑》2007，（11）	122	《华中建筑》编辑部	2007.11
鄂西土家族村寨民居建筑初探——以湖北恩施三个土家族村寨为例	满益德，谢亚平	《建筑》2007，（11）	71	《建筑》编辑部	2007.11
丹巴地区藏族民间建筑中的白石崇拜审美习俗研究	伍莉莉	《美术界》2007，（11）	63	《美术界》杂志社	2007.11
传统乡村聚落景观保护与设计研究	徐荣	《山西建筑》2007，（31）	43	《山西建筑》杂志社	2007.11
传统乡村园林认识	熊瑶	《山西建筑》2007，（33）	349	《山西建筑》杂志社	2007.11
关于我国民居建筑艺术中碉楼的探讨	汪薇	《山西建筑》2007，（32）	62	《山西建筑》杂志社	2007.11
节能建筑与传统建筑造价测算分析方法的比较	张富有	《山西建筑》2007，（31）	252	《山西建筑》杂志社	2007.11
湖南大屋民居建筑室内装饰探析	黄艳丽	《家具与室内装饰》2007，（11）	88	《室内设计与装饰》编辑部	2007.11
中国传统建筑室内装饰中的龙凤图腾	唐西娅，戴向东	《家具与室内装饰》2007，（11）	56	《室内设计与装饰》编辑部	2007.11
客家传统的移植与嫁接——浙江松阳石仓村客家移民老宅考察与研究	王媛	《现代企业教育》2007，（22）	135	《现代企业教育》杂志社	2007.11
浅析北京四合院的庭院特点及影响因素	任斌斌，李树华	《农业科技与信息》（现代园林）2007，（11）	40	《现代园林》编辑部	2007.11
民居与乡村人文景观	谢奇	《小城镇建设》2007，（11）	19	《小城镇建设》编辑部	2007.11
青山绿果 历史古村——苏州西山镇涵村古村落保护与建设规划	尹超	《小城镇建设》2007，（11）	68	《小城镇建设》编辑部	2007.11
三峡地区农村房屋建筑特色探析——以宜昌西北部民居为例	何军师，陈鹏	《小城镇建设》2007，（11）	23	《小城镇建设》编辑部	2007.11
新农村建设中村落空间格局传承的思考与实践——以苏州东山镇陆巷村为例	汤蕾，刘宇红，姜劲松	《小城镇建设》2007，（11）	14	《小城镇建设》编辑部	2007.11
乡村旅游规划中乡村景观规划实践——以杭州富阳白鹤村为例	肖胜和	《云南地理环境研究》2007，（6）	118	《云南地理环境研究》编辑部	2007.11
从村落到市镇：南浔镇起源探微	叶美芬，邵莹	《浙江社会科学》2007，（6）	165	《浙江社会科学》编辑部	2007.11
晚清的会馆与地方政府——咸同年间新会葵扇会馆的个案研究	陈伟，栾洋	《重庆社会科学》2007，（11）	69	《重庆社会科学》编辑部	2007.11
韩国书院的历史与书院志的编纂	郑万祚	《湖南大学学报》（社会科学版）2007，（6）	11	湖南大学	2007.11
儒家祭祀文化与东亚书院建筑的仪式空间	柳肃	《湖南大学学报》（社会科学版）2007，（6）	35	湖南大学	2007.11
中国传统民居中的百姓思维偏向	于会歌	《辽宁师范大学学报》（社会科学版）2007，（6）	11	辽宁师范大学	2007.11
中国古代建筑天井院落的运用	舒柳	《四川工程职业技术学院学报》2007，（6）	56	四川工程职业技术学院	2007.11
宁波传统民居特征初探	陈怡	《浙江万里学院学报》2007，（6）	50	浙江万里学院	2007.11

续表

论文名	作者	刊载杂志	页码	编辑出版单位	出版日期
泸沽湖摩梭母系家屋聚落的保存与旅游开发	邢耀匀，夏铸九，戴俭	《建筑学报》2007，(11)	75	中国建筑学会	2007.11
南漳堡寨的防御特征研究	石峰，郝少波，张兴亮	《建筑学报》2007，(11)	84	中国建筑学会	2007.11
中国民居研究五十年	陆元鼎	《建筑学报》2007，(11)	66	中国建筑学会	2007.11
城乡结合部村落聚落的变迁——以南昌高新昌东大学园区安置小区规划为例	周志仪，江婉平	《安徽农业科学》2007，(34)	11063	《安徽农业科学》杂志社	2007.12
浅析社会变迁对乡土民居的影响——以下坪村的乡土民居为个案	胡小祎，宋艳丽	《安徽文学》（下半月）2007，(12)	208	《安徽文学》编辑部	2007.12
新与旧 拆与留——建筑的观念和老房子的改造	徐千里	《城市建筑》2007，(12)	56	《城市建筑》杂志社	2007.12
徽派古民居建筑的文化特征	郑瑞超	《福建建设科技》2007，(6)	40	《福建建设科技》编辑部	2007.12
永安吉山历史文化名村保护与旅游规划	谢泽斌，郑耀星	《福建建设科技》2007，(6)	31	《福建建设科技》编辑部	2007.12
清代山西乡村聚落的形态和住宅形式	程森，温震军	《古今农业》2007，(4)	97	《古今农业》编辑部	2007.12
中国历史文化名镇双江镇的清代民居建筑群	李明瞳	《红岩春秋》2007，(6)	45	《红岩春秋》编辑部	2007.12
白族民居"三滴水"大门特色分析	鹿杉，叶喜	《家具与室内装饰》2007，(12)	42	《家具与室内装饰》杂志社	2007.12
湘南古民居中的石雕艺术研究	张光俊，刘文海	《家具与室内装饰》2007，(12)	44	《家具与室内装饰》杂志社	2007.12
山西传统民居中的建筑节能理念	张海珍	《建材技术与应用》2007，(12)	43	《建材技术与应用》杂志社	2007.12
前门长巷传统四合院小规模整治	赵园生，张剑华	《建筑创作》2007，(12)	115	《建筑创作》编辑部	2007.12
前门地区的胡同四合院	武宁	《建筑创作》2007，(12)	102	《建筑创作》编辑部	2007.12
前门地区会馆历史与现状	崔婧媛，王莹	《建筑创作》2007，(12)	74	《建筑创作》编辑部	2007.12
鲜鱼口四合院保护、更新探索	李春青，王葵	《建筑创作》2007，(12)	94	《建筑创作》编辑部	2007.12
福建传统民居节能技术初探	缪小龙	《建筑科学》2007，(12)	10	《建筑科学》编辑部	2007.12
试论新农村建设中民居特色的保护与传承	文红	《民族论坛》2007，(12)	25	《民族论坛》杂志工作室	2007.12
三峡地区传统聚落形态和古民居建筑	赵时华，周璐，杨晓红	《人民长江》2007，(12)	93	《人民长江》编辑部	2007.12
以社会学理论分析传统骑楼建筑文化衰落原因	周彝馨	《山西建筑》2007，(35)	57	《山西建筑》杂志社	2007.12
特色古民居文化的继承与保护性开发	陈文捷，陈红玲	《商业时代》2007，(36)	97	《商业时代》编辑部	2007.12
都城隍庙考	张传勇	《史学月刊》2007，(12)	45	《史学月刊》编辑部	2007.12
夯土墙在新的乡土生态建筑中的应用——浙江安吉生态屋夯土墙营造方法解析	许丽萍，马全明	《四川建筑科学研究》2007，(6)	214	《四川建筑科学研究》编辑部	2007.12
黔东南侗族民居及其传统技术研究	李敏，杨祖贵	《四川建筑科学研究》2007，(6)	180	《四川建筑科学研究》编辑部	2007.12
岭南民居的自然通风	谢浩	《小城镇建设》2007，(12)	58	《小城镇建设》编辑部	2007.12

续表

论文名	作者	刊载杂志	页码	编辑出版单位	出版日期
浙江民居建筑装饰造型传统符号的文化价值	陈玉发	《艺术教育》2007，(12)	134	《艺术教育》编辑部	2007.12
构筑古门	郭颖，唐国安	《中外建筑》2007，(12)	136	《中外建筑》杂志社	2007.12
从自然通风角度看广东传统建筑	谢浩	《住宅科技》2007，(12)	30	《住宅科技》编辑部	2007.12
桂北特色古民居开发管理模式探讨	陈文捷，方燕燕	《资源开发与市场》2007，(23)	1114	《资源与人居环境》杂志社	2007.12
探析培田古民居艺术特征	黄东海，唐春媛，林从华	《福建工程学院学报》2007，(6)	620	福建工程学院	2007.12
中西建筑光空间之比较	黄常华	《福建工程学院学报》2007，(6)	635	福建工程学院	2007.12
福建土楼开发中的保护问题研究	张清影	《福建建筑》2007，(12)	25	福建省建筑学会	2007.12
新农村建设应注重乡村聚落的区域差异——以东北、西北和东南乡村聚落为例	魏丽萍	《赣南师范学院学报》2007，(6)	133	赣南师范学院	2007.12
大理古城民居客栈中外游客基本特征对比研究	杨桂华，龙肖毅	《桂林旅游高等专科学校学报》2007，(6)	807	桂林旅游高等专科学校	2007.12
建水团山民居建筑装饰的调查报告	陈军	《红河学院学报》2007，(6)	37	红河学院	2007.12
雄溪镇建筑群产生的历史原因及文化思考	谢克贵，储学文	《怀化学院学报》2007，(12)	5	怀化学院	2007.12
新农村建设中赣南乡村聚落空间结构的演变	陈永林，孙巍巍	《牡丹江师范学院学报》（自然科学版）2007，(4)	35	牡丹江师范学院	2007.12
晋中传统民居的建筑现象学语义解读	吕倩，徐飞鹏	《青岛理工大学学报》2007，(6)	52	青岛理工大学	2007.12
浪石村古民居调查	邱玉函，邱源海	《邵阳学院学报》（社会科学版）2007，(6)	156	邵阳学院	2007.12
外来人口与苏州会馆	曹文君	《苏州教育学院学报》2007，(4)	75	苏州教育学院	2007.12
茶室：与日本族魂相通的建筑	陶蓉蓉	《盐城师范学院学报》（人文社会科学版）2007，(6)	87	盐城师范学院	2007.12
定海古民居美学撷谈	翁源昌	《浙江国际海运职业技术学院学报》2006，(4)	36	浙江国际海运职业技术学院	2007.12
《历史性木结构保存原则》解读	陆地	《建筑学报》2007，(12)	86	中国建筑学会	2007.12
大鹏所城典型民居改造	李国华，贾亭立	《建筑学报》2007，(12)	78	中国建筑学会	2007.12
楠溪江上游林坑古村落保护和开发策略探析	吕敏	《安徽农业科学》2008，(1)	288	《安徽农业科学》杂志社	2008.1
传承与演化——贵州屯堡聚落研究	王海宁	《城市规划》2008，(1)	89	《城市规划》杂志社	2008.1
浙江江山市清漾村——国家历史文化名城研究中心历史街区调研	阮仪三	《城市规划》2008，(1)	48	《城市规划》杂志社	2008.1
宜昌西北部农村的房屋建筑特色	何军师，陈鹏	《低温建筑技术》2008，(1)	38	《低温建筑技术》编辑部	2008.1
从生态的角度谈传统民居的建造	郭晶，柯茂松	《福建建设科技》2008，(1)	25	《福建建设科技》编辑部	2008.1
晋江福全古城	周婷婷	《福建乡土》2008，(1)	40	《福建乡土》编辑部	2008.1
走进楼仔厝	叶小秋	《福建乡土》2008，(1)		《福建乡土》编辑部	2008.1

续表

论文名	作者	刊载杂志	页码	编辑出版单位	出版日期
传统中的现代——现代主义本土化的可行性	王珏伟	《华中建筑》2008，（1）	27	《华中建筑》编辑部	2008.1
结合苏州博物馆新馆庭院设计谈景观设计中的新乡土倾向	张峻	《华中建筑》2008，（1）	124	《华中建筑》编辑部	2008.1
聚落与场——在建筑设计中的探究	方淳	《华中建筑》2008，（1）	79	《华中建筑》编辑部	2008.1
再论"形式追随气候"——建筑全球化背景下中国建筑师何去何从？	欧晓斌	《华中建筑》2008，（1）	30	《华中建筑》编辑部	2008.1
胶东半岛海草房村落家具概述	于德华	《家具与室内装饰》2008，（1）	14	《家具与室内装饰》杂志社	2008.1
明清江南书斋形态浅析	杨玲，张明春	《家具与室内装饰》2008，（1）	56	《家具与室内装饰》杂志社	2008.1
鄂西土家传统天井院落的建筑特点	张劲松	《建筑设计管理》2008，（1）	43	《建筑设计管理》编辑部	2008.1
土楼公舍 关于中国城市低收入住宅模式的探索	都市实践	《建筑与文化》2008，（1）	42	《建筑与文化》杂志编辑部	2008.1
基于空间分析方法的姜寨史前聚落考古研究	毕硕本，裴安平，闾国年	《考古与文物》2008，（1）	9	《考古与文物》编辑部	2008.1
平遥古城持续发展的文化经济策略分析	耿娜娜	《科技情报开发与经济》2008，（1）	118	《科技情报开发与经济》编辑部	2008.1
岭南历史名镇源流、类型及其开发利用	许桂灵，司徒尚纪	《热带地理》2008，（1）	92	《热带地理》杂志社	2008.1
农村居民点空间模式调整研究——以江苏省为例	王焕，徐逸伦，魏宗财	《热带地理》2008，（1）	68	《热带地理》杂志社	2008.1
江南古村落的景观价值及保护利用探讨	吴晓华，王水浪	《山西建筑》2008，（2）	28	《山西建筑》杂志社	2008.1
浅析建水古城的保护与更新	曾舒娅，邓蜀阳	《山西建筑》2008，（3）	32	《山西建筑》杂志社	2008.1
兴城传统民居的保护与文化产业链接	胡飞，付瑶	《山西建筑》2008，（2）	32	《山西建筑》杂志社	2008.1
以现代生态学观点看丽江大研古城的演进	邓炀，王晓博	《山西建筑》2008，（3）	64	《山西建筑》杂志社	2008.1
"曙古"人与自然是兄弟——丽江纳西族乡规民约中的环保意识以及对古城保护的启示	郭夷平，樊国盛，陈坚	《山西科技》2008，（1）	26	《山西科技》杂志社	2008.1
历史建筑产权量与使用效率的悖论解析——以浙江省古村落保护规划为例	张杰，刘烈雄	《现代城市研究》2008，（1）	21	《现代城市研究》编辑部	2008.1
常德建筑文化的变迁	张军	《小城镇建设》2008，（1）	68	《小城镇建设》编辑部	2008.1
广州西关骑楼建筑的文化特色及其保护发展——以上下九骑楼商业街为考察对象	唐孝祥，娄君侠	《小城镇建设》2008，（1）	80	《小城镇建设》编辑部	2008.1
粤东北客家民居围龙屋建筑探究	宁新安	《艺术教育》2008，（1）	28	《艺术与设计》杂志社	2008.1
历史老街 古韵犹存——长沙太平街历史文化街区保护规划及实施	张柏，何勰，曾宪文，竺钦军，骆锋，谭建华	《中外建筑》2008，（1）	52	《中外建筑》杂志社	2008.1

续表

论文名	作者	刊载杂志	页码	编辑出版单位	出版日期
关于徽州古村落保护的若干问题	王琳，吴宗友	《安徽农业大学学报》（社会科学版），2008，(1)	134	安徽农业大学	2008.1
纳西族民居结构特点及其抗震性能	孙建刚，王慧青，崔贤，张斌	《大连民族学院学报》2008，(1)	62	大连民族学院	2008.1
福建传统民居对现代室内生态环境设计的启迪	陈方达，申绍杰	《福建建筑》2008，(1)	1	福建省建筑学会	2008.1
隆里古城——建筑、文化和符号	项锡黔，徐浩，杨安迪	《贵州民族研究》2008，(1)	83	贵州省民族研究所	2008.1
使用与功能——皖南目连戏的变与不变——以祁门两个村落为例	樊昀	《合肥学院学报》（社会科学版）2008，(1)	66	合肥学院	2008.1
汉族"天梯"与土家族"天梯"神话的比较	李艳	《湖北经济学院学报》（人文社会科学版）2008，(1)	118	湖北经济学院	2008.1
土楼民居的室内热环境测试	袁炯炯，冉茂宇	《华侨大学学报》（自然科学版）2008，(1)	91	华侨大学	2008.1
泉州古城更新中的新旧建筑群体空间关系	尹培如，郑妙丰，冉茂宇	《华侨大学学报》（自然科学版）2008，(1)	88	华侨大学	2008.1
土楼民居的室内热环境测试	袁炯炯，冉茂宇	《华侨大学学报》（自然科学版）2008，(1)	91	华侨大学	2008.1
浅谈徽州古村落水文化	陈丹华，陈琦昌	《美术大观》2008，(1)	174	辽宁美术出版社	2008.1
浅谈我国南北典型民居形式美的异同——"四合院"与"一颗印"形式美异同比较	韩锐	《美术大观》2008，(1)	76	辽宁美术出版社	2008.1
徐州户部山传统民居探究	季翔	《南京艺术学院学报》（美术与设计版）2008，(1)	144	南京艺术学院	2008.1
阆中古民居的木雕花窗艺术及其保护	秦学，秦仪	《四川烹饪高等专科学校学报》2008，(1)	50	四川烹饪高等专科学校	2008.1
民族村寨文化的理论架构	肖青，李宇峰	《云南师范大学学报》（哲学社会科学版）2008，(1)	65	云南师范大学	2008.1
重庆吊脚楼在现代住宅建设中的传承	郭选昌，朱绚绚	《重庆工学院学报》（社会科学版）2008，(1)	91	重庆工学院	2008.1
农村土地制度创新对农村聚落形态演化的影响分析——以江苏省苏州市为例	夏健，王勇	《安徽农业科学》2008，(5)	216	《安徽农业科学》杂志社	2008.2
中国胶东特色民居——海草房	杨志礼，朱爱琴	《城建档案》2008，(2)	36	《城建档案》编辑部	2008.2
走进丽江古城——丽江古城规划建设和保护探秘	黄海	《城乡建设》2008，(2)	76	《城乡建设》编辑部	2008.2
侗族村寨建筑景观及其文化内涵探析	任爽，程道品，梁振然	《广西城镇建设》2008，(2)	36	《广西城镇建设》编辑部	2008.2
贵州凯里地区苗族民居考察	李智伟	《民族论坛》2008，(2)	24	《民族论坛》编辑部	2008.2
巴渝传统民居中的风水探究	黄潇	《山西建筑》2008，(6)	26	《山西建筑》杂志社	2008.2
传统建筑与地域气候	赵雪亮	《山西建筑》2008，(4)	71	《山西建筑》杂志社	2008.2
从王家大院看晋中民居	阮晓云，武琛	《山西建筑》2008，(5)	70	《山西建筑》杂志社	2008.2
蒙古包的建筑形态及其低技术生态概念探析	杜倩	《山西建筑》2008，(5)	54	《山西建筑》杂志社	2008.2
名人故居保护研究	崔丽	《山西建筑》2008，(5)	73	《山西建筑》杂志社	2008.2
社会学视角中的地域建筑文化研究	余熙文	《山西建筑》2008，(4)	31	《山西建筑》杂志社	2008.2

续表

论文名	作者	刊载杂志	页码	编辑出版单位	出版日期
襄阳古城北街的历史风貌保护研究	付敏，李俊梅	《山西建筑》2008，(6)	88	《山西建筑》杂志社	2008.2
以凤凰古城为例谈如何加强对文化遗产的保护	贺文敏，张楠，张蕾	《山西建筑》2008，(5)	85	《山西建筑》杂志社	2008.2
成都平原民居装饰题材及其文化内涵浅析	蔡璐阳，陈颖	《四川建筑》2008，(1)	37	《四川建筑》编辑部	2008.2
凉山彝族民居装饰艺术特征及其哲学思想探微	范觅，成斌	《四川建筑》2008，(1)	32	《四川建筑》编辑部	2008.2
名人故居保护与利用的新思路和新方法初探——以南京拉贝故居为例	杨洁，胡振宇	《四川建筑》2008，(1)	44	《四川建筑》编辑部	2008.2
四川羌族传统聚落研究	谢珂珩	《四川建筑》2008，(1)	46	《四川建筑》编辑部	2008.2
杂谷脑河下游羌族聚落选址探讨	李路	《四川建筑科学研究》2008，(1)	206	《四川建筑科学研究》编辑部	2008.2
大理白族民居	许文舟	《西部大开发》2008，(2)	66	《西部大开发》杂志社	2008.2
文化遗产的传承与创新——安丰古镇七里老街保护与发展研究	熊健，葛幼松，丁琼	《小城镇建设》2008，(2)	56	《小城镇建设》编辑部	2008.2
张谷英村建筑文化特征初探	唐孝祥，李倩	《小城镇建设》2008，(2)	52	《小城镇建设》编辑部	2008.2
对具有地域特色的西安老城区内街道设施的设计探索	魏琰，张静	《艺术与设计》(理论)2008，(2)	97	《艺术与设计》杂志社	2008.2
非洲茅棚——人类原始建筑的最初表象	秦传文，冉绿林	《中外建筑》2008，(3)	52	《中外建筑》杂志社	2008.2
苏北传统民居木雕艺术研究	蒋露瑶，谢海琴	《中外建筑》2008，(2)	100	《中外建筑》杂志社	2008.2
中国陕北原生态窑洞建筑聚落	房海峰，谭建华	《中外建筑》2008，(2)	66	《中外建筑》杂志社	2008.2
中西合璧的民居建筑——宋氏小洋楼	蔡昱	《中外建筑》2008，(2)	96	《中外建筑》杂志社	2008.2
新农村建设中传统民居的保护与可持续发展	邹明生	《住宅科技》2008，(2)	59	《住宅科技》编辑部	2008.2
北京旧城关键在整体保护	谢辰生	《北京城市学院学报》2008，(1)	1	北京城市学院	2008.2
平和土楼初探	郭栋林	《福建建筑》2008，(2)	29	福建省建筑学会	2008.2
徽州民居中的教化场所分析	徐震，顾大治	《合肥工业大学学报》(社会科学版)2008，(1)	137	合肥工业大学	2008.2
洛带古镇的客家会馆建筑	蔡燕歆	《同济大学学报》(社会科学版)2008，(1)	49	同济大学	2008.2
从北京庄王府到天津李纯祠堂——对民居整体性搬迁的思考	梁雪	《建筑师》2008，(1)	93	中国建筑工业出版社	2008.2
基于陆路文明与海洋文化双重影响下的闽南"红砖厝"——红砖之源考	王治君	《建筑师》2008，(1)	86	中国建筑工业出版社	2008.2
比较阅读：洪江古镇与平遥古城	欧阳虹彬，张卫	《重庆建筑大学学报》2008，(1)	21	重庆建筑大学	2008.2
论鄂西土家族传统民居艺术的审美特色	周传发	《重庆建筑大学学报》2008，(1)	13	重庆建筑大学	2008.2

续表

论文名	作者	刊载杂志	页码	编辑出版单位	出版日期
赣南客家围屋建筑特征及建造技术浅析	赖龙威	《黑龙江科技信息》2008，(4)	229	《黑龙江科技信息》杂志社	2008.3
传统民居建筑的生态特性——以湖南传统民居建筑为例	伍国正，余翰武，吴越，隆万容	《建筑科学》2008，(3)	129	《建筑科学》杂志社	2008.3
中原传统民居装饰艺术在现代室内设计中的传承	王莹莹	《科技资讯》2008，(3)	210	《科技资讯》杂志社	2008.3
传统民居建筑与人类社会	刘原平，罗艳霞	《山西建筑》2008，(8)	22	《山西建筑》杂志社	2008.3
从顺城巷的改造探寻西安古城改扩建	李强	《山西建筑》2008，(7)	77	《山西建筑》杂志社	2008.3
对批判的地域主义和地域性的认识	王宾	《山西建筑》2008，(8)	53	《山西建筑》杂志社	2008.3
浅谈山西民居与北京民居的区别	刘原平，郭永伟	《山西建筑》2008，(7)	14	《山西建筑》杂志社	2008.3
陕北黄土丘陵沟壑区农村适宜耕作半径研究	赵恺，惠振江	《山西建筑》2008，(8)	14	《山西建筑》杂志社	2008.3
窑洞在陕北川道型城镇的和谐发展研究	王欣，刘冬	《山西建筑》2008，(8)	46	《山西建筑》杂志社	2008.3
武汉市郊民居特色培育情况调查与研究	陈亚平，黄超，袁红瑛	《小城镇建设》2008，(3)	77	《小城镇建设》编辑部	2008.3
新农村住宅设计理念浅析	郭炳南	《小城镇建设》2008，(3)	48	《小城镇建设》编辑部	2008.3
彝族"白倮"支系建筑和村寨景观初探	楚珊珊，车震宇	《小城镇建设》2008，(3)	33	《小城镇建设》编辑部	2008.3
黄土山中古老的栖居——浅谈碛口古镇李家山的窑洞民居	俞卓	《艺术与设计》(理论)2008，(3)	98	《艺术与设计》杂志社	2008.3
浅析泉州古民居建筑绿色生态观的现实意义	王海岩	《艺术与设计》(理论)2008，(3)	103	《艺术与设计》杂志社	2008.3
谈徽派建筑的保护、利用与发展	于春普	《中国勘察设计》2008，(3)	16	《中国勘察设计》杂志社	2008.3
徽派古建筑保护利用现状与对策	汪光耀	《中国勘察设计》2008，(3)	34	《中国勘察设计》杂志社	2008.3
徽派建筑和新徽派的探索	单德启，李小妹	《中国勘察设计》2008，(3)	30	《中国勘察设计》杂志社	2008.3
皖南古村落遗产保护的规划思考——以西递、宏村为例	万国庆	《中国勘察设计》2008，(3)	38	《中国勘察设计》杂志社	2008.3
皖南西递古民居建筑环境探究	陈雪杰	《住宅科技》2008，(3)	54	《住宅科技》编辑部	2008.3
以用为美的集中体现——陕西陈炉古民居	董静，张伏虎	《装饰》2008，(3)	118	《装饰》杂志社	2008.3
不同目的旅游者购物行为差异研究——以安徽屯溪老街为例	周强，程荥，赵宁曦，杨威	《山东师范大学学报》(自然科学版)2008，(1)	111	山东师范大学	2008.3
少数民族地区社区旅游参与的微观机制研究——以丹巴县甲居藏寨为例	刘旺，吴雪	《四川师范大学学报》(社会科学版)2008，(2)	140	四川师范大学	2008.3
江汉平原地区农村若干景观元素研讨	田密蜜，赵衡宇	《浙江工业大学学报》2008，(2)	226	浙江工业大学	2008.4
木石相合 精美独特——从垂花门、木雕窗和石地漏探屯堡民居的装饰艺术	郎维宏，黄榜泉	《建筑》2008，(5)	67	《建筑》编辑部	2008.5

续表

论文名	作者	刊载杂志	页码	编辑出版单位	出版日期
天地人和的居住艺术——中国传统合院式住宅文化意义探析	雷翔	《建筑》2008，(5)	69	《建筑》编辑部	2008.5
晋商与建筑艺术	郭齐文	《沧桑》2001，(s2)	34	《沧桑》杂志社	2001 增刊
对北京历史城市设计的分析	魏成林	《建筑创作》2002，(s1)	96	《建筑创作》编辑部	2002 增刊
南阳市杨廷宝故居的保护和更新	刘伟，杨一东	《新建筑》2003，(s1)	33	《新建筑》杂志社	2003 增刊
凉山彝族民居中独特的采光设计	侯宝石	《重庆建筑》2004，(s1)	52	《重庆建筑》杂志社	2004 增刊
浅析传统民居中的邻里空间体系	龙涛江	《重庆建筑》2004，(s1)	103	《重庆建筑》杂志社	2004 增刊
羌族民居浅析——黑虎羌碉	张离可	《重庆建筑》2004，(s1)	110	《重庆建筑》杂志社	2004 增刊
四川盆地传统民居地域特质与形成	王朝霞	《重庆建筑》2004，(s1)	106	《重庆建筑》杂志社	2004 增刊
柳氏民居的建筑格局	无	《森林与人类》2005，(z1)	96	《森林与人类》编辑部	2005 增刊
建筑设计中新与旧的关系探讨	黄辉	《福建建筑》2005，(z1)	28	福建省建筑学会	2005 增刊
中国传统建筑的形式美分析	龚维政，刘学峰，储冬叶	《福建建筑》2005，(z1)	6	福建省建筑学会	2005 增刊
乡土聚落的多元文化融合——泸州市福宝古镇范例	刘宏梅，周波	《工业建筑》2006，(s1)	40	《工业建筑》杂志社	2006 增刊
中国传统建筑与文化	谢空，李庆红，李峰	《工业建筑》2006，(s1)	173	《工业建筑》杂志社	2006 增刊
传统建筑生态思想的价值再开发	宋卫	《科技信息》（科学教研）2006，(s5)	64	《科技信息》编辑部	2006 增刊
鹤舍袁村清代民居的建筑特色	王晓峰，骆凤平，李晓琼	《陕西教育》（理论版）2006，(z2)	282	陕西教育报社	2006 增刊
对吴地传统门楼艺术的再认识	王汉卿	《苏州工艺美术职业技术学院学报》2006，(s1)	57	苏州工艺美术职业技术学院	2006 增刊
苏州东山陆巷古村落空间意向分析	吴剑锋	《苏州工艺美术职业技术学院学报》2006，(s1)	59	苏州工艺美术职业技术学院	2006 增刊
古村落的保护与发展问题研究——以朱家峪村为例	游小文，温莹蕾，边克克	《规划师》2007，(s1)	34	《规划师》编辑部	2007 增刊
老城更新中传统风貌特色的保护与再生——以济南解放阁片区详细规划为例	崔延涛，朱昕虹	《规划师》2007，(s1)	23	《规划师》编辑部	2007 增刊
叛逆的四川民居	冉云飞	《中国西部》2007，(z1)	198	《中国西部》杂志社	2007 增刊
土族"阿寅勒"的起源	桑吉仁谦	《中国土族》2007，(3)	45	《中国土族》编辑部	2007—秋
从纯粹性走向体系化——云南干栏民居与鄂西干栏民居之比较	崔剑，李捷	《新建筑》2003，(s1)	44	《新建筑》杂志社	

4.2.4 民居论文(外文期刊)目录(1957—2008.5)

论文名	作者	刊载杂志	页码	编辑出版单位	出版日期
Chinese Traditional Houses as Vernacular(从Vernacular建筑的角度看民居)	晴永知之	中外建筑(1998)	15-16	《中外建筑》编辑部	1998
Fast modeling of Vernacular Houses of Southeast China	Yong Liu, Congfu Xu, Yunhe Pan	Proceedings of SPIE—Volume 5444	14-18	The International Society for Optical Engineering	2004, 3
Semantic Modeling for Ancient Architecture of Digital Heritage	Liu Yong, Xu Congful, Pan Zhigeng, Pan Yunhe	Computers & Graphics	800-814	Elsevier Ltd, Oxford, OX5 1GB, United Kingdom	2006, 10
Yangtze Delta Architecture at Risk, Experts Say	Wang Shanshan.	China Daily.	3		2007, 4
House Home Family: Living and Being Chinese	Tracy Miller.	The China Journal	194-196	Canberra	2006, 7
Sustainable Design in Its Simplest Form: Lessons from the Living Villages of Fujian Rammed Earth Houses	Stephen Siu-Yiu Lau, Renato Garcia, Ying-Qing Ou, Man-Mo Kwok	Structural Survey	371-386	Bradford	2005 (5)
Decorative Architectural Elements on a Chinese House	Nancy Berliner.	The Magazine Antiques	88	New York	2007, 7
To Record, Perhaps to Save, China's Endangered Old Houses	Elaine Louie	New York Times	F. 3	New York	2001, 6
China's Living Houses: Folk Beliefs, Symbols, and Household Ornamentation	Carolyn Cartier	Annals of the Association of American Geographers	527-528		2007, 6
An Ecological Assessment of the Vernacular Architecture and of Its Embodied Energy in Yunnan, China	Wang, Renping; Cai, Zhenyu	Building and Environment	687-697	Elsevier Ltd, Oxford, OX5 1GB, United Kingdom	2006, 5
Critical sustainability in Chinese Vernacular: Chinese Architects' Exploration for Holistic Sustainability	Hui, Cai; Xiaodong, Li	International Journal for Housing and Its Applications.	21-32	International Association for Housing Science, Coral Gables, FL 33114, United States	2005(29)
Timber Construction of Vernacular Buildings in Hong Kong	Ho, P. P.	WIT Transactions on the Built Environment	167-175	WITPress, Southampton, SO40 7AA, United Kingdom	2007
Bioclimatic features of vernacular architecture in China	Jingxia, Li	Renewable Energy	305-308	Pergamon Press Inc, Tarrytown, NY, USA	1996, 5
After-lives of the Mongolian Yurt-The 'Archaeology' of a Chinese Tourist Camp	Evans C, Humphrey C	JOURNAL OF MATERIAL CULTURE	189—210	SAGE PUBLICATIONS LTD, 6 BONHILL STREET, LONDON EC2A 4PU, ENGLAND	2002, 7
Nodes and Field of Tourist Origins to Ancient Village —A Case Study of Huangcheng Village in Shanxi Province of China	Jing Zhong, Jie Zhang, Donghe Li, Yong Zhao, Song Lu and Chunyun Shi	Chinese Geographical Science	280-287	Science Press, Co-published with Springer-Verlag GmbH	2007, 9

4.3 历届中国民居学术会议论文目录索引（内容见光盘）

民居建筑与学术委员会

4.3.1 1988—2007 共 15 届中国民居学术会议论文

4.3.1.1 中国传统民居与文化 第一辑 ……………………………………………………… 1

中国民居的特征与借鉴	陆元鼎	5
朴实无华，隽永清新——江西南昌八大山人故居	李嗣垦 朱火保 张敏龙	12
意与境的追求——闽北两个传统村落的启示	黄为隽	20
风土建筑与环境	魏挹澧	25
略论云南的汉式民居	朱良文	33
广东潮州许驸马府研究	吴国智	37
广东南海民居与乡土文化	林小麒 黎少姬	61
传统文化与潮汕民居	何建琪	69
广东民居装饰装修	陆琦	94
云南丽江古城中的民居保护	何明俊	107
潮汕民居风采揽胜纪略	钟鸿英	115
广东侨乡民居	魏彦钧	125
胶东村镇与民居	胡树志	138
阆中古民居	曹怀经	150
山西静昇明清民居	金以康	160
福建泉州民居	戴志坚	167
侗族村寨形态初探	邹洪灿	177
瑶人的住屋——乳源瑶族"深山瑶"住屋浅析	李节	184
广东客家民居初探	谢苑祥	190
广东潮州民居丈竿法	陆元鼎	193
纳西族民居抗震构造的探讨	木庚锡	202
传统傣族住居设计初探	王加强	211
西双版纳傣族民居的分析与借鉴	刘业	227
湿热环境对传统民居的影响——西双版纳地理气候概况和传统民居热工环境调研报告	刘岳超 林甫肆	237
提高北方民居热舒适性的研究	王准勤	242

广州近代城市住宅的居住形态分析 .... 龚 耕 刘 业 249

4.3.1.2 中国传统民居与文化 第二辑 266

民居潜在意识钩沉 .... 余卓群 270
中国民居与俗文化 .... 杨慎初 275
生态及其与形态、情态的有机统———试析传统民居集落居住
　环境的生态意义 .... 单德启 278
传统合院的阴与阳 .... 南舜薰 283
文化、环境、人是建筑之本——皖南民居建筑 .... 王文卿 289
评清代的社会背景与民居的新发展 .... 孙大章 293
论东阳明清住宅的存在特征 .... 洪铁城 300
西南地区干阑式民居形态特征与文脉机制 .... 李先逵 306
西双版纳傣族村寨的方位体系 .... 张宏伟 319
西双版纳村寨聚落分析 .... 严 明 325
云南民居的类型及发展 .... 饶维纯 332
羌族居住文化概观 .... 曹怀经 337
纳西族民居文化 .... 木庚锡 346
侗族民间建筑文化探索 .... 李长杰 张克俭 354
粤北瑶族民居与文化 .... 魏彦钧 359
福建诏安客家民居与文化 .... 戴志坚 367
住屋文化的历史转换 .... 杨大禹 378
中国民居历史的博物馆——云南民居 .... 陈谋德 王翠兰 385
云南民居中的半开敞空间探析 .... 朱良文 392
山东"牟氏庄园"建筑特色初探 .... 张润武 402
黑龙江省传统民居初探 .... 周立军 409
湘西典型民居剖析 .... 黄善言 417
传统城镇更新中根与质的追求 .... 魏挹澧 421
民间传统建筑文化的更新 .... 黄为隽 430
传统民居群落的结构特点及其应用 .... 梁 雪 436
一颗印的环境 .... 李兴发 445
古罗马民居的启示 .... 许焯权 456

4.3.1.3 中国传统民居与文化 第三辑 466

桂林山水甲天下　桂北民居冠中华 .... 张开济 468
侗族建筑环境艺术 .... 赵冬日 杨春风 471
传统民居与城市风貌 .... 李长杰 张克俭 478
传统城镇与民居美学 .... 王其钧 485

城市中介空间与聚合形态	南舜薰	492
中国传统民居的装饰艺术与借鉴	陆琦	497
苗族民居建筑文化特质	李先逵	506
传统民居建筑文化继承与弘扬	业祖润	521
从"道"、"形"、"器"、"材"论黄河流域民居的发展	刘金钟	529
河南传统民居的中原地区特色	胡诗仙	536
巫楚之乡,"山鬼"故家	魏挹澧	545
中国传统民居构筑形态	王文卿 周立军	551
中国建筑阴阳思维	余卓群	559
传统与继承——仙游生土民居	戴志坚	563
江西"三南"围子	黄浩 邵永杰 李廷荣	571
侗族民居建筑的群体意识	吴世华	579
借鉴传统民居,创造时代建筑	解建才	583
川西北藏羌族民居特色	蔡家汉	587
湘西民居	黄善言 黄家瑾	590
侗族文化与建筑艺术	白剑虹 吴浩	595
村寨人居环境	李兴发	598
丽江古城与纳西民居保护	木庚锡	603
民居与旧城环境改善	张乃昕	606
从传统到现代——潮州铁铺镇桂林村设计有感	许焯权	609
北京古城建筑色彩	杨春风	612
传统民居的研究环境	殷永达	618
后记		625

4.1.3.4 中国传统民居与文化 第四辑 …………………………………… 626

试论云南民居的建筑创作价值——对传统民居继承问题的探讨之二	朱良文	630
台湾民居及研究方向	李乾朗	637
北方汉族传统住宅类型浅议	周立军	645
试论徽州传统民居及其布局	王治平	650
鹿港街屋特质与保存问题	阎亚宁	654
潇洒似江南——济南传统民居特色议	张润武 薛立	662
北方渔村风貌特点及其发展	梁雪	668
新疆维吾尔民居类型及其空间组合浅析	黄仲宾	674
物境·心境·意境——传统民居美学探讨	李长杰 张克俭	683
民俗文化对民居型制的制约	王其钧	695
南平建筑文化概观	戴志坚 程玉流	703
西藏传统建筑色彩特征	杨春风	710

中国民居的防洪经验和措施	吴庆洲	713
江西天井式民居简介	黄 浩　邵永杰　李廷荣	720
磡头——徽州古村落的明珠	罗来平	731
从云南民居的多样性看哈尼族的住房群	王翠兰	734
"二宜楼"的建筑特色	黄汉民	737
徽州呈坎古村及明宅调查	殷永达	741
兴城古城及城内民居	秦 剑	746
赣南客家民居素描——兼谈闽粤赣边客家民居的源流关系及其成因	万幼楠	750
田头屯干阑式木楼集落的改建	单德启　贾 东	757
地中海巴尔干民居地域特色及其保护中的现代价值取向	李先逵	761
徽州古建筑及其保护和利用	程 远	775
潮安古巷区象埔寨新民居设计方案	许焯权	782
既保护又利用　既继承又发展——常熟传统民居保护、利用与发展初探	朱良钧	789
呈坎古村保护利用初探	高青山	793
民居・古城——诌议山西晋中民居与古城保护	金以康	800
古街坊的保护是古城保护的精华——试谈山塘街的保护、开发和管理	周德泉	805
潮州民居板门扇做法算例	吴国智	811
苏州传统民居的环境、意境和心境	俞绳方	821
从传统民居中吸取养分，创造宜人的人居环境	茹先古丽	826

4.1.3.5　中国传统民居与文化　第五辑 830

中国民居建筑艺术的象征主义	吴庆洲	833
中国民居的院落精神	李先逵	837
民居隐形"六缘"探析	余卓群	845
清代民居的史学价值	孙大章	849
巴蜀民居源流初探	庄裕光	853
原始宗教与民居小议	王翠兰	865
名人故居文化构想	季富政	868
四川民居美学思想初探	雍朝勉	879
传统民居与桂林城市风貌	李长杰　张克俭	885
湖南湘南民居	黄善言　焦吉康　欧阳培民	898
云南彝族山寨　井干结构犹存——大姚县桂花乡味尼乍寨闪片式垛木房民居考察记	朱良文	904
四川茂县地区羌族传统民居初探	郁 林　陈 颖	913
新安江上游黄山白岳间的一颗明珠	罗来平	919
南靖田螺坑建筑特色初探	戴志坚	927
论高山族建筑与雅美人的房舍	苏儒光	936

潍坊传统民居拾零	张润武 薛 立	941
湘西民居略识	张玉坤	946
阆中古城考	谢吾同	955
重庆传统民居建筑初探	卢 伟	964
徽州民居的砖雕艺术	殷永达	969
民居侧样之排列构成——侧样系列之一·六柱式	吴国智	972
山西传统民居及保护对策	颜纪臣 杨 平	978
维吾尔族民居建筑风格及其保护	张国良 徐昌福	981
创造山水小镇的新景象——凤凰沱江镇保护与更新规划析	魏挹澧	985
新意盎然 古韵犹存——记北京北池子四合院小区设计	胥蜀辉	995
继承、革新传统店铺民居的探索——河南三大古都老城区商业街改建述评	胡诗仙 张玉喜	999
巩义市窑洞民俗文化村浅析	刘金钟 吕全瑞	1003
传统民居的"虚空间"及其对现代住宅设计的启示	杨昌鸣 周湘虎 舒 平 邱 滨	1007
佛山市图书馆设计——传统民居在新建筑中的应用	林小麒	1012
全国第五届中国民居学术会议纪要		1016
后记		1020

4.3.1.6 中国传统民居与文化 第七辑 1021

中国民居研究的回顾与展望	陆元鼎	1022
试论传统民居的经济层次及其价值差异——对传统民居继承问题的探讨之三	朱良文	1028
从大木结构探索台湾民居与闽、粤古建筑之渊源	李乾朗	1031
必须性的建筑——论香港都市空间和形式	许焯权	1036
传统民居中天井的退化与消失	黄 浩 赵永忠	1040
粤中民居中蕴涵的"可持续发展思想"	黄为隽	1048
山西传统民居特征研究	颜纪臣	1054
聚落研究的几个要点	谢吾同	1058
台湾传统民居营建风水吉凶尺寸及禁忌	徐裕健	1063
城市建设走民族风格地方特点问题的思考——21世纪南宁市城市建设市长会议上的发言	刘彦才	1069
中国古代文人的住居形态探索民居研究方法小议	王其明	1072
村镇建设承续民居传统的思考	胡诗仙	1074
变迁社会的建筑衍化——传统、衍化、新基型	阎亚宁	1079
传统民居对现代城市建设的启示	陈一新 谢顺佳 林社铃	1084
《中国民居建筑艺术》中译法之难点及专业术语的处理	张华华	1086

标题	作者	页码
东南沿海现代合院住宅的平行演化——汉民居原型变迁的研究假设（大纲摘要）	王维仁	1091
从明代建筑形式变革看社会观念的作用	任震英　左国保	1093
民居建筑艺术研究的追求	申国俊	1098
从古代宅园记述中看建筑的个性——读司马光"独乐园记"有感	王程　侯九义	1101
中国村落中的教化性景观	那仲良　Ronald G Knapp	1105
四合院的文化精神	李先逵　张晓群	1110
传统民居建筑形式与文化（浅议）	杨谷生	1114
中国传统民居分类试探	孙大章	1117
黄土高原窑洞民居村落的民俗文化	刘金钟	1126
山西民居建筑文化渊源与形成初探	颜纪臣　申国俊	1130
现代社会的古建筑——佤族的建筑文化	施维林	1135
乔家大院建筑文化特点剖析	彭海	1139
山西襄汾丁村民居建筑布局空间组合特点及意蕴	山西省古建筑保护研究所	1146
广东传统客家民居与现代民居的文化意识	黄丽珠	1157
传统建筑空间的相对性——以四川宁场为例	胡纹　方晓灵	1160
传统民居的形态与环境	李长杰　李俐	1168
历史、环境与民居——介绍山西传统民居	颜纪臣　杨平	1173
民居会议及建筑设计之启发返璞归真的环保建筑	林云峰	1178
民居环境的同构	余卓群	1180
客家民居意象之生命美学智慧	吴庆洲	1183
传统宅居环境探析	殷永达	1185
四川夕佳山传统民居环境探析	业祖润　陈德全　熊炜	1189
广东三水郑村民居的现状与改建探析	魏彦钧	1198
古聊城——大运河上的明珠	魏挹澧　李东生	1201
胶东渔民民居	张润武　薛立	1205
太原近代住宅建筑及其发展过程	金志强　芝效林　梅刚	1210
斗山街——历史文化地段保护与更新的典范	罗来平	1220
青海传统民居——庄窠	梁琦	1224
中国古村——引言	何重义	1229
建筑明珠　艺术奇葩——赏介王家大院的环境与形态	张国华	1233
汾西师家沟清代民居群	山西省古建筑保护研究所　汾西县博物馆	1237
商业交往行为与集镇民居形态——山西省长治县荫城镇及其民居形态浅析	朱向东	1242
川东巫溪宁厂古镇	陆琦	1246
明清时期的晋商民居	李剑平　郑庆春	1250

马祖民居	康锗锡	1254
从海南郑氏祖屋谈起	郑振纮	1259
湖南名人故居（续） 黄善言 陈竹林 刘德军	邹 峻	1264

4.3.1.7　中国传统民居与文化　第八辑 …… 1274

概论篇		1277
中国传统民居的研究	陆元鼎	1278
地理学与乡土建筑	那仲良	1287
探讨传统建筑形式与意义的再现——以大稻埕街屋立面为例		
	施弘晋 林峰田	1294
古语化今——传统民居语汇对现代建筑文化的启发	谢顺佳	1304
地域篇		1309
景德镇明代住宅特征	黄 浩	1310
豫西石头民居浅议	刘金钟 任 斌	1315
马祖闽东传统聚落民居之历史	夏铸九 邓宗德	1326
武汉传统民居	张振华	1345
岷江流域的山地建筑	胡 纹	1354
温州民居木作初探	刘 磊	1362
澳门居民之沿革、特点	黄兆钧	1384
嘉定古代建筑的文化含义	顾育成	1388
传承篇		1398
撷江南传统民居之精华	俞绳方	1399
传统抱厅与现代中庭设计	张兴国	1406
由翠亨村看粤中地区传统民居的居住模式及发展	廖 志	1413
江南水乡民居的现状分析与前景初探	丁沃沃	1420
老人与古镇	方晓灵 张克胜	1428
开封传统四合院民居与"新四合院"	李德耀	1443
苏州传统民居与现代住宅	徐民苏	1449
"罗城"今日——浅论建设开发与传统保护	成 城	1456
附录		1460

4.3.1.8　中国传统民居与文化　第十一辑 …… 1465

源于传统更新住区环境	余卓群	1467
浅说传统村落群的研究	龚 恺	1469
民居其居　人居相依——从传统民居到"后民居"	庞 伟 黄征征	1472
积极保护——历史文化名城中传统社区发展之路初探	赵 霞 傅冬楠	1474
传统环境美学观与现代城市住区环境美的创造	唐孝祥	1479

青海民居的景观与宗教	梁 琦 1484
吐鲁番民居的形态构成	马 丹 谢吾同 1487
民族文化振兴与城市特色	张鸿冰 张丹奇 1492
强化城市个性琐谈	余卓群 1495
济南近代民居与中西交融的城市	张润武 张 菁 1497
喀什/清真寺/民居及其建筑色彩的运用	杨春风 1499
溯源于民居的桂林建筑文化	李长杰 陈 清 伍 俊 1507
苏州传统民居的文化特色	俞绳方 1512
闽西圆楼徽州民居	罗来平 1516
深圳传统民居述略	黄中和 赖德劭 1519
太湖人家——江苏吴县洞庭山岛古民居	马祖铭 何 平 1523
鹤湖新居建筑特色浅析	赖 旻 1528
古城丽江城市特色及保护与发展	张鸿冰 秦志成 1532
赣南村围考察	万幼楠 1536
深港地区粤式民居的建筑特色	彭全民 程 建 1542
深港地区粤式民居的渊源与形成	彭全民 程 建 1545
江西千年古村——流坑	樊昌生 1551
中国传统民居构筑特征与自然区划	王文卿 朱星平 1555
传统民居的现代演绎	谢顺佳 李永康 1560

4.3.1.9 中国传统民居与文化 第十二辑 ……… 1561

温州乡土公共建筑中的亭	肖健雄 1562
我国古代乡村中的礼制建筑——以温州永嘉、泰顺县为例	丁俊清 1568
绿色建筑的先驱——传统民居	刘彦才 1575
东南传统聚落生态学研究	李 芗 王宜昌 魏晓红 1583
阿拉伯民居采风	刘金钟 于 芳 1591
植根传统 突出个性	余卓群 1596
关于楠溪江芙蓉古村特色价值及其保护利用的思考	胡念望 1601
藏传佛教寺院设计规制初探	吴晓敏 魏挹澧 龚清宇 1610
客家民居建筑文化初探	廖 文 1617
罗东舒祠与罗东舒	罗来平 1627
关于推进楠溪江古村落保护利用的思考	方圣岁 胡念望 1632
传统民居特征在新建筑中的借鉴与运用兼谈温州城市改建建筑的取向	胡诗仙 1639
再论福建传统民居的分类	戴志坚 1651
论清末民国徽州民居的变异	梁 琍 1659
温州楠溪江古村落民居的文化价值	金勇兴 1667

宋元徽州建筑研究——兼论徽州建筑的起源	朱永春	1677
从古村落遗存看南社明清时期的社区文化	董 红	1683
东莞古村落的保护与利用研究	刘炳元	1689
传统民居装饰与儒家文化	赖德劭 黄中和	1697
保护"老字号"开办家居旅馆——广州历史名街名巷旅游景观的复兴规划	杨宏烈 潘广庆	1701
民居建筑的插梁架浅论	孙大章	1710
深圳的客家民居建筑特色	彭全民	1716
温州近代城市与建筑形态演变初探	戴叶子	1719
马祖芹壁村聚落保存与社区发展	刘可强 郑智仁	1743
客家民居的生态意识	李兴发	1756
浅谈徐州户部山古民居	孙统义 翟显中	1766
温州乡土建筑——楠溪江民居	盛建峰	1775
屋顶正脊的思考	金战锋 金 昊	1780
楠溪江古村落特色、价值及其保护	胡跃中	1786
徐州户部山民居研究	刘玉芝 翟显中	1793
近代岭南建筑文化的总体特征	唐孝祥	1811
酉阳土家民居聚落的地域特征	赵万民 李泽新 段 炼	1819
地域文化建设与传统城镇复兴研究——谈龙潭古镇的保护与发展规划	段 炼 李泽新 韦小军	1825
三峡沿江城镇传统聚居的空间特征探析	赵 炜 赵万民	1832
论保护历史文化遗产开发泰顺生态旅游资源	李名权	1840
泰顺木拱廊桥发展历史探讨	张 俊	1845
景德镇明代民居的特点与成因	邱国珍	1857
婺源明清民居的艺术风格	赖施虬	1863
文化景观与景观文化——以文化多样性保护为龙头的区域民族文化的保护与开发	何俊萍 华 峰	1867
会泽古城传统街区的有机保护更新	杨大禹 万 谦	1872

4.3.1.10 中国传统民居与文化 第十三辑 ………………………………… 1884

论传统民居对现代居住建筑文化的启示	巫纪光 王湘昀	1885
线的艺术——湖南省岳阳市庙前街广场仿古戏台设计回思（一）	巫纪光 肖 灿 Wu Ji Guang Xiao Can	1886
永续观念下历史性街区保存与再利用课题研究	陈建丰 洪丞庆 陈信志	1895
清代地方城市空间结构解析之研究	阎亚宁 郑钦方 刘彦良	1903
大木作构材"虹引"之研究	阎亚宁 温峻玮 蔡宜恬	1910
嘉义朴子配天宫的文化意涵	阎亚宁 詹静怡	1915

例析传统堡寨聚落防御性空间意匠	黄为隽 王 绚 侯 鑫 1924
传统民居的意境构成及现代意义	朱永春 1930
无锡惠山祠堂群的形成	夏泉生 钦 治 1936
无锡传统民居的现状与特色	章大为 1945
薛福成故居的历史原貌及其建筑特色	夏刚草 1968
Spatial Habitus Making and Meaning in Asia's Vernacular Architecture Ronald G. Knapp and Xing Ruan	1990
Chinese urban form: a European perspective Professor J. W. R. Whitehand and Dr K. Gu	1992
中国传统民居的生成结构	王立山 朱火保 2000
浙江民间祠堂建筑	杨新平 2009
圆的突破—福建土楼	陈一新 麦燕屏 2014
青海传统村落、民居的生态理念	梁 琦 2016
闽台民居建筑文化的传承和移植	戴志坚 2021
论建筑审美的文化机制	唐孝祥 2028
江浙祠堂文化与祠堂建筑调查	章 立 章海君 2035
中国传统民居的自然环境观	李华珍 2045
师俭堂的建筑特点与雕饰艺术	刘延华 2052
试论古街、古建筑民居的修复再利用价值与开发旅游业的相互关系	周正亮 2058
从《工程做法则例》探讨我国清代北方王府建筑大木设计体系	蔡 军 2069
在桑基塘中的佛山新城	郑炳鸿 2075
上海浦东高桥民居研究	陈 磊 曹永康 2081
中国传统建筑文化的生态观—风水	刘彦才 2089
苏州古城是人类智慧的光芒 谈古代的防火减灾	马祖铭 马玉宇 2100
苏州古城是人类智慧的光芒——二说古代的防洪设施	马祖铭 马玉宇 2106
试论兴梅侨乡建筑的美学特征	赖 瑛 2113
近代华侨投资与潮汕侨乡建筑的发展	吴妙娴 2117
试论近代岭南庭园的美学特征	郭焕宇 2122
传统聚落建筑的审美文化特征及其现实意义	朱岸林 2130
潮州民居传统设计法则的初步分析：以典型"二落"民居为例	肖 旻 2135

4.3.1.11　中国传统民居与文化　第十四辑（上） …… 2143

传统街村、民居的保护与持续发展	陆元鼎 廖 志 2149
穴居碥村	李兴发 蒋奂考 2155
哈密回王府历史及恢复工程设计	陆 琦 黄燕鹏 2162
探索风土聚落的再生之道——以金泽"实验"为例	常 青 齐 莹 朱宇晖 2167
九龙寨城公园的今昔——保育与设计	朱锦仁 2175
无锡、如皋市明代建筑修建的三种形式	章 立 章海君 2180

传统民居的保留与历史住区的保护	白宁	2185
民居聚落形态下的文物保护规划——以温州永昌堡保护规划为例	胡石	2190
西安市传统民居保护与更新的途径探讨	田铂菁 张倩 李志民	2195
浅谈北京旧城四合院居住区的保护与发展	代晓艳	2200
以米脂高家大院为例探讨锢窑四合院民居的保护与利用	高博 李敏 罗屹立	2205
历史文化古村落保护与旅游开发探析——北京爨底下古村落	郭翔	2210
由墙体表皮材质层面看传统街区的保护与更新——以汉口一元片区的保护性改造工程为研究对象	黄媛 管祥兵 代静 徐杨	2215
宁波慈城、布政房与冯尚书第布局研究	张玉瑜	2222
营建诗意的栖居——以大鹏所城典型民居改造为例	李国华 贾亭立	2231
城市更新中的传统街区历史延续——以广州近代传统街区的更新改造为例	潘安 陈翀	2238
客家与深圳——深圳历史文化与城市建设的思考	江道元	2244
朝鲜族民居文化在新时期可持续发展	金光泽	2250
市县级政策与管理在传统村落保护中的重要性——以黄山市、大理州和丽江市为例	车震宇 李水	2256
新农村建设带给窑洞民居的机遇与挑战	靳亦冰 王军	2263
快速城镇化进程中乡土建筑更新的忧虑——以下伏头村村庄聚落形态的演变为例	石秀 郑青	2269
新农村建设中传统聚落的旅游转型——以北京市昌平区长陵镇康陵村为例	赵之枫 杨俊丰 张建	2274
全副武装的学校建筑	张一兵	2278
民居建筑文化和新社区发展方向之探讨	麦燕屏	2284
台湾中寮"921地震"的灾后重生——在地文化的可持续发展	张震钟	2286
传统宗族思想与现代规划概念的结合——民初五邑市镇的发展模式	黎东耀 王维仁	2290
乡土建筑"原生态环境"及其保护的思考	马丽娜 李晓峰	2298
西安碑林历史街区传统民居院落生存现状及问题研究初探	张倩 李志民 冯青	2302
澳门望德堂、荷兰园及塔石区的矩形街区及西式民居	吕泽强	2309
村庄再集聚规划模式研究	范霄鹏	2315
荆州古城风貌保护及文化传承	肖融	2320
深圳市大鹏所城民居修缮设计及其原真性思考	张铁群	2325
佛山老城传统民居建筑及文化探微	周玮	2330
广西四大古镇之——大圩古镇	梁峥	2335
明清扬州的会馆与扬州城	沈旸	2341

江西传统聚落的布局模式初探 ………………………………………… 潘 莹 黄 浩 2350

4.3.1.12　中国传统民居与文化　第十四辑（下） …………………………… 2356

温州传统民居宋式遗风 …………………………………………………… 丁俊清 2362
中国东北少数民族居室采暖方式与炕的起源探析 ……………… 陈 喆 刘 刚 2367
马祖芹壁传统聚落研究——兼论马祖民居的建筑特色 ………………… 缪小龙 2371
八德吕氏着存堂的构造与形式特质 ……………………………………… 阎亚宁 2380
关于中国西部地区民居建筑文化的研究思考 …………………… 金 云 王 军 2384
赣闽民间信仰与古戏台的源流和制式 …………………… 朱永春 罗莉雯 林 然 2388
湖北民居刘家桥考察 …………………………………………… 蒋中秋 徐俊辉 2393
消失的合院：长沙合院住宅形态变迁的类型学观察 …………… 谢 菁 王维仁 2397
新唐楼　香港战后典型住宅案例研究——香港西环石塘嘴南里11－25号
　　　　…………………………………………………………… 郑 红 梁以华 2406
温哥华和台湾板桥的园林情怀 …………………………………………… 谢顺佳 2412
山东山区村落民居的代表——青州井塘村民居研究 …………… 姜 波 鲍 焰 2416
台湾后工业社会中民居建筑可持续发展的文化原则与设计方法 ……… 卢圆华 2421
藏族山地聚落的生态适应技术浅析——以甘南州为例 ………… 韩晓莉 李志民 2427
泉州民居与多元文化 ……………………………………………………… 何国明 2433
浅析近代潮汕侨乡建筑的审美属性 ……………………………… 吴妙娴 唐孝祥 2436
徽州民居水园之理与趣 …………………………………………………… 贺为才 2443
福建武夷山兴田镇城村民居研究 ………………………………………… 彭 琳 2451
客家传统民居的价值、意义及其保护 …………………………………… 吴招胜 2456
从鄂西五里坪老街看鄂西民居特色和历史老街区保护
　　　　…………………………………………………… 任 倩 糜家栋 王炎松 2462
从王家大院看山西传统民居的审美特征 ………………………… 程轶婷 唐孝祥 2467
地域条件影响下的甘南藏族民居建筑 …………………………………… 齐 琳 2471
浅析徽州传统民居建筑美的表现形态 …………………………………… 王 琼 2477
澳门大三巴周边历史街区生命力之再造 ………………………… 陈 玲 蔡 卓 2483
安徽乡土古民居及聚落研究——以绩溪石家村及肥西三河古镇为例 … 尹传香 2488
传统保护中审美意识的辨误——在制定《丽江古城传统民居保护
　　维修手册》中的再思考 ……………………………………………… 朱良文 2494
闽台传统民居的传承与演变 ……………………………………………… 戴志坚 2498
传统民居建筑审美的三个维度 …………………………………………… 唐孝祥 2506
赣南民居营建礼俗调查 …………………………………………………… 万幼楠 2511
河南民居及亚类型民居的价值初探 ……………………………… 李红光 刘宇清 2522
村庄再集聚规划模式研究 ………………………………………………… 范霄鹏 2531
中国民居建筑的主体转义与文化传播 …………………………………… 袁 忠 2537

动态的文化景观：台湾多元文化的多层性与现代性	波多野想 李东明	2546
堡寨设防的地主庄园聚落	王 绚 侯 鑫	2557
文学和传统建筑园林的交错	梁信辉 王 健	2564
历史街区文化保护探析——以前门历史文化街区保护整治规划为例	韩高峰	2571
试论粤中造园文化之禅学思想	郭焕宇	2578
风水学和另类智慧	邱义成 蓝驹	2584
生态安全视野下的绿洲民居聚落营造体系研究——绿洲人居学研究构想	岳邦瑞 王 军	2587
从价值观念和文化观念看当代传统街区的保护与更新	胡子楠 彭 琳	2593
浅析当代西方建筑思潮中的广州社区建筑审美特征	罗翔凌	2598
传统街区商居混合居住形态保护探析——以北京前门鲜鱼口传统街区为例	王 峰	2603
从牌坊走进徽州建筑文化	姚 欣 高 洁	2609
传统民居保护与更新的新角度探索	金家宇 李晓峰	2615
中国建筑园林的沉思	李家怡	2620
台北大稻埕茶商陈朝骏氏圆山别庄建筑	黄俊铭 黄士娟 朱德兰	2623
台北大稻埕文化资产巡礼	林芬郁	2629

4.3.1.13 中国传统民居与文化 第十五辑 2636

第一部分 传统街区、民居的保护与文化产业链研究 2637

刍议西安市传统街区保护的法规、经济基础及组织实施	白 宁	2637
传统村落保护中易被忽视的"保存性"破坏——以西递、宏村为例	车震宇	2641
北京地区长城沿线堡寨村落形态特征与保护策略初探	陈 喆 董明晋	2644
以旅游为依托的传统山区村落特色营建研究——以北京市延庆县千家店镇下德龙湾村为例	董 萌 郭玉梅	2649
冀南民居"两甩袖"的保护与城市文化产业的研究	葛玉娟 刘立钧	2652
传统街区内文化遗存的分级保护——以襄樊荆州北街的改造为例	贺从容	2655
探讨北京什刹海历史文化保护区文物建筑的保护与现代城市规划的有机结合	侯九义	2659
兴城传统民居的保护与文化产业链接	胡 飞 付 瑶	2663
湖头古镇民居与人文初探	胡亚楠 戴志坚	2667
广州南华西街历史街区的特色载体及保护思路	黄健文 徐 莹	2670
深圳宝安古村落在新环境中的困境与突破	赖 旻	2674
重构衙前围：一条新安地区广府围村的形态演变	黎东耀	2677
西安市书院门古文化街地方特性的调查与评析	李 欣 芮旸 王健麟	2682
历史文化街区保护与更新的探索——以西安都城隍庙老商业街区更新为例	李 鑫	2689

标题	作者	页码
天津李纯祠堂调查——对民居整体性搬迁的思考	梁 雪	2693
1226 恒春古城南门城门楼地震灾损清理调查	林世超	2697
铺境空间与明清城市社区——以泉州旧城区传统铺境空间为例	林志森	2704
临沣寨古民居的历史文化特色与保护策略研究	刘书芳	2709
我国南方村镇民居保护与发展探索	陆元鼎 廖 志	2713
城市改造与保护古城民居风貌	祁今燕	2716
康百万庄园空间文化的启示	渠 滔	2720
百年文化的遗失与守护——浅析开封山陕甘会馆建筑艺术与民俗文化的传承与保护	孙丽娟 张 倩 李志民	2724
武胜县沿口古镇之传统街区保护与更新	谭少华 赵万民 黄 勇	2728
西安市传统街巷的保护与更新——以西安碑林历史街区咸宁学巷保护与更新为例	田铂菁 张 倩 李志民	2732
北京前门街区果子巷保护与更新设计探索	武 宁	2736
西安鼓楼街区保护与研究	肖 莉	2739
从有机进化景观探讨台湾盐产业与聚落空间之变迁	许国威 李健盟	2745
历史街区风貌恢复与商业价值提升——河南省社旗县山陕会馆商业文化城设计	杨长城	2750
回归传统——西安顺城巷历史街区住宅改造思考	杨豪中 张蔚萍 吴庆瑜	2753
霹雳布袋戏产业链对虎尾地区聚落影响之研究	杨敏芝 冯世人	2756
边界·梳理·重塑——记福州"三坊七巷"历史文化街区保护与更新	杨翼飞	2760
传统商业街道立面形式与商业业态——以湘西地区为例	余翰武 伍国正	2764
民居建筑文化遗产保护工程推行工程监理的探讨	余伟强 梁哲云	2768
可资借鉴的古城保护经验提要	张金胜	2772
堡子里古城的保护与更新	张慧娜 李军环 周 搏	2775
东北满族民居演进中的文化涵化现象解析	周立军 卢 迪	2780
历史街区保护型城市设计研究初探	韩高峰	2784
历史地段更新与城市社会的延续——以新绛天主教堂周边地区改造为例	韩晓莉	2784
淬取·加工·创造——西安都城隍庙街区改建设计实践	卢 成 王健麟	2785
重庆丰盛古镇保护规划研究	聂晓晴 段 炼	2785
西安市城隍庙街区保护与更新研究	王 非	2785
榆林南部城镇中传统窑居建筑的更新与发展研究	王 娟 吴 玺	2786
陕北米脂老城区锢窑民居保护与再生研究	王文正 张 倩 李志民	2786
西安都城隍庙传统街区文化遗产保护的几点思考	王 瑶 王健麟	2787
武汉汉口江滩传统街区保护的思考	王 莹	2787
平遥古城民居保护与开发中的特色要素分析	王 琰 王健麟	2787

城市新老街区的过渡地段研究——以西安都城隍庙历史街区为例	谢洋	2788
浅谈乡土建筑更新和保护中的两种模式	杨晓林 吕红医	2788
传统文化在历史街区更新与保护中的作用——从上海新天地看西安城隍庙历史街区	张婧	2788

第二部分　国内外民居建筑文化研究 …………………………………………………… 2789

论地域民居中的情结空间——以武汉老里分为例	陈李波	2789
传统民居中场所空间与轴线的关联性浅析	陈瑞罡 胡文荟	2794
浅论广州市居住区景观设计的发展历史	程铁婷 唐孝祥	2798
尊制与变通——以康百万庄园南大院为例谈清代豫西官式建筑的特征及演变	樊莹	2800
摩梭家屋意义追索	关华山	2805
岭南地域性园林文化传统的现代展示	郭焕宇	2809
南漳堡寨聚落军事防御设施的构建	郝少波 张兴亮	2812
潮州古城甲第巷民居建筑文化特色探究	李博飔 陈琪 陈庆翔 张林汉	2816
基于地理、气候适应性的中国传统民居研究	李飞 沈粤 冯顺军	2820
近代荣巷形态解读	李国华	2824
晋陕北部地区明长城军事聚落的历史变迁	李严 张玉坤 李哲	2830
扬州民居概述	梁宝富	2834
湖北古镇的社会文化特征解析	刘炜 李百浩	2837
巴渝地区山地传统聚落景观特征浅析——以重庆江津中山古场镇为例	刘骏	2842
关中传统合院民居院落空间的再认识	刘瑛 李军环	2846
滇西北高原摩梭人住居的建筑形态和居住文化	马青宇 柏云松	2850
陪田古村落空间形态特征的文化解读	邱永谦	2854
湖北南漳地区堡寨聚落探析	石峰 郝少波	2858
《武汉竹枝词》中的近代汉口居住形态	谭刚毅	2863
西北地区生土民居环境调查研究	谭良斌 周伟 刘加平	2869
民居文化与创新	佟裕哲	2873
非居住建筑在聚落中的布局与形态特征分析——以晋商传统聚落中的祠堂、村庙、戏台为例	王金平 朱赛男	2876
西安都城隍庙历史街区复合性多义空间营造	王林峰 王健麟	2881
防避·适用·创造——民居形态演进机制诠释	魏秦 王竹	2884
我国黔中地区的屯堡建筑群与屯堡文化浅析	吴卉	2888
泸沽湖摩梭母系家屋聚落的保存与旅游开发	邢耀匀 夏铸九 戴俭 惠晓曦 傅岳峰	2892
吉林省自然聚落空间形态研究初探	徐文彩 王亮	2895

思想史视野下建水团山村传统聚落文化的传承与更新			
························ 许飞进	杨大禹	左明星	2899

基于现代建筑技术分析方法的传统聚落人居环境研究——以湖南省永州市
　　上甘棠古村为例 ················· 严　钧　梁智尧　赵　能　2903
鄂东南自然村落交往空间调查研究 ············· 叶　云　彭阳陵　2908
周庄古镇空间结构浅析 ····························· 雍振华　2915
浅析晋中传统院落的"围"与"封" ·················· 张　楠　张玉坤　2918
川盐古道上的传统聚落研究 ·············· 赵　逵　张　钰　杨雪松　2922
风水观念与理想景观模式对早期台湾美浓庄聚落规划之影响
　　···························· 赵重生　杨宜芬　2926
民艺·民俗·民居——河南陕县地坑窑的空间及装饰特点分析 ···· 郑　青　2930
山区传统民居的防卫特征研究——以湖北钟祥张集古镇为例 ······· 周　红　2934
河南民居院落平面布局特征 ···················· 左满常　张献梅　2938
白族民居分类及源流 ···························· 宾慧中　2942
延安红色根据地主要建筑特点及类型浅析 ···················· 贺文敏　2942
关中传统民居在现代居住建筑中的应用研究 ······· 董　睿　张　倩　李志民　2943
浙西祠堂建筑初探 ······························ 何　媛　2943
东北地区非典型性民居样本采集——辽宁省朝阳市柳城镇村落民居调查研究
　　···························· 黄黎明　郑　青　杨晓林　2944
从东北地区汉族民居与满族民居的共性看建筑文化的生命特征
　　···························· 李天骄　王　亮　2944
兴城囤顶民居的老年人交往文化——对寒地城市现代居住区设计的几点启示
　　···························· 林　娜　刘　军　李志民　2944
张谷英村古建筑群的布局模式初探 ······················ 李　倩　2945
贵州少数民族饮食风俗与传统民居文化 ········· 黄有曦　张　倩　李志民　2945
梅州传统民居庭院原生态特点研究 ············· 李婷婷　顾红祥　2946
云南"一颗印"民居的继承保护和更新思考 ················ 刘晶晶　2946
四川凉山彝族聚居特色及其文化渊源研究 ················ 龙　宏　2947
"治世玄岳"牌坊的文化解读 ························ 宋　晶　2948
浅析骑楼形态在现代商业建筑中的应用价值 ················ 肖　鹤　2948
探索北京四合院形式背后的中国文化理念 ·········· 熊　瑛　陈超萃　2948
论三峡民居的文化品质 ··························· 赵万民　2949

第三部分　当代新社区民居营建研究 ····························· 2950
新农村建设中沂蒙农居建筑的保护性创新 ······ 陈　峰　王中民　张　倩　李志民　2950
新乡村聚落的营建基础研究 ························· 范霄鹏　2954
合作社住宅及其在香港的实践 ················· 贾倍思　任智劼　2957

新农村建设中弘扬朝鲜族民居文化——以延吉市小营镇河龙村为例 ………… 金光泽 2962
新农村建设与传统民居聚落的更新及和谐发展 ………… 李军环 李 钰 2966
基于区域资源整合的新乡村聚落研究——旅游产业视野下的京郊新农村建设
………………………………………………………………… 李 扬 范霄鹏 2970
谈新农村建设背景下的乡土建筑的保护与更新问题
………………………………………………………… 吕红医 郑 青 黄黎明 2974
自我更新中的胶东农村住宅解析 ………………………… 马水静 佘怡宁 2978
从可持续发展模型中探讨台湾农村社区发展策略之研究
……………………………………………………… 翁政凯 许国威 林奇甫 2982
江南农村自建独立住宅现象研究 ………………… 张璟磊 张 建 杨家祺 2987
"陵邑"村落的发展变迁和转型研究——以北京昌平区
　十三陵镇泰陵园村为例 ……………………… 赵之枫 高 洁 陈 喆 2991
以延续村落肌理为基础的当代田园风情村落规划设计研究——以北京
　市通州区西集镇老庄户村村庄规划为例 ……………………………… 陈海朋 2995
传统民居与"新农村"建设的几点思考 ………………… 陈 睿 贺 娟 2995
牟氏庄园空间布局对胶东地区新农村建设的启示
………………………………………………………………… 高 梅 房 鹏 2995
中国传统民居的精神内涵与现代住宅设计——以万科"第五园"规划设计
　看现代中式住宅 …………………………………………… 贺 娟 陈 睿 2996
闽南传统民居空间造型特质与新闽南民居初探 ………… 康东阳 黄庄巍 2996
西安市住宅开发设计新特征研究 …………………………………… 刘京华 2996
京郊当代农村住宅建筑审美取向思考 …………………… 佘怡宁 马水静 2997
传统精神家园的复兴——东北民居院落空间在
　当今城市集合住宅中发展探析 ………………………… 夏云峰 胡文荟 2997
传承乡土村落特色的民俗旅游村规划建设研究——以北京市
　昌平区康陵村为例 …………………………………………………… 杨俊丰 2997
北京前门长巷地区小规模整治可行性实验——城市设计与公共政策相结合的
　旧城保护尝试 ………………………………………………………… 赵园生 2998

第四部分　传统民居中生态智慧与营造技术 ………………………………… 2999
传统窑居生态智慧的利用与新技术的综合应用——以任震英规划
　建筑展览馆设计方案为例 ……………………………………… 曹 龙 谢 洋 2999
岭南传统民居生态化建筑技术研究 ……………………… 车元元 沈 粤 3002
钓源古村"风水玄机"中的生态环境理念——江西古村
　落群建筑特色研究之四 ………………………… 邓洪武 邓 裴 雷 平 3006
湘南传统聚落生态单元的构建经验探索 ………………………………… 何 川 3011
社区防灾空间体系设计策略初探 ………………… 胡 斌 吕 元 郭小东 3015

标题	作者	页码
基于生态视角下的生土建筑发展演变研究	金虹 宋菲 孙伟斌	3018
传统思维模式影响下的民居热环境营建策略	李建斌	3021
内蒙古草原传统民居的生态智慧	刘铮 巴特尔	3025
泸沽湖地区摩梭族传统民居聚落更新的生态途径	吕超 戴俭 惠晓曦	3029
福建传统民居节能技术的探索与应用	缪小龙	3032
福建地区民间建筑材料营造中的生态智慧	申绍杰 张达光 祁青	3040
基于庭院的聚落生态安全模式——以延安市雷谷川山地型聚落为例	宋功明 韩晓莉	3044
生土窑居的民间营造技术探讨	童丽萍 张琰鑫 刘瑞晓 刘源	3049
下沉式窑洞民居热舒适评价及自然通风的利用研究	王战友 刘瑛	3052
湖南传统民居的建造技术	伍国正 吴越 隆万容 刘新德	3055
黄土高原地区传统村落的生态评价	闫增峰	3059
传统民居建筑形式中的生态观——以辽宁桓仁满族传统民居为例	张迪 杨大禹	3062
北方传统民居的生态思想在新农村规划中的继承与发展	张建 梁宓 连彦	3066
云南传统民居被动式适应气候的原生态设计浅析	张娜娜 付瑶 肖轶	3070
华北地区小城镇住宅冬季采暖能耗研究	张威 臧志远 王立雄	3074
吉林省松原市扶余县砖墙民居热工性能分析	赵西平 祖宁	3078
雪乡民居建筑的生态性分析	赵运铎 夏智	3081
中国传统民居的节能理念浅析	何春玲	3085
黄土高原民居中的拱券结构形式	马琳瑜	3085
内蒙古草原生态住宅设计与节能技术	潘少峰 刘铮	3086
吉林省松原市扶余县草房传统民居热工性能分析	杨鹏 赵西平	3086
基于地域传统民居生态智慧的建筑设计策略初探	王萍	3086
论中国传统民居中生态环境的营造智慧	田芳	3087
当代中国生态建筑寻路——传统民居的现实意义	唐忠林 沈粤 肖蓉	3087
德国弗莱堡的太阳能城——欧洲最现代化的太阳能住宅工程	杨春风 万屹	3087
师法自然——侗族传统建筑蕴涵的生态智慧	张强	3088
寒冷地区村镇住宅中的节能技术研究*	张威 王立雄	3088
哈尔滨早期俄罗斯独立式小住宅生态性元素萃取	赵运铎 丁建华	3089
西北少数民族民居的生态性浅析	周搏 张慧娜	3089
低投入、高效能的传统民居建筑节能初探——以四川广安肖溪古镇为例	周立广 黄春发	3089
基于生物识别技术的智能建筑的研究	刘利 王栋 董惠 杨润玲 毛建东	3090

第五部分 民居建筑文化遗产与非物质文化遗产的保护 … 3091

广东南海曹边村曹氏大宗祠实测勘察与研究 … 郭顺利 3091
天水传统民居聚落与非物质文化遗产保护 … 靳亦冰 王 军 3095
浅谈传统民居营造技艺的抢救与发掘 … 何国明 3099
景德镇三闾庙古街区保护与修复 … 黄 浩 3101
广府明代祠堂莫氏宗祠建筑风格探析 … 赖 瑛 3106
历史文物建筑保护与城镇建设发展——以河北省临城县"普利寺塔"历史
　地段保护与发展规划工程为例 … 李路轲 3110
广东客家传统民居结构受损研究 … 李婷婷 杨德跃 练 浩 郑茂华 3113
关于建筑遗产的原真性概念 … 林 源 3117
略论宋构明建之奇葩——大士阁 … 刘彦才 刘 舸 3121
辜家薛太夫人墓园砖雕 … 苏怡玫 俞美霞 3125
闽南"红砖厝"——红砖之源考 … 王治君 3130
陕南古镇青木川 … 闫 杰 王 军 3138
非物质与物质文化遗产共生保护研究——凤翔泥塑与其原生地民居环境
　空间共生保护研究 … 杨豪中 张蔚萍 3142
深圳市元勋旧址修缮设计 … 杨星星 3146
北京焦庄户地道战遗址的保护与利用 … 于 洋 3151
马丕瑶府第研究 … 张大伟 3155
乡土建筑遗产易地保护案例分析 … 张 靖 李晓峰 3160
历史文化遗产资源周边环境整体保护策略研究初探 … 张 倩 李志民 3164
迎龙楼与"开平碉楼"的关系 … 张一兵 3168
传统民宅之形貌变迁与年代研判探讨 … 张宇彤 林世超 3172
浅谈民居建筑文化遗产与非物质文化遗产的保护研究 … 崔 潇 3181
解读历史文化遗产保护中的"原真性"——原真性原则的提出及内涵
　拓展历程 … 郭剑锋 邓 琳 3181
河南古代民居和聚落遗存的范例——博爱寨卜昌 … 李红光 刘宇清 3181
山西平定县娘子关镇建筑特色研究 … 石 峰 3182
芦苞祖庙的建筑艺术 … 王 平 郑加文 3182
以旅游业带动非物质文化遗产的保护——以平遥古城为例 … 张伟迪 3182
守护城市的古老印记——非物质文化遗产西安鼓乐的保护研究初探
　… 杨晓玫 张 倩 李志民 3183

第六部分 脆弱生态环境中的民居营建策略 … 3184

峰岩硐村·治理石漠化 … 李兴发 蒋奂考 3184
论新疆脆弱环境下古村落与现今传统村落比较研究 … 塞尔江·哈力克 丁汝雄 3189
下沉式窑居现状研究和展望 … 吴 蔚 王 军 吴 农 靳亦冰 3193

宁南黄土沟壑地区居住形态浅析——以固原市张易镇为例 ············· 黄春发　周立广　3197

第七部分　民居研究方法论 ············· 3200

西北地区聚落航拍活动简报与技术分析 ············· 李　哲　李　严　3200
山区村落与平原村落村庄形态对村庄规划的影响——以北京市通州西集镇
　协各庄村和北京市延庆千家店镇六道河村为例 ············· 李　强　沈　静　3204
民居建筑文化研究中的主体感知和主体价值——以鄂西北传统
　民居风貌为例 ············· 皮喜荣　郝少波　3208
中国古代人居环境思想解读 ············· 任云英　张　峰　3212
墙：一个传统建筑文本的当代传承、转化与表述 ············· 汝军红　王　伟　3216
山西阳城上庄村公共空间布局形态分析 ············· 吴　玺　王　娟　3220
地域建筑与乡土建筑研究的三种基本路径及其评述 ············· 岳邦瑞　王　军　3224
美国建筑安全设计研究现状评述——《建筑安全设计手册》翻译有感
　············· 胡　斌　柴丽君　吕　元　3228
山地建筑接地营建策略研究 ············· 霍慧霞　3228
川道型小城镇更新中传统民居——窑洞的可持续发展策略研究
　············· 李　峰　李志民　王　欣　3228
论建筑审美情感 ············· 娄君侠　3229
浅谈近代岭南园林的现代审美价值——以广州住区庭院为例 ············· 罗翔凌　3229
试论潮汕传统建筑装饰 ············· 郑小露　3229
古代堡寨设防相关称谓概念考析 ············· 王　绚　侯　鑫　3230

4.3.2　1995—2007共7届海峡两岸传统民居理论（青年）学术会议论文

4.3.2.1　第一届海峡两岸传统民居理论（青年）学术会议论文 ············· 3231

（A）华中建筑1996　第4期 ············· 3231

中国传统民居研究之我见 ············· 张敏龙　3245
居的背后——民居、新民居之文化刍议 ············· 庞　伟　3248
传统民居中的文化意识 ············· 戴　俭　3251
住居文化中的建筑态度——以台湾省传统民居为例 ············· 卢圆华　3255
汉地传统住宅要论 ············· 王鲁民　3261
乡土建筑空间环境中的教化性特征 ············· 刘定坤　3264
民居符号学浅述及其他 ············· 谭刚毅　3269
中国传统文化在传统民居建筑中表现出的空间概念 ············· 李迪悯　3272
角色定位与民居空间构成——浅析傣族民居构成之内在机制

篇名	作者	页码
……	何俊萍 华峰	3275
从生态学观点探讨传统聚居特征及承传与发展	李晓峰	3278
东南传统聚落研究——人类聚落学的架构	余英 陆元鼎	3284
大旗头村——华南农业聚落的典型	黄蜀媛	3290
传统聚落分析——以澎湖许家村为例	林世超	3292
川西廊坊式街市探析	陈颖	3301
土家族民居的特质与形成	陆琦	3305
维吾尔族民居解析	刘谞	3311
哈尼族民居的轨迹	施维琳	3314
西藏民居与太阳能	燕果	3318
赣南围屋及其成因	万幼楠	3321
杭州的明代民居	高念华 方忆 方之蓉	3327
兰溪传统民居的构成序列	杨新平	3334
福建客家土楼形态探索	戴志坚	3340
广州城市传统民居考	潘安	3346
广州近代民居构成单元的居住环境	汤国华	3350
香港新界围村的空间结构及其祠庙轴线的转化	王维仁	3355

（B）华中建筑 1997　第 1 期 …………………………………………………… 3366

篇名	作者	页码
钱学森关于科学与艺术关系的新见解	钱学敏	3372
开幕词	俞汝勤	3380
闭幕词	李先逵	3382
把"建筑与文化"的研究推向广泛深入——"建筑与文化"1996 国际学术讨论会综述	柳肃	3384
建筑——传播社会文化及内在价值的媒体		
中国真的需要西方式建筑吗？　　……［美］西索·斯第沃得（W. Cecil Steward）著文 黄海译		3390
地方风格和日本当代建筑……［日］铃木博之（Hinoyuki Suzuki）著文 李楠译		3393
魂兮归来——当代中国建筑门外谈	张正明	3395
关于"建筑与文化"研究方向的浅见	高介华	3397
三 T（Thinking, Technique and Taste）——建筑创作的工具和文化体现	戴复东	3409
复合城市空间论	于海漪	3412
《华中建筑》通讯采访致读、作者的公开信	华中建筑编辑部	3419
《华中建筑》述评	郑钟琨 李建平	3421
刊魂	蔡玉麟	3430
再造岭南建筑的辉煌——'96 广东省首届青年建筑师学术研讨会综述		

	刘业 陆琦	3432
西站的故事	曾昭奋	3433
椎轮大辂细斟酌——济南农行营业大楼方案设计札记		
	杨秉德 施建文 张亚辉	3434
钦港宾馆设计	杨筱平 李献军	3438
多、高层建筑与庭园空间	杨毅 李纯	3440
高层住宅建筑设计中几个问题的探讨	赵军选	3446
高应变动力试桩技术在工程中的应用	高杨	3450
我国当代城市总体规划学术实践进展综析——城市土地利用与		
城市规划研究之四	宋启林	3460
城市生态系统基本特征探讨	沈清基	3465
圆明园四十景图（续）	张声驹	3468
长城关隘城堡选介（续）	高凤山	3470
中国传统民居的技术骨架	杨大禹	3471
潮州民居侧样之构成——前厅四柱式	吴国智	3477
浙江明、清宗祠的构造特点及雕饰艺术——浙江宗祠建筑文化初探	汪燕鸣	3481
澎湖地方传统民宅之营造	张宇彤	3486
从上海石库门住宅发展看海派民居特色	周海宝	3495
浙江宁海居民槛窗绦环板雕饰拾萃	华炜	3499
培养合格建筑师应具备的能力	梁汉元	3500
混凝土仿木结构涂饰技术	胡启华	3502
废水冲厕设计初探	李湘新	3504
建筑·结构防腐蚀技术专题讲座	关夫	3506
东南亚建筑散记	蔡恒友	3508
《华中建筑》封面设计构思	杨秉德	3512
旧金山现代艺术馆设计 [美] Mark S. Jokerst 著文 周贤全 译		3513
贺业钜先生生平	中国建筑技术研究院	3515

(C) 华中建筑1997 第2期 3517

面向21世纪的人居环境科学研究——'96中国人居环境科学研讨会综述		
	郑力鹏	3528
聚落研究的几个要点	谢吾同	3531
居住小区与人居环境建设——山东罗庄双月湖2000年小康住宅示范小区规划		
	李阎魁	3535
略议传统窑居的环境改善	李浈	3539
建筑文化与地区建筑学	吴良镛	3540
建筑文化研究的定位	肖旻	3545

| 建筑文化学构思 | 刘洋 杜奇任 | 3547 |

独具特色的我国古代城市风水格局——城市规划与我国文化传统特色 ………………………………………………………… 宋启林 3550

中国古建筑脊饰的文化渊源初探	吴庆洲	3555
科学交叉在建筑学科建设中的应用研究	吴桂宁	3564
后现代主义的理想与困惑	陈 力	3567
当代高层建筑创作中的晚期现代主义倾向	刘宇波	3569
建筑·文化·教育	李先逵	3573
"洋起来"与"古典欧式"——试谈当今大连城市建筑	李伟伟	3574
建筑决定论	洪铁城	3576
《华中建筑》通讯采访录	余卓群	3580
在制约中精心创作——大连世界贸易中心设计	胡 英	3582
湛江南油大厦方案设计	史继春	3584
商丘市供电局高层公寓设计	杨筱平 李献军	3587
深圳市宝安中学风雨操场设计	赵军选	3589
利用环境 创造环境 临沂老干部活动中心设计	石德亮	3591
历史文化名城与河洛建筑驿道	王 铎	3593
建筑构图美学初探	赵文斌	3597
对"无用空间"的认识	周 波	3601
高层建筑：自然要素的引入	于海漪	3603
一种新的建筑类型——高层还建房的设计效益	胡 纹	3607
炎热地区的现代建筑	李汝火	3609
广场设计与行为之研究	刘 骏 蒲蔚然	3615

消除障碍，共享人生——介绍美国体育馆、影剧院残疾人座席
　设计最新条文说明 ………………………………………………………… 毛 冰 3620

单跑楼梯设置问题初探——从抗震设计看单跑梯在工程中的应用
　…………………………………………………………………… 沈毅群 李 栋 3621

价值工程与设计方案优选	彭 伟	3622
众星捧月 古洞增辉——本溪水洞风景名胜区规划设计	杨利铭 马雪梅	3624
浅谈生态学与环境整体设计	陈 喆	3628
"日本味"的现代餐馆室内环境设计	洪惠群 杨 安	3630
传统民居的人界观念	王其钧	3634
对"云南一颗印"的图版补缺与联想	朱良文	3637
说"楼"	高 潮	3639
圆明园四十景图（续）	张声驹	3640
长城关隘城堡选介（续）	高凤山	3643
广州市近代住宅研究——兼论广州市近代居住建筑的开发与建设	刘 业	3644

厦门近代华侨住宅研究	梅 青	3651
谈建筑摄影	张朝明	3654
当代世界重要建筑组织与著名建筑师简介	刘先觉	3657

(D) 华中建筑 1997 第 3 期 ………………………………… 3660

人居环境设计中的开放化趋向	段 瑜	3671
岭南建筑环境文化观	赵文斌	3675
"巴"文化与三峡地域聚居形态	赵万民	3677
建筑巨人的两条腿	曹庆涵	3681
建筑文化研究的两个门槛	施 梁	3683
略议"丹青"运色的文化渊源	王鲁民	3685
中国古建筑脊饰的文化渊源初探（续）	吴庆洲	3686
中国建筑业：偏离法律，怎不倾斜？——写在《建筑法》即将颁布实施之际	司马园	3692
建筑与艺术 文化与美学	曹 诺	3694
漫谈建筑审美	王 佐	3696
说"建筑"	高 潮	3699
当代中国建筑传统样式问题的回顾与思考	姜 涌	3702
《华中建筑》通讯采访录	徐国梁 季富政	3704
风景建筑中的自然与人文环境意识观——武夷山九曲宾馆设计	张 宏	3706
武汉市洪山礼堂"新世纪"广场设计浅析	王爱国 管凯雄	3712
建筑创作中的反向思维	杜春兰	3714
建筑综合体设计方法研究	过琳琪	3717
适用性设计的理论与实践初探	姚闻青 陈纪凯	3721
环境·流线·空间——第三届亚洲冬季运动会综合体育馆设计特点分析	蔡 军 张 健 [日] 若山 滋	3724
防城港50KT筒库最佳筒仓个数的确定	王振清 潘家宇 刘丽华 邹 荣	3730
桂林两江国际机场候机楼结构设计	陈妍桂	3733
结构风振被动控制设计的简捷分析法	刘开国	3738
加速建立适应我国特点的城市土地空间结构理论	宋启林	3741
小城镇规划建设问题论列	马同训	3744
江南沿江景观和基地运用	陈 薇	3747
略议城市大景观——以北海市为例	李建军 陈 清	3752
城市发展问题论列	胡仁禄 马 光	3755
海口高科技研究试验区规划	程世丹	3758
"配角"街区 客观存在——谈泉州市东街片区规划设计的定位	刘丛红	3760
评东京都立大学校园规划设计	苏男初 任西岳	3764

旧居住区改造规划的实践	赵科亮	3767
北京钟鼓楼地区更新前期研究——现状成因·历史脉络·更新动力	吴炳怀	3770
走出传统建筑保护的误区——从以色列传统建筑保护引发的思考	戴志中	3776
色彩对建筑形象的调节与再创造	罗文援 赵明耀	3779
空间·时间——对中国传统建筑时间型特征的探索	杨阿联 刘起宝	3781
古典园林与崇高	高旭东	3783
从忠县、石柱县传统民居建筑的文化内涵谈三峡工程地面文物的保护	汤羽扬	3786
探索民间建筑环境的意义	何培斌	3791
走向理性与方法——一种针对设计启蒙的教学体系	吴桂宁 鲍戈平 罗卫星	3796
建筑·结构防腐蚀技术专题讲座	关 夫	3799
国外剧院 建设动态	郑国卿	3800
一座大型文化艺术之宫——记中国翰园碑林主体碑廊	闵 锋	3801

4.3.2.2　第二届海峡两岸传统民居理论（青年）学术会议论文（昆明）……3802

皖南明清民居砖雕艺术	赵文斌	3803
三台古城传统民居特色及其保护更新设想	龙 彬	3806
传统民居装饰的文化内涵	陆 琦	3813
百年风雨林家厝——从一座古屋的历史变迁看传统民居的持续发展	刘 杰	3816
民居文化散论	杜黎宏	3825
福建古堡民居略识——以永安"安贞堡"为例	戴志坚	3829
传统建筑空间的模糊性——岷江流域传统民居空间剖析	胡 纹 沈德泉	3838
民居生态环境的可持续发展	燕 果 王 烜	3845
广州传统建筑与西方文化	黄佩贤	3850
近代上海里弄生态格局探析	周海宝	3856
"天人合一"的理想与中国古代建筑发展观	周 霞 杨 春	3860
浅谈福建民居的"客家土楼"	李海瑕	3867
对传统民居研究的思考与借鉴	周 荃	3871
辽宁地区传统民居的可持续发展的探讨	靳春澜 张 虎	3874
民居建筑"工艺化"中的主与匠之研究	卢圆华	3881
十七世纪的宅第：生活环境的辩证关系	何培斌	3887
建筑形态·传统文化·建筑文化——浅谈山西传统民居的特征与风格	郭治明 赵 强	3900
《环境意识孕化为居屋实用精神》——温州民居特色谈	丁俊清	3912
陈家祠的装饰题材与民俗文化	吴苏虹 余 英	3922
云南民居的法语翻译	张华华	3927

标题	作者	页码
《儒道思想在传统民居的建筑表述》	梁智强	3936
找寻原乡之美——新世纪的台湾少数民族山村住居	韩选棠	3941
内蒙古民居的多元文化特色	陈喆	3947
湖北黄陂大余湾民居研究	谭刚毅	3956
质朴清纯 崇尚自然——大理白族合院式住宅的室内装饰文化	石克辉 胡雪松	3972
传统民宅装饰艺术之研究——以澎湖"四榉头"民宅为例	林世超	3981
传统民宅营建过程中之仪式与其社会文化意义之探讨——以金门、澎湖为例并比较之	张宇彤	3990
关于客家围楼民居研究的思考	万幼楠	3991
两种文化的结晶——云南中甸藏族民居	杨大禹	3998
现代设计方法论与乡土建筑的"过程"	王冬	4006
形式与表现——民居墙体构成的形态意义	华峰 何俊萍	4011
建筑节能与云南传统民居	李莉萍	4015
银发族之民居考察报告	陈丽美	4020
西双版纳傣族新旧民居及其文化差异	施维琳	4022
活的建筑文化需要活的方法态度	胡雪松 石克辉	4026
城市文化与建筑形态——昆明古城街道形态探析	何俊萍 华峰	4028
民居的保护更新及其可持续发展之路	杨毅	4031
中西合璧的联芳楼	吴庆洲	4037
中国传统民居的创作方法借鉴	王海云	4041
传统建筑空间设计对现代建筑的启示	彭海	4046
合院的格局与弹性	王镇华	4049
台闽地区传统建筑落篙技术	李乾朗	4058
台湾传统建筑相关研究回溯	阎亚宁	4068
台湾"次中心"乡镇聚落发展的特质与困境——以大甲为例	陈觉惠	4078
九份、金瓜石素描——台湾北部山城聚落之简介	陈惠琴 周丽方 蔡明芬	4085
传统民宅营建过程中之仪式与其社会文化意义之探讨——以金门、澎湖为例并比较之	张宇彤	4089
乌来泰雅族聚落与住居形态	张震钟	4097
民居及聚落，城市空间研究方法论评析	徐裕健	4108
传统民居保护的困境与出路——新加坡和香港的经验比较	贾倍思	4118
湖南省张谷英村当大门、西头岸居住群及其集居情况的考察报告	晴永知之	4128
美国的传统民居	马光蓓 郑光复	4134
适应与共生——传统聚落之生态发展	李晓峰	4138

论中国传统聚居的环境观——以三峡地域传统聚居为例 ……………………… 赵万民 4142
传统建筑空间观在民居中的表现——兼评八大山人故居的
　　建筑精神与人文意识 ………………………………………… 李　东　许铁铖 4151
为城市保留一段凝固的历史 …………………………………… 刘　学　王学海 4160
走生态之路的当代民居 ………………………………………………… 李　倩 4171
走向可持续发展的岭南民居新型式 …………………………… 费向克　曹　劲 4174
山东民居概述 …………………………………………………………… 姜　波 4180
中国东南系建筑区系类型研究 ………………………………………… 余　英 4185

4.3.2.3　第四届海峡两岸传统民居理论（青年）学术会议论文 ……………… 4194

综论　从化市太平镇钱岗村广裕祠堂修复工程的决策与反思 ………… 潘　安 4196
中国古代建筑区划与谱系研究初探 …………………………………… 朱光亚 4200
纳方凿圆说规矩 ………………………………………………………… 余　健 4204
台湾艋舺剥皮寮历史街区保存再利用建筑计划 ……………………… 林正雄 4207
广府东南片村围营造中的平面布局问题 ……………………………… 张一兵 4215
东南民居中斗栱的地域特征 …………………………………… 朱永春　黄道梓 4230
蒿草之下有兰香——略论云南民居乡土材料的选择运用 …………… 杨大禹 4237
屋顶坡度新探 …………………………………………………………… 郑力鹏 4244
南方民系民居的营造过程浅析 ………………………………………… 郭　谦 4246
古徽郡清代门窗漫话 …………………………………………… 汪光耀　黄良泗 4250
营造与技术——大木匠师"落篙"技艺中"缝声"设计体现之空间格局观念
　　………………………………………………………………………… 徐裕健 4267
展路分位与屋檐挑出 …………………………………………………… 吴国智 4274
台湾地区古迹大木作修护之技术 ……………………………………… 庄敏信 4283
木拱桥：一种传统木构营造技术的研究 …………… 赵　辰　毕　胜　冯金龙　冷　天 4287
纳西民居穿斗式大木作 ………………………………………………… 木庚锡 4299
台湾传统建筑泥塑与剪黏制作技术 …………………………………… 李乾朗 4306
巴蜀地区摩崖佛殿建筑结构及构造特点探析 ………………… 郭　璇　张兴国 4311
瑞安宝坛寺金刚殿大木修缮安装纪实 ………………………………… 张玉瑜 4328
从化广裕祠堂修复纪实与随想 ………………………………… 谭刚毅　廖　志 4334
广东传统民居居住环境中的通风经验与理论 ………………… 陆元鼎　魏彦钧 4342
民用住宅的防渗漏与渗漏水的综合治理 ……………………… 陈　松　彭曙华 4356
苏州地区传统民居防水防潮做法 ……………………………… 沈忠人　杨　慧 4363
广东传统建筑防潮举要 ………………………………………… 邓炳权　邓海鹏 4369
岭南传统建筑中的防水技术 …………………………………… 赖德劭　赖　旻 4374
古迹暨木构造建筑物白蚁防治新趋势 ………………………………… 卢义声 4381
佛山兆祥黄公祠修复工程的施工实践 ………………………… 魏安能　朱信文 4388

民族·民居·文化 台湾原住民布农族传统家屋的构成与意义	关华山	4392
斜面文化——对巴蜀山地传统民居的探讨	梁乔 梁栋	4417
西藏拉萨碉房跟自然环境的相配合	徐颂雯	4421
万象我裁 空纳万境——浙江传统戏台建筑	杨新平	4428
培田古民居的建筑文化特色	戴志坚	4441
理性与浪漫的交融与共生——济南民居概述	王航兵	4454
比较视野下的日本神社建筑	曹劲	4460
后记		4468

4.3.2.4 第五届海峡两岸传统民居理论（青年）学术会议论文　　4469

改进最大电流法的配电网损耗计算	温步瀛 陈冲	4471
大型户外演出舞台设计中的若干安全问题	沈斐敏 陈伯辉 黎凡	4474
激光轰击制备碳纳米管及其相关纳米材料	陈长鑫 章仪 陈文哲	4478
高效熔剂净化对提高A356铝合金冶金质量和性能的作用		
	陈鸿玲 傅高升 王连登 陈永禄 王火生	4482
钢管混凝土系杆拱桥空间效应分析		
	孙潮 陈宝春 张伟中 汤意 陈友杰 黄文金	4487
被动荷载作用下邻近桩基的研究概况与进展	陈福全 潘钦峰	4493
两种形式深水桩基施工平台的有限元分析	张建勋 孙旻 徐伟	4503
高桩承台钢吊箱围堰施工过程结构分析	孙旻 徐伟	4506
某大桥锚碇基础深基坑开挖模拟	刘玉涛 徐伟 郭慧光	4509
深基坑开挖预留土堤理论研究及工程应用	陈东杰 张建勋	4514
施工中钢筋混凝土结构可靠度的分析与控制	金福安 徐伟	4518
地铁站支护结构失效分析与抗干扰极限理论	柏国利 潘延平	4522
水电站坝体基础结构施工过程及结构分析	郭征红 徐伟	4526
弹性承台下沉降控制复合桩基的变分法研究	李韬 黄建华 高大钊	4531
广东传统村镇民居的生态环境及其可持续发展	陆元鼎 廖志	4535
清后叶新疆库车王府刍议	陈震东	4540
台湾的寺庙	李乾朗	4545
台湾钢构屋架构造工法初探——以台湾台北宾馆屋顶为例	李树宜	4549
马兴陈宅再利用规划设计	薛琴	4555
福建传统民居的形态与保护	戴志坚	4560
探析赣中吉泰地区"天门式"传统民居	潘莹 施瑛	4566
欲说九井十八厅	万幼楠	4571
皖南黟县古村落规划中的文化与环境观	潘敏文	4574
从《庐山草堂记》探析白居易的建筑园林观	庞玥	4578
中国传统民居的自然环境观及其文化渊源	李华珍	4582

略析中国古建筑的斗拱	江　亮	4586
论最低价中标法的应用	林宏强	4589
福州房地产品牌建设的思考	林晓艳	4592

4.3.2.5　第六届海峡两岸传统民居理论（青年）学术会议论文 …… 4596

第一部分　传统民居与文化 …… 4597

再现日月潭邵族传统居住建筑的构筑与意义	关华山	4597
合院的格局与弹性——生命的变常与建筑之弹性格局	王镇华	4608
别观《巴史别观》	张良皋	4617
从鸟巢到干阑式住居——略论中国南方木构建筑起源	刘　杰	4620
中国传统民居中装饰中的象征与比拟——对鄂西民居的考察感悟以及在鄂西景区设计中的实践体验	张润武　刘　甦	4626
"自然"与"群体"——浅谈中国传统住居形态的双维特征	戴　俭　冯晓芳　刘　刚	4628
象天与象人交叠的风水图式	林小松　吴　越	4631
宝安式炮楼的命名与来源	张一兵	4635
福州民间信仰建筑精神空间分析	朱永春　叶　灵	4638
传统文化对湘南民居中建筑吉祥图的影响研究	何　川　乐　地	4641
中国传统民居防卫性研究	刘　剀	4645
宗族组织和村落空间形态	王浩锋　叶　珉	4648
晚清荆州满城家庭结构分析与典型居住模式推测	万　谦	4649
地域文化视野下的都城民居——洛阳十字街人文色彩的保护与更新	乔　峰	4653
丽江地区合院住屋的类型学变迁：纳西民居中的妇女及核心空间	李萍萍　王维仁	4657
从中国传统思维方式看中国传统民居的和谐营造	王灵芝　黄黎明	4658
风水理论与传统民居建筑的空间构成	陈晓悦　张　健　刘　刚	4660
党家村传统民居的建筑与装饰中的儒家伦理思想	李芳莉	4663
试析传统民居建筑中的身体观	曾忠忠	4667
黄鹤楼旧城区传统民居及街巷文化探究——象征文化及场所精神分析	周小丽	4670
建筑·环境·文化——以环境和文化的观点考察乡土建筑保护	游志雄　潘　琴	4674
浅谈环境观对中国传统民居的影响	周李春	4677
门面陈设——铺首装饰的艺术性与文化性初探	朱忠翠	4680
关于四明山古村落几个特色的思考——以柿林村、李家坑为例	郑　俊　王炎松	4682
民居——"体验"的存在	张　聂　王炎松	4684

梧州骑楼与骑楼文化的延续 ················ 吴　韬　曹麻茹　4686
浅谈人文因素对传统建筑色彩的影响 ················ 秦宛宛　4688
清末至日本占领台湾昭和中期（1684—1937）嘉义城市文脉变迁的解析
················ 郑钦方　阎亚宁　4690

第二部分　传统民居与新社区 ················ 4693
Historical Vernacular Architecture and Modern Living ················ Kenneth Y. S. Chan　4693
民族文化传承和村镇建设发展的有机结合 ················ 罗德启　4700
新乡村建设中地方特色新社区的营建——以埃及高纳新村建设为例 ················ 赵之枫　4702
山水气韵　民俗精神——对鄂西民居的考察感悟以及在鄂西景区
　　设计中的实践体验 ················ 龚建　4705
城市历史性住区改良：从等级空间入手——以汉润里住区再设计为例
················ 周　卫　章菊新　刘慧杰　刘　思　秦　炜　4710
从上海里弄住宅历史沿革看中国传统民居精神在当代住区中的发展 ················ 彭雷　4712
甘肃陇东地区生土民居回归与新型聚落营建研究 ················ 靳亦冰　王军　4715
石各庄老年人活动中心建筑设计——对于给传统古建赋予现代
　　建筑功能的探讨 ················ 秦蓓　傅岳峰　4718
豫东小镇利民乡村民居形态变迁的启示 ················ 高艳丽　周立军　4720
徽州地区小城镇商业住屋标准化的尝试 ················ 刘　静　李　汶　4723
住宅地域特色的营造——以徽州地区为例 ················ 李　汶　刘　静　4727
皖南新民居现状调研与分析——以黟县、歙县为例 ················ 张　峰　李晓峰　4730
中国传统街市的现代启示 ················ 杨鸣　4734
原汉口租界区近代住宅的加建与改建研究 ················ 徐杨　4737
从黄土窑洞到现代绿色住区 ················ 宿海燕　4740
从传统到现代——中国传统民居与当今集合住宅 ················ 杨婷婷　4743
壮族民居文化的延续——广西忻城县政府职工公寓方案创作 ················ 谢华　赵屹峰　4746

第三部分　传统民居的研究方法 ················ 4749
地域建筑史研究的时代意义 ················ 阎亚宁　4749
历史街区再发展中"人文性规划"命题的反思与实践——以台湾
　　"三峡老街"个案分析 ················ 徐裕健　林正雄　4751
关于中国传统民居研究方法的思考 ················ 单德启　4756
试谈传统民居研究之范围、目的和方法 ················ 麦燕屏　4759
宋人住多大的房子——兼谈计量史学在民居研究中的应用 ················ 谭刚毅　4760
"昌"字效应——对民间风水理论中被动式通风
　　策略的计算机模拟 ················ 刘小虎　刘　晗　艾勇　4764
民居研究方法：从结构主义、类型学到现象学 ················ 姜梅　4767

以类型研究为传统民居之认识论 ················· 王铧儒 黄琬雯 4774
传统村镇聚落空间景观的认知意象研究——以西南丝绸之路驿道
　　聚落研究为例 ································· 奚雪松 施维琳 4777
园林：作为民居研究的一个视角 ····························· 顾 凯 4784
鄂东南传统民居的气候适应性研究 ················· 张 乾 李晓峰 4787
多元文化影响下的三峡地区传统民居 ······················· 严广超 4792
无人机航拍技术在聚落研究中的应用
　　···················· "中国北方堡寨聚落研究及其保护利用策划"项目组 4795
对乡土建筑研究的思考 ··································· 张 靖 4798
传统民居中体现的构成手法研究——以湖北大冶八流村民居为例 ····· 曹 颖 4800
历史民居更新与保护中的经济理念和策略 ····················· 王哲颖 4803

第四部分　各地民居研究 ································· 4805

中国浙江民居建筑文化研究及个案分析 ·········《建筑创作》中外建筑文化研究小组 4805
清代台湾城市街道端景山墙之文化意义 ······················· 李乾朗 4809
澎湖传统四榉头民宅形式演绎 ····························· 张宇彤 4810
广东古代祠堂的形制与特色探析 ··························· 郭顺利 4819
湖北古民居保护状况与对策之初探 ··························· 李 劲 4823
贵州布依族石板瓦民居研究 ······························· 冷御寒 4825
浅析高家花屋的建筑特色——兼议鄂西北传统民居的特色 ········· 郝少波 4828
丹江口水库淹没区传统民居研究 ············ 李百浩 张 慧 刘 炜 4831
福建廊桥的建筑文化特色 ································· 戴志坚 4836
陕西传统堡寨聚落类型研究 ·············· 王 绚 黄为隽 侯 鑫 4841
北京前门历史街区传统民居特色探析 ················· 业祖润 魏 萍 4846
南方民居厅堂的空间塑造与结构处理 ················· 梁 雪 李 琦 4850
决定、适应和进化——辽东满族民居炕居空间演变 ········ 汝军红 沈欣荣 4853
千年古村上甘棠——试析防御性对传统村落规划
　　的影响及文化表现 ····················· 严 钧 梁智尧 许 宁 4857
新疆哈萨克族传统民居文化 ························· 塞尔江·哈力克 4862
和顺乡民居建筑与文化特色 ······························· 杨大禹 4865
借黄山·说黄田——皖南古村落黄田的调研 ············· 许和本 许 国 4868
延边朝鲜族传统村落与民居空间特性 ······················· 金光泽 4870
粉墙黛瓦　庭院悠悠——梧桐村谢家大宅调查报告 ············· 余翰武 4873
渝东南土家族吊脚楼民居调研及其传承和深化研究思考
　　······························· 刘晓晖 覃 琳 李先逵 4876
基于田野调查的东莞寮步横坑旧村及祠堂浅析 ······ 冯 江 阮思勤 徐好好 4881
新疆南部维吾尔族民居"生存基因"研究 ·············· 李 钰 王 军 4886

五峰土家族民居的地域形态特征研究 ································· 赵 逵 杨雪松 张 钰	4889
自然生境与人文生境下的民居营造——西藏高原的乡土聚落研究 ············· 范霄鹏	4893
从中国传统哲学观和生态适应性看佗城客家民居 ··························· 陈淑菲	4896
东北满族传统民居文化及现代启示 ································ 张晓燕 王 嘉	4899
鄂东南家族祠堂研究 ·· 张 飞 李晓峰	4902
冀南民居"两甩袖" ··· 魏丽丽	4906
鄂西北板桥传统民居及其特色研究 ·· 李 真	4910
乔家大院的三雕艺术与中国传统文化 ···································· 李 杰	4913
徽州民居建筑中的象征性表达 ·· 高 洁	4915
北京爨底下乡土村落景观保护与旅游开发构想 ···························· 高 成	4918
嘉绒藏族民居解析 ·· 毛良河	4921
海·石·房·光——浙江温岭石塘镇民居调研 ···························· 邱 健	4924
豫西传统特色民居——天井窑院 ·································· 王 燕 李 俊	4927
传统村落之艺术形态及保护利用——江西省吉安市渼陂古村 ············· 谢 佳	4929
自成一体的古村聚落——张谷英村 ································ 唐 云 曹麻茹	4933
东莞塘尾村的祠堂书房建筑 ·· 石 拓	4936
论岭南建筑的生态设计策略 ·· 黄险峰	4940
永州千年古村上甘棠 ·· 伍国正 余翰武 林小松	4943
湘南民居中的天井空间研究 ·· 寇广建	4946
西部黄土地区民居形式与民居状况的调查研究——以兰州地区为例 ··· 任 倩 王炎松	4949
桃源庐舍,仙侣楼居——浅析武陵地区民居建筑文化 ···················· 耿翠华	4951

第五部分 民居营造、技术与保护 ·· 4955

欧风近代建筑文化遗产保存的调查研究及维护技术的建构 ················ 徐裕健	4955
古迹修复调查概要 ·· 林世超	4960
Evoking Local Knowledge for Cultural Heritage Management in Matsu ··· So HATANO	4968
福建大木作篙尺技艺抢救性研究 ·· 张玉瑜	4973
旅游开发对传统村落风貌的利弊影响——以大理市环洱海区域为例 ········· 车震宇	4979
浙南古村落建筑中的藻井及其传统营造匠艺 ···························· 石宏超	4984
传统建筑保护与历史街区的振兴——以苏州平江历史街区规划改造实践为例 ··· 郭 亮 祁 刚 贺 慧	4990
古村落风貌的保护与利用方法思考——以福建武夷山下梅村保护改造规划为例 ··· 李晓敏 李玉堂 吕宁兴	4993
民居文化资产保存——"台湾陈悦记祖宅"修护为例 ···················· 陈应宗	4996
中国古代民居防火措施探析 ·· 胡晓芳	4999

古迹木作修复工法程序之研究 ………………………………… 詹静怡　阎亚宁　5002

第六部分　民族建筑研究 ……………………………………………………… 5006
明长城军堡与明、清村堡的比较研究 ………………………… 李　严　张玉坤　5006
古均州"静乐宫"名考辨 ……………………………………… 秦德颇　郭旭阳　5011
武当山静乐宫的复建与文物保护 ……………………………… 秦德颇　袁　宁　5013
清代湖广官吏与武当山建筑维修 …………………………………………… 杨立志　5015

4.3.2.6　第七届海峡两岸传统民居理论（青年）学术会议论文 ……………… 5018
承传与衍化——明清"江西—湖北"移民通道上戏场建筑形制初探
　……………………………………………………………… 李晓峰　马丽娜　5019
闽东传统民居穿斗式大木构架的减柱构造研究 ……………… 朱永春　黄爱姜　5025
岭南古建筑地面防潮技术 ……………………………………………… 赖德劭　5029
浅议对传统民居及其建筑文化的移植和传延 …………………………… 杨大禹　5036
历史街区的人文性规划实践理论架构初探——以三峡历史街区再造为例
　……………………………………………………………………………… 徐裕健　5043
传统山区村落的保护与开发——以北京市延庆县珍珠泉乡水
　泉子村规划为例 ………………………………………………… 赵之枫　朱　蕾　5052
产业变迁对传统民居营造行为影响之初探——以苗栗海线地区
　李元兴匠师为例 ………………………………………………………… 李沛融　5057
惠山宝善街老字号特色街区的布局 …………………………… 吴惠良　夏泉生　5063
澎湖望安花宅聚落形态及生活面初探 …………………………………… 曾依苓　5068
新瓦屋聚落保存、活化与再生——民众参与都市保育的契机 ………… 林诗云　5074
传统街屋再利用时厨卫空间整修计划的初步研究 …………… 吴妙琴　阎亚宁　5080
鄂西北民居的"依势"与"围合"——南漳板桥民居空间特色探析 …… 郝少波　5087
台湾的日式宿舍 ……………………………………………………………… 薛　琴　5093
梅县民间建筑匠师访谈综述 …………………………………… 肖　旻　林垚广　5100
从壮围游氏家庙观宜兰传统建筑之特质 …………………………………… 郑碧英　5113
金门传统民宅装饰之研究—以黄宣显六路大厝为例 ………… 苏攸婷　阎亚宁　5120
湖北传统民居文物建筑的保护现状及对策 ………………………………… 沈海宁　5126
三重市"传统碧华布街"再利用发展成"布庄博物园区"之探讨
　……………………………………………………………… 林志能　阎亚宁　5132
桃园县大溪老街蕴含的文化资产价值潜力探析 ……………………………… 张朝博　5143
"间"的读解及其建筑释义 ………………… 陈　力　关瑞明　魏　群　吕俊杰　5153
台湾仁医张暮年故居之历史研究兼论张暮年生平及事迹 ………………… 吕进贵　5159
台湾"921地震"灾后的重生——中寮聚落的个案 ……………………… 张震钟　5166
台湾桃园县复兴乡泰雅族聚落信仰空间初探——以石头教堂为例 ……… 吕怡婷　5171

文化资产保存法执行聚落保存再发展的困境与都市计划法令及
　　相关规划策略的活用——以三峡老街再造为例 ………………………… 林正雄　5177
宜兰厝的建筑形式与传统特质之研究 ……………………… 张惠君　阎亚宁　5185
台闽传统民居大木结构之减柱造 ………………………………………… 李乾朗　5191
古迹木梁构件隐蔽式修复工法之研究 ……………………… 陈昶良　阎亚宁　5195
中国民居建筑"门庭堂制" ………………………………………………… 陈纲伦　5202
明清移民通道上的湖北民居研究引论 …………………………………… 谭刚毅　5208
泉州官式大厝的词源及其读音释义辨析 …………………… 关瑞明　陈　力　5218
闽台传统民居的传承与演变 ……………………………………………… 戴志坚　5223
闽东传统民居穿斗式大木构架的减柱构造研究 …………… 朱永春　黄爱姜　5230
江西古村镇 ………………………………………………………………… 张义锋　5234
扬州园林古建筑技术与地方做法 ………………………………………… 梁宝富　5244

4.3.3　1993中国传统民居国际学术会议论文

中国传统民居的类型与特征 ……………………………………………… 陆元鼎　5255
楚民居——兼议民居研究的深化 ………………………………………… 高介华　5259
汉代的居住建筑 …………………………………………………………… 刘叙杰　5266
围子·堡子与都纲楼殿 …………………………………………………… 杨谷生　5273
中国的教导性景观——民俗传统和建筑环境
　　……………………………………………〔美〕那仲良（Ronald G. Knapp）　5278
传统住宅与环境 …………………………………………………………… 李兴发　5284
民居建筑中美的感受 ……………………………………………………… 梁　雪　5288
苏州传统民居中的文化与环境 …………………………………………… 俞绳方　5290
浙江明清民居与传统文化 ………………………………………………… 王士伦　5295
观念、文化与兰溪民居的生成 …………………………………………… 杨新平　5302
广州民居与岭南历史文化 ………………………………………………… 邓炳权　5308
西江流域传统民居的水文化特色 …………………………… 张春阳　冯宝霖　5312
客家建筑文化流源初探 …………………………………………………… 潘　安　5317
江南明代民居彩画的场所精神 …………………………………………… 陈　薇　5322
广东传统民居的装饰与装修 ……………………………………………… 陆　琦　5328
西藏传统民居建筑环境色彩文化 ………………………………………… 杨春风　5334
中国与澳洲热带地区的文化生态和住屋形式 ……………〔澳〕鲍·塞尼　张奕和　5339
东南亚与中国西南少数民族住宅平面布局模式 ………………………… 杨昌鸣　5345
关于日本传统住宅中十字空间轴结构的研究 ………………… 〔日〕宇杉和夫　5352
山西民居概论 ……………………………………………………… 颜纪臣　杨　平　5356

平遥传统民居简析	张玉坤 宋昆	5362
河南巩县窑洞	刘金钟 韩耀舞	5368
三峡水库湖北淹没区传统民居考察综述	吴晓	5374
湖南江华瑶族民居	黄善言	5382
江西围子述略	黄浩 邵永杰 李廷荣	5386
福建传统民居的地方特色与形成文脉	戴志坚	5395
福州"柴栏厝"	郑力鹏	5400
近代粤中侨居建筑	林怡	5404
新疆传统民居建筑考察	王加强	5412
新疆喀什民居及其城市特色	茹仙古丽	5418
藏族建筑"千户家"	韩仲云	5427
青海循化撒拉族民居	梁琦	5432
内蒙古传统民居——蒙古包	阿金	5436
四川戏楼与民居虚实关系粗析	季富政	5440
浙江村落宗祠戏台	汪燕鸣	5445
广东潮州浮洋佃氏宗祠勘查考略	吴国智	5450
广州陈家祠建筑制度研究	程建军	5460
徽州古宅更新保护设计	殷永达	5464
晋西北锢窑的发展、改进和未来	李渼 叶琳	5469
传统民居保护的内涵与措施	周德泉	5474
广州西关古老大屋及其保护改造	褟晓红	5478
铺屋建筑与其更新改造	郑炳鸿	5483
编后话		5492

4.3.4　2000中国客家民居国际学术会议论文

粤闽赣客家围楼的特征与居住模式	陆元鼎 魏彦钧	5497
东南系民居建筑类型研究的概念体系	余英 徐晓梅	5504
客家民居特征探源	黎虎	5509
客家土楼的概念界定	黄汉民	5516
从日本看客家民居	［日本］茂木计一郎	5519
关于客家聚居建筑的美学思考	唐孝祥	5525
客家民居的安全图式	谭刚毅	5529
试从迁徙与融合的动态模式解析客家民居	潘莹	5535
从厝式民居现象探析	肖旻	5541
台湾客家民居特质浅析	［台湾］李乾朗	5548

篇目	作者	页码
五凤楼与土楼民居渊源分析——以福建汀江流域为例	张玉瑜 朱光亚	5553
粤东、粤北客家围若干类型及其流变的初步研究	杨耀林 黄崇岳	5559
深圳新客家围屋的渊源与兴衰	彭全民	5566
龙岗客家民居与其他地区客家民居比较	陈荣 彭水清 喻祥 杨露	5573
龙岗客家宗族观念与居住形态	陈荣 由加	5578
粤北客家民居的居住形态分析	廖志	5584
粤北客家建筑的空间特性与形态	梁智强	5591
广东始兴县清代客家民居地理建筑家族观念	廖文	5594
客家民系的儒农文化与聚居建筑	潘安 李小静	5598
客家文化研究的价值选择	黄中和	5609
客家民居：文化记忆的一次历史性定格	谭元亨	5614
广东古村落的文化精神	邓其生	5620
客家民居与文化	江道元	5623
深圳客家民居的移民文化特征	杨宏海	5628
深圳客家民居的建筑文化特色	赖德劭 黄中和	5631
谈新围建筑渗透的客家文化	张嗣介	5634
客家民系、民居建筑与客家文化	黄衍宁	5641
客家建筑文化圈建构和区划	曹劲 廖志	5644
The Miao-Li Hakka Culture Park Area Project	Zhou Jinhong	5650
The Performing Space and Change of Traditional Performing Arts Activities in Hakka Society in Taiwan	Zhou Jinhong Fan Yangkun	5655
梅州客家民居介绍	梅州市土木建筑学会	5661
梅州市传统民居分类初探与老式围垅屋	路秉杰	5665
福建客家圆土楼的形式特色	黄汉民	5671
浅谈漳州南靖客家土楼民居	林建顺	5687
燕翼围考察——兼谈赣南围屋的源流	万幼楠	5690
台湾客家五进大屋萧宅之空间形成与特色	米复国 赖志彰 张震钟	5699
深圳客家围的分类与特色	黄崇岳 杨耀林	5704
龙岗客家民居实录	深圳市规划国土局龙岗分局 深圳市规划设计研究院龙岗分院	5711
鹤湖新居——鹤湖新居建筑特色浅析	赖旻	5717
广东省始兴县清代棋盘围屋	廖晋雄	5722
粤北翁源县江尾镇客家葸茅围	廖文	5730
进入粤中地区的客家聚落——东莞三个客家围村的考察	王健 徐怡芳	5736
客家聚居形态适应性延续与拓展	喻祥	5742
梅州市客家围垅屋的保护与改造利用	侯歆芳	5747
深圳客家围保护与管理初探	彭全民 何小焙	5751

Hakka Folk House Conservation Planning in Shenzhen's Longgang District
　　……………………………………………………………… Feng Xianxue　Chen Rong　5754
龙岗村镇旧区更新中的客家民居保护与利用 ……… 冯现学　张春杰　陈　荣　孟　丹　5758
深圳龙岗客家民居保护规划 …………………………………………… 陈　荣　由　加　5763
创造有地域特点的现代村落环境——深圳龙岗区横岗镇客家荷坳村规划设计
　　……………………………………………………………… 陆　琦　郭　谦　廖　志　5768
传统客家民居的现代意义 ……………………………………………… 施　瑛　潘　莹　5772
国际客家历史博物馆——也许这是一个已成历史的方案 …………………… 叶荣贵　5779
附录1　客家研究论著索引 ………………………………………………………………… 5787
附录2　2000中国客家民居国际学术会议非客家论文目录 ……………………………… 5800

4.3.5　2008中国民间建筑与园林营造技术学术会议论文

扬州叠石申遗可行性研究 ………………………………………………………… 黄春华　5806
浅谈文物古建筑灰塑的修复工艺 ………………………………………………… 康新民　5809
传统三合土施工技术 ……………………………………………………………… 赖德劭　5813
台湾古建筑大木暗厝的类型与结构 ……………………………………………… 李乾朗　5817
扬州民间建筑砖墙砌筑技术初探 ………………………………………………… 梁宝富　5824
一座祠堂的诞生——从新埔林氏家庙看日本占领台湾时期台湾传统
　　建筑的建筑计划 ……………………………………………………………… 刘敏耀　5829
岭南传统观演空间规划布局研究 ………………………………… 刘琼琳　陈　军　5846
陈从周与他的研究——《扬州园林》 …………………………… 路海军　路秉杰　5854
水陆苏州城 ………………………………………………………… 马祖铭　俞绳方　5863
名胜景区大明寺园林建筑空间与环境艺术赏析 ………………………………… 能　修　5873
深圳广府宗祠的祭祖风俗 ………………………………………………………… 彭全民　5885
东阳帮木作的特艺——套照 ……………………………………………………… 王仲奋　5889
从化邓氏宗祠修复与加固技术 …………………………………………………… 魏安能　5895
广州圣心大教堂总体维修保护工程纪实与反思 ………………… 魏安能　朱胜波　5902
诗为意境　画为蓝本——石涛"片石山房"研究与修复 ………………………… 吴肇钊　5911
梅县客家杠屋民居的形制——以桥溪村建筑为例的研究 ……………………… 肖　旻　5928
"牌科"小议 ………………………………………………………………………… 雍振华　5940
匠事留痕：扬州市旌忠寺大雄宝殿保护修缮技术简介 ………………………… 赵立昌　5946
扬州传统民居建筑特色与风俗习惯 ……………………………………………… 赵立昌　5950
扬州古典园林的保护与利用研究 ………………………………………………… 赵御龙　5960
广东潮阳传统木构檩母彩绘技术 ………………………………… 郑　红　梁以华　5966
聚合力与创造力——中、日两国木结构建筑比较之点滴体会 ………………… 朱宇晖　5972

台湾民居土埆墙修复之研究——以台湾台中县雾峰下厝
　（二房厝）复建工程为例 ················· 庄敏信　薛　琴　5975
"鹏城书院"营造小札 ························· 梁宝富　李广清　5982
中国古建筑构件尺度的控制原则——从《营造法式》"重台勾栏"
　构件数值谈起 ····························· 都　铭　5983

后 记

《中国民居建筑年鉴（1988—2008）》经过一年多的筹备，在学术委员会委员和会员的支持下终于编成。它是我们全体同仁短短二十年的经历和阶段性学术研究成果的汇报，二十年的时间在民居建筑学科领域发展中也只是一个暂短的时期。

回顾二十年来民居专业和学术委员会的成长和发展以及所取得的成绩，其中因素很多，重要因素之一是学术研究得到各界的支持和帮助。

为此，首先要感谢学会的领导的支持，感谢中国文物学会、传统建筑园林委员会，感谢中国建筑学会、建筑史学分会，感谢中国民族建筑研究会。

第二，感谢各届会议主办单位及其领导，是他们给予了学术委员会大力的支持与帮助。

第三，感谢我们全体委员、会员以及参加会议代表所在的单位和单位领导给予的大力支持，这使我们的会议和其他学术活动得以顺利开展。

第四，特别感谢的是我们民居专业和学术委员会的业务挂靠单位——华南理工大学和华南理工大学建筑学院。二十年来，校、院领导给予我们学术委员会多方面的指导和帮助，使我们学术委员会在工作上能够顺利进展。

第五，最后要感谢全体委员、会员的支持，积极参与各项学术活动。

我们编辑这本年鉴的主要目的在于总结经验、保存信息资料：其一是，了解民居建筑二十年来学术研究的发展及其成果；其二是，为今后民居学术研究提供信息资料。为此，如果这本年鉴有参考价值的话，也就是对我们民居专业和学术委员会为大家服务的工作得到认可。

此外，在编辑过程中，我们还要感谢各届民居会议主持人为我们提供回忆文章；感谢华中科技大学建筑学院谭刚毅、荣融、任丹妮、刘勇等投入大量时间和精力为中国民居村镇与文化的论著编辑目录索引，搜集整理这些对专业研究十分重要的信息资料；感谢华南理工大学建筑学院陆琦、潘莹、韦美媛等为本书资料整理工作提供帮助；特别要感谢的是中国建筑工业出版社的领导支持我们出版这本年鉴，感谢出版社，相关编辑为此付出的辛勤劳动。现都铭记于此，特再表示诚挚的、衷心的感谢。

编者

2008.8.20